Spring 5 开发大全

柳伟卫◎著

内 容 提 要

自Spring诞生以来，以Spring技术栈为核心的企业级应用开发方式深入人心，已经成为Java EE开发的最佳实践。随着Spring 5版本的发布，Spring自身也发生了巨大的变革。本书力求全面介绍Spring框架，涵盖了Spring核心、测试、数据访问、Web开发、响应式编程、系统集成及微服务等方面在内的共26章的内容，可以说是Spring技术的“百科全书”。同时，本书基于Spring 5版本来编写，除了涉及Spring 5版本的新特性外，还介绍了REST服务、响应式Web开发、微服务设计、Spring Boot、Spring Cloud等方面的前瞻技术。而且除了讲解Spring的理论知识外，还在每个知识点上辅以大量的代码案例，使理论可以联系实际，具备更强的可操作性。

本书主要面向的是Java开发者，以及对以Spring为核心的Java EE开发感兴趣的计算机专业的学生、软件开发人员和系统架构师。

图书在版编目(CIP)数据

Spring 5开发大全 / 柳伟卫著. — 北京：北京大学出版社，2018.10
ISBN 978-7-301-29882-4

Ⅰ.①S… Ⅱ.①柳 Ⅲ.①JAVA语言—程序设计 Ⅳ.①TP312.8

中国版本图书馆CIP数据核字(2018)第208436号

书　　名 Spring 5 开发大全
SPRING 5 KAIFA DAQUAN
著作责任者 柳伟卫　著
责任编辑 吴晓月
标准书号 ISBN 978-7-301-29882-4
出版发行 北京大学出版社
地　　址 北京市海淀区成府路205号　100871
网　　址 http://www.pup.cn　　新浪微博：@北京大学出版社
电子信箱 pup7@pup.cn
电　　话 邮购部 010-62752015　发行部 010-62750672　编辑部 010-62570390
印 刷 者 北京大学印刷厂
经 销 者 新华书店
787毫米×1092毫米　16开本　38.25印张　888千字
2018年10月第1版　2018年10月第1次印刷
印　　数 1-4000册
定　　价 119.00元

本书献给我的父母，愿他们健康长寿！

前言

Preface

写作背景

Spring 自诞生以来，一直被广大开发者作为 Java 企业级应用开发的首选。无论是早年流行的 SSH 框架（Spring、Struts、Hibernate），还是近些年盛行的 SSM 组合（Spring、Spring MVC、MyBatis），唯一不变的就是 Spring。伴随互联网十几年的风云变迁，Spring 也不断地进行着技术革命，向着云计算、平台化方向发展。

Spring 至今仍然奉行着最初的宗旨——简化企业级应用的开发。特别是 Spring Boot、Spring Cloud 等项目的诞生，进一步简化了基于 Spring 的企业级、分布式系统的应用开发方式。为此，笔者在 2014 年以开源方式翻译了《Spring Framework 4.x 参考文档》，备受广大开发者关注。在 2017 年，笔者编写了一系列关于 Spring 开发实战的书籍及培训视频教程，包括《Spring Boot 企业级应用开发实战》和《Spring Cloud 微服务架构开发实战》等[①]，致力于让广大读者能够真正领略 Spring 所带来的力量和乐趣。

目前，Spring 5 已经发布，并带来了大量的新特性。鉴于市面上关于 Spring 5 的介绍资料比较匮乏，故笔者撰写本书以补空白，助力国内开发者能够享受到新技术所带来的便利。

本书特色

本书具有以下特色。

（1）**全面**：本书全面介绍 Spring 框架，涵盖了 Spring 核心、测试、数据访问、系统集成、Web 开发、响应式编程及微服务等方面在内的共 26 章的内容，可以说是 Spring 技术的“百科全书”。

（2）**前瞻**：本书基于 Spring 5 版本来编写，除了涉及 Spring 5 版本的新特性外，还介绍了 REST 服务、响应式 Web 开发、微服务设计、Spring Boot 及 Spring Cloud 等方面的前瞻技术。

（3）**实用**：本书除了讲解 Spring 的理论知识外，还在每个知识点上辅以大量的实战案例，使理论可以联系实际，具备更强的可操作性。

（4）**简明**：目录标注有“新功能”“难点”及“重点”等标识，方便读者做好知识点的归纳和总结。

（5）**权威**：以 Spring 官方文档和 Spring 框架源码为主要参考依据，确保知识点的权威性。

源代码

本书提供源代码下载，下载地址为 http://github.com/waylau/spring-5-book。

---

① 有关笔者的书籍、教程介绍，可见https://waylau.com/books/。

本书所采用的技术及相关版本

技术版本是非常重要的，因为不同的版本之间存在兼容性问题，而且不同版本中的软件所对应的功能也是不同的。本书所列出的技术在版本上相对较新，并且都是经过笔者实际测试的。读者在自行编写代码时，可以参考本书所列出的版本，从而避免很多因版本兼容性所产生的问题。建议读者将相关开发环境设置成本书所采用的开发环境，或者不低于本书所列的配置。详细的版本配置可以参阅本书“附录 D”的内容。

本书示例采用 Eclipse 编写，但示例源码与具体的 IDE 无关，读者可以选择适合自己的 IDE，如 IntelliJ IDEA 和 NetBeans 等。运行本书示例，请确保 JDK 版本不低于 8。

勘误和交流

本书如有勘误，会在 http://github.com/waylau/spring-5-book 上进行发布。由于笔者编写能力有限，加上时间仓促，疏漏之处在所难免，欢迎读者批评指正。

读者也可以通过以下方式直接联系笔者。

博客：https://waylau.com

邮箱：waylau521@gmail.com

微博：http://weibo.com/waylau521

开源：https://github.com/waylau

致谢

感谢北京大学出版社的各位工作人员为本书的出版所做出的努力。

感谢我的父母、妻子和两个女儿。由于撰写本书，牺牲了很多陪伴家人的时间，在此感谢家人对我工作的理解和支持。

感谢 Spring 团队为 Java 社区贡献了这么优秀的框架，由衷地希望 Spring 框架发展得越来越好！

最后，特别感谢 Rod Johnson、Juergen Hoeller 和 Yann Caroff，是他们最早创建了 Spring。

柳伟卫

目录

Contents

第1章

Spring 5 概述

1.1 Spring 与 Java EE

Spring 诞生之初是以 J2EE 的挑衅者身份而为广大 Java 开发者所熟知的。特别是当时 J2EE 平台中的 EJB（Enterprise Java Beans）标准，由于其设计本身的缺陷，导致在开发过程中使用非常复杂，代码侵入性很强。又由于 EJB 是依赖于容器实现的，因此进行单元测试也变得极其困难，最终的后果是大多数开发者对 Java 企业级开发望而却步。

为此，Rod Johnson 为 Java 世界带来了 Spring，它的目标就是要简化 Java 企业级开发。

1.1.1 Java 平台发展简史

作为一门最受欢迎的编程语言，Java 语言在经历了 20 多年的发展后，已然成为开发者首选的“利器”。在 2018 年年初的 TIOBE 编程语言排行榜中，Java 位居榜首。图 1–1 所示的是 2018 年 4 月 TIOBE 编程语言排行榜情况。回顾历史，Java 语言的排行也一直是名列三甲。

Apr 2018	Apr 2017	Change	Programming Language	Ratings	Change
1	1		Java	15.777%	+0.21%
2	2		C	13.589%	+6.62%
3	3		C++	7.218%	+2.66%
4	5	^	Python	5.803%	+2.35%
5	4	v	C#	5.265%	+1.69%
6	7	^	Visual Basic .NET	4.947%	+1.70%
7	6	v	PHP	4.218%	+0.84%
8	8		JavaScript	3.492%	+0.64%
9	-	^^	SQL	2.650%	+2.65%
10	11	^	Ruby	2.018%	-0.29%
11	9	v	Delphi/Object Pascal	1.961%	-0.86%
12	15	^	R	1.806%	-0.33%

图1–1 TIOBE 编程语言排行榜

然而，作为当今企业级应用的首选编程语言，Java 的发展也并非一帆风顺。

1991 年，Sun 公司准备用一种新的语言来设计用于智能家电类（如机顶盒）的程序开发。“Java 之父”James Gosling 创造出了这种全新的语言，并命名为“Oak”（橡树），以他办公室外面的树来命名。然而，由于当时的机顶盒项目并没有竞标成功，于是 Oak 被阴差阳错地应用到万维网。1994 年，Sun 公司的工程师编写了一个小型万维网浏览器 WebRunner（后来改名为 HotJava），该浏览器可以直接用来运行 Java 小程序（Java Applet）。1995 年，Oak 改名为 Java。由于 Java

Applet 程序可以实现一般网页所不能实现的效果，从而引来业界对 Java 的热捧，因此当时很多操作系统都预装了 Java 虚拟机。

1997 年 4 月 2 日，JavaOne 会议召开，参与者逾 1 万人，创当时全球同类会议规模之纪录。

1998 年 12 月 8 日，Java 2 企业平台 J2EE 发布，标志着 Sun 公司正式进军企业级应用开发领域。

1999 年 6 月，随着 Java 的快速发展，Sun 公司将 Java 分为 3 个版本，即标准版（J2SE）、企业版（J2EE）和微型版（J2ME）。从这 3 个版本的划分可以看出，当时 Java 语言的目标是覆盖桌面应用、服务器端应用及移动端应用 3 个领域。

2004 年 9 月 30 日，J2SE 1.5 发布，成为 Java 语言发展史上的又一里程碑。为了凸显该版本的重要性，J2SE 1.5 被更名为 Java SE 5.0。

2005 年 6 月，JavaOne 大会召开，Sun 公司发布了 Java SE 6。此时，Java 的各种版本已经更名，已取消其中的数字“2”，即 J2EE 被更名为 Java EE，J2SE 被更名为 Java SE，J2ME 被更名为 Java ME。

2009 年 4 月 20 日，Oracle 公司以 74 亿美元收购了 Sun 公司，从此 Java 归属于 Oracle 公司。

2011 年 7 月 28 日，Oracle 公司发布 Java 7 正式版。该版本新增了（如 try-with-resources 语句、增强 switch-case 语句）支持字符串类型等特性。

2011 年 6 月中旬，Oracle 公司正式发布了 Java EE 7。该版本的目标在于，提高开发人员的生产力，满足最苛刻的企业需求 。

2014 年 3 月 19 日，Oracle 公司发布 Java 8 正式版。该版本中的 Lambdas 表达式、Streams 流式计算框架等广受开发者关注。

由于 Java 9 中计划开发的模板化项目（或称 Jigsaw）存在比较大的技术难度，JCP 执行委员会内部成员也无法达成共识，因此造成了该版本的发布一再延迟。Java 9 及 Java EE 8 终于在 2017 年 9 月发布，Oracle 公司并宣布将 Java EE 8 移交给了开源组织 Eclipse 基金会。同时，Oracle 公司承诺，后续 Java 的发布频率调整为每半年一次。图 1–2 所示为 Java EE 8 整体架构图。

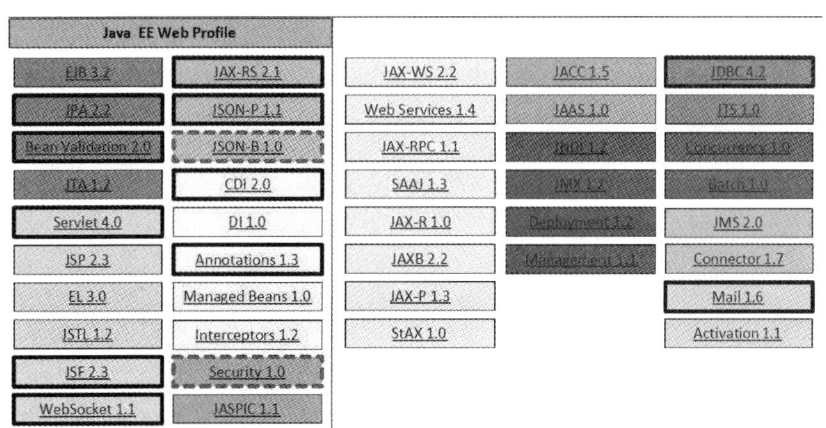

图1–2　Java EE 8整体架构图

2018 年 2 月 26 日，Eclipse 基金会社区正式将 Java EE 更名为 Jakarta EE，也就是说，下个 Java 企业级发布版本将可能会命名为 Jakarta EE 9。这个名称来自 Jakarta—— 一个早期的 Apache 开源项目。但该改名行为，并未得到 Java 社区的支持。Java EE Guardians 社区负责人 Reza Rahman 就 Java EE 重命名的问题做了一项 Twitter 调查，结果显示，68% 的 Java 开发者认为应该保留 Java EE 名称。在本书中，为了避免混淆，仍然统一采用 Java EE 命名来代表 J2EE 或 Jakarta EE。

2018 年 3 月 20 日，Java 10 如期发布，包含了 109 项新特性。

1.1.2 Java EE 现状

Java EE 平台目前已经发展到了第 8 个大版本。同时，Oracle 公司将 Java EE 8 移交给了开源组织 Eclipse 基金会来进行管理，这意味 Java EE 未来将会更加开放，版本更新速度也会加快。Eclipse 基金会将未来开源版本的 Java EE 命名为 EE4J（Eclipse Enterprise for Java）。

1. EE4J 的使命

EE4J 创建之初就包含了如下使命。

① EE4J 的使命是创建标准 API，这些 API 的实现及用于 Java 运行时的技术兼容性工具包，支持服务器端和云本机应用程序的开发、部署和管理。 EE4J 基于 Java EE 标准，并使用 Java EE 8 作为创建新标准的基准。

② EE4J 能够使用灵活的许可授权和平台演化的开放治理流程。开放的过程不依赖于单一的供应商或领导者，鼓励参与和创新，并为整个社区的集体利益服务。

③ EE4J 通过使用通用流程和通用兼容性要求来定义一套完整的标准，以确定其组成项目之间的通用性。EE4J 通过在 Java EE 8 和 EE4J 版本之间提供兼容性，为现有用户和新用户提供兼容性。

由于 EE4J 是基于 Java EE 8 技术标准的，且与 Java EE 8 的 API 是完全兼容的，因此用户在从 Java EE 8 切换到 EE4J 项目时不会有难度。同时，EE4J 由强大的供应商和强大的社区作为支撑，所提供的创新解决方案更能够满足现有用户的新需求，吸引新用户。

2. 不再使用 JCP

长期以来，Java 规范的制定都是由 JCP（Java Community Process）来执行。JCP 是一种针对 Java 技术开发标准技术规范的机制。它向所有人开放，任何人都可以参与审核，并提供 Java 规范请求（JSR）反馈。任何人都可以注册成为 JCP 成员，并加入 JSR 专家组，成员甚至可以提交自己的 JSR 提案。

2018 年 1 月，Oracle 公司表示将来不再支持或建议使用 JCP 来增强 Java EE，而是建议并支持使用 EE4J 推动的过程对 Java EE 8 规范进行功能增强。在发给 EE4J 社区的邮件中，Oracle Web-Logic Server 产品管理高级主管 Will Lyons 传达了这则消息。

重点 1.1.3 Spring 与 Java EE 的关系

早年，“Spring 之父” Rod Johnson 对传统的 Java EE 系统框架臃肿、低效、脱离现实的种种现状提出了质疑，并积极寻求探索革新。Rod Johnson 在 2002 年编著的 *Expert One-on-One J2EE Design and Development* 一书中，可以说一针见血地指出了当时 Java EE 架构在实际开发中的种种弊端。

在该书中，Rod Johnson 表明了如下的观点。

① Java EE 不能“包治百病”。任何技术都不可能是“银弹”，即便当时 Java EE 已经是企业级开发的最好选择了，但仍不能说 Java EE 可以解决任何问题。

②小心“正统”的开发方式。特别是 Sun 公司所推崇的 Java EE 开发方式，在实际开发中也并不完全适用，甚至有时在误导开发者。Rod Johnson 坦言，“所谓‘正统’的开发方式，都是面向规范的，而不是面向实际要解决的问题的。”这必然就导致了像 EJB 这种复杂规范无法真实落地的情况出现。

Rod Johnson 正是洞察到了传统 Java EE 开发上的弊端，从而推出了 Spring 框架，致力于解决 Java EE 开发上的问题。

虽然 Spring 喊出了“Without EJB”（不需要 EJB）的口号，但本质上，它并非想要完全挑战整个 Java EE 平台。Spring 力图冲破 Java EE 传统开发的困境，从实际需求出发，着眼于构建轻便、灵巧并易于开发、测试和部署的轻量级开发框架。

Spring 在很大程度上是为了改进当时以 EJB 为核心的 Java EE 开发方式。Rod Johnson 对 EJB 各种臃肿的结构进行了逐一的分析和否定，并分别以简洁实用的方式替换。EJB 是一种复杂的技术，虽然很好地解决了一些问题，但在许多情况下增加了比其商业价值更大的复杂性问题。

传统 Java EE 应用的开发效率是低下的，应用服务器厂商对各种技术的支持并没有真正统一，导致 Java EE 应用并没有真正实现“Write Once, Run Anywhere”（一次编写，各处运行）的承诺。Spring 作为开源的中间件，独立于各种应用服务器，甚至无须应用服务器的支持，也能提供应用服务器的功能，如声明式事务、事务处理等。

Spring 致力于 Java EE 应用各层的解决方案，而不是仅仅专注于某一层的方案。可以说，Spring 是企业应用开发的“一站式”选择，并贯穿表现层、业务层及持久层。然而，Spring 并不想取代那些已有的框架，而是要与它们无缝整合。

虽然从表面上来看，有些人会认为 Spring 和 Java EE 是竞争关系，实际上 Spring 是对 Java EE 的改进和补充。Spring 本身也集成非常多的 Java EE 平台规范，如 Servlet API（JSR 340）、WebSocket API（JSR 356）、Concurrency Utilities（JSR 236）、JSON Binding API（JSR 367）、Bean Validation（JSR 303）、JPA（JSR 338）、JMS（JSR 914）、Dependency Injection（JSR 330）、Common Annotations（JSR 250）等。

简言之，Spring 的目标就是要简化 Java EE 开发。如今，Spring 俨然成为 Java EE 的代名词，成为构建 Java EE 应用的事实标准。大多数 Java 项目都会采用 Spring 作为框架的首选。

1.2 Spring 简史

Spring 致力于简化 Java EE 开发，那么早期的 Java EE 平台到底面临怎样的问题呢？

1.2.1 挑衅 EJB

早期的 Java EE 平台（J2EE）是推崇以 EJB 为核心的开发方式。这种方式存在以下几个弊端。

①没有面向实际问题。J2EE 和 EJB 的很多问题都源自它们“以规范为驱动”的本质。标准委员会所指定的规范，并没有针对性地解决问题，反而在实际开发中引入很多复杂性。毕竟，成功的标准都是从实践中发展来的，而不是由哪个委员会创造出来的。

②违反 “帕累托法则”。“帕累托法则”也称“二八定律”，是指花较少的（10%~20%）的成本解决大部分问题（80%~90%），而架构的价值在于为常见的问题找到好的解决方案，而不是一心想要解决更复杂、也更为罕见的问题。EJB 的问题就在于，它违背了这个法则——为了满足少数情况下的特殊要求，它给大多数使用者强加上了不必要的复杂性。

③引入重复代码。大多数 J2EE 代码生成工具所生成的代码都是用于实现 J2EE 经典架构的，这会导致引入很多重复代码、过渡工程等问题。

④目标定位不清晰。早期的 EJB 2.1 规范中 EJB 的目标定位有 11 项之多（见“附录 A：EJB 规范摘要”）。而这些目标，没有一项是致力于简化 Java EE 开发的。

⑤编成模型复杂。EJB 组成复杂，要使用 EJB 需要继承非常多的接口。而这些接口，在实际开发中并不是真正为了解决问题。

⑥开发周期长。EJB 依赖于容器，所以 EJB 在编写业务逻辑时，是与容器耦合的。这必然就导致开发、测试、部署的难度增大。同时，也拉长了整个开发的周期。

⑦移植困难。规范中定义的目标是“Write Once, Run Anywhere”，但实际上这基本是一句空话。结果变成了一次编写，到处重写。特别是实体 Bean，基本上迁移了一个服务器，就相当于需要重新编写，相应的测试工作量也增加了。规范中对实体映射的定义太过于宽泛，导致每个厂商都有自己的 ORM 实现，引入特定厂商的部署描述符，又因为 J2EE 中除 Web 外，类加载的定义没有明确，导致产生了特定厂商的类加载机制和打包方式。同时，特定厂商的服务查找方式也是有差异的。

以上就是早期的 EJB 规范所存在的问题。Rod Johnson 正是不满意上述问题，从而推出了简化 Java EE 开发的 Spring 框架。

当然，时代在进步，EJB 也在不断发展。上述问题新版的 EJB 3.2 已经有所改善了。

1.2.2 化繁为简

EJB 最大的问题就是使用的复杂性，加上人为地对 EJB 技术的滥用、错用，让越来越多的 Java EE 开发者陷入“泥潭”。

Spring 反其道而行之，化繁为简。主要表现为以下几个方面。

①轻量级 IoC 容器。IoC 容器是用于管理所有 bean 的声明周期，是 Spring 的核心组件。在此基础之上，开发者可以自行选择要集成的组件，如消息传递、事务管理、数据持久化及 Web 组件等。

②采用 AOP 编程方式。Spring 推崇使用 AOP 编程方式。AOP（Aspect Oriented Programming，面向切面编程）的目标与 OOP（Object Oriented Programming，面向对象编程）的目标并没有不同，都是为了减少重复和专注于业务。

③大量使用注解。Spring 提供了大量的注解，支持声明式的注入方式，极大地简化了配置。

④避免重复“造轮子”。Spring 集成了大量市面上成熟的开源组件，站在巨人的肩膀上，这样既增强了 Spring 的功能，又避免了重复“造轮子”。

难点 1.2.3 Spring 设计哲学

在了解一个框架时，不仅要知道它做了什么，更重要的是要知道它所遵循的设计原则。以下是 Spring 框架的指导原则。

①在每个级别提供选择。Spring 允许开发人员尽可能地推迟设计决策。例如，可以通过配置切换持久化框架，而无须更改代码。许多其他基础架构问题及与第三方 API 的集成也是如此。

②适应不同的观点。Spring 具有灵活性，并没有设定事情应该如何做。它以不同的角度支持广泛的应用需求。

③保持强大的向后兼容性。Spring 的演变都会经过仔细的设计，以避免版本之间发生重大变化。Spring 支持精心挑选的一系列 JDK 版本和第三方库，以方便维护依赖于 Spring 的应用程序和库。

④精心设计 API。Spring 团队花费了大量的精力和时间来制作直观的 API，并且会长期支持多种版本。

⑤为代码质量设定高标准。Spring 框架强调有意义的、最新的、准确的 Javadoc。这在开源项目中是非常少见的。很少有项目能够做到既可以声明简单的代码结构，又可以确保包之间没有循环依赖关系。

重点 1.2.4 面向未来的 Spring

Spring 是开源的，它拥有一个庞大而活跃的社区，可根据各种实际用例提供持续的反馈。这使 Spring 在很长一段时间中能够成功的进化。

经过十多年的发展，Spring 已经步入了第 5 个版本，它所支持的应用场景也越来越广泛。例如，在大型企业中，应用程序通常会存在很长时间，而且必须在 JDK 和应用程序服务器上运行，因为这些服务器的升级周期已经超出开发人员控制。而在另外的场景中，应用可能会被作为一个单一的 jar 包与服务器进行嵌入，并在云环境中运行，而另一些独立的应用程序（如批处理或集成工作负载）是完全不需要服务器的。

如今，随着时间的推移，Java EE 在应用程序开发中的角色已经发生了变化。在 Java EE 和 Spring 的早期阶段，创建的应用程序都需要部署到应用程序服务器中来运行。在 Spring Boot 的帮助下，应用程序以 DevOps 以云计算的方式来创建，Servlet 容器往往会被嵌入，并且变得微不足道。从 Spring 5 开始，WebFlux 应用程序甚至不直接使用 Servlet API，这意味着应用可以在不是 Servlet 容器的服务器（如 Netty）上运行。

Spring 在不断创新和发展。除了 Spring 框架外，还有其他一些项目，如 Spring Boot、Spring Security、Spring Data、Spring Cloud、Spring Batch 等，这些项目的成立旨在更加专注解决软件发展过程中不断产生的实际问题，以便带来更佳的开发体验。

1.3 Spring 5 的新特性

Spring 5 是一个重要的版本，距离 Spring 4 发布有 4 年多了。通过本节的介绍，可以让读者快速了解 Spring 5 发行版中的那些令人兴奋的特性。

1.3.1 基准升级

要构建和运行 Spring 5 应用程序，至少需要 Java EE 7 和 JDK 8，之前的 JDK 和 Java EE 版本不再支持。Java EE 7 包含以下内容。

- Servlet 3.1
- JMS 2.0
- JPA 2.1
- JAX-RS 2.0
- Bean Validation 1.1

与 Java 基准类似，许多其他框架的基准也有变化。

- Hibernate 5
- Jackson 2.6

- EhCache 2.10
- JUnit 5
- Tiles 3

另外，各种服务器的最低支持版本也已经升级。

- Tomcat 8.5+
- Jetty 9.4+
- WildFly 10+
- Netty 4.1+
- Undertow 1.4+

同时，Spring 5 已经与 Java EE 8 API 集成，这意味着用户可以使用 Spring 5 来创建新功能的应用。

1.3.2 兼容 JDK 9

Spring 5 支持 JDK 9，在运行时，类路径及模块路径与 JDK 9 完全一致。Spring 5 使用了 Java 8 和 Java 9 版本中的许多新特性，主要有以下几种。

① Spring 接口中的默认方法。

②基于 Java 8 反射增强的内部代码改进。

③在框架代码中使用函数式编程，如 Lambda 表达式 和 Stream 流。

同时，Spring 5 的后续版本将会积极做好 JDK 10 的适配工作。

1.3.3 响应式编程模型

响应式编程是 Spring 5 最重要的特性之一，它提供了另一种编程风格，专注于构建对事件做出响应的应用程序。Spring 5 包含响应流和 Reactor（由 Spring 团队提供的 Reactive Stream 的 Java 实现）。

在 Spring 5 中，Web 开发将会划分为两个分支，即传统的基于 Servlet 的 Web 编程（spring-webmvc 模块）和使用 Spring WebFlux 实现响应式编程 (spring-web-reactive 模块)。

构建在 Reactive Streams API 上 的 Web 应用程序，可以在非阻塞服务器（如 Netty、Undertow 和 Servlet 3.1+ 容器）上运行。

1.3.4 函数式编程

除了响应式功能外，Spring 5 还提供了一个函数式 Web 框架，它提供了使用函数式编程风格来定义端点的特性。该框架引入了两个基本组件：HandlerFunction 和 RouterFunction。

HandlerFunction 表示处理接收到的请求并生成响应的函数。

RouterFunction 替代了 @RequestMapping 注解，它用于将接收到的请求路由到处理函数。例如：

```
import static org.springframework.http.MediaType.APPLICATION_JSON;
import static org.springframework.web.reactive.function.server.Request
Predicates.*;

PersonRepository repository = ...
PersonHandler handler = new PersonHandler(repository);

RouterFunction<ServerResponse> personRoute =
    route(GET("/person/{id}").and(accept(APPLICATION_JSON)), handler::
getPerson)
        .andRoute(GET("/person").and(accept(APPLICATION_JSON)), handler::
listPeople)
        .andRoute(POST("/person").and(contentType(APPLICATION_JSON)),
handler::createPerson);
```

1.3.5 多语言的支持

Spring 5 支持 Apache Groovy 、Kotlin 及其他的动态语言。这些动态语言包括 JRuby 1.5+、Groovy 1.8+ 和 BeanShell 2.0。

Spring 5 支持 Kotlin 1.1+ 。Kotlin 是一种静态类型的 JVM 语言，它让代码具有表现力、简洁性和可读性。同时，Kotlin 与用 Java 编写的现有库拥有良好的互操作性。

Spring 5 框架为 Kotlin 提供了一流的支持，允许开发人员编写 Kotlin 应用程序，其开发体验令人感觉 Spring 框架就像 Kotlin 的原生框架一样。

以下是一个由 Kotlin 编写的路由到特定端点的例子。

```
@Bean
fun apiRouter() = router {
    (accept(APPLICATION_JSON) and "/api").nest {
        "/book".nest {
            GET("/", bookHandler::findAll)
            GET("/{id}", bookHandler::findOne)
        }
        "/video".nest {
            GET("/", videoHandler::findAll)
            GET("/{genre}", videoHandler::findByGenre)
        }
    }
}
```

1.3.6 支持 HTTP/2

Spring 5 提供专用的 HTTP/2 特性支持，以及对 JDK 9 中的新 HTTP 客户端的支持。尽管

HTTP/2 的服务器推送功能可以通过 Jetty Servlet 引擎的 ServerPushFilter 类来实现，但是如果 Spring 5 能够提供“开箱即用”的 HTTP/2 性能增强功能，势必会提升用户的开发体验。

1.3.7 清理了代码

随着 Java、Java EE 和其他一些框架基准版本的增加，Spring 5 取消了对几个框架的支持，如 Portlet、Velocity、JasperReports、XMLBeans、JDO 和 Guava。

这些被取消的框架，都可以用 Java EE 标准来实现替换，主要表现在以下两方面。

① Spring 5 不再支持一些过时的 API。被剔除的是 Hibernate 3 和 Hibernate 4 版本，它们已经被 Hibernate 5 所替换。

② Spring 5 对包级别也进行了清理。Spring 5 不再支持 beans.factory.access、jdbc.support.nativejdbc、mock.staticmock 及 web.view.tiles2M 等包。

1.3.8 更强的测试套件

Spring Test 拥有了更强的测试套件，包括支持 Spring WebFlux 服务器端点集成测试的 WebTestClient。WebTestClient 使用模拟请求和响应来避免运行服务器，并能够直接绑定到 WebFlux 服务器基础架构中。

WebTestClient 可以被绑定到一个真实的服务器或与控制器一起工作。

以下示例演示了 WebTestClient 绑定到 localhost 地址。

```
WebTestClient testClient = WebTestClient
  .bindToServer()
  .baseUrl("http://localhost:8080")
  .build();
```

以下示例演示了 WebTestClient 绑定到 RouterFunction。

```
RouterFunction bookRouter = RouterFunctions.route(
  RequestPredicates.GET("/books"),
  request -> ServerResponse.ok().build()
);

WebTestClient
  .bindToRouterFunction(bookRouter)
  .build().get().uri("/books")
  .exchange()
  .expectStatus().isOk()
  .expectBody().isEmpty();
```

实战 1.4 快速开启第一个 Spring 应用

本节为 Spring 实战部分。下面从代码角度来看 Spring 是如何运作的。

1.4.1 Hello World项目概述

依照编程惯例，第一个 Spring 应用是一个“Hello World”项目。通过执行该应用，能够输出“Hello World”字样。

Spring 框架包含许多不同的模块。在这个应用中，需要 Spring 提供核心功能的 spring-context 模块。不管开发人员是否选择使用依赖管理工具，都需要确保 spring-context 模块的 jar 在应用的类路径下。当然，为了方便管理依赖，建议开发人员选择 Maven 或 Gradle 来管理项目。

重点 1.4.2 使用 Maven

目前，在业界流行的项目管理方式是使用 Maven。以下是将 spring-context 模块引入应用的 Maven 配置片段。

```
<dependencies>
    <dependency>
        <groupId>org.springframework</groupId>
        <artifactId>spring-context</artifactId>
        <version>5.0.8.RELEASE</version>
    </dependency>
</dependencies>
```

执行“mvn -v”命令，确保在计算机中已经安装了 Maven 。

```
>mvn -v
Apache Maven 3.5.2 (138edd61fd100ec658bfa2d307c43b76940a5d7d; 2017-10-
18T15:58:13+08:00)
Maven home:D:\Program Files\apache-maven-3.5.2\bin\..
Java version:1.8.0_112, vendor: Oracle Corporation
Java home:C:\Program Files\Java\jdk1.8.0_112\jre
Default locale: zh_CN, platform encoding:GBK
OS name:"windows 10", version:"10.0", arch:"amd64", family:"windows"
```

添加 spring-context 模块后，能够在工程下看到如图 1–3 所示的依赖包。

s5-ch01-hello-world
src/main/java
src/main/resources
src/test/java
src/test/resources
JRE System Library [J2SE-1.5]
Maven Dependencies
spring-context-5.0.3.RELEASE.jar - D:\workspaceM
spring-aop-5.0.3.RELEASE.jar - D:\workspaceMave
spring-beans-5.0.3.RELEASE.jar - D:\workspaceMa
spring-core-5.0.3.RELEASE.jar - D:\workspaceMave
spring-jcl-5.0.3.RELEASE.jar - D:\workspaceMaven\
spring-expression-5.0.3.RELEASE.jar - D:\workspac
src
target
pom.xml

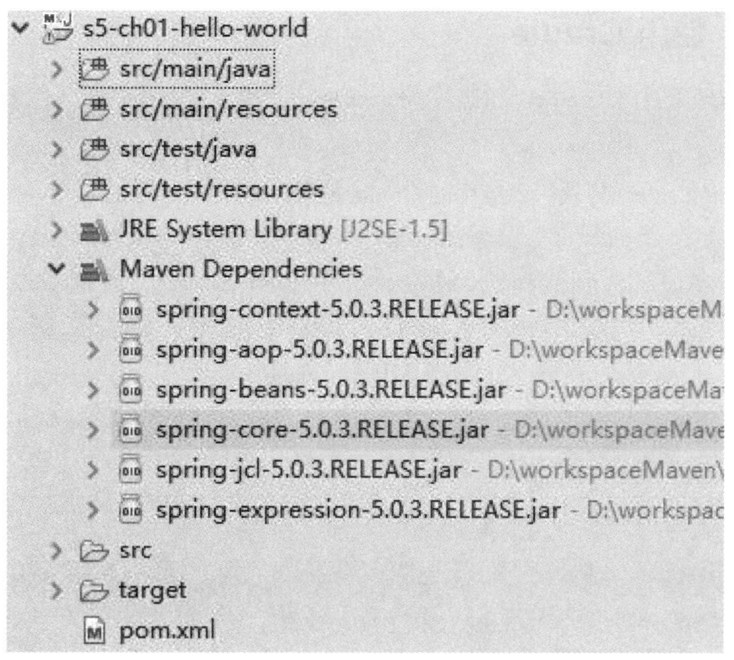

图1–3　spring-context 的依赖包

那么为什么只添加了 spring-context 依赖包，却多出很多的其他 jar 包？这就是 jar 包的依赖关系。spring-context 包本身会依赖其他 jar 包，如 spring-aop、spring-beans、spring-core、spring-expression 这 4 个依赖。而这 4 个依赖自身又会有其他的依赖，最终就会产生依赖树。这就是 Maven 的依赖管理机制。

图 1–4 所示为在 Eclipse 工具下分析出的 spring-context 包的依赖树。

s5-ch01-hello-world/pom.xml
Dependency Hierarchy [test]
Dependency Hierarchy
spring-context : 5.0.3.RELEASE [compile]
spring-aop : 5.0.3.RELEASE [compile]
spring-beans : 5.0.3.RELEASE (omitted for conflict with 5.0.3.RELEASE) [compile]
spring-core : 5.0.3.RELEASE (omitted for conflict with 5.0.3.RELEASE) [compile]
spring-beans : 5.0.3.RELEASE [compile]
spring-core : 5.0.3.RELEASE (omitted for conflict with 5.0.3.RELEASE) [compile]
spring-core : 5.0.3.RELEASE [compile]
spring-jcl : 5.0.3.RELEASE [compile]
spring-expression : 5.0.3.RELEASE [compile]
spring-core : 5.0.3.RELEASE (omitted for conflict with 5.0.3.RELEASE) [compile]
Resolved Dependencies
spring-aop : 5.0.3.RELEASE [compile]
spring-beans : 5.0.3.RELEASE [compile]
spring-context : 5.0.3.RELEASE [compile]
spring-core : 5.0.3.RELEASE [compile]
spring-expression : 5.0.3.RELEASE [compile]
spring-jcl : 5.0.3.RELEASE [compile]
Overview
Dependencies
Dependency Hierarchy
Effective POM
pom.xml

图1–4　spring-context 包的依赖树

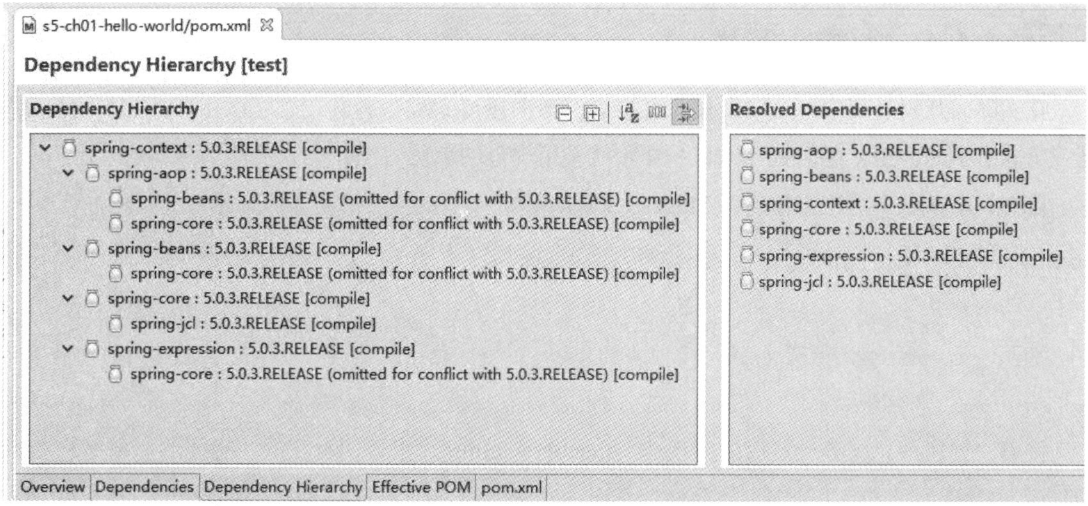

重点 1.4.3 使用 Gradle

另一个依赖管理工具是 Gradle。相比较 Maven 而言，引入同样的依赖，使用 Gradle 将会显得更加简洁。

以下是将 spring-context 模块引入应用的 Gradle 配置片段。

```
dependencies {
    compile 'org.springframework:spring-context:5.0.8.RELEASE'
}
```

执行“gradle -v”命令，以确认已经正确安装了 Gradle。

```
$ gradle -v

------------------------------------------------------------
Gradle 4.5
------------------------------------------------------------

Build time:   2018-01-24 17:04:52 UTC
Revision:     77d0ec90636f43669dc794ca17ef80dd65457bec

Groovy:       2.4.12
Ant:          Apache Ant(TM) version 1.9.9 compiled on February 2 2017
JVM:          1.8.0_162 (Oracle Corporation 25.162-b12)
OS:           Windows 10 10.0 amd64
```

更多 Gradle 的用法，参见笔者的开源书《Gradle 2 用户指南》（https://github.com/waylau/Gradle-2-User-Guide）。

重点 1.4.4 创建服务类

在实际的开发过程中，开发组往往会推崇“面向接口编程”的方式。“Hello World”项目虽然是一个非常小的应用，但仍然可以从一开始就采用规范的编码习惯。

首先，定义一个消息服务接口 MessageService，该接口的主要职责是打印消息。

```
package com.waylau.spring.hello.service;

public interface MessageService {
    String getMessage();
}
```

接着，创建消息服务类接口的实现 MessageServiceImpl，来返回真实的、想要的业务消息。

```
package com.waylau.spring.hello.service;
import org.springframework.stereotype.Service;
@Service
public class MessageServiceImpl implements MessageService {
```

```
    public String getMessage() {
        return "Hello World!";
    }
}
```

其中，@Service 注解声明这个 MessageServiceImpl 是一个 Spring bean。

1.4.5 创建打印器

消息服务完成后，创建一个打印器 MessagePrinter，用于打印消息。

```
package com.waylau.spring.hello;

import org.springframework.beans.factory.annotation.Autowired;
import org.springframework.stereotype.Component;
import com.waylau.spring.hello.service.MessageService;

@Component
public class MessagePrinter {

    final private MessageService service;

    @Autowired
    public MessagePrinter(MessageService service) {
        this.service = service;
    }

    public void printMessage() {
        System.out.println(this.service.getMessage());
    }
}
```

这是期望在执行 printMessage 方法后就能将消息内容打印出来。而消息内容是依赖于 MessageService 来提供的。这里通过 @Autowired 注解，将 MessageService 自动注入。

其中，@Component 的作用与 @Service 注解是一样的，都是为了声明这个类是一个 Spring bean。

1.4.6 创建应用主类

打印器创建已经完成，那么由谁来执行这个打印器呢？此时，需要有一个应用的入口类。

```
package com.waylau.spring.hello;

import org.springframework.context.ApplicationContext;
import org.springframework.context.annotation.AnnotationConfigApplication
Context;
```

```
import org.springframework.context.annotation.ComponentScan;

@ComponentScan
public class Application {

    public static void main(String[] args) {
        @SuppressWarnings("resource")
        ApplicationContext context =
            new AnnotationConfigApplicationContext(Application.class);
        MessagePrinter printer = context.getBean(MessagePrinter.class);
        printer.printMessage();
    }

}
```

Application 是一个典型的 Java Application 类，其中 main 方法就是应用执行的入口。上面的示例显示了依赖注入的基本概念，Spring 管理了所有 bean 的实例化，MessagePrinter 无须通过 new 来实例化，而是直接从 Spring 容器中取出来即可使用。AnnotationConfigApplicationContext 类是 Spring 上下文的一种实现，实现了基于 Java 配置类的加载，主要用于管理 Spring bean。

Application 上的 @ComponentScan 注解非常重要。@ComponentScan 会自动扫描指定包下的全部标有 @Component 的类，并注册成 bean，当然也包括 @Component 下的子注解 @Service、@Repository、@Controller 等。这些 bean 一般是结合 @Autowired 构造函数来注入的。

1.4.7 运行

运行 Application 类，就能在控制台看到“Hello World!”字样的消息了，如下图所示。

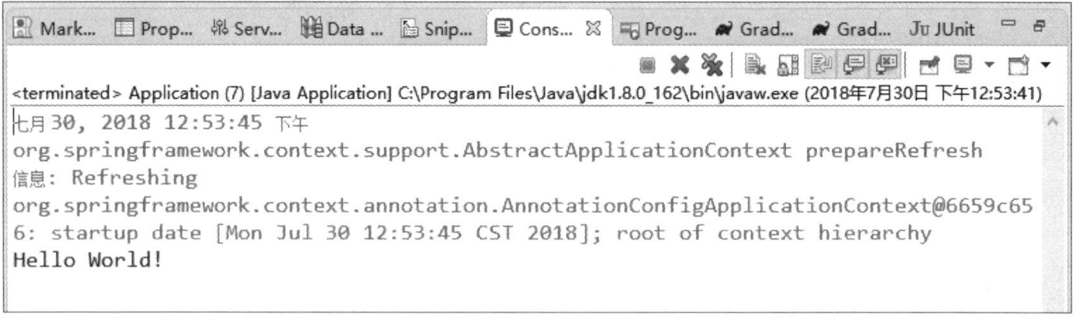

本小节示例源码在 s5-ch01-hello-world 目录下。

1.5 Gradle 与 Maven 的抉择

提起项目管理工具，大家对 Maven 并不陌生。很多知名的项目都是采用 Maven 来构建和管理的，可以说，Maven 已经成为 Java 界项目管理事实上的标准了。那么，这里为什么还要介绍 Gradle？相比较 Maven 而言，Gradle 有哪些优势？

1.5.1 Maven 概述

长期以来，在 Java 编程界，Ant 和 Ivy 分别实现了 Java 程序的编译及依赖管理。Maven 的出现，则是将这两个功能合二为一。

对于 Maven 用户来说，依赖管理是理所当然的。Maven 不仅内置了依赖管理，更有一个拥有庞大 Java 开源软件包的中央仓库，Maven 用户无须进行任何配置就可以直接享用。除此之外，企业也可以在网络中搭建 Maven 镜像库，从而加快下载依赖的速度。

1. Maven 生命周期

Maven 主要有以下 3 种内置的生命周期。每个生命周期，都有自己的一个或一系列的阶段。

① clean：用于清理 Maven 产生的文件和文件夹，包含一个 clean 阶段。

② site：用于处理项目文档的创建，包含一个 site 阶段，该阶段会生成项目的文档。

③ default：用于处理项目的构建和部署。以下是 default 生命周期所包含的主要阶段。

- validate：该阶段用于验证所有项目的信息是否可用和正确。
- process-resources：该阶段复制项目资源到发布包的位置。
- compile：该阶段用于编译源码。
- test：该阶段结合框架执行特定的单元测试。
- package：该阶段按照特定发布包的格式来打包编译后的源码。
- integration-test：该阶段用于处理集成测试环境中的发布包。
- verify：该阶段运行校验发布包是否可用。
- install：该阶段安装发布包到本地库。
- deploy：该阶段安装最终的发布包到配置的库。

在实际使用中，开发人员无须明确指定生命周期。相反，只需要指定一个阶段，Maven 会根据指定的阶段来推测生命周期。例如，当 Maven 以 package 为运行参数时，default 生命周期就会得到执行。Maven 会按顺序运行所有阶段。

每个阶段都由插件目标（goal）组成，插件目标是构建项目的特定任务。

一些目标只在特定阶段才有意义。例如，在 Maven 的 compile 目标中，Maven Compiler 插件在 compile 阶段是有意义的，而 Maven Checkstyle 插件的 checkstyle 目标可能会在任何阶段运行。所以有一些目标必然是属于具体的某个生命周期的阶段，而另一些目标则不是。

表 1-1 所示为有关 Maven 的阶段、插件和目标的对应关系。

表1-1　Maven的阶段、插件和目标的对应关系

阶　段	插　件	目　标
clean	Maven Clean 插件	clean
site	Maven Site 插件	site
process-resources	Maven Resources 插件	resource
compile	Maven Compiler 插件	compile
test	Maven Surefire 插件	test
package	基于包而变化，如Maven JAR插件	jar（在Maven JAR插件的情况下）
install	Maven Install 插件	install
deploy	Maven Deploy 插件	deploy

2. 依赖管理

依赖管理是 Maven 的核心功能。Maven 为 Java 引入了一个新的依赖管理系统。在 Java 中，可以用 groupId、artifactId、version 组成的 Coordination（坐标）唯一标识一个依赖。任何基于 Maven 构建的项目自身也必须定义这 3 项属性，生成的包可以是 jar 包，也可以是 war 包或 ear 包。

以下是一个典型的 Maven 依赖库的坐标。

```
<dependencies>
    <dependency>
        <groupId>org.springframework</groupId>
        <artifactId>spring-context</artifactId>
        <version>5.0.5.RELEASE</version>
    </dependency>
</dependencies>
```

在依赖管理中，另外一个非常重要的概念是 scope（范围）。Maven 有以下 6 种不同的 scope。

① compile：默认就是 compile，它表示被依赖项目需要参与当前项目的编译，当然后续的测试、运行周期也参与其中，是一个比较强的依赖。打包时通常需要包含进去。

② test：该类依赖项目仅参与测试相关的工作，包括测试代码的编译、执行。一般在运行时不需要这种类型的依赖。

③ runtime：表示被依赖项目无须参与项目的编译，不过后期的测试和运行周期需要其参与。典型示例为 logback，如果希望使用 Simple Logging Facade for Java（slf4j）来记录日志，可以使用

logback 绑定。

④ provided：该类依赖只参与编译和运行，但并不需要在发布时打包进发布包。典型示例为 servlet-api，这类依赖通常由应用服务来提供。

⑤ system：从参与度来说，与 provided 相同，不过被依赖项不会从 Maven 仓库获取，而是从本地文件系统获取，所以一定要配合 systemPath 属性使用。例如：

```
<dependency>
    <groupId>com.waylau.spring</groupId>
    <artifactId>boot</artifactId>
    <version>2.0</version>
    <scope>system</scope>
    <systemPath>${basedir}/lib/boot.jar</systemPath>
</dependency>
```

⑥ import：仅用于依赖关系管理部分中 pom 类型的依赖。import 表示指定的 pom 应该被替换为该 pom 的 dependencyManagement 部分中的依赖关系。这是为了集中大型多模块项目的依赖关系。

3. 多模块构建

Maven 支持多模块构建。在现代项目中，经常需要将一个大型软件产品划分为多个模块来进行开发，从而实现软件项目的“高内聚、低耦合”。

Maven 的多模块构建是通过一个名称为项目继承（project inheritance）的功能来实现的，它允许将一些需要继承的元素，在父模块的 pom 文件中进行指定。

一般来说，多模块项目包含一个父模块及多个子模块。下面是一个父模块的 pom 文件示例。

```
<groupId>com.waylau.spring</groupId>
<artifactId>project-with-inheritance</artifactId>
<packaging>pom</packaging>
<version>1.0.0</version>
```

那么，在子模块的 pom 中，需要指定父模块。

```
<parent>
    <groupId>com.waylau.spring</groupId>
    <artifactId>project-with-inheritance</artifactId>
    <version>1.0.0</version>
</parent>
<modelVersion>4.0.0</modelVersion>
<artifactId>child</artifactId>
<packaging>jar</packaging>
<name>Child Project</name>
```

1.5.2 Gradle 概述

Gradle 是一个基于 Ant 和 Maven 概念的项目自动化构建工具。与 Ant 和 Maven 最大的不同在于，它使用一种基于 Groovy 的特定领域语言（DSL）来声明项目设置，抛弃了传统的基于 XML 的各种烦琐配置。

1. Gradle 生命周期

Gradle 是基于编程语言的，开发人员可以自己定义任务（task）和任务之间的依赖，Gradle 会确保有顺序地去执行这些任务及依赖任务，并且每个任务只执行一次。当任务执行时，Gradle 要完成任务和任务之间的定向非循环图（Directed Acyclic Graph）。

Gradle 构建主要有以下 3 个不同的阶段。

①初始化阶段（Initialization）：Gradle 支持单个和多个项目的构建。Gradle 在初始化阶段决定哪些项目（project）参与构建，并且为每一个项目创建一个 Project 类的实例对象。

②配置阶段（Configuration）：在这个阶段配置每个 Project 的实例对象，然后执行这些项目脚本中的一部分任务。

③执行阶段（Execution）：Grade 确定任务的子集，在配置界面中创建和配置这些任务，然后执行任务。这些子集任务的名称被当作参数传递给 Gradle 命令和当前目录，然后，Gradle 执行每一个选择的任务。

2. 依赖管理

通常，一个项目的依赖会包含自己的依赖。例如，Spring 的核心需要几个其他包在类路径中存在才能运行。所以当 Gradle 运行项目的测试时，它也需要找到这些依赖关系，使它们存在于项目中。

Gradle 借鉴了 Maven 中依赖管理的很多优点，甚至可以重用 Maven 中央库，也可以将自己的项目上传到一个远程 Maven 库中。这也是 Gradle 能够成功的非常重要的原因——站在巨人的肩膀上，而非重复发明“轮子”。

下面是 Gradle 声明依赖的例子。

```
apply plugin: 'java'
repositories {
    mavenCentral()
}
dependencies {
    compile group: 'org.hibernate', name: 'hibernate-core', version:
'3.6.7.Final'
    testCompile group: 'junit', name: 'junit', version: '4.+'
}
```

这个脚本说明了几件事。首先，声明使用了 Java 插件；其次，项目需要 Hibernate core 3.6.7.Final 版本来编译，其中隐含的意思是，Hibernate core 和它的依赖在运行时是需要的；最后，需要 junit ≥

4.0 版本，并在测试时编译。同时，告诉 Gradle 依赖要在 Maven 中央库中找。

Java 插件为 Gradle 项目添加了一些依赖关系配置，如表 1–2 所示。它将这些配置分配给诸如 compileJava 和 test 等的任务。

表1–2　Java插件为Gradle添加的依赖关系和配置

名　称	扩展自	所使用的任务	含　义
compile	—	—	编译时依赖
compileOnly	—	—	只用于编译时，不用于运行时
compileClasspath	compile，compileOnly	compileJava	编译类路径，在编译源码时使用
runtime	compile	—	运行时依赖
testCompile	compile	—	用于编译测试
testCompileOnly	—	—	只用于编译测试，不用于运行时
testCompileClasspath	testCompile，testCompileOnly	compileTestJava	测试编译类路径，在编译测试源码时使用
testRuntime	runtime，testCompile	test	只用于测试
archives	—	uploadArchives	本项目生成的工件（如jar 文件）
default	runtime	—	默认配置，包含该项目在运行时所需的文件和依赖项

图 1–5 所示为 Gradle 依赖配置图。

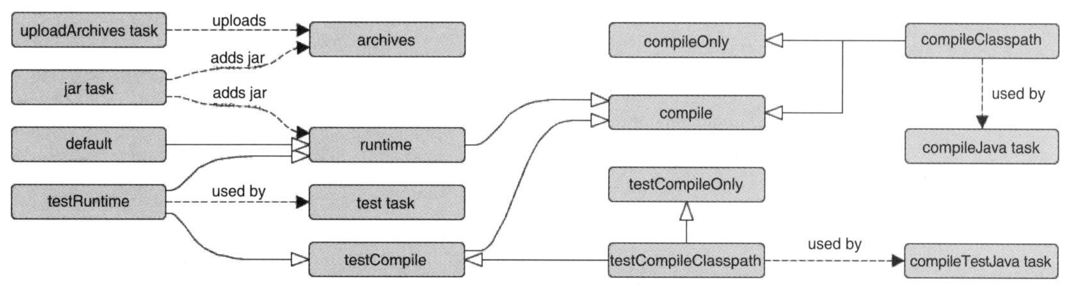

图1–5　Gradle 依赖配置图

3. 多项目构建

Gradle 支持多项目构建。以下是一个多项目构建的示例。在该示例中，有一个父项目及两个

Web 应用程序的子项目。整个构建布局如下。

```
webDist/
  settings.gradle
  build.gradle
  date/
    src/main/java/
      org/gradle/sample/
        DateServlet.java
  hello/
    src/main/java/
      org/gradle/sample/
        HelloServlet.java
```

其中，settings.gradle 文件包含如下内容。

```
include 'date', 'hello'
```

build.gradle 文件包含如下内容。

```
allprojects {
    apply plugin: 'java'
    group = 'org.gradle.sample'
    version = '1.0'
}

subprojects {
    apply plugin: 'war'
    repositories {
        mavenCentral()
    }
    dependencies {
        compile "javax.servlet:servlet-api:2.5"
    }
}

task explodedDist(type: Copy) {
    into "$buildDir/explodedDist"
    subprojects {
        from tasks.withType(War)
    }
}
```

1.5.3 Gradle 与 Maven 对比

Gradle 被称为下一代的构建工具，汲取了 Maven 等构建工具的优点，所以在一开始的设计上，就比较具有前瞻性。从上面的 Gradle 和 Maven 概述中，基本上可以了解这两个构建工具的异同点。

1. 一致的项目结构

对于源码而言，Gradle 与 Maven 拥有一致的项目结构，以下是项目结构的示例。

```
└─src
    ├─main
    │  ├─java
    │  │  └─com
    │  │      └─waylau
    │  │          └─spring
    │  │              └─cloud
    │  │                  └─initializrstart
    │  │                          InitializrStartApplication.java
    │  │
    │  └─resources
    │      │  application.properties
    │      │  banner.jpg
    │      │
    │      ├─static
    │      └─templates
    └─test
        └─java
            └─com
                └─waylau
                    └─spring
                        └─cloud
                            └─initializrstart
                                    InitializrStartApplicationTests.java
```

Gradle 与 Maven 同样都遵循“约定大于配置”的原则，以最大化减少项目的配置。

2. 一致的仓库

Gradle 借鉴了 Maven 的坐标表示法，都可以用 groupId、artifactId、version 组成的坐标来唯一标识一个依赖。

在类库的托管方面，Gradle 并没有自己去创建独立的类库托管平台，而是直接使用 Maven 托管类库的仓库。下面是一个在 Gradle 中指定托管仓库的示例。

```
// 使用了Maven的中央仓库及Spring自己的仓库（也可以指定其他仓库）
repositories {
    mavenCentral()
    maven { url "https://repo.spring.io/snapshot" }
    maven { url "https://repo.spring.io/milestone" }
}
```

3. 支持大型软件的构建

对于大型软件构建的支持，Maven 采用了多模块的概念，而 Gradle 采用了多项目的概念，两者本质上都是为了简化大型软件的开发。

4. 丰富的插件机制

Gradle 和 Maven 都支持插件机制，而且社区对于这两款构建工具插件的支持都是非常丰富的。

5. 采用Groovy 描述而非 XML

在依赖管理的配置方面，Gradle 采用了 Groovy 语言来描述，而非传统的 XML。XML 的好处是语法严谨，这也是为什么在 Web 服务中，采用 XML 来作为信息交换的格式的原因。但这同样也带来了一个弊端，那就是灵活度不够。而 Groovy 是一门编程语言，所以在灵活性方面更胜一筹。

另外，Groovy 在表达依赖关系时，拥有比 XML 更加简洁的表示方式。以下为在 Maven 中引用 Spring 框架依赖的示例。

```
<dependencies>
    <dependency>
        <groupId>org.springframework</groupId>
        <artifactId>spring-context</artifactId>
        <version>5.0.5.RELEASE</version>
    </dependency>
</dependencies>
```

如果是换作 Gradle，只需一行配置。可以改用以下的方式：

```
compile 'org.springframework:spring-context:5.0.5.RELEASE'
```

从这个示例可以看出，XML 相较于 Gradle 的配置脚本是比较低效和冗余的。

6. 性能比对

与 Maven 相比，Gradle 的性能可以说是一大亮点。图 1–6 所示为 Gradle 团队所做的性能测试报告，测试中选取了 Gradle 3.4、Gradle 3.3 及 Maven 3.3.9 这 3 个版本进行性能对比。

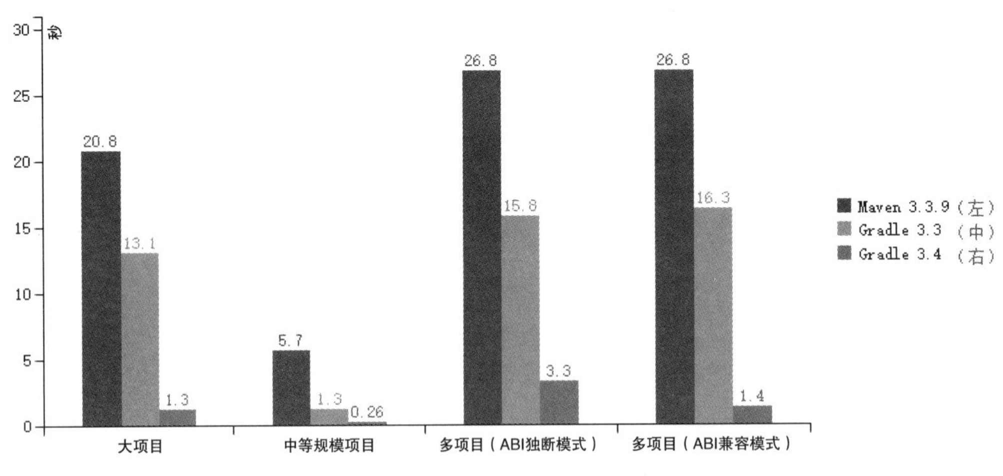

图1–6　Gradle 与 Maven 的性能对比

从图 1–6 中可以明显看到，Gradle 3.4 版本较之 Maven 版本有着 10 倍以上的性能，这也是广大开发者采用 Gradle 的非常重要的原因。

本节对 Gradle 与 Maven 做了比较。Maven 在 Java 领域仍然拥有非常高的占有率，但越来越多的团队（如 Spring、Linkin、Android Studio、Netflix、Adobe、Elasticsearch 等）已经开始转向 Gradle。毕竟，无论是在配置的简洁性方面，还是在性能方面，Gradle 都更胜一筹。为了方便读者学习，本书的案例源码提供了 Gradle、Maven 两种配置方式来进行管理。

第2章

Spring 框架核心概念

2.1 Spring 框架总览

在第 1 章中，已经体验了 Spring 应用的开发过程，而且对 Spring 诞生的历史也做了简单的介绍。其实 Spring 所涵盖的意义远远不止是一个应用框架，下面就来详细解读 Spring。

重点 2.1.1 Spring 的狭义与广义

Spring 有狭义与广义之说。

1. 狭义上的 Spring——Spring Framework

狭义上的 Spring 特指 Spring 框架（Spring Framework）。Spring 框架是为了解决企业应用开发的复杂性而创建的，它的主要优势之一就是分层架构。分层架构允许使用者选择使用哪一个组件，同时为 Java EE 应用程序开发提供集成的框架。Spring 框架使用基本的 POJO 来完成以前只可能由 EJB 完成的事情。Spring 框架不仅仅限于服务器端的开发，而且从简单性、可测试性和松耦合的角度来看，Java 应用开发均可以从 Spring 框架中获益。Spring 框架的核心是控制反转（IoC）和面向切面（AOP）。简单来说，Spring 框架是一个分层的、面向切面与 Java 应用的一站式轻量级开源框架。

Spring 框架的前身是 Rod Johnson 在 *Expert One-on-One J2EE Design and Development* 一书中发表的包含 3 万行代码的附件。在该书中，他展示了如何在不使用 EJB 的情况下构建高质量、可扩展的在线座位预留应用程序。为了构建该应用程序，他写了上万行的基础结构代码。这些代码包含许多可重用的 Java 接口和类，如 ApplicationContext 和 BeanFactory 等。由于 Java 接口是依赖注入的基本构件，因此他将类的根包命名为 com.interface21，即这是一个提供给 21 世纪的参考。根据书中描述，这些代码已经在一些真实的金融系统中使用。

由于该书影响甚广，当时有几个开发人员（如 Juergen Hoeller 及 Yann Caroff）联系 Rod Johnson，希望将 com.interface21 代码开源。Yann Caroff 将这个新框架命名为“Spring”，其含义为 Spring 就像一缕春风扫平传统 J2EE 的寒冬。所以说，Rod Johnson、Juergen Hoeller 及 Yann Caroff 是 Spring 框架的共同创立者。

2003 年 2 月，Spring 0.9 发布，采用了 Apache 2.0 开源协议。2004 年 4 月，Spring 1.0 发布。至此，Spring 框架已经是第 5 个主要版本了。

2. 广义上的 Spring——Spring 技术栈

广义上的 Spring 是指以 Spring 框架为核心的 Spring 技术栈。这些技术栈涵盖了从企业级应用到云计算等各个方面的内容，具体如下。

① Spring Data：Spring 框架中的数据访问模块对 JDBC 及 ORM 提供了很好的支持。随着 NoSQL 和大数据的兴起，出现了越来越多的新技术，如非关系型数据库、MapReduce 框架。Spring Data 正是为了让 Spring 开发者能更方便地使用这些新技术而诞生的“大”项目——它由一系列小

的项目组成，分别为不同的技术提供支持，如 Spring Data JPA、Spring Data Hadoop、Spring Data MongoDB、Spring Data Redis 等。通过 Spring Data，开发者可以用 Spring 提供的相对一致的方式来访问位于不同类型的数据存储中的数据。

② Spring Batch：一款专门针对企业级系统中的日常批处理任务的轻量级框架，能够帮助开发者方便地开发出健壮、高效的批处理应用程序。通过 Spring Batch 可以轻松构建出轻量级的、健壮的并口处理应用，并支持事务、并发、流程、监控、纵向和横向扩展，提供统一的接口管理和任务管理。Spring Batch 对批处理任务进行了一定的抽象，它的架构可以大致分为 3 层，自上而下分别是业务逻辑层、批处理执行环境层和基础设施层。Spring Batch 可以很好地利用 Spring 框架所带来的各种便利，同时也为开发者提供了相对熟悉的开发体验。

③ Spring Integration：在企业软件开发过程中，经常会遇到需要与外部系统集成的情况，这时可能会使用 EJB、RMI、JMS 等各种技术，也许会引入 ESB。如果在开发时使用了 Spring 框架，那么不妨考虑 Spring Integration——它为 Spring 编程模型提供了一个支持企业集成模式的扩展，在应用程序中提供轻量级的消息机制，可以通过声明式的适配器与外部系统进行集成。Spring Integration 中有几个基本的概念，分别为 Message（带有元数据的 Java 对象）、Channel（传递消息的管道）和 Message Endpoint（消息的处理端）。在处理端可以对消息进行转换、路由、过滤、拆分、聚合等操作；更重要的是可以使用 Channel Adapter，这是应用程序与外界交互的地方，输入是 Inbound、输出则是 Outbound，可选的连接类型有很多，如 AMQP、JDBC、Web Services、FTP、JMS、XMPP 及多种 NoSQL 数据库等。只需通过简单的配置文件就能将它们串联在一起，实现复杂的集成工作。

④ Spring Security：前身是 Acegi，是较为成熟的子项目之一，是一款可定制化的身份验证和访问控制框架。读者如果对该技术感兴趣，可以参阅笔者所著的开源书《Spring Security 教程》（https://github.com/waylau/spring-security-tutorial），以了解更多 Spring Security 方面的内容。

⑤ Spring Mobile：对 Spring MVC 的扩展，旨在简化移动 Web 应用的开发。

⑥ Spring for Android：用于简化 Android 原生应用程序开发的 Spring 扩展。

⑦ Spring Boot：指 Spring 团队提供的全新框架，其设计目的是用来简化新 Spring 应用的初始搭建及开发过程。该框架使用了特定的方式来进行配置，从而使开发人员不再需要定义样板化的配置。Spring Boot 为 Spring 平台及第三方库提供了“开箱即用”的设置，这样就可以有条不紊地进行应用的开发。多数 Spring Boot 应用只需要很少的 Spring 配置。通过这种方式，Spring Boot 致力于在蓬勃发展的快速应用开发领域成为领导者。读者如果对该技术感兴趣，可以参阅笔者所著的开源书《Spring Boot 教程》（https://github.com/waylau/spring-boot-tutorial），以了解更多 Spring Boot 方面的内容。本书的第 25 章也会对 Spring Boot 做深入探讨。

⑧ Spring Cloud：使用 Spring Cloud，开发人员可以“开箱即用”地实现分布式系统中常用的服务。这些服务可以在任何环境下运行，不仅包括分布式环境，还包括开发人员的笔记本电脑、裸机数据中心，以及 Cloud Foundry 等托管平台。Spring Cloud 基于 Spring Boot 来进行构建服务，并

可以轻松地集成第三方类库，来增强应用程序的行为。读者如果对该技术感兴趣，可以参阅笔者所著的开源书《Spring Cloud 教程》（https://github.com/waylau/spring-cloud-tutorial），以了解更多 Spring Cloud 方面的内容。本书的第 26 章也会对 Spring Cloud 做深入的探讨。

Spring 的技术栈还有很多，如果读者感兴趣的话，可以访问 Spring 项目页面（https://spring.io/projects）了解更多信息。

3. 约定

由于 Spring 是早期 Spring 框架的总称，因此，有时候“Spring”这个命名会给读者带来困扰。本书约定“Spring 框架”特指狭义上的 Spring，即 Spring Framework；而“Spring”特指广义上的 Spring，泛指 Spring 技术栈。

2.1.2 Spring 框架概述

Spring 框架是整个 Spring 技术栈的核心。Spring 框架实现了对 bean 的依赖管理及 AOP 的编程方式，这些都极大地提升了 Java 企业级应用开发过程中的编程效率，降低了代码之间的耦合。Spring 框架是很好的一站式构建企业级应用的轻量级的解决方案。

1. 模块化的 Spring 框架

Spring 框架是模块化的，允许开发人员自由选择需要使用的部分。例如，可以在任何框架上使用 IoC 容器，也可以只使用 Hibernate 集成代码或 JDBC 抽象层。Spring 框架支持声明式事务管理，通过 RMI 或 Web 服务远程访问用户的逻辑，并支持多种选择来持久化用户的数据。它提供了一个全功能的 Spring MVC 及 Spring WebFlux 框架，同时它也支持 AOP 集成到软件中。

2. 使用 Spring 的好处

Spring 框架是一个轻量级的 Java 平台，能够提供完善的基础设施用来支持开发 Java 应用程序。Spring 负责基础设施功能，开发人员可以专注于应用逻辑的开发。

Spring 可以使用 POJO 来构建应用程序，并将企业服务非侵入性地应用到 POJO。此功能适用于 Java SE 编程模型和完全或部分的 Java EE 模型。

作为一个 Java 应用程序的开发者，可以从 Spring 平台获得以下好处。

①使本地 Java 方法可以执行数据库事务，而无须自己处理事务 API。

②使本地 Java 方法可以执行远程过程，而无须自己处理远程 API。

③使本地 Java 方法成为 HTTP 端点，而无须自己处理 Servlet API。

④使本地 Java 方法可以拥有管理操作，而无须自己处理 JMX API。

⑤使本地 Java 方法可以执行消息处理，而无须自己处理 JMS API。

3. IoC

尽管 Java 平台提供了丰富的应用程序开发功能，但它缺乏组织基本构建块成为一个完整系统的方法。那么，组织系统这个任务最后只能留给架构师和开发人员。开发人员可以使用各种设计模式，如 Factory、Abstract Factory、Builder、Decorator 和 Service Locator 来组合各种类和对象实例构成应用程序。虽然这些模式能解决对应的问题，但使用模式的一个最大的障碍是，除非自己也有非常丰富的经验，否则无法在应用程序中正确地使用它。这就给 Java 开发者带来了一定的技术门槛，特别是那些普通的开发人员。

而 Spring 框架的 IoC 组件就能够通过提供正规化的方法来组合不同的组件，使它们成为一个完整的、可用的应用。Spring 框架将规范化的设计模式作为一等的对象，这样方便开发者将其集成到自己的应用程序中。这也是很多组织和机构选择使用 Spring 框架来开发健壮的、可维护的应用程序的原因。开发人员无须手动处理对象的依赖关系，而是交给了 Spring 容器去管理，这极大地提升了开发体验。

2.1.3 Spring 框架常用模块

Spring 框架基本涵盖了企业级应用开发的各个方面，它由二十多个模块组成。

```
spring-aop                   spring-context-indexer  spring-instrument
spring-orm                   spring-webflux          spring-aspects
spring-context-support       spring-jcl              spring-oxm
spring-webmvc                spring-beans            spring-core
spring-jdbc                  spring-test             spring-websocket
spring-beans-groovy          spring-expression       spring-jms
spring-tx                    spring-context          spring-framework-bom
spring-messaging             spring-web
```

图 2–1 所示为 Spring 框架模块的主要组成部分。

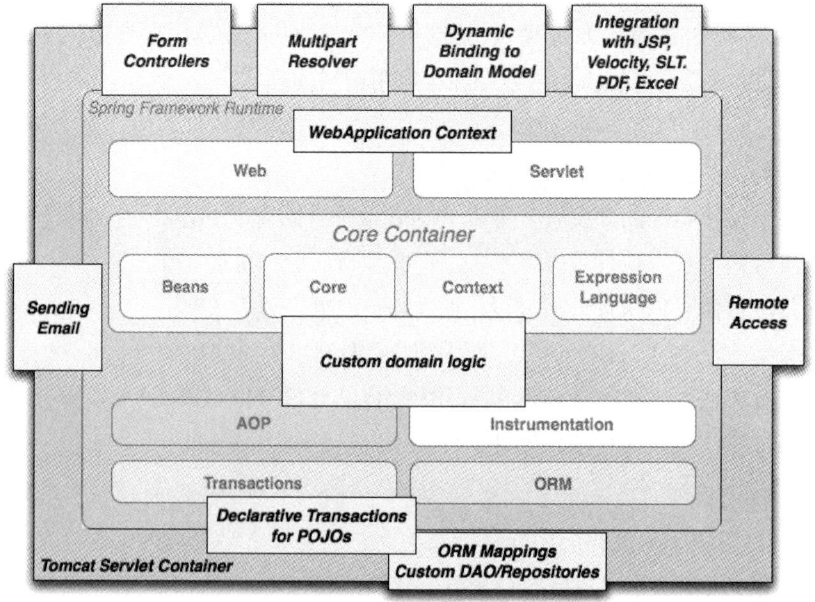

图2–1 Spring 框架模块的主要组成部分

1. 核心容器

核心容器（Core Container）由 spring-core、spring-beans、spring-context、spring-context-support 和 spring-expression（Spring Expression Language）模块组成。

① spring-core 和 spring-beans 模块提供框架的基础部分，包括 IoC 和 Dependency Injection 功能。BeanFactory 是一个复杂工厂模式的实现，无须编程就能实现单例，并允许开发人员将配置和特定的依赖从实际程序逻辑中解耦。

② Context （spring-context）模块建立在 Core 和 Beans 模块提供的功能基础之上，它是一种在框架类型下实现对象存储操作的手段，有一点像 JNDI 注册。Context 继承了 Beans 模块的特性，并且增加了对国际化的支持（如用在资源包中）、事件广播、资源加载和创建上下文（如 一个 Servlet 容器）。Context 模块也支持如 EJB、JMX 和基础远程访问的 Java EE 特性。ApplicationContext 接口是 Context 模块的主要表现形式。spring-context-support 模块提供了对常见第三方库的支持，以便集成到 Spring 应用上下文，如缓存（EhCache、JCache）、调度（CommonJ、Quartz）等。

③ spring-expression 模块提供了一种强大的表达式语言，用来在运行时查询和操作对象图。它是作为 JSP 2.1 规范所指定的统一表达式语言的一种扩展。这种语言支持对属性值、属性参数、方法调用、数组内容存储、收集器和索引、逻辑和算数的操作及命名变量，并且通过名称从 Spring 的控制反转容器中取回对象。表达式语言模块还支持列表投影、选择和通用列表聚合。

2. AOP 及 Instrumentation

spring-aop 模块提供 AOP（面向切面编程）的实现，从而能够实现方法拦截器和切入点完全分离代码。使用源码级别元数据的功能，也可以在代码中加入行为信息，在某种程度上类似于 .NET 属性。

单独的 spring-aspects 模块提供了集成使用 AspectJ。spring-instrument 模块提供了类 instrumentation 的支持和在某些应用程序服务器使用类加载器实现。spring-instrument-tomcat 用于 Tomcat Instrumentation 代理。

3. 消息

自 Spring Framework 4 版本开始提供 spring-messaging 模块，主要包含从 Spring Integration 项目中抽象出来的，如 Message、MessageChannel、MessageHandler 及其他用来提供基于消息的基础服务。该模块还包括一组消息映射方法的注解，类似基于编程模型中的 Spring MVC 的注解。

4. 数据访问/集成

数据访问 / 集成（Data Access/Integration） 层由 JDBC、ORM、OXM、JMS 和 Transaction 模块组成。

① spring-jdbc 模块提供了一个 JDBC 抽象层，这样开发人员就能避免进行一些烦琐的 JDBC 编码和解析数据库供应商特定的错误代码。

② spring-tx 模块支持用于实现特殊接口和所有 POJO 类的编程及声明式事务管理。

③ spring-orm 模块为流行的对象关系映射 API 提供集成层，包括 JPA 和 Hibernate。使用 spring-orm 模块，可以将这些 O/R 映射框架与 Spring 提供的所有其他功能结合使用，如前面提到的简单的声明式事务管理功能。

④ spring-oxm 模块提供了一个支持 Object/XML 映射实现的抽象层，如 JAXB、Castor、JiBX 和 XStream。

⑤ spring-jms 模块包含用于生成和使用消息的功能。从 Spring Framework 4.1 开始，它提供了与 spring-messaging 的集成。

5. Web

Web 层由 spring-web、spring-webmvc、spring-websocket 和 spring-webflux 组成 。

① spring-web 模块提供了基本的面向 Web 开发的集成功能，如文件上传及用于初始化 IoC 容器的 Servlet 监听和 Web 开发应用程序上下文。它也包含 HTTP 客户端及 Web 相关的 Spring 远程访问的支持。

② spring-webmvc 模块（也称 Web Servlet 模块）包含 Spring 的 MVC 功能和 REST 服务功能。

③ spring-websocket 模块是基于 WebSocket 协议通信的程序开发。

④ spring-webflux 模块是 Spring 5 新添加的支持响应式编程的 Web 开发框架。

6. 测试

spring-test 模块支持通过组合 JUnit 或 TestNG 来实现单元测试和集成测试等功能 。它不仅提供了 Spring ApplicationContexts 的持续加载，并能缓存这些上下文，而且提供了可用于孤立测试代码的模拟对象（mock objects）。

难点 2.1.4 Spring 设计模式

在 Spring 框架设计中，广泛使用了设计模式。Spring 使用以下设计模式使企业级应用开发变得简单和可测试。

① Spring 使用 POJO 模式的强大功能来实现企业应用程序的轻量级和最小侵入性的开发。

② Spring 使用依赖注入模式（DI 模式）实现松耦合，并使系统可以更加面向接口编程。

③ Spring 使用 Decorator 和 Proxy 设计模式进行声明式编程。

④ Spring 使用 Template 设计模式消除样板代码。

2.2 IoC 容器

IoC 容器是 Spring 框架中非常重要的核心组件，可以说它是伴随 Spring 的诞生和成长的组件。Spring 通过 IoC 容器来管理所有 Java 对象（也称 bean）及其相互间的依赖关系。

本节全面讲解 IoC 容器的概念及用法。

难点 2.2.1　依赖注入与控制反转

很多人都曾被问及“依赖注入”和“控制反转”之间到底有哪些联系和区别。在 Java 应用程序中，不管是受限的嵌入式应用程序，还是多层架构的服务端企业级应用程序，对象在应用程序中均通过彼此依赖来实现功能。那么“依赖注入”与“控制反转”又是什么关系呢？

“依赖注入”（Dependency Injection）是 Martin Fowler 在 2004 年提出的关于“控制反转”的解释[①]。Martin Fowler 认为“控制反转”一词让人产生疑惑，无法直白地理解“到底哪方面的控制被反转了”。所以 Martin Fowler 建议采用“依赖注入”一词来代替“控制反转”。

“依赖注入”和“控制反转”其实就是一个事物的两种不同的说法而已，本质上是一回事。“依赖注入”是一个程序设计模式和架构模型，有些时候也称为“控制反转”。尽管在技术上来讲，“依赖注入”是一个“控制反转”的特殊实现，但“依赖注入”还指一个对象应用另外一个对象来提供一个特殊的能力。例如，把一个数据库连接以参数的形式传到一个对象的结构方法里，而不是在那个对象内部自行创建一个连接。“依赖注入”和“控制反转”的基本思想就是把类的依赖从类内部转到外部以减少依赖。利用“控制反转”，对象在被创建时，会由一个调控系统统一进行对象实例的管理，将该对象所依赖对象的引用通过调控系统传递给它。也可以说，依赖被注入对象中。所以“控制反转”是关于一个对象如何获取它所依赖对象的引用的过程，而这个过程体现为“谁来传递依赖的引用”这个职责的反转。

控制反转一般分为依赖注入（Dependency Injection，DI）和依赖查找（Dependency Lookup）两种实现类型。其中依赖注入应用比较广泛，Spring 就是采用依赖注入这种方式来实现控制反转的。

2.2.2　IoC 容器和 bean

Spring 通过 IoC 容器来管理所有 Java 对象及其相互间的依赖关系。在软件开发过程中，系统的各个对象之间、各个模块之间、软件系统与硬件系统之间，或多或少都会存在耦合关系，如果一个系统的耦合度过高，就会造成难以维护的问题。但是完全没有耦合的代码是不能工作的，代码之间需要相互协作、相互依赖来完成功能。IoC 技术恰好解决了这类问题，各个对象之间不需要直接关联，而是在需要用到对方时由 IoC 容器来管理对象之间的依赖关系；对于开发人员来说，只需维护相对独立的各个对象代码即可。

IoC 是一个过程，即对象定义其依赖关系，而其他与之配合的对象只能通过构造函数参数、工厂方法的参数，或者在从工厂方法构造或返回后在对象实例上设置的属性来定义依赖关系，随后，IoC 容器在创建 bean 时会注入这些依赖项。这个过程在职责上是反转的，就是把原先代码中需要

① 有关 Martin Fowler 的博客原文，可见 https://martinfowler.com/articles/injection.html。

实现的对象创建、依赖的代码反转给容器来帮忙实现和管理，所以称为“控制反转”。

IoC 的应用有以下两种设计模式。

①反射：在运行状态中，根据提供的类的路径或类名，通过反射来动态地获取该类的所有属性和方法。

②工厂模式：把 IoC 容器当作一个工厂，在配置文件或注解中给出定义，然后利用反射技术，根据给出的类名生成相应的对象。对象生成的代码及对象之间的依赖关系在配置文件中定义，这样就实现了解耦。

org.springframework.beans 和 org.springframework.context 包是 Spring IoC 容器的基础。BeanFactory 接口提供了能够管理任何类型对象的高级配置机制。ApplicationContext 是 BeanFactory 的子接口，它更容易与 Spring 的 AOP 功能集成，进行消息资源处理（用于国际化）、事件发布，以及作为应用层特定的上下文（如用于 Web 应用程序的 WebApplicationContext）。简言之，BeanFactory 提供了基本的配置功能，而 ApplicationContext 在此基础之上增加了更多的企业特定功能。

在 Spring 应用中，bean 是由 Spring IoC 容器进行实例化、组装并受其管理的对象。bean 和它们之间的依赖关系反映在容器使用的配置元数据中。

难点 2.2.3 配置元数据

配置元数据（Configuration Metadata）描述了 Spring 容器在应用程序中是如何来实例化、配置和组装对象的。

最初，Spring 用 XML 文件格式记录配置元数据，从而很好地实现了 IoC 容器本身与实际写入此配置元数据的格式完全分离。

当然，基于 XML 的元数据不是唯一允许的配置元数据形式。目前，比较流行的配置元数据的方式是采用注解或基于 Java 的配置。

①基于注解的配置：Spring 2.5 引入了支持基于注解的配置元数据。

②基于 Java 的配置：从 Spring 3.0 开始，Spring JavaConfig 项目提供了许多功能，并成为 Spring 框架核心的一部分。因此，可以使用 Java 而不是 XML 文件来定义应用程序类外部的 bean。这类注解，比较常用的有 @Configuration、@Bean、@Import 和 @DependsOn 等。

Spring 配置至少需要一个或多个由容器管理的 bean。基于 XML 的配置元数据，需要用 <beans/> 元素内的 <bean/> 元素来配置这些 bean；而在基于 Java 的配置方式中，通常在 @Configuration 注解的类中使用 @Bean 注解的方法。

以下示例显示了基于 XML 的配置元数据的基本结构。

```
<?xml version="1.0" encoding="UTF-8"?>
<beans xmlns="http://www.springframework.org/schema/beans"
    xmlns:xsi="http://www.w3.org/2001/XMLSchema-instance"
```

```
    xsi:schemaLocation="http://www.springframework.org/schema/beans
        http://www.springframework.org/schema/beans/spring-beans.xsd">

    <bean id="..." class="...">
        <!-- 放置这个bean的协作者和配置 -->
    </bean>

    <bean id="..." class="...">
        <!-- 放置这个bean的协作者和配置 -->
    </bean>

    <!-- 省略了更多的bean的配置-->
</beans>
```

在上面的 XML 文件中，id 属性是用于标识单个 bean 定义的字符串，它的值是指协作对象；class 属性定义 bean 的类型，并使用完全限定的类名。

以下示例显示了基于注解的配置元数据的基本结构。

```
@Configuration
public class AppConfig {

    @Bean
    public MyService myService() {
       return newMyServiceImpl();
    }
}
```

重点 2.2.4　实例化容器

Spring IoC 容器需要在应用启动时进行实例化。在实例化过程中，IoC 容器会从各种外部资源（如本地文件系统、Java 类路径等）加载配置元数据，提供给 ApplicationContext 构造函数。

下面是一个从类路径中加载基于 XML 的配置元数据的示例。

```
ApplicationContext context =
    newClassPathXmlApplicationContext(newString[] {"services.xml","daos.
xml"});
```

当系统规模比较大时，通常会让 bean 定义分到多个 XML 文件。这样，每个单独的 XML 配置文件通常能够表示系统结构中的逻辑层或模块，就像上面的示例所演示的那样。 当某个构造函数需要多个资源位置时，可以使用一个或多个 <import/> 从另一个文件加载 bean 的定义。例如：

```
<beans>
    <import resource="services.xml"/>
    <import resource="resources/messageSource.xml"/>
    <import resource="/resources/themeSource.xml"/>
    <bean id="bean1" class="..."/>
```

```
    <bean id="bean2" class="..."/>
</beans>
```

重点 2.2.5 使用容器

ApplicationContext 是高级工厂的接口，能维护不同 bean 及其依赖项的注册表。其提供的方法 T getBean(String name, Class< T > requiredType)，可以用于检索 bean 的实例。

ApplicationContext 读取 bean 定义并按以下方式访问它们。

```
// 创建并配置 bean
ApplicationContext context =
    newClassPathXmlApplicationContext("services.xml", "daos.xml");

// 检索配置了的 bean 实例
PetStoreService service = context.getBean("petStore", PetStoreService.
class);

// 使用 bean 实例
List<String> userList = service.getUsernameList();
```

如果配置方式不是 XML 而是 Groovy，则将 ClassPathXmlApplicationContext 更改为 Generic-GroovyApplicationContext 即可。GenericGroovyApplicationContext 是另外一个 Spring 框架上下文的实现。

```
ApplicationContext context =
    newGenericGroovyApplicationContext("services.groovy", "daos.groovy");
```

以上是使用 ApplicationContext 的 getBean 来检索 bean 实例的方式。ApplicationContext 接口还有其他一些检索 bean 的方法，但理想情况下，应用程序代码不应该使用它们。因为程序代码根本不需要调用 getBean 方法，就可以完全不依赖于 Spring API。例如，Spring 与 Web 框架的集成为各种 Web 框架组件（如控制器和 JSF 托管的 bean）提供了依赖注入，允许开发人员通过元数据（如自动装配注入）声明对特定 bean 的依赖关系。

2.2.6 bean 的命名

每个 bean 都有一个或多个标识符。这些标识符在托管 bean 的容器中必须是唯一的。一个 bean 通常只有一个标识符，如果它需要多个标识符，额外的标识符会被认为是别名。

在基于 XML 的配置元数据中，使用 id 或 name 属性来指定 bean 标识符。id 属性允许指定一个 id。通常，这些标识符的名称是字母，如“myBean”“userService”等，但也可能包含特殊字符。如果想向 bean 引入其他别名，也可以在 name 属性中指定它们，用“,”“;”或空格分隔。由于历史原因，在 Spring 3.1 以前的版本中，id 属性被定义为一个 xsd:ID 类型，因此限制了可能的字符。

从 Spring 3.1 开始，它被定义为一个 xsd:string 类型。值得注意的是，虽然类型做了更改，但 bean id 的唯一性仍由容器强制执行。

用户可以不必为 bean 提供名称或标识符。如果没有显式提供名称或标识符，则容器会为该 bean 自动生成唯一的名称。但是如果要通过名称引用该 bean，则必须提供一个名称。

在命名 bean 时尽量使用标准 Java 约定。也就是说，bean 的名称要遵循以一个小写字母开头的骆驼法命名规则，如“accountManager”“accountService”“userDao”“loginController”等。使用这样命名的 bean 会让应用程序的配置更易于阅读和理解。

Spring 为未命名的组件生成 bean 名称，同样遵循以上规则。本质上，最简单的命名方式就是直接采用类名称并将其初始字符变为小写。但也有特例，当前两个字符或多个字符是大写时，可以不进行处理。例如，“URL”类 bean 的名词仍然是“URL”。这些命名规则，定义在 java.beans.Introspector.decapitalize 方法中。

2.2.7 实例化 bean 的方式

所谓 bean 的实例化，就是根据配置来创建对象的过程。

如果是使用基于 XML 的配置方式，则在 <bean/> 元素的 class 属性中指定需要实例化的对象的类型（或类）。这个 class 属性在内部实现，通常是一个 BeanDefinition 实例的 class 属性。但也有例外情况，如使用工厂方法或 bean 定义继承进行实例化。

使用 class 属性有以下两种方式。

①通常，容器本身是通过反射机制来调用指定类的构造函数，从而创建 bean。这与使用 Java 代码的 new 运算符相同。

②通过静态工厂方法创建的类中包含静态方法。通过调用静态方法返回对象的类型可能与 class 一样，也可能完全不一样。

如果想配置使用静态的内部类，必须用内部类的二进制名称。例如，在 com.waylau 包下有一个 User 类，而 User 类中有一个静态的内部类 Account，这种情况下 bean 定义的 class 属性应该是“com.waylau.User”字符，用来分割外部类和内部类的名称。

概括起来，bean 的实例化有以下 3 种方式。

1. 通过构造函数实例化

Spring IoC 容器可以管理几乎所有想让它管理的类，而不仅仅是管理 POJO。大多数 Spring 用户更喜欢使用 POJO（一个默认无参的构造方法和 setter、getter 方法）。但在容器中使用非 bean 形式的类也是可以的。例如，遗留系统中的连接池很显然与 JavaBean 规范不符，但 Spring 也能管理它。

当开发人员使用构造方法来创建 bean 时，Spring 对类来说，并没有什么特殊。也就是说，正在开发的类不需要实现任何特定的接口或以特定的方式进行编码。但是，根据所使用的 IoC 类型，很可能需要一个默认（无参）的构造方法。

当使用基于 XML 的元数据配置文件时，可以如下这样来指定 bean 类。

```
<bean id="exampleBean" class="waylau.ExampleBean"/>
<bean name="anotherExample" class="waylau.ExampleBeanTwo"/>
```

2. 使用静态工厂方法实例化

当采用静态工厂方法创建 bean 时，除了需要指定 class 属性外，还需要通过 factory-method 属性来指定创建 bean 实例的工厂方法，Spring 将调用此方法返回实例对象。就此而言，它与通过普通构造器创建类实例没什么两样。下面的 bean 定义展示了如何通过工厂方法来创建 bean 实例。

以下是基于 XML 的元数据配置文件。

```
<bean id="clientService"
    class="waylau.ClientService"
    factory-method="createInstance"/>
```

以下是需要创建实例的类的定义。

```
public class ClientService {
    private static ClientService clientService = newClientService();
    private ClientService() {}

    public static ClientService createInstance() {
        return clientService;
    }
}
```

注意：在此例中，createInstance() 必须是一个 static 方法。

3. 使用工厂实例方法实例化

通过调用工厂实例的非静态方法进行实例化，与通过静态工厂方法实例化类似。使用这种方式时，class 属性设置为空，而 factory-bean 属性必须指定为当前（或其祖先）容器中包含工厂方法的 bean 的名称，而该工厂 bean 的工厂方法本身必须通过 factory-method 属性来设定。

以下是基于 XML 的元数据配置文件。

```
<!-- 工厂bean，包含createInstance()方法 -->
<bean id="serviceLocator" class="waylau.DefaultServiceLocator">
    <!-- 其他需要注入的依赖项 -->
</bean>

<!-- 通过工厂bean创建的ben -->
<bean id="clientService"
    factory-bean="serviceLocator"
    factory-method="createClientServiceInstance"/>
```

以下是需要创建实例的类的定义。

```
public class DefaultServiceLocator {

    private static ClientService clientService = newClientServiceImpl();
    private DefaultServiceLocator() {}

    public ClientService createClientServiceInstance() {
        return clientService;
    }
}
```

当然，一个工厂类也可以有多个工厂方法。以下是基于 XML 的元数据配置文件。

```
<bean id="serviceLocator" class="waylau.DefaultServiceLocator">
    <!-- 其他需要注入的依赖项 -->
</bean>
<bean id="clientService"
    factory-bean="serviceLocator"
    factory-method="createClientServiceInstance"/>
<bean id="accountService"
    factory-bean="serviceLocator"
    factory-method="createAccountServiceInstance"/>
```

以下是需要创建实例的类的定义。

```
public class DefaultServiceLocator {
    private static ClientService clientService = newClientServiceImpl();
    private static AccountService accountService = newAccountServiceImpl();
    private DefaultServiceLocator() {}
    public ClientService createClientServiceInstance() {
        return clientService;
    }
    public AccountService createAccountServiceInstance() {
        return accountService;
    }
}
```

重点 2.2.8 注入方式

在 Spring 框架中，主要有以下两种注入方式。

1. 基于构造函数

基于构造函数的 DI 是通过调用具有多个参数的构造函数的容器来完成的，每个参数表示依赖关系，这与调用具有特定参数的静态工厂方法来构造 bean 几乎是等效的。以下示例演示了一个只能使用构造函数将依赖进行注入的类，该类是一个 POJO，并不依赖于容器特定的接口、基类或注解。

```
public class SimpleMovieLister {

    // SimpleMovieLister依赖于MovieFinder
```

```
    private MovieFinder movieFinder;

    // Spring容器可以通过构造器来注入MovieFinder
    public SimpleMovieLister(MovieFinder movieFinder) {
        this.movieFinder = movieFinder;
    }

    // 省略使用注入的MovieFinder的具体业务逻辑
...
}
```

基于构造函数的 DI 通常需要处理传参。构造函数的参数解析是通过参数的类型来匹配的。如果 bean 的构造函数参数不存在歧义，那么构造器参数的顺序也就是这些参数实例化及装载的顺序。参考如下代码。

```
package x.y;
public class Foo {
    public Foo(Bar bar, Baz baz) {
        // ...
    }
}
```

假设 Bar 和 Baz 在继承层次上不相关，也没有什么歧义，下面的配置完全可以正常工作，开发者不需要再去 <constructor-arg> 元素中指定构造函数参数的索引或类型信息。

```
<beans>
    <bean id="foo" class="x.y.Foo">
        <constructor-arg ref="bar"/>
        <constructor-arg ref="baz"/>
    </bean>
    <bean id="bar" class="x.y.Bar"/>
    <bean id="baz" class="x.y.Baz"/>
</beans>
```

当引用另一个 bean 时，如果类型确定，匹配就会正常工作（如上面的例子）。

当使用简单的类型时，如 <value>true</value>，Spring IoC 容器是无法判断值的类型的，所以是无法匹配的。参考代码如下。

```
package waylau;
public class ExampleBean {
    private int years;
    private String ultimateAnswer;
    public ExampleBean(int years, String ultimateAnswer) {
        this.years = years;
        this.ultimateAnswer = ultimateAnswer;
    }
}
```

那么，在上面这种情况下，容器可以通过使用构造函数参数的 type 属性来实现简单类型的匹配。例如：

```
<bean id="exampleBean" class="waylau.ExampleBean">
    <constructor-arg type="int" value="7500000"/>
    <constructor-arg type="java.lang.String" value="42"/>
</bean>
```

或者使用 index 属性来指定构造参数的位置。例如：

```
<bean id="exampleBean" class="waylau.ExampleBean">
    <constructor-arg index="0" value="7500000"/>
    <constructor-arg index="1" value="42"/>
</bean>
```

以上这个索引也同时是为了解决构造函数中有多个相同类型的参数无法精确匹配的问题。需要注意的是，索引是从 0 开始的。

开发者也可以通过参数的名称来去除二义性。例如：

```
<bean id="exampleBean" class="waylau.ExampleBean">
    <constructor-arg name="years" value="7500000"/>
    <constructor-arg name="ultimateAnswer" value="42"/>
</bean>
```

需要注意的是，做这项工作的代码必须启用了调试标记编译，这样 Spring 才可以从构造函数中查找参数名称。开发者也可以使用 @ConstructorProperties 注解来显式声明构造函数的名称，参考如下代码。

```
package waylau;
public class ExampleBean {
    // 省略了字段
    ...
    @ConstructorProperties({"years", "ultimateAnswer"})
    public ExampleBean(int years, String ultimateAnswer) {
        this.years = years;
        this.ultimateAnswer = ultimateAnswer;
    }
}
```

2. 基于 setter 方法

基于 setter 方法的 DI 是在通过调用无参数构造函数或无参数静态工厂方法来实例化 bean 后，通过容器调用 bean 的 setter 方法完成的。

以下示例演示了一个只能使用 setter 方法将依赖进行注入的类。该类是一个 POJO，并不依赖于容器特定的接口、基类或注解。

```
public class SimpleMovieLister {
```

```
    // SimpleMovieLister依赖于MovieFinder
    private MovieFinder movieFinder;

    // Spring容器可以通过setter方法来注入MovieFinder
    public void setMovieFinder(MovieFinder movieFinder) {
        this.movieFinder = movieFinder;
    }

    // 省略使用注入的MovieFinder的具体业务逻辑
...
}
```

2.2.9 实战：依赖注入的例子

本小节在“Hello world”应用示例（s5-ch01-hello-world）的基础上进行改造，将其修改成为一个新的用于展示依赖注入的示例“Dependency Injection”（s5-ch02-dependency-injection）。

“Hello world”应用示例是采用了基于 Java 的配置方式，而在本示例中是采用了基于 XML 的配置方式。下面将会演示基于构造函数的依赖注入，同时也会演示如何解析构造函数的参数。

1. 修改服务类

在“Hello World”应用示例中，开发者已经定义了消息服务接口 MessageService，该接口的主要职责是打印消息。所以在新的“Dependency Injection”应用中是不用做修改的。

```
public interface MessageService {
    String getMessage();
}
```

开发者需要修改消息服务类接口的实现 MessageServiceImpl，用来返回真实的、想要的业务消息。

```
package com.waylau.spring.di.service;
public class MessageServiceImpl implements MessageService {
    private String username;
    private int age;
    public MessageServiceImpl(String username, int age) {
        this.username = username;
        this.age = age;
    }
public String getMessage() {
    return "Hello World! " + username + ", age is " + age;
    }
}
```

其中，MessageServiceImpl 是带参构造函数， username、age 这两个参数的值将在 getMessage 方法中返回。

2. 修改打印器

前面已经创建了打印器 MessagePrinter，用于打印消息。现在所要修改的内容是将 @Component、@Autowired 注解去掉，改为基于 XML 的配置。

```
package com.waylau.spring.di;
import com.waylau.spring.di.service.MessageService;
public class MessagePrinter {
    final private MessageService service;
    public MessagePrinter(MessageService service) {
        this.service = service;
    }
    public void printMessage() {
        System.out.println(this.service.getMessage());
    }
}
```

开发者期望在执行 printMessage 方法后就能将消息内容打印出来。而消息内容是依赖 MessageService 来提供的。这里通过 XML 配置，将 MessageService 的实现改为注入。

3. 修改应用主类

Application 是应用的入口类，参考如下代码对其进行修改。

```
package com.waylau.spring.di;

import org.springframework.context.ApplicationContext;
import org.springframework.context.support.ClassPathXmlApplicationContext;
public class Application {
    public static void main(String[] args) {
        @SuppressWarnings("resource")
        ApplicationContext context = newClassPathXmlApplicationContext
("spring.xml");
        MessagePrinter printer = context.getBean(MessagePrinter.class);
        printer.printMessage();
    }
}
```

由于应用是基于 XML 的配置，因此这里需要 ClassPathXmlApplicationContext 类。这个类是 Spring 上下文的一种实现，可以实现基于 XML 的配置加载。按照约定，Spring 应用的配置文件 spring.xml 放置在应用的 resources 目录下。

4. 创建配置文件

在应用的 resources 目录下，创建了一个 Spring 应用的配置文件 spring.xml。

```
<?xml version="1.0" encoding="UTF-8"?>
<beans xmlns="http://www.springframework.org/schema/beans"
    xmlns:xsi="http://www.w3.org/2001/XMLSchema-instance"
```

```
    xmlns:context="http://www.springframework.org/schema/context"
    xsi:schemaLocation="
        http://www.springframework.org/schema/beans
        http://www.springframework.org/schema/beans/spring-beans.xsd
        http://www.springframework.org/schema/context
        http://www.springframework.org/schema/context/spring-context.xsd">

    <!-- 定义 bean -->
    <bean id="messageServiceImpl"
        class="com.waylau.spring.di.service.MessageServiceImpl">
        <constructor-arg name="username" value="Way Lau"/>
        <constructor-arg name="age" value="30"/>
    </bean>

    <bean id="messagePrinter" class="com.waylau.spring.di.MessagePrinter">
        <constructor-arg name="service" ref="messageServiceImpl"/>
    </bean>
</beans>
```

在该 spring.xml 文件中，可以清楚地看到 bean 之间的依赖关系。messageServiceImpl 有两个构造函数的参数 username 和 age，其参数值在实例化时就解析了。messagePrinter 引用了 messageServiceImpl 作为其构造函数的参数。

5. 运行

运行 Application 类，就能在控制台中看到“Hello World! Way Lau, age is 30”字样的信息了。

重点 2.2.10 依赖注入的详细配置

在上面的示例中展示了依赖注入的大部分配置。开发者可以通过定义 bean 的依赖来引用其他 bean 或一些值。Spring 基于 XML 的配置元数据，通过支持一些子元素 <property/> 及 <constructor-arg/> 来达到这一目的。这些配置可以满足应用开发的大部分场景。

下面就这些配置内容进行详细的讲解。

1. 直接赋值

直接赋值支持字符串、原始类型的数据。

元素 <property/> 中的 value 属性允许以对人友好、易读的形式配置属性或构造参数。Spring 的便利之处就是将这些字符串的值转换为指定的类型。

```
<bean id="myDataSource" class="org.apache.commons.dbcp.BasicDataSource"
    destroy-method="close">
    <property name="driverClassName" value="com.mysql.jdbc.Driver"/>
    <property name="url" value="jdbc:mysql://localhost:3306/mydb"/>
    <property name="username" value="root"/>
    <property name="password" value="masterkaoli"/>
</bean>
```

下面的示例使用的 p 命名空间，是更为简洁的 XML 配置。

```
<beans xmlns="http://www.springframework.org/schema/beans"
    xmlns:xsi="http://www.w3.org/2001/XMLSchema-instance"
    xmlns:p="http://www.springframework.org/schema/p"
    xsi:schemaLocation="http://www.springframework.org/schema/beans
    http://www.springframework.org/schema/beans/spring-beans.xsd">
    <bean id="myDataSource"
        class="org.apache.commons.dbcp.BasicDataSource"
        destroy-method="close"
        p:driverClassName="com.mysql.jdbc.Driver"
        p:url="jdbc:mysql://localhost:3306/mydb"
        p:username="root"
        p:password="masterkaoli"/>
</beans>
```

虽然上面的 XML 配置更为简洁，但因为属性的类型是在运行时确定，而非设计时确定的，所以可能需要 IDE 特定的支持才能够自动完成属性配置。

开发者也可以定义一个 java.util.Properties 实例，例如：

```
<bean id="mappings"
    class="org.springframework.beans.factory.config.PropertyPlaceholder
Configurer">

    <!-- 是一个java.util.Properties类型 -->
    <property name="properties">
        <value>
            jdbc.driver.className=com.mysql.jdbc.Driver
            jdbc.url=jdbc:mysql://localhost:3306/mydb
        </value>
    </property>
</bean>
```

Spring 的容器会将 <value> 中的文本通过使用 JavaBean 的 PropertyEditor 机制转换为一个 java.util.Properties 实例。这既是一个捷径，也是一些 Spring 团队更喜欢使用嵌套的 <value> 元素，而不喜欢使用 value 属性风格的原因。

2. 引用其他 bean

如果 bean 之间有协作关系，则可以引用其他 bean。ref 元素是 <constructor-arg> 或者 <property> 中的一个终极标签。开发者可以通过这个标签配置一个 bean 来引用另一个 bean。当需要引用一个 bean 时，被引用的 bean 会先实例化，然后配置属性，也就是引用的依赖。如果该 bean 是单例，那么该 bean 会由容器初始化。所有引用最终都是对另一个对象的引用。bean 的范围及校验取决于开发者是否通过 bean、local、parent 这些属性来指定对象的 id 或 name 属性。

通过指定 bean 属性中的 <ref/> 来指定依赖是最常见的一种方式，可以引用容器或父容器中的 bean，无论是否在同一个 XML 文件定义都可以引用。其中 bean 属性的值可以与其他引用 bean 中的 id 属性一致，或者与其中的一个 name 属性一致。

```
<ref bean="someBean"/>
```

通过指定 bean 的 parent 属性会创建一个引用到当前容器的父容器。parent 属性的值可以与目标 bean 的 id 属性一致，或者与目标 bean 的 name 属性中的一个一致，且目标 bean 必须是当前引用目标 bean 容器的父容器。开发者一般只有在存在层次化容器关系，并且希望通过代理来包裹父容器中一个存在的 bean 时才会用到这个属性。

下面来看一个示例。这个 accountService 是父容器的 bean。

```
<bean id="accountService" class="com.waylau.SimpleAccountService">
</bean>
```

在子容器中，同样有一个名称为 accountService 的 bean。

```
<bean id="accountService"
    class="org.springframework.aop.framework.ProxyFactoryBean">
    <property name="target">
        <ref parent="accountService"/>
    </property>
</bean>
```

由于两个容器都有相同 id 属性 bean，为了避免歧义，因此需要加 parent 属性的值。

3. 内部 bean

定义在 <bean> 元素的 <property>，或者 <constructor-arg> 元素之内的 bean，称为内部 bean。

```
<bean id="outer" class="...">
    <property name="target">
    <bean class="com.waylau.Person">
        <property name="name" value="Way Lau"/>
        <property name="age" value="30"/>
      </bean>
    </property>
</bean>
```

内部 bean 的定义是不需要指定 id 或名称的。如果指定了，容器也不会用其作为区分 bean 的标识符，反而会无视内部 bean 的 scope 标签。所以内部 bean 总是匿名的，而且总是随着外部 bean 来创建的。开发者是无法将内部的 bean 注入外部 bean 以外的其他 bean 的。

4. 集合

在 <list>、<set>、<map> 和 <props> 元素中，开发者可以配置 Java 集合类型 List、Set、Map 及 Properties 的属性和参数。

```
<bean id="moreComplexObject" class="waylau.ComplexObject">
    <property name="adminEmails">
```

```
        <props>
            <prop key="administrator">administrator@waylau.com</prop>
            <prop key="support">support@waylau.com</prop>
            <prop key="development">development@waylau.com</prop>
        </props>
    </property>
    <property name="someList">
        <list>
            <value>a list element followed by a reference</value>
            <ref bean="myDataSource"/>
        </list>
    </property>
    <property name="someMap">
        <map>
            <entry key="an entry" value="just some string"/>
            <entry key="a ref" value-ref="myDataSource"/>
        </map>
    </property>
    <property name="someSet">
        <set>
            <value>just some string</value>
            <ref bean="myDataSource"/>
        </set>
    </property>
</bean>
```

当然，map 的 key 或 value，或者是集合的 value 都可以配置为下列元素。

```
bean | ref | idref | list | set | map | props | value | null
```

5. Null 及空字符的值

Spring 会将属性的空参数，直接当成空字符串来处理。下面基于 XML 的元数据配置就会将 email 属性配置为空字符串。

```
<bean class="ExampleBean">
    <property name="email" value=""/>
</bean>
```

上面的示例和下列 Java 代码效果是一致的。

```
exampleBean.setEmail("");
```

而 <null/> 元素则是来处理 Null 值的。

```
<bean class="ExampleBean">
    <property name="email">
        <null/>
    </property>
</bean>
```

上面的代码和下面的 Java 代码效果是一致的。

```
exampleBean.setEmail(null);
```

6. XML 短域名空间

p 命名空间令开发者可以使用 bean 的属性，而不用使用嵌套的 <property/> 元素就能描述开发者想要注入的依赖。以下是使用了 p 命名空间的例子。

```
<beans xmlns="http://www.springframework.org/schema/beans"
    xmlns:xsi="http://www.w3.org/2001/XMLSchema-instance"
    xmlns:p="http://www.springframework.org/schema/p"
    xsi:schemaLocation="http://www.springframework.org/schema/beans
        http://www.springframework.org/schema/beans/spring-beans.xsd">
    <bean name="classic" class="com.waylau.ExampleBean">
        <property name="email" value="foo@bar.com"/>
    </bean>
    <bean name="p-namespace" class="com.waylau.ExampleBean"
        p:email="foo@bar.com"/>
</beans>
```

与 p 命名空间类似，c 命名空间允许内联的属性来配置构造参数，而不用使用 constructor-arg 元素。c 命名空间是在 Spring 3.1 版本首次引入的。

下面是一个使用了 c 命名空间的例子。

```
<beans xmlns="http://www.springframework.org/schema/beans"
    xmlns:xsi="http://www.w3.org/2001/XMLSchema-instance"
    xmlns:c="http://www.springframework.org/schema/c"
    xsi:schemaLocation="http://www.springframework.org/schema/beans
        http://www.springframework.org/schema/beans/spring-beans.xsd">
    <bean id="bar" class="x.y.Bar"/>
    <bean id="baz" class="x.y.Baz"/>
    <!-- traditional declaration -->
    <bean id="foo" class="x.y.Foo">
        <constructor-arg ref="bar"/>
        <constructor-arg ref="baz"/>
        <constructor-arg value="foo@waylau.com"/>
    </bean>
    <!-- c-namespace declaration -->
    <bean id="foo" class="x.y.Foo" c:bar-ref="bar" c:baz-ref="baz" c:email=
"foo@waylau.com"/>
</beans>
```

7. 复合属性名称

开发者可以在配置属性时配置复合属性的名称，只要确保除了最后一个属性外，其余的属性值都不能为 Null。考虑以下的例子。

```
<bean id="foo" class="foo.Bar">
    <property name="fred.bob.sammy" value="123"/>
</bean>
```

foo 有一个 fred 的属性，而其中 fred 属性有一个 bob 属性，而 bob 属性之中有一个 sammy 属性，那么最后这个 sammy 属性会配置为 123。想要上述的配置能够生效，需要确保 foo 的 fred 属性和 fred 的 bob 属性在构造 bean 之后不能为 Null，否则会抛出 NullPointerException 异常。

难点 2.2.11 使用 depends-on

如果一个 bean 是另一个 bean 的依赖，通常来说，这个 bean 也就是另一个 bean 的属性之一。多数情况下，开发者可以在配置 XML 元数据时使用 <ref/> 标签。然而，有时 bean 之间的依赖关系不是直接关联的，如需要调用类的静态实例化工具来触发，一个典型的例子是数据库驱动注册。depends-on 属性会使明确的、强迫依赖的 bean 在引用之前就会初始化。下面的示例使用 depends-on 属性来表示单例 bean 上的依赖。

```
<bean id="beanOne" class="ExampleBean" depends-on="manager"/>
<bean id="manager" class="ManagerBean"/>
```

如果想要依赖多个 bean，可以提供多个名称作为 depends-on 的值，以逗号、空格或分号分割。例如：

```
<bean id="beanOne" class="ExampleBean" depends-on="manager,accountDao">
    <property name="manager" ref="manager"/>
</bean>
<bean id="manager" class="ManagerBean"/>
<bean id="accountDao" class="x.y.jdbc.JdbcAccountDao"/>
```

2.2.12 延迟加载 bean

默认情况下，ApplicationContext 会在实例化的过程中创建和配置所有的单例 bean。总的来说，这个预初始化是很不错的。因为这样能及时发现环境上的一些配置错误，而不是系统运行了很久之后才发现。如果这个行为不是迫切需要的，开发者可以通过将 bean 标记为延迟加载阻止预初始化。延迟初始化的 bean 会通知 IoC 不要让 bean 预初始化，而是在被引用时才会实例化。

在 XML 中，可以通过 <bean/> 元素的 lazy-init 属性来控制这个行为。例如：

```
<bean id="lazy" class="com.waylau.ExpensiveToCreateBean"
    lazy-init="true"/>
<bean name="not.lazy" class="com.waylau.AnotherBean"/>
```

当将 bean 配置为上面的 XML 时，ApplicationContext 之中的延迟加载 bean 是不会随着 ApplicationContext 的启动而进入预初始化状态的，而那些非延迟加载的 bean 是处于预初始化状态的。

然而，如果一个延迟加载的 bean 作为另外一个非延迟加载的单例 bean 的依赖而存在，延迟加载的 bean 仍然会在 ApplicationContext 启动时加载。因为作为单例 bean 的依赖，它会随着单例 bean 的实例化而实例化。

开发者可以通过使用 <beans/> 的 default-lazy-init 属性在容器层次控制 bean 是否延迟初始化，例如：

```
<beans default-lazy-init="true">
</beans>
```

重点 2.2.13 自动装配

Spring Boot 通常使用基于 Java 的配置，建议主配置是单个 @Configuration 类。通常，定义 main 方法的类作为主要的 @Configuration 类。

Spring Boot 应用了很多 Spring 框架中的自动配置功能。自动配置会尝试根据添加的 jar 依赖关系自动配置 Spring 应用程序。 例如，如果 HSQLDB 或 H2 在类路径上，并且没有手动配置任何数据库连接 bean，那么 Spring Boot 会自动配置为内存数据库。

要启用自动配置功能，需要将 @EnableAutoConfiguration 或 @SpringBootApplication 注解添加到一个 @Configuration 类中。

1. 自动配置

在 Spring 应用中，可以自由使用任何标准的 Spring 框架技术来定义 bean 及其注入的依赖关系。为了简化程序的开发，通常使用 @ComponentScan 来找到 bean，并结合 @Autowired 构造函数将 bean 进行自动装配注入。这些 bean 涵盖了所有应用程序组件，如 @Component、 @Service、@Repository、@Controller 等。下面是一个实际的例子。

```
@Service
public class DatabaseAccountService implements AccountService {
    private final RiskAssessor riskAssessor;
    @Autowired
    public DatabaseAccountService(RiskAssessor riskAssessor) {
        this.riskAssessor = riskAssessor;
    }
    // ...
}
```

如果一个 bean 只有一个构造函数，则可以省略 @Autowired。

```
@Service
public class DatabaseAccountService implements AccountService {
    private final RiskAssessor riskAssessor;
```

```
    public DatabaseAccountService(RiskAssessor riskAssessor) {
        this.riskAssessor = riskAssessor;
    }
// ...
}
```

2. 使用 @SpringBootApplication 注解

@SpringBootApplication 注解是 Spring Boot 中的配置类注解。由于 Spring Boot 开发人员总是频繁使用 @Configuration、@EnableAutoConfiguration 和 @ComponentScan 来注解它们的主类，并且这些注解经常被一起使用，因此 Spring Boot 提供了一种方便的 @SpringBootApplication 注解来替代。

@SpringBootApplication 注解相当于使用 @Configuration、@EnableAutoConfiguration 和 @ComponentScan 及其默认属性。

```
import org.springframework.boot.SpringApplication;
import org.springframework.boot.autoconfigure.SpringBootApplication;
// 等同于 @Configuration、@EnableAutoConfiguration和@ComponentScan
@SpringBootApplication
public class Application {
    public static void main(String[] args) {
        SpringApplication.run(Application.class, args);
    }
}
```

2.2.14 方法注入

大多数的 bean 在应用场景中都是单例的。当这个单例的 bean 需要和非单例的 bean 联合使用时，有可能会因为不同 bean 的生命周期不同而产生问题。假设单例的 bean A 在每个方法调用中使用了非单例的 bean B，由于容器只会创建 bean A 一次，而只有一个机会来配置属性。那么容器就无法给 bean A 每次都提供一个新的 bean B 的实例。

一个解决方案就是放弃一些 IoC。开发者可以通过实现 ApplicationContextAware 接口，调用 ApplicationContext 的 getBean("B") 方法在 bean A 需要新的实例时来获取新的 bean B 实例。参考下面的示例。

```
import org.springframework.beans.BeansException;
import org.springframework.context.ApplicationContext;
import org.springframework.context.ApplicationContextAware;
public class CommandManager implements ApplicationContextAware {
    private ApplicationContext applicationContext;
    public Object process(Map commandState) {
        Command command = createCommand();
        command.setState(commandState);
        return command.execute();
```

```
    }
    protected Command createCommand() {
        return this.applicationContext.getBean("command", Command.class);
    }
    public void setApplicationContext(
            ApplicationContext applicationContext) throws BeansException {
        this.applicationContext = applicationContext;
    }
}
```

当然，这种方式也有一些弊端，就是需要依赖于 Spring 的 API。这在一定程序上对 Spring 框架存在耦合。那么是否还有其他方案来避免这些弊端呢？答案是肯定的。

Spring 框架提供了 <lookup-method/> 和 <replaced-method/> 来解决上述问题。

1. lookup-method 注入

lookup-method 注入是 Spring 动态改变 bean 中方法的实现。方法执行返回的对象，是使用了 CGLIB 库的方法，重新生成子类，重写配置的方法和返回对象，达到动态改变的效果。

看下面的示例。

```
package fiona.apple;
public abstract class CommandManager {
    public Object process(Object commandState) {
        Command command = createCommand();
        command.setState(commandState);
        return command.execute();
    }
    protected abstract Command createCommand();
}
```

XML 配置如下。

```
<bean id="myCommand" class="com.waylau.AsyncCommand" scope="prototype">
</bean>
<bean id="commandManager" class="com.waylau.CommandManager">
    <lookup-method name="createCommand" bean="myCommand"/>
</bean>
```

当然，如果是基于注解的配置方式，则可以添加 @Lookup 注解到相应的方法上。

```
public abstract class CommandManager {
    public Object process(Object commandState) {
        Command command = createCommand();
        command.setState(commandState);
        return command.execute();
    }
@Lookup("myCommand")
protected abstract Command createCommand();
}
```

下面的方式，也是等效的。

```
public abstract class CommandManager {
    public Object process(Object commandState) {
        MyCommand command = createCommand();
        command.setState(commandState);
        return command.execute();
    }

    @Lookup
    protected abstract MyCommand createCommand();
}
```

注意：由于采用 CGLIB 生成子类的方式，因此需要用来动态注入的类不能是 final 修饰的；需要动态注入的方法也不能是 final 修饰的。同时，还得注意 myCommand 的 scope 配置，如果 scope 配置为 singleton，则每次调用方法 createCommand，返回的对象都是相同的；如果 scope 配置为 prototype，则每次调用返回都不同。

2. replaced-method 注入

replaced-method 注入是 Spring 动态改变 bean 中方法的实现。需要改变的方法，使用 Spring 内原有其他类（需要继承接口 org.springframework.beans.factory.support.MethodReplacer）的逻辑替换这个方法。通过改变方法执行逻辑来动态改变方法。内部实现为使用 CGLIB 方法，重新生成子类，重写配置的方法和返回对象，达到动态改变的效果。

看下面的示例。

```
public class MyValueCalculator {
    public String computeValue(String input) {
        ...// 省略代码
    }
    ...// 省略代码
}
```

另一个类则实现了 org.springframework.beans.factory.support.MethodReplacer 接口。

```
public class ReplacementComputeValue implements MethodReplacer {

    public Object reimplement(Object o, Method m, Object[] args) throws Throwable {

        String input = (String) args[0];
        ...
        return ...;
    }
}
```

XML 配置如下。

```
<bean id="myValueCalculator" class="x.y.z.MyValueCalculator">
    <replaced-method name="computeValue" replacer="replacementComputeValue">
        <arg-type>String</arg-type>
    </replaced-method>
</bean>

<bean id="replacementComputeValue" class="a.b.c.ReplacementComputeValue"/>
```

难点 2.2.15 bean scope

默认时，所有 Spring bean 都是单例的，也就是在整个 Spring 应用中，bean 的实例只有一个。开发人员可以在 bean 中添加 scope 属性来修改这个默认值。scope 属性可用值及描述如表 2—1 所示。

表2—1 scope属性可用值及描述

范　围	描　述
singleton	每个 Spring 容器有一个实例（默认值）
prototype	允许 bean 可以被多次实例化（使用一次就创建一个实例）
request	定义 bean 的 scope 是 HTTP 请求。每个 HTTP 请求都有自己的实例。只有在使用有 Web 功能的 Spring 上下文时才有效
session	定义 bean 的 scope 是 HTTP 会话。只有在使用有 Web 功能的 Spring ApplicationContext 时才有效
application	定义了每个 ServletContext 有一个实例
websocket	定义了每个 WebSocket 有一个实例。只有在使用有 Web 功能的 Spring ApplicationContext 时才有效

下面详细讨论 singleton bean 与 prototype bean 在用法上的差异。

重点 2.2.16 singleton bean 与 prototype bean

对于 singleton bean 来说，IoC 容器只管理一个 singleton bean 的一个共享实例，所有对 id 或 id 匹配该 bean 定义的 bean 的请求都会导致 Spring 容器返回一个特定的 bean 实例。也就是说，当定义一个 bean 并将其定义为 singleton 时，Spring IoC 容器将创建一个由该 bean 定义的对象实例。该单个实例存储在缓存中，对该 bean 所有后续请求和引用都将返回缓存中的对象实例。

在 Spring IoC 容器中，singleton bean 是默认的创建 bean 的方式，可以更好地重用对象，节省了重复创建对象的开销。

图 2—2 所示为 singleton bean 使用示意图。

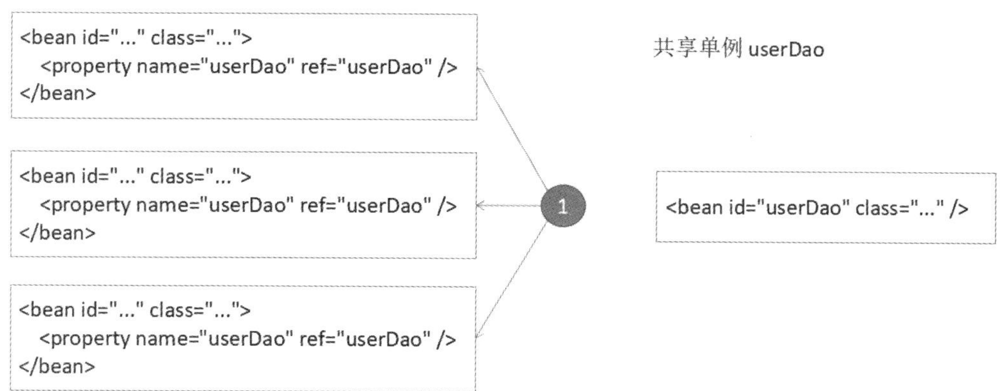

图2–2 singleton bean 使用示意图

对于 prototype bean 来说，IoC 容器导致在每次对该特定 bean 进行请求时创建一个新的 bean 实例。

图 2–3 所示为 prototype bean 使用示意图。

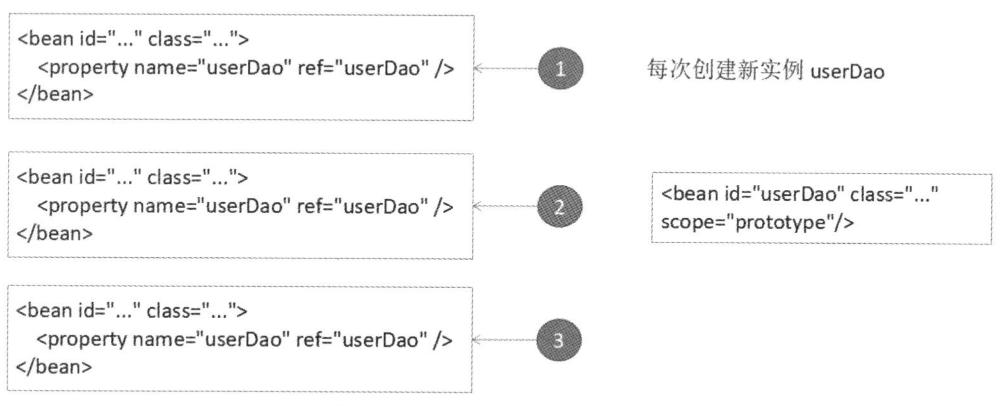

图2–3 prototype bean 使用示意图

从某种意义上来说，Spring 容器在 prototype bean 上的作用等同于 Java 的 new 操作符。所有过去的生命周期管理都必须由客户端处理。

使用 singleton bean 还是使用 prototype bean，需要注意业务的场景。一般情况下，singleton bean 可以适用于大多数的场景，但某些场景（如多线程）需要每次调用都生成一个实例，此时 scope 就应该设为 prototype。

另外需要注意的是，singleton bean 引用 prototype bean 时的陷阱[①]。开发人员不能依赖注入一个 prototype 范围的 bean 到自己的 singleton bean 中，因为这个注入只发生一次，就是当 Spring 容器正在实例化 singleton bean 并解析和注入它的依赖时。如果在运行时不止一次需要一个 prototype bean 的新实例，可以采用方法注入的方式。

① 有关该内容介绍的原文，可参见 https://waylau.com/spring-singleton-beans-with-prototype-bean-dependencies。

2.2.17 request、session、application 及 websocket scope

request、session、application 及 websocket 这几个 scope 都是只有在基于 Web 的 ApplicationContext 实现（如 XmlWebApplicationContext）中才能使用。如果开发者仅仅在常规的 Spring IoC 容器（如 ClassPathXmlApplicationContext）中使用这些 scope，那么将会抛出一个 IllegalStateException 来说明使用了 scope。

为了能够使用 request、session、application 及 websocket 这几个 scope，需要在配置 bean 之前做一些基础的配置。而对于标准的 scope，如 singleton 及 prototype，是无须这些基础的配置的。

具体如何配置取决于 Servlet 的环境。

例如，如果开发者使用了 Spring Web MVC 框架，那么每一个请求都会通过 Spring 的 DispatcherServlet 或 DispatcherPortlet 来处理，也就没有其他特殊的初始化配置。DispatcherServlet 和 DispatcherPortlet 已经包含了相关的状态。

如果使用 Servlet 2.5 的 Web 容器，请求不是通过 Spring 的 DispatcherServlet（如 JSF 或 Struts）来处理，那么开发者需要注册 org.springframework.web.context.request.RequestContextListener 或 ServletRequestListener。而在 Servlet 3.0 以后，这些都能够通过 WebApplicationInitializer 接口来实现。如果是一些旧版本的容器，可以在 web.xml 中增加以下的 Listener 声明。

```
<web-app>
    ...
    <listener>
        <listener-class>
            org.springframework.web.context.request.RequestContextListener
        </listener-class>
    </listener>
    ...
</web-app>
```

如果对 Listener 不熟悉，也可以考虑使用 Spring 的 RequestContextFilter。Filter 的映射取决于 Web 应用的配置，开发者可以根据以下示例进行适当的修改。

```
<web-app>
    ...
    <filter>
        <filter-name>requestContextFilter</filter-name>
        <filter-class>org.springframework.web.filter.RequestContextFilter</
filter-class>
    </filter>
    <filter-mapping>
        <filter-name>requestContextFilter</filter-name>
        <url-pattern>/*</url-pattern>
    </filter-mapping>
    ...
</web-app>
```

DispatcherServlet、RequestContextListener 及 RequestContextFilter 本质上完全一致，都是绑定请求对象到服务请求的 Thread 上。这才使得 bean 在之后的调用链上可见。

2.2.18 自定义 scope

如果用户觉得 Spring 内置的几种 scope 不能满足需求，则可以定制自己的 scope，即实现 org.springframework.beans.factory.config.Scope 接口即可。Scope 接口定义了以下几个方法。

```
public interface Scope {

    Objectget(String name, ObjectFactory<?> objectFactory);

    @Nullable
    Objectremove(String name);

    void registerDestructionCallback(String name, Runnable callback);

    @Nullable
    ObjectresolveContextualObject(String key);

    @Nullable
    String getConversationId();

}
```

2.2.19 实战：自定义 scope 的例子

下面在 s5-ch02-dependency-injection 应用的基础上，创建了一个新的应用 s5-ch02-custom-scope 来演示如何自定义 scope。

1. 自定义 scope

创建一个新类 ThreadScope，该类实现了 Scope 接口。

```
package com.waylau.spring.scope;
import java.util.HashMap;
import java.util.Map;
import org.springframework.beans.factory.ObjectFactory;
import org.springframework.beans.factory.config.Scope;
public class ThreadScope implements Scope {
    private final ThreadLocal<Map<String, Object>> threadScope = newThread-
Local <Map<String, Object>>() {
        @Override
        protected Map<String, Object>initialValue() {
            return newHashMap<String, Object>();
        }
    };
```

```
    public Objectget(String name, ObjectFactory<?> objectFactory) {
        Map<String, Object> scope = threadScope.get();
        Object obj = scope.get(name);
        System.out.println("Get " + name);
        if (obj == null) {
            System.out.println("Not exists " + name);
            obj = objectFactory.getObject();
            scope.put(name, obj);
        }
        return obj;
    }
    public Objectremove(String name) {
        Map<String, Object> scope = threadScope.get();
        System.out.println("Remove " + name);
        return scope.remove(name);
    }

    public String getConversationId() {
        return null;
    }
    public void registerDestructionCallback(String arg0, Runnable arg1) {
    }
    public ObjectresolveContextualObject(String arg0) {
        return null;
    }
}
```

在 ThreadScope 类中，开发人员重写了 get 和 remove 方法，并打印相关的日志信息到控制台。

2. 修改配置文件

修改 Spring 应用的配置文件 spring.xml。

```
<?xml version="1.0" encoding="UTF-8"?>
<beans xmlns="http://www.springframework.org/schema/beans"
    xmlns:xsi="http://www.w3.org/2001/XMLSchema-instance"
    xmlns:context="http://www.springframework.org/schema/context"
    xsi:schemaLocation="
        http://www.springframework.org/schema/beans
        http://www.springframework.org/schema/beans/spring-beans.xsd
        http://www.springframework.org/schema/context
        http://www.springframework.org/schema/context/spring-context.xsd">
<!-- 定义 bean -->
    <bean id="messageServiceImpl" class="com.waylau.spring.scope.service.
MessageServiceImpl"
        scope="threadScope">
        <constructor-arg name="username" value="Way Lau"/>
        <constructor-arg name="age" value="30"/>
    </bean>
    <bean id="messagePrinter" class="com.waylau.spring.scope.MessagePrinter">
        <constructor-arg name="service" ref="messageServiceImpl"/>
```

```
    </bean>
    <bean class="org.springframework.beans.factory.config.CustomScopeConfigurer">
        <property name="scopes">
            <map>
                <entry key="threadScope">
                    <bean class="com.waylau.spring.scope.ThreadScope"/>
                </entry>
            </map>
        </property>
    </bean>
</beans>
```

开发人员在 CustomScopeConfigurer 类中配置了自己的 ThreadScope，同时修改 messageServiceImpl 的 scope 为 threadScope。

3. 运行

运行 Application 类，就能在控制台中看到以下字样的信息。

```
Get messageServiceImpl
Not exists messageServiceImpl
Hello World! Way Lau, age is 30
```

4. 示例源码

本节示例源码在 s5-ch02-custom-scope 目录下。

难点 2.2.20　自定义 bean 的生命周期

开发者通过实现 Spring 的 InitializeingBean 和 DisposableBean 接口，就可以让容器来管理 bean 的生命周期。容器在调用 afterPropertiesSet() 后和调用 destroy() 前会允许 bean 在初始化和销毁 bean 时执行一些操作。当然，使用这些接口的一个弊端就是与 Spring API 产生了耦合。

JSR-250 的 @PostConstruct 和 @PreDestroy 注解就是现代 Spring 应用生命周期回调的最佳实践。使用这些注解意味着 bean 不会再耦合在 Spring 特定的接口上。

如果开发者不想使用 JSR-250 的注解，仍然可以考虑使用 init-method 和 destroy-method 的 定义来解耦 Spring 接口。

从内部来说，Spring 框架使用 BeanPostProcessor 的实现来处理接口的回调，BeanPostProcessor 能够找到并调用合适的方法。如果开发者需要定制一些 Spring 并不直接提供的生命周期行为，可以考虑自行实现一个 BeanPostProcessor。

除了初始化回调和销毁回调，Spring 管理的对象也实现了 Lifecycle 接口让管理的对象在容器的生命周期内启动或关闭。

1. 初始化回调

org.springframework.beans.factory.InitializingBean 接口允许 bean 在所有必要依赖配置完成后执

行初始化 bean 的操作。InitializingBean 接口中特指了一个方法，具体代码如下。

```
void afterProperties Set() throws Exception;
```

建议开发者不要使用 InitializingBean 接口，否则会将代码耦合到 Spring 的特定接口之上。使用 @PostConstruct 注解或指定一个 POJO 的实现方法，会比实现接口更好。在基于 XML 的配置元数据上，开发者可以使用 init-method 属性来指定一个没有参数的方法。使用 Java 配置时开发者也可以使用 @Bean 中的 init-method 属性。例如：

```
<bean id="exampleInitBean" class="examples.ExampleBean" init-method="init"/>
public class ExampleBean {

    publi cvoid init() {
        // ...
    }
}
```

上面的代码与下面的代码效果一样。

```
<bean id="exampleInitBean" class="examples.AnotherExampleBean"/>
public class AnotherExampleBean implements InitializingBean {

    public void afterPropertiesSet() {
        // ...
    }
}
```

前一个版本的代码是没有耦合到 Spring 的。

2. 销毁回调

实现了 org.springframework.beans.factory.DisposableBean 接口的 bean 就能让容器通过回调来销毁 bean 所引用的资源。DisposableBean 接口包含一个方法 destroy()，具体代码如下。

```
void destroy() throws Exception;
```

与 InitializingBean 相类似，仍然不建议开发者使用 DisposableBean 回调接口，否则会将开发者的代码耦合到 Spring 代码上。换种方式，如使用 @PreDestroy 注解或指定一个 bean 支持的配置方法，或者在基于 XML 配置的元数据中，开发者可以在 bean 标签上指定 destroy-method 属性。而在基于 Java 的配置中，开发者也可以配置 @Bean 的 destroy-method 实现销毁回调。

```
<bean id="exampleInitBean" class="examples.ExampleBean"
    destroy-method="cleanup"/>
public class ExampleBean {

    public void cleanup() {
    // ...
    }
```

```
}
```

上面的代码配置等同于以下配置。

```
<bean id="exampleInitBean" class="examples.AnotherExampleBean"/>
public class AnotherExampleBean implements DisposableBean {

    public void destroy() {
        // ...
    }
}
```

其区别在于，第一段代码是没有耦合到 Spring 的。

3. 结合生命周期机制

在 Spring 2.5 版本之后，开发者有以下 3 种选择来控制 bean 的生命周期行为。

① InitializingBean 和 DisposableBean 回调接口。

②自定义的 init() 及 destroy() 方法。

③使用 @PostConstruct 及 @PreDestroy 注解。

开发者也可以在 bean 上联合这些机制一起使用。如果一个 bean 配置了多个生命周期机制，并且含有不同的方法名，执行的顺序如下。

①包含 @PostConstruct 注解的方法。

②在 InitializingBean 接口中的 afterPropertiesSet() 方法。

③自定义的 init() 方法。

销毁方法的执行顺序与初始化的执行顺序相同。

①包含 @PreDestroy 注解的方法。

②在 DisposableBean 接口中的 destroy() 方法。

③自定义的 destroy() 方法。

4. 启动和关闭回调

Lifecycle 接口中为任何有自己生命周期需求的对象定义了一些基本的方法（如启动和停止一些后台进程）。

```
publi cinterface Lifecycle {
    void start();
    void stop();
    boolean isRunning();
}
```

任何 Spring 管理的对象都可实现上述的接口。那么当 ApplicationContext 本身接收到了启动或停止的信号时，如运行时的停止或重启等场景，它会通知所有上下文中包含的生命周期对象，通过 LifecycleProcessor 串联上下文中的 Lifecycle 来实现对象。

```
public interface LifecycleProcessor extends Lifecycle {
    void onRefresh();
    void onClose();
}
```

从上面的代码可以发现，LifecycleProcessor 是 Lifecycle 接口的扩展，它增加了另外的两个方法来对上下文的刷新和关闭做出反应。

启动和关闭调用是很重要的。如果不同的 Bean 之间存在 depends-on 的关系，被依赖的一方需要更早地启动，而且关闭得更早。然而，有时候直接的依赖是未知的，而开发者仅仅知道哪一种类型需要更早地进行初始化。在这种情况下，SmartLifecycle 接口定义了另一种选项，就是其父接口 Phased 中的 getPhase() 方法。

```
public interface Phased {
    int getPhase();
}
public interface SmartLifecycle extends Lifecycle, Phased {
    boolean isAutoStartup();
    void stop(Runnable callback);
}
```

当启动时，拥有最低 phased 的对象优先启动；当关闭时，是相反的顺序。因此，如果一个对象实现了 SmartLifecycle，然后令其 getPhase() 方法返回了 Integer.MIN_VALUE，就会让该对象最早启动，而最晚销毁。显然，如果 getPhase() 方法返回了 Integer.MAX_VALUE，就说明该对象会最晚启动，而最早销毁。当考虑到使用 phased 的值时，同时也需要了解正常没有实现 SmartLifecycle 的 Lifecycle 对象的默认值，这个值为 0。因此，任何负值都会将标明对象在标准组件启动之前启动，在标准组件销毁以后再进行销毁。

SmartLifecycle 接口也定义了一个 stop 回调函数。任何实现了 SmartLifecycle 接口的函数都必须在关闭流程完成后调用回调中的 run() 方法。这样做，可以使其异步关闭。而 LifecycleProcessor 的默认实现 DefaultLifecycleProcessor 会等到配置的时间超时再调用回调。默认每一阶段的超时时间为 30s。开发者可以通过定义一个名为 lifecycleProcessor 的 bean 来覆盖默认的生命周期处理器。如果开发者需要配置超时时间，可以通过以下代码进行配置。

```
<bean id="lifecycleProcessor"
    class="org.springframework.context.support.DefaultLifecycleProcessor">
    <!-- 超时值（以毫秒为单位） -->
    <property name="timeoutPerShutdownPhase" value="10000"/>
</bean>
```

前文提到的，LifecycleProcessor 接口定义了回调方法来刷新和关闭上下文。如果关闭，说明 stop() 方法已经明确调用了，那么就会驱动关闭的流程；但如果是上下文正在关闭，就不会发生这种情况。而刷新的回调会使用 SmartLifecycle 的另一个特性。当上下文刷新完毕（所有的对象已经实例化并初始化），就会调用回调，默认的生命周期处理器会检查每一个 SmartLifecycle 对象的 isAutoStartup() 返回的 Bool 值。如果为真，对象将会自动启动而不是等待明确的上下文调用，或者调用自己的 start() 方法（不同于上下文刷新，标准的上下文实现是不会自动启动的）。phased 的值及 depends-on 关系会决定对象启动和销毁的顺序。

5. 在非 Web 应用环境中优雅地关闭 Spring IoC 容器

如果开发者在非 Web 应用环境使用 Spring IoC 容器，如在桌面客户端的环境下，开发者需要在 JVM 上注册一个关闭的钩子，以确保在关闭 Spring IoC 容器时能够调用相关的销毁方法来释放掉引用的资源。当然，开发者也必须要正确地配置和实现那些销毁回调。

开发者可以在 ConfigurableApplicationContext 接口调用 registerShutdownHook() 来注册销毁的钩子。

```
import org.springframework.context.ConfigurableApplicationContext;
import org.springframework.context.support.ClassPathXmlApplicationContext;
public final class Boot {
    public static void main(final String[] args) throws Exception {
        ConfigurableApplicationContext ctx =
            newClassPathXmlApplicationContext(
                newString []{"beans.xml"});
        // 为上述上下文添加一个关闭钩子
        ...
        ctx.registerShutdownHook();
        // ...
    }
}
```

6. ApplicationContextAware 和 BeanNameAware

当 ApplicationContext 在创建实现了 org.springframework.context.ApplicationContextAware 接口的对象时，该对象的实例会包含一个到 ApplicationContext 的引用。

```
public interface ApplicationContextAware {
    void setApplicationContext(ApplicationContext applicationContext)
        throws BeansException;
}
```

这样 bean 就能够通过编程的方式操作和创建 ApplicationContext。通过 ApplicationContext 接口，或者通过将引用转换为已知接口的子类，如 ConfigurableApplicationContext 就能够提供一些额外的功能。其中的一个用法就是可以通过编程的方式来获取其他的 bean。有时这个功能很有用。当然，建议最好不要这样做，否则会耦合代码到 Spring 上，同时也没有遵循 IoC 的风格。ApplicationContext 的其他方法可以提供一些诸如资源的访问、发布应用事件，或者进入 MessageSource 等的功能。

在 Spring 2.5 版本中，自动装载也是获得 ApplicationContext 的一种方式。传统的构造函数和通用类型的装载方式，是指可以通过构造函数或 setter 方法注入，开发者也可以通过注解注入的方式。

当 ApplicationContext 创建了一个实现了 org.springframework.beans.factory.BeanNameAware 接口的类，那么这个类就可以针对其名称进行配置。

```
publi cinterface BeanNameAware {
    void setBeanName(string name) throws BeansException;
}
```

这个回调的调用发生在属性配置完以后，在初始化回调之前，如 InitializingBean 的 afterPropertiesSet() 方法及自定义的初始化方法等。

7. 其他 Aware 接口

除了上面描述的两种 Aware 接口外，Spring 还提供了一系列的 Aware 接口来让 bean 通知容器，这些 bean 需要一些具体的“基础设施”信息。最重要的一些 Aware 接口都在表 2–2 中进行了描述。

表2–2　一些ware接口描述

名　称	注入的依赖
ApplicationContextAware	声明的ApplicationContext
ApplicationEventPlulisherAware	ApplicationContext中的事件发布器
BeanClassLoaderAware	加载bean使用的类加载器
BeanFactoryAware	声明的BeanFactory
BeanNameAware	bean的名称
BootstrapContextAware	容器运行的资源适配器BootstrapContext，通常仅在JCA环境下有效
LoadTimeWeaverAware	加载期间处理类定义的weaver
MessageSourceAware	解析消息的配置策略
NotificationPublisherAware	Spring JMX通知发布器
ResourceLoaderAware	配置的资源加载器
ServletConfigAware	容器当前运行的ServletConfig，仅在Web下的Spring ApplicationContext中可见
ServletContextAware	容器当前运行的ServletContext，仅在Web下的Spring ApplicationContext中可见

注意：上面这些接口的使用都违反 IoC 原则。除非必要，最好不要使用。

2.2.21　bean 定义继承

bean 的定义可以包含很多配置信息，包括构造方法参数、属性值和容器特定的信息等。子

bean 定义可以从父 bean 定义的配置元数据来继承。子 bean 可以覆盖或添加一些它所需要的值。使用父子 bean 定义可以节省很多配置输入，这是一种很典型的模板形式。

如果编程式地使用 ApplicationContext 接口，子 bean 的定义可以通过 ChildBeanDefinition 类来表示。很多用户不使用这个级别的方法，而是在类似于 ClassPathXmlApplicationContext 中声明式地配置 bean 的定义。当使用基于 XML 的配置时，可以在子 bean 中使用 parent 属性，该属性的值用来标识父 bean。

```
<bean id="inheritedTestBean" abstract="true"
        class="org.springframework.beans.TestBean">
    <property name="name" value="parent"/>
    <property name="age" value="1"/>
</bean>

<bean id="inheritsWithDifferentClass"
        class="org.springframework.beans.DerivedTestBean"
        parent="inheritedTestBean" init-method="initialize">
    <property name="name" value="override"/>
</bean>
```

子 bean 如果没有指定 class，它将使用父 bean 定义的 class，也可以进行重载。在后一种情况下，子 bean 必须与父 bean 兼容，也就是说，它必须接受父 bean 的属性值。

子 bean 定义可以从父类继承作用域、构造器参数、属性值和可重写的方法；除此之外，还可以增加新的值。开发者指定的任何作用域、初始化方法、销毁方法、静态工厂方法设置，都会覆盖相应的父 bean 设置。其余的设置总是取自子 bean 定义，如 depends on、autowire mode、dependency check、singleton、scope、lazy init。

上面的示例，通过使用 abstract 属性明确地表明这个父 bean 定义是抽象的。如果父 bean 定义没有明确地指出所属的类，那么标记父 bean 定义为 abstract 是必需的。

```
<bean id="inheritedTestBeanWithoutClass" abstract="true">
    <property name="name" value="parent"/>
    <property name="age" value="1"/>
</bean>

<bean id="inheritsWithClass" class="org.springframework.beans.DerivedTestBean"
        parent="inheritedTestBeanWithoutClass" init-method="initialize">
    <property name="name" value="override"/>
</bean>
```

如上所示，只有一个 bean 定义为 abstract，它只能作为一个纯粹的为子 bean 定义的 bean 模板。尝试独立地使用这样一个 abstract 的父 bean，把它作为另一个 bean 的引用，或者根据这个父 bean 的 id 显式调用 getBean() 方法，将会返回一个错误。类似地，容器内部的 preInstantiateSingletons() 方法，也忽略定义为抽象的 bean 定义。

注意：ApplicationContext 默认会预实例化所有单例 bean。因此，如果打算把一个 bean 定义仅仅作为模板来使用，同时给它指定了 class 属性，就必须确保设置的 abstract 属性为 true；否则，应用程序上下文会尝试预实例化这个 abstract bean。

难点 2.2.22 容器扩展点

通常，应用程序开发者，不需要继承 ApplicationContext 的实现类。相反，Spring IoC 容器可以通过插入特殊的集成接口来实现拓展。

1. BeanPostProcessor

BeanPostProcessor 定义了回调方法，通过实现这个回调方法，可以提供自己的（或重写容器默认的）实例化逻辑、依赖分析逻辑等。如果想在 Spring 容器完成实例化、配置和初始化 bean 后，实例化一些自定义的逻辑，可以插入一个或多个 BeanPostProcessor 的实现。

开发者可以配置多个 BeanPostProcessor 实例，也可以通过设置 order 属性来控制这些 BeanPostProcessors 执行的顺序，还可以设置这个属性仅作为 BeanPostProcessor 实现 Ordered 接口。如果开发者编写自己的 BeanPostProcessor，也应该考虑实现 Ordered 接口。

org.springframework.beans.factory.config.BeanPostProcessor 接口，由两个回调方法组成。当这样的一个类注册为容器的一个后置处理器时，由于每一个 bean 实例都是由容器创建的，这个后置处理器会在容器的初始化方法（如 InitializingBean 的 afterPropertiesSet() 方法）被调用之前和任何 bean 实例化回调之后从容器得到一个回调方法。后置处理器可以对 bean 采取任何措施，包括完全忽略回调。一个 bean 后置处理器，通常会检查回调接口或使用代理包装一个 bean。一些 Spring AOP 基础设施类，为了提供包装式的代理逻辑，被实现为 bean 后置处理器。

ApplicationContext 会自动地检测所有定义在配置元文件中，并实现了 BeanPostProcessor 接口的 bean。该 ApplicationContext 注册这些 bean 作为后置处理器，使它们可以在 bean 创建完成后被调用。bean 后置处理器可以像其他 bean 一样被部署到容器中。

2. BeanFactoryPostProcessor

org.springframework.beans.factory.config.BeanFactoryPostProcessor 接口的语义与 BeanPostProcessor 类似，但它们有一个主要的不同点：BeanFactoryPostProcessor 操作 bean 的配置元数据，也就是说，Spring 的 IoC 容器允许 BeanFactoryPostProcessor 来读取配置元数据，并可以在容器实例化任何 bean（除了 BeanFactoryPostProcessor）之前修改它。

开发者可以配置多个 BeanFactoryPostProcessor 实例，也可以通过设置 order 属性来控制这些 BeanFactoryPostProcessor 执行的顺序，还可以设置这个属性仅作为 BeanFactoryPostProcessor 实现 Ordered 接口。如果开发者编写自己的 BeanFactoryPostProcessor，也应该考虑实现 Ordered 接口。

3. FactoryBean

org.springframework.beans.factory.FactoryBean 接口的对象是它们自己的工厂。

FactoryBean 接口是 Spring IoC 容器实例化逻辑的可插拔点。如果开发者的初始化代码很复杂，那么相对于（潜在地）大量详细的 XML 而言，最好是使用 Java 语言来表达。开发者可以创建自己的 FactoryBean，在类中编写复杂的初始化代码，然后将自定义的 FactoryBean 插入容器中。

FactoryBean 接口提供了以下 3 个方法。

① Object getObject()：返回工厂创建对象的实例。这个实例可能被共享，那就要看这个工厂返回的是单例还是原型实例了。

② boolean isSingleton()：如果 FactoryBean 返回单例的实例，那么该方法返回值为 true，否则返回值为 false。

③ Class getObjectType()：返回由 getObject() 方法获取的对象类型，或者事先不知道类型时返回值为 null。

FactoryBean 的概念和接口被用于 Spring 框架中的很多地方。随着 Spring 的发展，现已有超过 50 个 FactoryBean 接口的实现类。

当开发者需要向容器请求一个真实的 FactoryBean 实例（而不是由它生成的 bean），且调用 ApplicationContext 的 getBean() 方法时，在 bean 的 id 之前加连字符“&”。所以对于一个给定 id 为 myBean 的 FactoryBean，调用容器的 getBean（"myBean"）方法返回的是 FactoryBean 的产品；而调用 getBean（"&myBean"）方法则返回 FactoryBean 实例本身。

2.2.23 实战：容器扩展的例子

1. PropertyPlaceholderConfigurer

PropertyPlaceholderConfigurer 是 BeanPostProcessor 的接口实现之一。从使用了标准 Java Properties 格式的 bean 定义的分离文件中，可以使用 PropertyPlaceholderConfigurer 来具体化属性值。这么做的目的是允许部署应用程序来自定义指定的环境属性，如自定义数据库的连接 URL 和密码，而无须修改容器的主 XML 定义文件或其他文件。

下面是基于 XML 的配置元数据代码片段，这里的 dataSource 使用了占位符来定义。这个示例展示了从 Properties 文件中配置属性的方法。在运行时，PropertyPlaceholderConfigurer 就会用于元数据并为数据源替换一些属性。指定替换的值作为 ${property-name} 形式中的占位符。

```
<bean class="org.springframework.beans.factory.config.PropertyPlaceholder
Configurer">
    <property name="locations" value="classpath:jdbc.properties"/>
</bean>

    <bean id="dataSource" destroy-method="close"
        class="org.apache.commons.dbcp.BasicDataSource">
    <property name="driverClassName" value="${jdbc.driverClassName}"/>
```

```
    <property name="url" value="${jdbc.url}"/>
    <property name="username" value="${jdbc.username}"/>
    <property name="password" value="${jdbc.password}"/>
</bean>
```

而真正的值是来自标准的 Java Properties 格式的 jdbc.properties 文件。

```
jdbc.driverClassName=org.hsqldb.jdbcDriver
jdbc.url=jdbc:hsqldb:hsql://localhost:9002
jdbc.username=sa
jdbc.password=root
```

因此，字符串 ${jdbc.username} 在运行时会被值 “sa” 替换，对于其他占位符来说，也是相同的，匹配到属性文件中的键就会用其值替换占位符。PropertyPlaceholderConfigurer 在 bean 定义的属性中检查占位符。此外，对占位符可以自定义前缀和后缀。

使用 Spring 2.5 引入的 context 命名空间，也可以使用专用的配置元素来配置属性占位符。

```
<context:property-placeholder location="classpath:jdbc.properties"/>
```

PropertyPlaceholderConfigurer 不仅仅查看在 Properties 文件中指定的属性。默认情况下，如果它不能在指定的属性文件中找到属性，也会检查 JavaSystem 属性。开发者可以通过设置 system PropertiesMode 属性为以下选项之一来定义这种行为。

① never(0)：从不检查系统属性。

② fallback(1)：如果没有在指定的属性文件中解析到属性，那么就检查系统属性。这是默认的情况。

③ override(2)：在检查指定的属性文件之前，首先去检查系统属性。这就允许系统属性覆盖其他任意的属性资源。

2. PropertyOverrideConfigurer

PropertyOverrideConfigurer 是 BeanPostProcessor 的另一个接口实现，与 PropertyPlaceholderConfigurer 类似，但对于所有 bean 的属性，原始定义可以有默认值或没有值。如果一个 Properties 覆盖文件没有特定 bean 的属性配置项，那么就会使用默认的上下文定义。

注意：由于 bean 定义是不知道被覆盖的，因此从 XML 定义文件中不能立即反映覆盖配置被使用中。在多个 PropertyOverrideConfigurer 实例的情况下，为相同 bean 的属性定义不同的值，那么最后一个有效，源于它的覆盖机制。

属性文件配置行类似以下这种格式。

```
dataSource.driverClassName=com.mysql.jdbc.Driver
dataSource.url=jdbc:mysql:mydb
```

这个示例文件可以用于包含 dataSource bean 的容器，它有 driver 和 url 属性。

使用 Spring 2.5 引入的 context 命名空间，可以使用专用的配置元素来配置属性覆盖。

```
<context:property-override location="classpath:override.properties"/>
```

重点 2.2.24 基于注解的配置

Spring 应用支持多种配置方式，除了 XML 配置外，开发人员更加青睐使用基于注解的配置。基于注解的配置方式，允许开发人员将配置信息移入组件类本身中，在相关的类、方法或字段上声明使用注解。

Spring 提供了非常多的注解。例如，Spring 2.0 引入的用 @Required 注解来强制所需属性不能为空，在 Spring 2.5 中可以使用相同的处理方法来驱动 Spring 的依赖注入。从本质上来说，@Autowired 注解提供了更细粒度的控制和更广泛的适用性。Spring 2.5 也添加了对 JSR-250 注解的支持，如 @Resource、@PostConstruct 和 @PreDestroy。Spring 3.0 添加了对 JSR-330 注解的支持，包含在 javax.inject 包下，如 @Inject、@Qualifier、@Named 和 @Provider 等。使用这些注解也需要在 Spring 容器中注册特定的 BeanPostProcessor。

注意：基于注解的配置注入会在基于 XML 配置注入之前执行，因此同时使用两种方式，会使后面的配置覆盖前面装配的属性。

1. @Required

@Required 注解应用于 bean 属性的 setter 方法，如下面的示例所示。

```
public class SimpleMovieLister {
    private MovieFinder movieFinder;
    @Required
    public void setMovieFinder(MovieFinder movieFinder) {
        this.movieFinder = movieFinder;
    }
    // ...
}
```

这个注解只是表明受影响的 bean 的属性必须在 bean 的定义中或自动装配中通过明确的属性值在配置时来填充。如果受影响的 bean 的属性没有被填充，那么容器就会抛出异常。这就是通过快速失败的机制来避免 NullPointerException。

2. @Autowired

如下面示例所示，可以使用 @Autowired 注解到传统的 setter 方法中。

```
public class SimpleMovieLister {
    private MovieFinder movieFinder;
    @Autowired
    public void setMovieFinder(MovieFinder movieFinder) {
        this.movieFinder = movieFinder;
```

```
    }
    // ...
}
```

JSR-330 的 @Inject 注解可以代替以上示例中 Spring 的 @Autowired 注解。

下面是可以将注解应用于任意名称和（或）多个参数的方法。

```
public class MovieRecommender {
    private MovieCatalog movieCatalog;
    private CustomerPreferenceDao customerPreferenceDao;
    @Autowired
    public void prepare(MovieCatalog movieCatalog,
            CustomerPreferenceDao customerPreferenceDao) {
        this.movieCatalog = movieCatalog;
        this.customerPreferenceDao = customerPreferenceDao;
    }
    // ...
}
```

也可以将它用于构造方法和字段。

```
public class MovieRecommender {
    @Autowired
    private MovieCatalog movieCatalog;
    private CustomerPreferenceDao customerPreferenceDao;
    @Autowired
    public MovieRecommender(CustomerPreferenceDao customerPreferenceDao) {
        this.customerPreferenceDao = customerPreferenceDao;
    }
    // ...
}
```

还可以提供 ApplicationContext 中特定类型的所有 bean，通过添加注解到期望类型数组的字段或方法上。

```
public class MovieRecommender {
    @Autowired
    private MovieCatalog[] movieCatalogs;
    // ...
}
```

同样，也可以用于特定类型的集合。

```
public class MovieRecommender {
    private Set<MovieCatalog> movieCatalogs;
    @Autowired
    public void setMovieCatalogs(Set<MovieCatalog> movieCatalogs) {
        this.movieCatalogs = movieCatalogs;
    }
```

```
    // ...
}
```

默认情况下，当出现 0 个候选 bean 时，自动装配就会失败。默认的行为是将被注解的方法、构造方法和字段作为需要的依赖关系。这种行为也可以通过以下做法来改变。

```
public class SimpleMovieLister {
    private MovieFinder movieFinder;
    @Autowired(required=false)
    public void setMovieFinder(MovieFinder movieFinder) {
        this.movieFinder = movieFinder;
    }
    // ...
}
```

推荐使用 @Autowired 的 required 属性（不是 @Required）注解。一方面，required 属性表示了属性对于自动装配目的不是必需的，如果它不能被自动装配，那么属性就会被忽略。另一方面，@Required 更健壮一些，它强制了由容器支持的各种方式的属性设置。如果没有注入任何值，就会抛出对应的异常。

3. @Primary

因为通过类型的自动装配可能有多个候选者，那么在选择过程中通常是需要更多控制的。达成这个目的的一种做法是 Spring 的 @Primary 注解。当一个依赖有多个候选者 bean 时，@Primary 指定了一个优先提供的特殊 bean。当多个候选者 bean 中存在一个确切的指定了 @Primary 的 bean 时，就会自动装载这个 bean。例如：

```
@Configuration
public class MovieConfiguration {

    @Bean
    @Primary
    public MovieCatalog firstMovieCatalog() { ... }

    @Bean
    public MovieCatalog secondMovieCatalog() { ... }
    // ...
}
```

对于上面的配置，下面的 MovieRecommender 将会使用 firstMovieCatalog 自动注解。

```
public class MovieRecommender {

    @Autowired
    private MovieCatalog movieCatalog;

    // ...
```

```
}
```

4. @Qualifier

达成更多控制目的的另一种做法是 Spring 的 @Qualifier 注解。开发者可以用特定的参数来关联限定符的值，缩小类型的集合匹配，那么特定的 bean 就为每一个参数来选择。用法为：

```
public class MovieRecommender {
    @Autowired
    @Qualifier("main")
    private MovieCatalog movieCatalog;
    // ...
}
```

@Qualifier 注解也可以在独立的构造方法的参数或方法的参数中来指定。

```
public class MovieRecommender {
    private MovieCatalog movieCatalog;
    private CustomerPreferenceDao customerPreferenceDao;
    @Autowired
    public void prepare(@Qualifier("main")MovieCatalog movieCatalog,
       CustomerPreferenceDao customerPreferenceDao) {
    this.movieCatalog = movieCatalog;
    this.customerPreferenceDao = customerPreferenceDao;
    }
    // ...
}
```

5. @Resource

Spring 也支持使用 JSR-250 的 @Resource 注解在字段或 bean 属性的 setter 方法上注入。这在 Java EE 5 和 Java EE 6 中是一个通用的模式，如在 JSF 1.2 中管理的 bean 或 JAX-WS 2.0 端点。Spring 也为其所管理的对象支持这种模式。

@Resource 使用 name 属性，默认情况下 Spring 解析这个值作为要注入的 bean 的名称。也就是说，如果遵循 by-name 语义，就如同以下示例。

```
public class SimpleMovieLister {
    private MovieFinder movieFinder;
    @Resource(name="myMovieFinder")
    public void setMovieFinder(MovieFinder movieFinder) {
        this.movieFinder = movieFinder;
    }
}
```

如果没有明确地指定 name 值，那么默认的名称就从字段名称或 setter 方法中派生出来。如果是字段，就会选用字段名称；如果是 setter 方法，就会选用 bean 的属性名称。所以下面的示例中名称为“movieFinder”的 bean 通过 setter 方法来注入。

```
public class SimpleMovieLister {
    private MovieFinder movieFinder;
    @Resource
    public void setMovieFinder(MovieFinder movieFinder) {
        this.movieFinder = movieFinder;
    }
}
```

6. @PostConstruct 和 @PreDestroy

CommonAnnotationBeanPostProcessor 不但能识别 @Resource 注解，而且能识别 JSR-250 生命周期注解。以下示例中，在初始化后缓存会预先填充，并在销毁后清理。

```
public class CachingMovieLister {
    @PostConstruct
    public void populateMovieCache() {
        ...//在初始化时缓存电影信息
    }
    @PreDestroy
    public void clearMovieCache() {
        ...//在销毁时清空电影信息
    }

}
```

2.2.25 基于注解的配置与基于 XML 的配置

毫无疑问，最好的 Spring 配置是基于 XML 的配置。随着 JDK 1.5 的发布，Java 开始支持注解，同时，Spring 也开始支持基于注解的配置方式。那么，注解的配置方式一定比基于 XML 的配置方式更好吗？那就要具体问题具体分析。

实际上，无论是基于注解的配置方式还是基于 XML 的配置方式，每种方式都有它的利与弊，通常是由开发人员来决定使用哪种策略更适合。由于定义配置方式时，注解在声明中提供了大量的上下文，因此配置过程显得更加简洁。然而，XML 更擅长装配组件，而不需要触碰它们的源代码或重新编译。有些开发人员更喜欢装配源码，因为添加了注解的类会被一些人认为不再是 POJO 了，而且，基于注解的配置会让配置变得分散且难以控制。

无论怎样选择，Spring 都可以容纳两种方式，甚至是它们的混合体。最值得指出的是，通过 JavaConfig 方式，Spring 允许以非侵入式的方式来使用注解，而不需要触碰目标组件的源代码和工具。

重点 2.2.26 类路径扫描及组件管理

本节将介绍另一种通过扫描类路径的方式来隐式检测候选组件的方式。候选组件是匹配过滤条件的类库，并有在容器中注册对应 bean 的定义。这就可以不用 XML 来执行 bean 的注册，那么开发人员可以使用注解（如 @Component）、AspectJ 风格的表达式，或者自定义的过滤条件来选择哪些类有在容器中注册 bean。

自 Spring 3.0 开始，很多由 Spring JavaConfig 项目提供的特性成为 Spring 框架核心的一部分。这就允许开发人员使用 Java（而不是传统的 XML 文件）来定义 bean。可以参考 @Configuration、@Bean、@Import 和 @DependsOn 注解的例子来了解如何使用它们的新特性。

1. @Component 及其同义的注解

在 Spring 2.0 版本之后，@Repository 注解是用于数据仓库（如熟知的数据访问对象，DAO）的类的标记。这个标记有多种用途，其中之一就是异常自动转换。

Spring 2.5 引入了更多的典型注解，如 @Repository、@Component、@Service 和 @Controller。@Component 注解是对受 Spring 管理组件的通用注解。@Repository，@Service 和 @Controller 注解相较于 @Component 注解另有特殊用途，分别对应了持久层、服务层和表现层。因此，开发人员可以使用 @Component 注解自己的组件类，但是如果使用 @Repository、@Service 或 @Controller 注解来替代，那么这些类更适合由工具来处理或与切面进行关联。而且 @Repository、@Service 和 @Controller 注解也可以在将来 Spring 框架的发布中携带更多的语义。因此，对于服务层，如果在 @Component 和 @Service 注解之间进行选择，那么 @Service 注解无疑是更好的选择。同样，在持久层中，@Repository 注解已经支持作为自动异常转换的标记。

2. 元注解

Spring 提供了很多元注解。元注解就是能被应用到另一个注解上的注解。

```
@Target(ElementType.TYPE)
@Retention(RetentionPolicy.RUNTIME)
@Documented
@Component
public @interfaceService {

    // ...
}
```

元注解也可以被用于创建组合注解。例如，Spring MVC 的 @RestController 注解就是 @Controller 和 @ResponseBody。

另外，组合注解可能从元注解中任意重新声明属性来允许用户自定义。这个在开发者只想暴露一个元注解的子集时会特别有用。例如，下面是一个自定义的 @Scope 注解，将作用域名称指定到 @Session 注解上，但依然允许自定义 proxyMode 。

```
@Target(ElementType.TYPE)
@Retention(RetentionPolicy.RUNTIME)
@Scope("session")
public @interface SessionScope {
    ScopedProxyMode proxyMode() default ScopedProxyMode.DEFAULT;
}
```

@SessionScope 可以不声明 proxyMode 就使用，例如：

```
@Service
@SessionScope
public class SessionScopedUserService implements UserService {
    // ...
}
```

或者为 proxyMode 重载一个值，例如：

```
@Service
@SessionScope(proxyMode = ScopedProxyMode.TARGET_CLASS)
publicclass SessionScopedService {
    // ...
}
```

3. 自动检测类并注册 bean 定义

Spring 可以自动检测固有的类并在 ApplicationContext 中注册对应的 BeanDefinition。下面的两个类就是自动检测的例子。

```
@Service
public class SimpleMovieLister {
    private MovieFinder movieFinder;
    @Autowired
    public SimpleMovieLister(MovieFinder movieFinder) {
        this.movieFinder = movieFinder;
    }
}
@Repository
public class JpaMovieFinder implements MovieFinder {
// ...
}
```

要自动检测这些类并注册对应的 bean，开发人员需要添加 @ComponentScan 到自己的 @Configuration 类上，其中的 base-package 元素是这两个类的公共父类包。开发人员可以任意选择使用逗号、分号、空格分隔的列表将每个类引入父包。

```
@Configuration
@ComponentScan(basePackages = "com.waylau")
public class AppConfig  {
    ...
}
```

为了更简洁，上面的示例可以使用注解的 value 属性，也就是 ComponentScan("com.waylau")。

下面的示例使用 XML 配置。

```
<?xml version="1.0" encoding="UTF-8"?>
<beans xmlns="http://www.springframework.org/schema/beans"
    xmlns:xsi="http://www.w3.org/2001/XMLSchema-instance"
    xmlns:context="http://www.springframework.org/schema/context"
    xsi:schemaLocation="http://www.springframework.org/schema/beans
        http://www.springframework.org/schema/beans/spring-beans.xsd
        http://www.springframework.org/schema/context
        http://www.springframework.org/schema/context/spring-context.xsd">

    <context:component-scan base-package="com.waylau"/>

</beans>
```

其中，<context:component-scan> 隐式地开启了 <context:annotation-config> 功能，当使用 <context:component-scan> 时，通常没必要再包含 <context:annotation-config>。

4. 使用过滤器来自定义扫描

默认情况下，使用 @Component、@Repository、@Service、@Controller 注解，或者使用进行自定义的 @Component 注解的类本身仅仅用于检测候选组件。开发人员可以修改并扩展这种行为，只需应用自定义的过滤器，即在 @ComponentScan 注解中添加 include-filter 或 exclude-filter 参数即可（或者作为 component-scan 元素的 include-filter 或 exclude-filter 子元素）。每个过滤器元素需要 type 和 expression 属性。过滤器选项的描述如表 2–3 所示。

表2–3　过滤器选项的描述

过滤器类型	表达式示例	描述
annotation（默认）	com.waylau.SomeAnnotation	使用在目标组件的类级别上
assignable（分配）	com.waylau.SomeClass	目标组件分配（扩展/实现）的类（接口）
aspectj	com.waylau..*Service+	AspectJ 类型表达式来匹配目标组件
regex（正则表达式）	org.example.Default.*	正则表达式来匹配目标组件类的名称
custom（自定义）	com.waylau.MyTypeFilter	自定义 org.springframework.core.type.TypeFilter 接口的实现类

以下示例代码展示了忽略所有 @Repository 注解并使用“stub”库来替代。

```
@Configuration
@ComponentScan(basePackages = "com.waylau",
```

```
        includeFilters = @Filter(type = FilterType.REGEX, pattern =
".*Stub.*Repository"),
        excludeFilters = @Filter(Repository.class))
public class AppConfig {
    ...
}
```

同样地，可以使用 XML 配置。

```
<beans>
    <context:component-scan base-package="org.example">
        <context:include-filter type="regex"
                expression=".*Stub.*Repository"/>
        <context:exclude-filter type="annotation"
                expression="org.springframework.stereotype.Repository"/>
    </context:component-scan>
</beans>
```

2.2.27 JSR-330 规范注解

由于 Spring 框架日渐流行，Java 技术委员会开始着手完善相关的规范。其中，JSR-330 就是 Java 依赖注入标准规范。自 Spring 3.0 版本开始，Spring 支持 JSR-330 规范，它自身的很多注解都可以用 JSR-330 规范来代替。

1. @Inject

@javax.inject.Inject 可以代替 @Autowired，如以下示例。

```
import javax.inject.Inject;
public class SimpleMovieLister {
    private MovieFinder movieFinder;
    @Inject
    public void setMovieFinder(MovieFinder movieFinder) {
        this.movieFinder = movieFinder;
    }
    public void listMovies() {
        this.movieFinder.findMovies(...);
        //...
    }
}
```

与 @Autowired 一样，可以在字段级别、方法级别和构造函数参数级别使用 @Inject。

2. @Named 和 @ManagedBean

@javax.inject.Named 或 javax.annotation.ManagedBean 可以代替 @Component。

```
import javax.inject.Inject;
import javax.inject.Named;
```

```
@Named("movieListener") // 等同于 @ManagedBean("movieListener")
public class SimpleMovieLister {
    private MovieFinder movieFinder;
    @Inject
    public void setMovieFinder(MovieFinder movieFinder) {
        this.movieFinder = movieFinder;
    }
    // ...
}
```

注意：javax.annotation.ManagedBean 注解遵循 JSR-250 规范。

当使用 @javax.inject.Named 或 javax.annotation.ManagedBean 时，可以与使用 Spring 注解完全相同的方式使用组件扫描。

```
@Configuration
@ComponentScan(basePackages = "com.waylau")
public class AppConfig  {
    // ...
}
```

与 Spring 原生的注解相比，JSR-330 在用法上还是稍显逊色的。例如，与 @Autowired 相比，@Inject 没有“required”属性，不过可以用 Java 8 的 Optional 来代替；与 @Component 相比，JSR-330 的注解并不提供可组合的模型，只是一种识别命名组件的方法。

重点 2.2.28 基于 Java 的容器配置

Spring 中新的 Java 配置支持的核心就是 @Configuration 注解的类和 @Bean 注解的方法。

① @Bean 注解用来指定一个方法实例，配置和初始化一个新对象交给 Spring IoC 容器管理。对于那些熟悉 Spring <beans> 配置的人来说，@Bean 注解和 <bean> 元素扮演着相同的角色。@Bean 注解的方法可以在 @Component 类中使用，但常用在 @Configuration 类中。

② @Configuration 注解的类表示它的主要目的是作为 bean 定义的来源。另外，@Configuration 类允许内部 bean 依赖通过简单地调用同一类中的其他 @Bean 方法进行定义。最简单的 @Configuration 类的示例如下。

```
@Configuration
public class AppConfig {
    @Bean
    public MyService myService() {
        return newMyServiceImpl();
    }
}
```

上面 AppConfig 类与下面 Spring XML 中的 <beans/> 配置是等同的。

```
<beans>
    <bean id="myService" class="com.waylau.MyServiceImpl"/>
</beans>
```

1. AnnotationConfigApplicationContext

Spring 的 AnnotationConfigApplicationContext 是在 Spring 3.0 中新加入的。这个全能的 ApplicationContext 实现类不仅可以接受 @Configuration 类作为输入，也可以接受普通的 @Component 类和使用 JSR-330 元数据注解的类。

当 @Configuration 类作为输入时，@Configuration 类本身作为 bean 被注册了，并且类内所有声明的 @Bean 方法也被作为 bean 注册了。当 @Component 类和使用 JSR-330 元数据注解的类作为输入时，它们被注册为 bean，并且被假设为 @Autowired 或 @Inject 的 DI 元数据在类中需要的地方使用。

与使用 Spring XML 配置作为输入实例化 ClassPathXmlApplicationContext 的过程类似，当实例化 AnnotationConfigApplicationContext 时，@Configuration 类可能作为输入。这就允许在 Spring 容器中完全可以不使用 XML 配置。

```
public staticvoidmain(String[] args) {
    ApplicationContext ctx = newAnnotationConfigApplicationContext
(AppConfig.class);
    MyService myService = ctx.getBean(MyService.class);
    myService.doStuff();
}
```

正如上面所提到的，AnnotationConfigApplicationContext 不仅仅局限于与 @Configuration 类合作，任意 @Component 或 JSR-330 注解的类都可以作为构造方法的输入。例如：

```
public staticvoidmain(String[] args) {
    ApplicationContext ctx =
        newAnnotationConfigApplicationContext(MyServiceImpl.class,
            Dependency1.class, Dependency2.class);
    MyService myService = ctx.getBean(MyService.class);
    myService.doStuff();
}
```

上面假设 MyServiceImpl、Dependency1 和 Dependency2 使用了 Spring 依赖注入注解，如 @Autowired。

2. 使用 register(Class<?>. . .) 编程式构建容器

AnnotationConfigApplicationContext 可以使用无参构造方法来实例化，然后使用 register() 方法来配置。这个方法在编程式地构建 AnnotationConfigApplicationContext 时尤其有用。

```
public static void main(String[] args) {
    AnnotationConfigApplicationContext ctx = newAnnotationConfigAppli-
cationContext();
```

```
    ctx.register(AppConfig.class, OtherConfig.class);
    ctx.register(AdditionalConfig.class);
    ctx.refresh();
    MyService myService = ctx.getBean(MyService.class);
    myService.doStuff();
}
```

3. 使用 scan(String. . .) 开启组件扫描

要开启组件扫描，仅仅需要在 @Configuration 类加上以下注解。

```
@Configuration
@ComponentScan(basePackages = "com.waylau")
public class AppConfig  {
    ...
}
```

有经验的 Spring 用户肯定会熟悉下面这个 Spring 的 context: 命名空间中的常用 XML 声明。

```
<beans>
    <context:component-scan base-package="com.waylau"/>
</beans>
```

在上面的示例中，com.waylau 包会被扫描，查找任意 @Component 注解的类，那些类就会被注册为 Spring 容器中的 bean。AnnotationConfigApplicationContext 暴露出 scan(String ...) 方法，允许相同的组件扫描功能。

```
public static void main(String[] args) {
    AnnotationConfigApplicationContext ctx = newAnnotationConfigApplicat-
ionContext();
    ctx.scan("com.waylau");
    ctx.refresh();
    MyService myService = ctx.getBean(MyService.class);
}
```

在上面的示例中，假设 AppConfig 是声明在 com.waylau 包（或是其中的子包）中的，那么会在调用 scan() 方法时被找到；在调用 refresh() 方法时，所有它的 @Bean 方法都会被处理并注册为容器中的 bean。

4. 指定 bean 的 scope

开发人员为使用了 @Bean 注解的 bean 定义 scope。默认的 scope 是 singleton，但可以使用 @Scope 注解进行覆盖。

```
@Configuration
public class MyConfiguration {
    @Bean
    @Scope("prototype")
    public Encryptor encryptor() {
        // ...
```

```
    }
}
```

5. 自定义 bean 命名

配置类默认使用 @Bean 方法的名称来作为注册 bean 的名称。这个方法也可以被重写，但使用的是 name 属性。

```
@Configuration
public class AppConfig {
    @Bean(name = "myFoo")
    public Foo foo() {
        return newFoo();
    }
}
```

6. bean 描述

有时提供一个更详细的 bean 的文本描述是很有帮助的。使用 @Description 注解来对 @Bean 添加一个描述。

```
@Configuration
public class AppConfig {
    @Bean
    @Description("Provides a basic example of a bean")
    public Foo foo() {
        return newFoo();
    }
}
```

7. @Import

与 Spring 的 XML 文件中使用 <import> 元素帮助模块化配置一样，@Import 注解允许从其他配置类中加载 @Bean 的配置。

```
@Configuration
public class ConfigA {
    @Bean
    public A a() {
        return newA();
    }
}
@Configuration
@Import(ConfigA.class)
public class ConfigB {
    @Bean
    public B b() {
        return newB();
    }
}
```

目前，当实例化上下文时，不需要指定 ConfigA.class 和 ConfigB.class，仅仅需要 ConfigB 被显式提供。

```
public static void main(String[] args) {
    ApplicationContext ctx =
        newAnnotationConfigApplicationContext(ConfigB.class);

    A a = ctx.getBean(A.class);
    B b = ctx.getBean(B.class);
}
```

这种方式简化了容器的实例化，仅仅是一个类需要被处理，而不是需要开发人员在构建时记住大量的 @Configuration 类。

8. @ImportResource

在 @Configuration 类作为配置容器主要机制的应用程序中，使用一些 XML 配置还是必要的。在这些情况中，仅仅使用 @ImportResource 来定义 XML 就可以了。这样就实现了以“Java 为中心”的方式来配置容器，并保持 XML 最低限度的使用。

```
@Configuration
@ImportResource("classpath:/com/waylau/properties-config.xml")
public class AppConfig {

    @Value("${jdbc.url}")
    private String url;

    @Value("${jdbc.username}")
    private String username;

    @Value("${jdbc.password}")
    private String password;

    @Bean
    public DataSourcedataSource() {
        return newDriverManagerDataSource(url, username, password);
    }
}
```

以下是 properties-config.xml 的配置。

```
<beans>
    <context:property-placeholder location="classpath:/com/waylau/jdbc.
properties"/>
</beans>
```

重点 2.2.29 环境抽象

Environment 是一个集成到容器中的特殊抽象，它针对应用的环境建立了 profile 和 properties 两个关键的概念。

profile 是包含了多个 bean 定义的一个逻辑集合，只有当指定的 profile 被激活时，其中的 bean 才会被激活。无论是通过 XML 定义还是通过注解，bean 都可以配置到 profile 中。而 Environment 对象的角色就是与 profile 相关联，然后决定来激活哪一个 profile，还有哪一个 profile 为默认的 profile。

properties 在几乎所有的应用当中都有着重要的作用，当然也可能存在多个数据源，如 property 文件、JVM 系统 property、系统环境变量、JNDI、Servlet 上下文参数、ad-hoc 属性对象、Map 等。Environment 对象与 property 相关联，然后给开发者一个方便的服务接口来配置这些数据源，并正确解析。

1. bean定义的 profile

在容器中，bean 定义的 profile 是一种允许不同环境注册不同 bean 的机制。环境的概念就意味着不同的 bean 对应不同的开发者，而且这个特性在以下场景中使用十分便利。

①解决一些内存中的数据源问题，可以在不同环境中访问不同的数据源，如开发环境、QA 测试环境、生产环境等。

②仅仅在开发环境中使用一些监视服务。

③在不同的环境中使用不同的 bean 实现。

以下示例的应用需要一个 DataSource，在一个测试的环境下，其代码类似为：

```
@Bean
public DataSourcedataSource() {
    return newEmbeddedDatabaseBuilder()
        .setType(EmbeddedDatabaseType.HSQL)
        .addScript("my-schema.sql")
        .addScript("my-test-data.sql")
        .build();
}
```

如果考虑应用部署到 QA 环境或生产环境，假设应用的数据源是服务器上的 JNDI 目录，那么 DataSource 可能为：

```
@Bean(destroyMethod="")
public DataSourcedataSource() throwsException {
    Context ctx = newInitialContext();
    return (DataSource) ctx.lookup("java:comp/env/jdbc/datasource");
}
```

问题就是如何基于当前的环境来使用不同的配置。Spring 的开发者曾经开发了很多的方法来解决这个问题，通常都依赖于系统环境变量和 XML 中的 <import/> 标签及占位符 ${placeholder} 等，根据不同的环境来解析当前的配置文件。现在 bean 的 profile 属于容器的特性，也是该问题的解决方案之一。

如果泛化了一些特殊环境下引用的 bean 定义，可以将其中指定的 bean 注入特定的上下文中，而不是注入所有的上下文中。很多开发者都希望能够在一种环境下使用 bean 定义 A，在另一种情况下使用 bean 定义 B。

2. @Profile

@Profile 注解允许开发者表示一个组件是否适合在当前环境下进行注册，只有当前的 profile 被激活时，对应的 bean 才会被注册到上下文中。使用前面的示例，对代码可以进行如下调整。

```
@Configuration
@Profile("dev")
public class StandaloneDataConfig {

    @Bean
    public DataSourcedataSource() {
        return newEmbeddedDatabaseBuilder()
            .setType(EmbeddedDatabaseType.HSQL)
            .addScript("classpath:com/bank/config/sql/schema.sql")
            .addScript("classpath:com/bank/config/sql/test-data.sql")
            .build();
    }
}
@Configuration
@Profile("production")
public class JndiDataConfig {

    @Bean(destroyMethod="")
    public DataSourcedataSource() throwsException {
        Context ctx = newInitialContext();
        return (DataSource) ctx.lookup("java:comp/env/jdbc/datasource");
    }
}
```

@Profile 注解可以当作元注解来使用。例如，下面所定义的 @Production 注解就可以来替代 @Profile（"production"）。

```
@Target(ElementType.TYPE)
@Retention(RetentionPolicy.RUNTIME)
@Profile("production")
public @interface Production {
}
```

@Profile 注解也可以在方法级别使用，还可以声明在包含 @Bean 注解的方法上。

```
@Configuration
public class AppConfig {
```

```
@Bean
@Profile("dev")
public DataSourcedevDataSource() {
    return newEmbeddedDatabaseBuilder()
            .setType(EmbeddedDatabaseType.HSQL)
            .addScript("classpath:com/bank/config/sql/schema.sql")
            .addScript("classpath:com/bank/config/sql/test-data.sql")
            .build();
    }
    @Bean
    @Profile("production")
    public DataSourceproductionDataSource() throwsException {
        Context ctx = newInitialContext();
        return (DataSource) ctx.lookup("java:comp/env/jdbc/datasource");
    }
}
```

如果配置了 @Configuration 的类同时配置了 @profile，那么所有配置了 @Bean 注解的方法和 @Import 注解的相关类都会被传递为该 profile。除非这个 profile 被激活，否则其中的 bean 定义都不会被激活。如果配置为 @Component 或 @Configuration 的类标记了 @profile({"p1", "p2"}), 那么这个类当且仅当 profile 为 p1 或 p2 时才会被激活。如果某个 profile 的前缀为“!”，那么 @profile 注解的类只有在当前的 profile 没有被激活时才能生效。例如，如果配置为 @profile({"p1","!p2"})，那么注册的行为会在 profile 为 p1，或者 profile 为非 p2 时才会被激活。

3. XML中定义的 profile

在 XML 中相对应配置是 <beans/> 中的 profile 属性。开发者在前面配置的信息可以被重写到 XML 文件中。

```
<beans profile="dev"
    xmlns="http://www.springframework.org/schema/beans"
    xmlns:xsi="http://www.w3.org/2001/XMLSchema-instance"
    xmlns:jdbc="http://www.springframework.org/schema/jdbc"
    xsi:schemaLocation="...">

    <jdbc:embedded-database id="dataSource">
        <jdbc:script location="classpath:com/bank/config/sql/schema.sql"/>
        <jdbc:script location="classpath:com/bank/config/sql/test-data.sql"/>
    </jdbc:embedded-database>
</beans>
<beans profile="production"
    xmlns="http://www.springframework.org/schema/beans"
    xmlns:xsi="http://www.w3.org/2001/XMLSchema-instance"
    xmlns:jee="http://www.springframework.org/schema/jee"
    xsi:schemaLocation="...">

    <jee:jndi-lookup id="dataSource" jndi-name="java:comp/env/jdbc/datasource"/>
</beans>
```

当然，也可以通过嵌套 <beans/> 标签来完成定义。

```
<beans xmlns="http://www.springframework.org/schema/beans"
    xmlns:xsi="http://www.w3.org/2001/XMLSchema-instance"
    xmlns:jdbc="http://www.springframework.org/schema/jdbc"
    xmlns:jee="http://www.springframework.org/schema/jee"
    xsi:schemaLocation="...">

    <beans profile="dev">
        <jdbc:embedded-database id="dataSource">
            <jdbc:script location="classpath:com/bank/config/sql/schema.sql"/>
            <jdbc:script location="classpath:com/bank/config/sql/test-data.sql"/>
        </jdbc:embedded-database>
    </beans>

    <beans profile="production">
        <jee:jndi-lookup id="dataSource" jndi-name="java:comp/env/jdbc/datasource"/>
    </beans>
</beans>
```

4. 激活 profile

现在，开发人员已经更新了配置信息来使用环境抽象，但还需要通知 Spring 来激活具体哪一个 profile。

有多种方法来激活一个 profile，最直接的方式就是通过编程的方式来直接调用 Environment API。ApplicationContext 中包含以下这个接口。

```
AnnotationConfigApplicationContext ctx = newAnnotationConfigApplication-
Context();

ctx.getEnvironment().setActiveProfiles("dev");
ctx.register(SomeConfig.class, StandaloneDataConfig.class, JndiDataConfig.
class);
ctx.refresh();
```

此外，profile 还可以通过 spring.profiles.active 中的属性来指定，可以通过系统环境变量、JVM 系统变量、Servlet 上下文中的参数，甚至是 JNDI 的一个参数来写入。在集成测试中，激活 profile 可以通过 spring-test 中的 @ActiveProfiles 来实现。

需要注意的是，profile 的定义并不是一种互斥的关系，开发人员完全可以在同一时间激活多个 profile 。从编程上来说，为 setActiveProfiles() 方法提供多个 profile 的名称即可。

```
ctx.getEnvironment().setActiveProfiles("profile1", "profile2");
```

也可以通过 spring.profiles.active 来指定 “,” 分隔的多个 profile 的名称。

```
-Dspring.profiles.active="profile1,profile2"
```

5. 默认 profile

可以默认启用的 profile，参考如下代码。

```
@Configuration
@Profile("default")
public class DefaultDataConfig {

    @Bean
    public DataSource dataSource() {
        return newEmbeddedDatabaseBuilder()
            .setType(EmbeddedDatabaseType.HSQL)
            .addScript("classpath:com/waylau/config/sql/schema.sql")
            .build();
    }
}
```

如果没有其他的 profile 被激活，那么上面代码定义的 dataSource 就会被创建，这种方式是为默认情况下提供 bean 定义的一种方式。一旦任何一个 profile 被激活，默认的 profile 则不会被激活。

默认 profile 的名称可以通过 Environment 中的 setDefaultProfiles() 方法或通过 spring.profiles.default 属性来更改。

6. @PropertySource

@PropertySource 注解提供了一种方便的机制来将 PropertySource 增加到 Spring 的 Environment 中。

给定一个文件 app.properties 包含了 key-value 对 testbean.name=myTestBean。下面的代码中，使用了 @PropertySource 调用 testBean.setName() 将返回 myTestBean。

```
@Configuration
@PropertySource("classpath:/com/waylau/app.properties")
public class AppConfig {
    @Autowired
    Environment env;

    @Bean
    public TestBean testBean() {
        TestBean testBean = newTestBean();
        testBean.setName(env.getProperty("testbean.name"));
        return testBean;
    }
}
```

任何 @PropertySource 中形如 ${...} 的占位符，都可以被解析为 Environment 中的属性资源。例如：

```
@Configuration
@PropertySource("classpath:/com/${my.placeholder:default/path}/app.
properties")
```

```
public class AppConfig {
    @Autowired
    Environment env;

    @Bean
    public TestBean testBean() {
        TestBean testBean = newTestBean();
        testBean.setName(env.getProperty("testbean.name"));
        return testBean;
    }
}
```

假设上面的 my.placeholder 是已经注册到 Environment 中的资源，如果有 JVM 系统属性或环境变量，占位符会解析成对象的值；如果没有，default/path 会作为默认值。如果没有指定默认值，而且占位符也解析不出来，就会抛出 IllegalArgumentException 异常。

7. 占位符解析

以前，占位符的值是只能针 JVM 系统属性或环境变量来解析的。如今，因为环境抽象已经继承到了容器中，很容易通过容器将占位符解析集成。这意味着开发者可以任意地配置占位符。

①开发者可以自由调整系统变量和环境变量的优先级。

②开发者可以额外增加自己的属性源信息。

具体来说，下面的 XML 配置不会在意 customer 属性在哪里定义，只要这个值在 Environment 中有效即可。

```
<beans>
   <import resource="com/waylau/service/${customer}-config.xml"/>
</beans>
```

2.2.30 国际化

ApplicationContext 接口扩展了一个名称为 MessageSource 的接口，因此提供了国际化（i18n）功能。Spring 还提供了接口 HierarchicalMessageSource，它可以分层解析消息。这些接口一起为 Spring 特效消息解析提供了基础。这些接口上定义的方法包括以下几个方面。

① String getMessage(String code, Object[] args, String default, Locale loc)：用于从 MessageSource 中检索消息的基本方法。当找不到指定语言环境的消息时，将使用默认消息。使用标准库提供的 MessageFormat 功能，传入的任何参数都将成为替换值。

② String getMessage(String code, Object[] args, Locale loc)：与前面的方法基本相同，但不能指定默认消息。如果无法找到消息，则抛出 NoSuchMessageException 异常。

③ String getMessage(MessageSourceResolvable resolvable, Locale locale)：上述方法中使用的所有属性都包含在名称为 MessageSourceResolvable 的类中，可以使用此方法。

当一个 ApplicationContext 被加载时，它会自动搜索上下文中定义的 MessageSource bean。该 bean 必须具有名称 MessageSource。如果找到这样一个 bean，所有对前面方法的调用都被委托给消息源。如果没有找到消息源，则 ApplicationContext 将尝试查找包含具有相同名称的 bean 的父项。如果是这样，它将使用该 bean 作为消息源。如果 ApplicationContext 找不到任何消息源，则会实例化一个空的 DelegatingMessageSource，以便能够接收对上面定义的方法的调用。

Spring 提供了两个 MessageSource 实现，即 ResourceBundleMessageSource 和 StaticMessageSource。两者都实现了 HierarchicalMessageSource，以进行嵌套消息传递。StaticMessageSource 很少使用，但提供了编程方式来添加消息源。以下示例中显示了 ResourceBundleMessageSource 的用法。

```
<beans>
    <bean id="messageSource"
            class="org.springframework.context.support.ResourceBundle
MessageSource">
        <property name="basenames">
            <list>
                <value>format</value>
                <value>exceptions</value>
                <value>windows</value>
            </list>
        </property>
    </bean>
</beans>
```

在这个例子中，假设开发人员在自己的类路径中定义了 3 个资源包，分别为 format、exceptions 和 windows。任何解析消息的请求都将以 JDK 标准方式通过 ResourceBundles 解析消息。就本例而言，假定上述两个资源包文件的内容为：

```
# in format.properties
message=Alligators rock!
```

和

```
# in exceptions.properties
argument.required=The {0} argument is required.
```

以下示例中显示了执行 MessageSource 功能的程序。需要注意的是，所有 ApplicationContext 实现也是 MessageSource 实现，因此可以转换为 MessageSource 接口。

```
public static void main(String[] args) {
    MessageSource resources = newClassPathXmlApplicationContext("beans.
xml");
    String message = resources.getMessage("message", null, "Default",null);
    System.out.println(message);
}
```

上述程序的运行结果如下。

```
Alligators rock!
```

综上所述，MessageSource 被定义在一个名为 beans.xml 的文件中，该文件被存于开发者的类路径的根目录下。MessageSource bean 定义通过其基本名称属性来引用资源包。 在列表中传递给 basenames 属性的 3 个文件被保存在类路径的根目录下，分别为 format.properties、exceptions.properties 和 windows.properties。

以下示例显示传递给消息查找的参数。这些参数将被转换为字符串并插入查找消息的占位符中。

```
<beans>
    <bean id="messageSource"
        class="org.springframework.context.support.ResourceBundleMessage
Source">
        <property name="basename" value="exceptions"/>
    </bean>

    <bean id="example" class="com.waylau.Example">
        <property name="messages" ref="messageSource"/>
    </bean>
</beans>
public class Example {
    private MessageSource messages;
    public void setMessages(MessageSource messages) {
        this.messages = messages;
    }
    public void execute() {
        String message = this.messages.getMessage("argument.required",
            newObject [] {"userDao"}, "Required", null);
        System.out.println(message);
    }
}
```

上述程序运行结果如下。

```
The userDao argument is required.
```

2.2.31 事件与监听器

ApplicationContext 中的事件处理是通过 ApplicationEvent 类和 ApplicationListener 接口提供的。如果一个实现 ApplicationListener 接口的 bean 被部署到上下文中，则每当 ApplicationEvent 发布到 ApplicationContext 时，都会通知该 bean。实质上，这是标准的 Observer（观察者）模式。

从 Spring 4.2 版本开始，事件基础架构得到了显著的改进，并提供了基于注解的模型及发布任意事件的能力，这是一个不一定从 ApplicationEvent 扩展的对象。当这样的对象被发布时，开发人员把它包装在一个事件中。

Spring 提供了以下标准事件。

① ContextRefreshedEvent：当 ApplicationContext 被初始化或刷新时，触发该事件。

② ContextClosedEvent：当 ApplicationContext 被关闭时，触发该事件。容器被关闭时，其管理的所有单例 Bean 都被销毁。

③ RequestHandleEvent：在 Web 应用中，当一个 HTTP 请求结束时触发该事件。

④ ContextStartedEvent：当容器调用 start() 方法时，触发该事件。

⑤ ContextStopEvent：当容器调用 stop() 方法时，触发该事件。

1. 自定义事件

自定义事件非常简单，只需要继承 ApplicationEvent 类即可。

```
public class BlackListEvent extends ApplicationEvent {

    private final String address;
    private final String test;

    public BlackListEvent(Object source, String address, String test) {
        super(source);
        this.address = address;
        this.test = test;
    }
    // ...
}
```

要发布自定义 ApplicationEvent，需要在 ApplicationEventPublisher 上调用 publishEvent() 方法。通常，这是通过创建一个实现了 ApplicationEventPublisherAware 的类，并将其注册为一个 Spring bean 来完成的。以下例子演示了这样一个类。

```
public class EmailService implements ApplicationEventPublisherAware {

    private List<String> blackList;
    private ApplicationEventPublisher publisher;

    public void setBlackList(List<String> blackList) {
        this.blackList = blackList;
    }

    public void setApplicationEventPublisher(ApplicationEventPublisher publish-
er) {
        this.publisher = publisher;
    }

    public void sendEmail(String address, String text) {
        if (blackList.contains(address)) {
```

```
            BlackListEvent event = newBlackListEvent(this, address, text);
            publisher.publishEvent(event);
            return;
        }
        // ...
    }
}
```

在配置时，Spring 容器会检测到 EmailService 实现了 ApplicationEventPublisherAware，并且会自动调用 setApplicationEventPublisher()。实际上，传入的参数将是 Spring 容器本身，开发人员只需通过 ApplicationEventPublisher 接口与应用程序上下文交互即可。

要接收自定义的 ApplicationEvent，创建一个实现 ApplicationListener 的类，并将其注册为一个 Spring bean。以下例子演示了这样一个类。

```
public class BlackListNotifier implements ApplicationListener<BlackListE-
vent> {
    private String notificationAddress;
    public void setNotificationAddress(String notificationAddress) {
        this.notificationAddress = notificationAddress;
    }
    public void onApplicationEvent(BlackListEvent event) {
        // ...
    }
}
```

2. 基于注解的事件模型

从 Spring 4.2 版本开始，可以通过 EventListener 注解在托管 bean 的任何公共方法上注册一个事件监听器。BlackListNotifier 可以被重写为：

```
public class BlackListNotifier {
    private String notificationAddress;
    public void setNotificationAddress(String notificationAddress) {
        this.notificationAddress = notificationAddress;
    }
@EventListener
public void processBlackListEvent(BlackListEvent event) {
        // ...
    }
}
```

由上可见，方法签名再次声明它监听的事件类型，但是这次使用灵活的名称而不实现特定的监听器接口。事件类型也可以通过泛型来缩小，只要实际事件类型在其实现层次结构中解析泛型参数即可。

如果开发人员的方法应该监听几个事件，或者根本没有参数定义它，那么可以在注解本身上指定事件类型。例如：

```
@EventListener({ContextStartedEvent.class, ContextRefreshedEvent.class})
public void handleContextStart() {
    ...
}
```

也可以用 SpEL 表达式来过滤特定的事件。例如：

```
@EventListener(condition = "#blEvent.test == 'foo'")
public void processBlackListEvent(BlackListEvent blEvent) {
    // ...
}
```

3. 异步处理事件

如果开发人员希望异步处理事件，只需重用常规的 @Async 注解即可。

```
@EventListener
@Async
public void processBlackListEvent(BlackListEvent event) {
    // ...
}
```

此时，BlackListEvent 会被作为一个独立的线程处理。

处理异步事件时，需要注意以下限制。

①如果事件监听器抛出异常，该事件不会被传递给调用者。

②这样的事件监听器不能发送回复。如果需要发送另一个事件作为处理的结果，需要注入 ApplicationEventPublisher 手动发送事件。

2.3 AOP 编程

AOP（Aspect Oriented Programming，面向切面编程）通过提供另一种思考程序结构的方式来补充 OOP（Object Oriented Programming，面向对象编程）。OOP 模块化的关键单元是类，而在 AOP 中，模块化的单元是切面（Aspect）。切面可以实现跨多个类型和对象之间的事务管理、日志等方面的模块化。

2.3.1 AOP 概述

AOP 编程的目标与 OOP 编程的目标并没有什么不同，都是为了减少重复和专注于业务。相比之下，OOP 是婉约派的选择，用继承和组合的方式，编制成一套类和对象的体系；而 AOP 是豪放派的选择，大手一挥，凡某包某类某命名方法，一并同样处理。也就是说，OOP 是“绣花针”，而 AOP 是“砍柴刀”。

Spring 框架的关键组件之一是 AOP 框架。虽然 Spring IoC 容器不依赖于 AOP，但在 Spring 应用中，经常会使用 AOP 来简化编程。在 Spring 框架中使用 AOP 主要有以下优势。

①提供声明式企业服务，特别是作为 EJB 声明式服务的替代品。最重要的是，这种服务是声明式事务管理。

②允许用户实现自定义切面。在某些不适合用 OOP 编程的场景中，采用 AOP 来补充。

③可以对业务逻辑的各个部分进行隔离，从而使业务逻辑各部分之间的耦合度降低，提高程序的可重用性，同时提高了开发的效率。

要使用 Spring AOP 需要添加 spring-aop 模块。

重点 2.3.2 AOP 核心概念

AOP 概念并非是 Spring AOP 所特有的，有些概念同样适用于其他 AOP 框架，如 AspectJ。

① Aspect（切面）：将关注点进行模块化。某些关注点可能会横跨多个对象，如事务管理，它是 Java 企业级应用中一个关于横切关注点很好的例子。在 Spring AOP 中，切面可以使用常规类（基于模式的方法）或使用 @Aspect 注解的常规类来实现切面。

② Join Point（连接点）：在程序执行过程中某个特定的点，如某方法调用时或处理异常时。在 Spring AOP 中，一个连接点总是代表一个方法的执行。

③ Advice（通知）：在切面的某个特定的连接点上执行的动作。通知有各种类型，其中包括“around”“before”和“after”等通知。许多 AOP 框架，包括 Spring，都是以拦截器来实现通知模型的，并维护一个以连接点为中心的拦截器链。

④ Pointcut（切入点）：匹配连接点的断言。通知和一个切入点表达式关联，并在满足这个切入点的连接点上运行（如当执行某个特定名称的方法时）。切入点表达式如何和连接点匹配是 AOP 的核心。Spring 默认使用 AspectJ 切入点语法。

⑤ Introduction（引入）：声明额外的方法或某个类型的字段。Spring 允许引入新的接口（及一个对应的实现）到任何被通知的对象。 例如，可以使用一个引入来使 bean 实现 IsModified 接口，以便简化缓存机制。在 AspectJ 社区，Introduction 也被称为 Inter-type Declaration（内部类型声明）。

⑥ Target Object（目标对象）：被一个或多个切面所通知的对象。也有人把它称为 Advised（被通知）对象。既然 Spring AOP 是通过运行时代理实现的，那这个对象永远是一个 Proxied（被代理）对象。

⑦ AOP Proxy（AOP 代理）：AOP 框架创建的对象，用来实现 Aspect Contract（切面契约）包括通知方法执行等功能。在 Spring 中，AOP 代理可以是 JDK 动态代理或 CGLIB 代理。

⑧ Weaving（织入）： 把切面连接到其他的应用程序类型或对象上，并创建一个 Advised （被通知）的对象。 这些可以在编译时（如使用 AspectJ 编译器）、类加载时和运行时完成。

Spring 与其他纯 Java AOP 框架一样，在运行时完成织入。其中有关 Advice（通知）的类型主要有以下几种。

① Before Advice（前置通知）：在某连接点之前执行的通知，但这个通知不能阻止连接点前的执行（除非它抛出一个异常）。

② After Returning Advice（返回后通知）：在某连接点正常完成后执行的通知，如果一个方法没有抛出任何异常，将正常返回。

③ After Throwing Advice（抛出异常后通知）：在方法抛出异常退出时执行的通知。

④ After (finally) Advice（最后通知）：当某连接点退出时执行的通知（不论是正常返回还是异常退出）。

⑤ Around Advice（环绕通知）：包围一个连接点的通知，如方法调用。这是最强大的一种通知类型。环绕通知可以在方法调用前后完成自定义的行为，它也会选择是否继续执行连接点，或者直接返回它们自己的返回值或抛出异常来结束执行。Around Advice 是最常用的一种通知类型。与 AspectJ 一样，Spring 提供所有类型的通知，推荐使用尽量简单的通知类型来实现需要的功能。例如，如果只是需要用一个方法的返回值来更新缓存，虽然使用环绕通知也能完成同样的事情，但最好是使用 After Returning 通知，而不是使用环绕通知。用最合适的通知类型可以使编程模型变得简单，并且能够避免很多潜在的错误。例如，如果不调用 Join Point（用于 Around Advice）的 proceed() 方法，就不会有调用的问题。

在 Spring 2.0 中，所有的通知参数都是静态类型的，因此可以使用合适的类型（如一个方法执行后的返回值类型）作为通知的参数，而不是使用一个对象数组。

切入点和连接点匹配的概念是 AOP 的关键，这使得 AOP 不同于其他仅仅提供拦截功能的旧技术。切入点使得通知可独立于 OO（Object Oriented，面向对象）层次。例如，一个提供声明式事务管理的 Around Advice（环绕通知）可以被应用到一组横跨多个对象的方法上（如服务层的所有业务操作）。

2.3.3 Spring AOP

Spring AOP 用纯 Java 实现，它不需要专门的编译过程。Spring AOP 不需要控制类装载器层次，因此它适用于 Servlet 容器或应用服务器。

Spring 目前仅支持方法调用作为连接点之用。虽然可以在不影响 Spring AOP 核心 API 的情况下加入对成员变量拦截器的支持，但 Spring 并没有实现成员变量拦截器。如果需要通知对成员变量的访问和更新连接点，可以考虑其他语言，如 AspectJ。

Spring 实现 AOP 的方法与其他的框架不同。Spring 并不是要尝试提供最完整的 AOP 实现（尽管 Spring AOP 有这个能力），相反，它其实侧重于提供一种 AOP 实现和 Spring IoC 容器的整合，用于解决企业级开发中的常见问题。

因此，Spring AOP 通常都和 Spring IoC 容器一起使用。Aspect 使用普通的 bean 定义语法，与其他 AOP 实现相比，这是一个显著的区别。有些是使用 Spring AOP 无法轻松或高效完成的，如通知一个细粒度的对象。这时，使用 AspectJ 是最好的选择。对于大多数在企业级 Java 应用中遇到的问题，Spring AOP 都能提供一个非常好的解决方案。

Spring AOP 从来没有打算通过提供一种全面的 AOP 解决方案来取代 AspectJ。它们之间的关系应该是互补，而不是竞争。Spring 可以无缝地整合 Spring AOP、IoC 和 AspectJ，使所有的 AOP 应用完全融入基于 Spring 的应用体系，这样的集成不会影响 Spring AOP API 或 AOP Alliance API。

Spring AOP 保留了向下兼容性，这体现了 Spring 框架的核心原则——非侵袭性，即 Spring 框架并不强迫在业务或领域模型中引入框架特定的类和接口。

难点 2.3.4 AOP 代理

Spring AOP 默认使用标准的 JDK 动态代理来作为 AOP 的代理，这样任何接口（或接口的 set 方法）都可以被代理。

Spring AOP 也支持使用 CGLIB 代理，当需要代理类（而不是代理接口）时，CGLIB 代理是很有必要的。如果一个业务对象并没有实现一个接口，就会默认使用 CGLIB。 此外，面向接口编程也是一个最佳实践，业务对象通常都会实现一个或多个接口。此外，在那些（希望是罕见的）需要通知一个未在接口中声明的方法的情况下，或者需要传递一个代理对象作为一种具体类型的方法的情况下，还可以强制地使用 CGLIB。

2.3.5 使用 @AspectJ

@AspectJ 是用于切面的常规 Java 类注解。AspectJ 项目引入了 @AspectJ 风格，作为 AspectJ 5 版本的一部分。 Spring 使用了与 AspectJ 5 相同的用于切入点解析和匹配的注解，但 AOP 运行时仍然是纯粹的 Spring AOP，并不依赖于 AspectJ 编译器。

1. 启用 @AspectJ

可以通过 XML 或 Java 配置来启用 @AspectJ 支持。不管在任何情况下，都要确保 AspectJ 的 aspectjweaver.jar 库在应用程序的类路径中（版本 1.6.8 或以后）。这个库在 AspectJ 发布的 lib 目录中或通过 Maven 的中央库得到。配置为：

```
<dependency>
    <groupId>org.springframework</groupId>
    <artifactId>spring-aspects</artifactId>
    <version>5.0.8.RELEASE</version>
</dependency>
```

下面演示了使用 @Configuration 和 @EnableAspectJAutoProxy 注解来启用 @AspectJ 的例子。

```
@Configuration
```

```
@EnableAspectJAutoProxy
public class AppConfig {

}
```

基于 XML 的配置，可以使用 aop:aspectj-autoproxy 元素。

```
<aop:aspectj-autoproxy/>
```

2. 声明 Aspect

在启用 @AspectJ 支持的情况下，在应用上下文中定义的任意带有一个 @AspectJ 注解的切面的 bean 都将被 Spring 自动识别并用于配置 Spring AOP。以下示例展示了一个切面所需要的最小定义。

```
<bean id="myAspect" class="org.xyz.NotVeryUsefulAspect">
<!-- 配置aspect的属性 -->
</bean>
```

以上代码中的 bean 指向一个使用了 @AspectJ 注解的 bean 类。以下是 NotVeryUsefulAspect 类的定义，使用了 org.aspectj.lang.annotation.Aspect 注解。

```
package org.xyz;
import org.aspectj.lang.annotation.Aspect;

@Aspect
public class NotVeryUsefulAspect {

}
package com.waylau.spring.aop;

import org.aspectj.lang.annotation.AfterReturning;
import org.aspectj.lang.annotation.Aspect;
import org.aspectj.lang.annotation.Before;
import org.aspectj.lang.annotation.Pointcut;

@Aspect
public class Fighter {
    @Pointcut("execution(* com.waylau.spring.aop.Tiger.walk())")
    public void foundTiger() {
    }
    @Before(value = "foundTiger()")
    public void foundBefore() {
        System.out.println("Fighter wait for tiger...");
    }
    @AfterReturning("foundTiger()")
    public void foundAfter() {
        System.out.println("Fighter fight with tiger...");
    }
}
```

3. 声明 Pointcut

Spring AOP 只支持 Spring bean 方法执行连接点操作，所以可以把切入点看作匹配 Spring bean 的方法执行。一个切入点声明有两部分：一部分包含名称和任意参数的签名，另一部分是切入点表达式，该表达式决定了用哪个方法执行。在 @AspectJ 中，一个切入点实际上就是一个普通的方法定义提供的一个签名。切入点表达式使用 @Pointcut 注解来表示，需要注意的是，这个方法的返回类型必须为 void。

以下示例定义了一个切入点 anyOldTransfer，这个切入点匹配了任意名为“transfer”的方法执行。

```
@Pointcut("execution(* transfer(..))")// Pointcut表达式
private void anyOldTransfer() {}// Pointcut签名
```

切入点表达式也就是 @Pointcut 注解的值，是正规的 AspectJ 5 切入点表达式。切入点表达式可以使用 “&&” “||” 和 “!”，也可以通过名称来引用切入点表达式。以下示例显示了 anyPublicOperation（如果是任何公共方法，则匹配）、inTrading（在 trading 模块中的方法，则匹配）和 tradingOperation（在 trading 模块中的任何公共方法，则匹配）3 种切入点表达式。

```
@Pointcut("execution(public * *(..))")
private void anyPublicOperation() {}

@Pointcut("within(com.xyz.someapp.trading..*)")
private void inTrading() {}

@Pointcut("anyPublicOperation() && inTrading()")
private void tradingOperation() {}
```

如果想要了解更多的 AspectJ 切入点语言，请参见 *The AspectJ Programming Guide*（https://www.eclipse.org/aspectj/doc/released/progguide/index.html）。

2.3.6 实战：使用 @AspectJ 的例子

下面用一个简单有趣的例子来演示 Spring AOP 的用法。此例是演绎了一段“武松打虎”的故事情节——武松（Fighter）在山里等着老虎（Tiger）出现，只要发现老虎出来，就打老虎。

1. 定义业务模型

首先定义了老虎（Tiger）类。

```
package com.waylau.spring.aop;
public class Tiger {
    public void walk() {
        System.out.println("Tiger is walking...");
    }
}
```

老虎（Tiger）类只有一个 walk() 方法，只要老虎出来，就会触发这个方法。

2. 定义切面和配置

那么打虎英雄武松（Fighter）要做什么呢？他主要关注于老虎的动向，等着老虎出来活动。所以在 Fighter 类中，定义了一个 @Pointcut("execution(* com.waylau.spring.aop.Tiger.walk())")。同时，在该切入点前后都可以执行相关的方法，定义 foundBefore() 和 foundAfter()。

```
package com.waylau.spring.aop;

import org.aspectj.lang.annotation.AfterReturning;
import org.aspectj.lang.annotation.Aspect;
import org.aspectj.lang.annotation.Before;
import org.aspectj.lang.annotation.Pointcut;

@Aspect
public class Fighter {

    @Pointcut("execution(* com.waylau.spring.aop.Tiger.walk())")
    public void foundTiger() {
    }

    @Before(value = "foundTiger()")
    public void foundBefore() {
        System.out.println("Fighter wait for tiger...");
    }

    @AfterReturning("foundTiger()")
    public void foundAfter() {
        System.out.println("Fighter fight with tiger...");
    }
}
```

相应的 Spring 配置为：

```
<?xml version="1.0" encoding="UTF-8"?>
<beans xmlns="http://www.springframework.org/schema/beans"
    xmlns:xsi="http://www.w3.org/2001/XMLSchema-instance"
    xmlns:context="http://www.springframework.org/schema/context"
    xmlns:aop="http://www.springframework.org/schema/aop"
    xsi:schemaLocation="
        http://www.springframework.org/schema/beans
        http://www.springframework.org/schema/beans/spring-beans.xsd
        http://www.springframework.org/schema/context
        http://www.springframework.org/schema/context/spring-context.xsd
        http://www.springframework.org/schema/aop
        http://www.springframework.org/schema/aop/spring-aop.xsd">

    <!-- 启动AspectJ支持 -->
    <aop:aspectj-autoproxy />
```

```
    <!-- 定义bean -->
    <bean id="fighter" class="com.waylau.spring.aop.Fighter" />
    <bean id="tiger" class="com.waylau.spring.aop.Tiger" />

</beans>
```

3. 定义主应用

主应用定义为：

```
package com.waylau.spring.aop;
import org.springframework.context.ApplicationContext;
import org.springframework.context.support.ClassPathXmlApplicationContext;
public class Application {
    public static void main(String[] args) {
        @SuppressWarnings("resource")
        ApplicationContext context = new ClassPathXmlApplicationContext
("spring.xml");
        Tiger tiger = context.getBean(Tiger.class);
        tiger.walk();
    }
}
```

4. 运行

最终输出为：

```
Fighter wait for tiger...
Tiger is walking...
Fighter fight with tiger...
```

5. 示例源码

本小节示例源码在 s5-ch02-aop-aspect 目录下。

重点 2.3.7　基于 XML 的 AOP

Spring 提供了基于 XML 的 AOP 支持，并提供了新的“aop”命名空间。

在 Spring 配置中，所有的 aspect 和 advisor 元素都必须放置在 <aop:config> 元素中（应用程序上下文配置中可以有多个 <aop:config> 元素）。一个 <aop:config> 元素可以包含 pointcut、advisor 和 aspect 3 个元素（注意这些元素必须按照这个顺序声明）。

1. 声明一个 aspect

一个 aspect 就是在 Spring 应用程序上下文中定义的一个普通的 Java 对象。状态和行为被捕获到对象的字段和方法中，pointcut 和 advice 被捕获到 XML 中。

使用 <aop:aspect> 元素声明一个 aspect，并使用 ref 属性引用辅助 bean。

```
<aop:config>
    <aop:aspect id="myAspect" ref="aBean">
        ...
    </aop:aspect>
</aop:config>
<bean id="aBean" class="...">
    ...
</bean>
```

2. 声明一个 pointcut

pointcut 可以在 <aop:config> 元素中声明，从而使 pointcut 定义可以在几个 aspect 和 advice 之间共享。

以下声明，代表了服务层中任何业务服务都能执行的切入点的定义。

```
<aop:config>
    <aop:pointcut id="businessService"
        expression="execution(* com.xyz.myapp.service.*.*(..))"/>
</aop:config>
```

3. 声明 advice

与 @AspectJ 风格支持相同的 5 种类型的 advice，它们具有完全相同的语义。

以下是一个 <aop:before> 示例。

```
<aop:aspect id="beforeExample" ref="aBean">
    <aop:before
        pointcut-ref="dataAccessOperation"
        method="doAccessCheck"/>
    ...
</aop:aspect>
```

2.3.8 实战：基于 XML 的 AOP 例子

在 2.3.6 小节中，“武松打虎”（s5-ch02-aop-aspect）示例演示了用注解的方式进行 AOP 编程。

本小节基于 s5-ch02-aop-aspect 示例进行改造，形成一个新的基于 XML 的 AOP 实战例子。

1. 定义业务模型

之前所定义的老虎（Tiger）类保持不变。老虎（Tiger）类只有一个 walk() 方法，只要老虎出来，就会触发这个方法。

```
package com.waylau.spring.aop;
public class Tiger {
    public void walk() {
        System.out.println("Tiger is walking...");
    }
}
```

之前所定义的武松（Fighter）类保持不变，稍作调整，去除注解，变成一个单纯的 POJO。

```
package com.waylau.spring.aop;
public class Fighter {
    public void foundBefore() {
        System.out.println("Fighter wait for tiger...");
    }
    public void foundAfter() {
        System.out.println("Fighter fight with tiger...");
    }
}
```

2. 定义切面和配置

所有 AOP 的配置都在相应的 Spring 的配置中。

```
<?xml version="1.0" encoding="UTF-8"?>
<beans xmlns="http://www.springframework.org/schema/beans"
    xmlns:xsi="http://www.w3.org/2001/XMLSchema-instance"
    xmlns:context="http://www.springframework.org/schema/context"
    xmlns:aop="http://www.springframework.org/schema/aop"
    xsi:schemaLocation="
        http://www.springframework.org/schema/beans
        http://www.springframework.org/schema/beans/spring-beans.xsd
        http://www.springframework.org/schema/context
        http://www.springframework.org/schema/context/spring-context.xsd
        http://www.springframework.org/schema/aop
        http://www.springframework.org/schema/aop/spring-aop.xsd">

    <!-- 启动AspectJ支持 -->
    <aop:aspectj-autoproxy />

    <!-- 定义Aspect -->
    <aop:config>
        <aop:pointcut expression="execution(* com.waylau.spring.aop.Tiger.
walk())" id="foundTiger"/>
        <aop:aspect id="myAspect" ref="fighter">
            <aop:before method="foundBefore" pointcut-ref="foundTiger"/>
            <aop:after-returning method="foundAfter" pointcut-ref=
"found Tiger"/>
        </aop:aspect>
    </aop:config>

    <!-- 定义 bean -->
    <bean id="fighter" class="com.waylau.spring.aop.Fighter" />
    <bean id="tiger" class="com.waylau.spring.aop.Tiger" />

</beans>
```

3. 定义主应用

主应用定义保持不变。

```
package com.waylau.spring.aop;
import org.springframework.context.ApplicationContext;
import org.springframework.context.support.ClassPathXmlApplicationContext;
public class Application {
    public static void main(String[] args) {
        @SuppressWarnings("resource")
        ApplicationContext context = new ClassPathXmlApplicationContext
("spring.xml");
        Tiger tiger = context.getBean(Tiger.class);
        tiger.walk();
    }
}
```

4. 运行

最终输出为：

```
Fighter wait for tiger...
Tiger is walking...
Fighter fight with tiger...
```

5. 示例源码

本小节示例源码在 s5-ch02-aop-aspect-xml 目录下。

2.3.9 如何选择 AOP 类型

那么如何来选择 AOP 框架呢？是使用完整的 AspectJ，还是使用 Spring AOP？是使用基于 @AspectJ 的注解风格，还是使用 Spring XML 的风格？

这些决定受到许多因素的影响，包括应用程序需求、开发工具和团队对 AOP 的熟悉程度等。

1. Spring AOP 与 AspectJ

Spring AOP 与 AspectJ 的目的一致，都是为了统一处理横切业务。不同的是，一方面，Spring AOP 并不尝试提供完整的 AOP 功能，它更注重的是与 Spring IoC 容器相结合，并结合该优势来解决横切业务的问题，因此在 AOP 的功能完善方面，相对来说，AspectJ 具有更大的优势。

而另一方面，Spring 注意到 AspectJ 在 AOP 的实现方式上依赖于特殊编译器（ajc 编译器），因此 Spring 很机智地回避了这一问题，转向采用动态代理技术的实现原理来构建 Spring AOP 的内部机制（动态织入），这是与 AspectJ（静态织入）最根本的区别。在 AspectJ 1.5 引入 @Aspect 形式的注解风格开发以后，Spring 也非常快地跟进了这种方式，因此从 Spring 2.0 开始便使用了与 AspectJ 一样的注解。

注意：Spring 只是使用了与 AspectJ 5 一样的注解，但仍然没有使用 AspectJ 的编译器，底层依然是靠动态代理技术实现，因此并不依赖于 AspectJ 的编译器。

2. 基于 @AspectJ 注解风格与基于 XML 风格

如果选择使用 Spring AOP，既可以选择使用基于 @AspectJ 注解的风格，也可以选择使用基于

XML 的风格，两者各有优劣势。

现有的 Spring 用户最熟悉的是 XML 风格，它是由真正的 POJO 支持的。当使用 AOP 作为配置企业服务的工具时，XML 可能是一个不错的选择。用 XML 的风格来说，从自己的配置中可以清楚地看到系统中存在哪些方面。

XML 风格有两个缺点。首先，它并没有完全封装在一个地方。DRY 原则指出，对系统内的任何知识应该有一个单一的、明确的、权威的表示。当使用 XML 风格时，需求知识被分解为支持 bean 类的声明和配置文件中的 XML。当使用 @AspectJ 风格时，所有的信息都封装在了一个模块中，那就是 aspect。其次，XML 风格比 @AspectJ 风格稍微有点局限：只支持“singleton”方面的实例化模型，不能组合 XML 中声明的命名切入点。例如，在 @AspectJ 风格中，可以编写如下代码。

```
@Pointcut(execution(* get*()))
public void propertyAccess() {}
@Pointcut(execution(org.xyz.Account+ *(..))
public void operationReturningAnAccount() {}

@Pointcut(propertyAccess() && operationReturningAnAccount())
public void accountPropertyAccess() {}
```

在基于 XML 的风格中，也可以实现上述两点，具体代码如下。

```
<aop:pointcut id="propertyAccess"
      expression="execution(* get*())"/>

<aop:pointcut id="operationReturningAnAccount"
      expression="execution(org.xyz.Account+ *(..))"/>
```

基于 XML 风格的不利之处在于，无法通过组合来定义一个新的 accountPropertyAccess 切入点。

@AspectJ 风格支持额外的实例化模型，以及更丰富的切入点组合。它具有将 aspect 保持为模块化单元的优点。同时，由于 Spring AOP 和 AspectJ 都使用了相同的 @AspectJ 风格，因此如果以后需要用 AspectJ 的功能来实现附加要求，那么是非常容易就能迁移到 AspectJ 的。

难点 2.3.10 理解代理机制

Spring AOP 支持使用 JDK 动态代理或 CGLIB 为给定的目标对象创建代理。默认情况下，如果要被代理的目标对象实现了至少一个接口，则将使用 JDK 动态代理，且所有由目标类型实现的接口都将被代理。如果目标对象没有实现任何接口，则将创建一个 CGLIB 代理。

当然，也可以强制使用 CGLIB 代理（如代理为目标对象所定义的方法，并没有接口），但需要考虑以下限制。

① final 方法不能被通知，因为它们不能被覆盖。

②从 Spring 3.2 开始，不再需要将 CGLIB 添加到项目类路径中，因为 CGLIB 类直接包含在 spring-core JAR 中。这意味着基于 CGLIB 的代理支持将与 JDK 动态代理始终具有相同的工作方式。

③从 Spring 4.0 开始，代理对象的构造函数将不会被调用两次，因为 CGLIB 代理实例将通过 Objenesis 创建。只有当开发人员的 JVM 不允许时，才可能会看到来自 Spring 的 AOP 支持的双重调用。

要强制使用 CGLIB 代理，须将 <aop:config> 元素的 proxy-target-class 属性值设置为 true。

```
<aop:config proxy-target-class="true">
    <!-- ... -->
</aop:config>
```

要在使用 @AspectJ 自动代理支持时强制执行 CGLIB 代理，须将 <aop:aspectj-autoproxy> 元素的 proxy-target-class 属性值设置为 true。

```
<aop:aspectj-autoproxy proxy-target-class="true"/>
```

Spring AOP 是基于代理的。那么，如何来理解代理机制呢？

首先看一个普通的、没有代理的、直接的对象引用的场景，如以下的代码片段所示。

```
public class SimplePojo implements Pojo {
    public void foo() {
        // 下面的方法是通过在 this 引用上直接调用
        this.bar();
    }
    public void bar() {
        // ...
    }
}
```

如果在对象引用上调用方法，则直接在该对象引用上调用该方法。

```
public class Main {
    public static void main(String[] args) {
        Pojo pojo = new SimplePojo();
        // 下面的方法是通过在pojo引用上直接调用
        pojo.foo();
    }
}
```

图 2-4 所示为上述的调用过程。

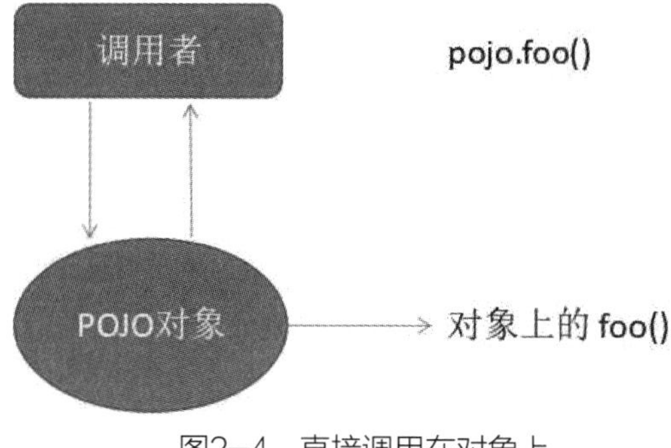

图2-4　直接调用在对象上

如果是使用代理，则情况就有所不同。图 2—5 所示为在代理对象上的调用过程。

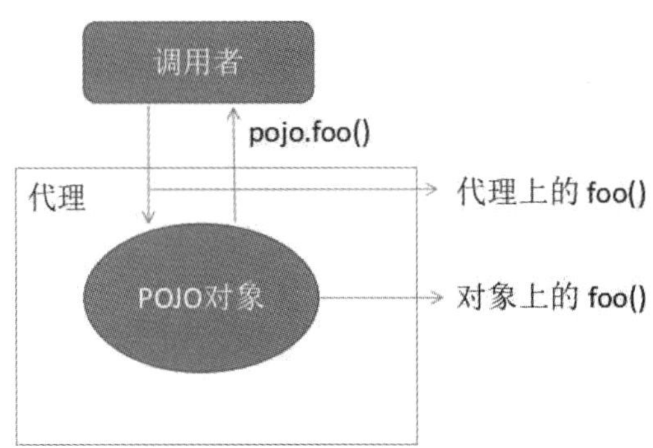

图2—5　在代理对象上的调用

考虑下面的代码片段。

```
public class Main {
    public static void main(String[] args) {
        ProxyFactory factory = new ProxyFactory(new SimplePojo());
        factory.addInterface(Pojo.class);
        factory.addAdvice(new RetryAdvice());
        Pojo pojo = (Pojo) factory.getProxy();
        // 这个是调用在代理上的方法
        pojo.foo();
    }
}
```

在上述代码中，客户代码有一个对代理的引用。这意味着该对象引用的方法调用将是代理上的调用，因此代理将能够委托给与该特定方法调用相关的所有拦截器（advice）。一旦调用最终到达目标对象，SimplePojo 引用在这种情况下，将调用它自己可能产生的任何方法，如 this.bar() 或 this.foo()，而非代理上的方法。这是由于自我调用，不会让与方法调用相关的 advice 获得执行的机会。因此，这个代码还需要重构，使自我调用不会发生。

考虑下面的方式。

```
// 反面示例
public class SimplePojo implements Pojo {
    public void foo() {
        ((Pojo) AopContext.currentProxy()).bar();
    }
    public void bar() {
        // ...
    }
}
```

上述这段代码不建议使用，理由是与 Spring AOP 强制绑定在一起，侵入性较大。考虑将代码改为下面的方式。

```
public class Main {
    public static void main(String[] args) {
        ProxyFactory factory = new ProxyFactory(new SimplePojo());
        factory.adddInterface(Pojo.class);
        factory.addAdvice(new RetryAdvice());
        factory.setExposeProxy(true);
        Pojo pojo = (Pojo) factory.getProxy();
        // 调用在代理上
        pojo.foo();
    }
}
```

加上 factory.setExposeProxy(true) 这段代码来暴露 AOP 代理对象，即可解决上述自我调用无法实施切面中增强的问题。

注意：AspectJ 没有这个自我调用的问题，因为它不是一个基于代理的 AOP 框架。

2.3.11 创建 @AspectJ 代理

除了使用 <aop:config> 或 <aop:aspectj-autoproxy> 配置外，还可以通过编程方式来创建通知目标对象的代理。这里要关注使用 @AspectJ 来自动创建代理的能力。

类 org.springframework.aop.aspectj.annotation.AspectJProxyFactory 可用于为一个或多个 @AspectJ 切面所通知的目标对象创建代理。这个类的基本用法非常简单，如以下代码所示。

```
// 创建一个可以为给定的目标对象生成代理的工厂
AspectJProxyFactory factory = new AspectJProxyFactory(targetObject);

// 添加一个切面，类必须是@AspectJ切面
// 可以根据需要多次调用这个方法
factory.addAspect(SecurityManager.class);

// 也可以添加现有的方法实例，提供对象的类型必须是@AspectJ切面
factory.addAspect(usageTracker);

// 获取代理对象
MyInterfaceType proxy = factory.getProxy();
```

2.4 资源处理

Java 的标准 java.net.URL 类和各种 URL 前缀的标准处理程序并不足以满足所有对低级资源的访问。例如，没有标准化的 URL 实现可用于访问需要从类路径获取的资源，或者相对于 Servlet-Context 的资源。

Spring Resource 接口就是为了弥补上述不足。

2.4.1 常用资源接口

Spring Resource 接口是强大的用于访问低级资源的抽象。

```
public interface Resource extends InputStreamSource {
    boolean exists();
    boolean isOpen();
    URL getURL() throws IOException;
    File getFile() throws IOException;
    Resource createRelative(String relativePath) throws IOException;
    String getFilename();
    String getDescription();
}
public interface InputStreamSource {
    InputStream getInputStream() throws IOException;
}
```

① getInputStream()：定位并打开资源，返回一个从资源读取的 InputStream。预计每个调用都会返回一个新的 InputStream。调用方在使用完这个流后，关闭该流。

② exists()：返回一个布尔值，指示这个资源是否实际上以物理形式存在。

③ isOpen()：返回一个布尔值，指示这个资源是否代表一个打开流的句柄。如果返回值为 true，则只能读取一次 InputStream，然后关闭，以避免资源泄露。除了 InputStreamResource 外，对于所有的资源实现，将返回 false。

④ getDescription()：返回此资源的描述，用于处理资源时的错误输出。这通常是完全限定的文件名或资源的实际 URL。其他方法允许开发人员获取表示资源的实际 URL 或 File 对象（如果底层实现是兼容的，并且支持该功能）。

资源抽象在 Spring 本身中被广泛使用。

重点 2.4.2 内置资源接口实现

Spring 提供了很多资源接口实现，这些实现是可以直接用的。

1. UrlResource

UrlResource 封装了一个 java.net.URL，可以用来访问通过 URL 访问的任何对象，如文件、HTTP 目标、FTP 目标等。所有的 URL 都由一个标准化的字符串表示，如使用适当的标准化前缀来表示另一个 URL 类型。

① file：用于访问文件系统路径。

② http：用于通过 HTTP 访问资源。

③ ftp：用于通过 FTP 访问资源等。

UrlResource 是由 Java 代码使用 UrlResource 构造函数显式创建的，但是当调用一个接收 String

参数的 API 方法时，通常会隐式地创建 UrlResource 来表示路径。对于后一种情况，JavaBean PropertyEditor 最终将决定创建哪种类型的资源。如果路径字符串包含一些众所周知的前缀，如 classpath:，它将为该前缀创建适当的专用资源。但是，如果不能识别前缀，它会认为这只是一个标准的 URL 字符串，并会创建一个 UrlResource。

2. ClassPathResource

ClassPathResource 类代表了一个应该从类路径中获得的资源，如使用线程上下文类加载器、给定的类加载器或给定的类来加载资源。如果类路径资源驻留在文件系统中，则此资源实现支持解析为 java.io.File。

ClassPathResource 是由 Java 代码使用 ClassPathResource 构造函数显式创建的，但是当开发人员调用一个带有 String 参数的 API 方法时，通常会隐式地创建 ClassPathResource 来表示路径。对于后一种情况，JavaBean PropertyEditor 将识别字符串路径上的特殊前缀 classpath:，并在此情况下创建一个 ClassPathResource。

3. FileSystemResource

FileSystemResource 是用于处理 java.io.File 资源的实现。

4. ServletContextResource

ServletContextResource 是 ServletContext 资源的实现，解释相关 Web 应用程序根目录中的相对路径。

ServletContextResource 总是支持流访问和 URL 访问，但只有在 Web 应用程序归档文件被扩展且资源物理上位于文件系统上时才允许访问 java.io.File。不管它是否被扩展，实际上都依赖于 Servlet 容器。

5. InputStreamResource

InputStreamResource 给定 InputStream 的资源实现。只有在没有具体的资源实施适用的情况下才能使用。特别是在可能的情况下，首选 ByteArrayResource 或任何基于文件的资源实现。

与其他 Resource 实现相比，这是已打开资源的描述符，因此从 isOpen() 将返回 true。如果需要将资源描述符保存在某处，或者需要多次读取流，就不要使用它。

6. ByteArrayResource

ByteArrayResource 是给定字节数组的资源实现。它为给定的字节数组创建一个 ByteArrayInputStream。

从任何给定的字节数组中加载内容都是很有用的，而不必求助于一次性的 InputStreamResource。

重点 2.4.3 ResourceLoader

ResourceLoader 接口是由可以返回（加载）Resource 实例的对象来实现的。

```
public interface ResourceLoader {
    Resource getResource(String location);
}
```

所有应用程序上下文都实现了 ResourceLoader 接口，因此所有的应用程序上下文都可以用来获取 Resource 实例。

当在特定的应用程序上下文中调用 getResource() 方法，并且指定的位置路径没有特定的前缀时，将返回适合该特定应用程序上下文的资源类型。例如，假设下面的代码片段是针对 ClassPathXmlApplicationContext 实例执行的。

```
Resource template = ctx.getResource("some/resource/path/myTemplate.txt");
```

上述代码将返回一个 ClassPathResource。如果对 FileSystemXmlApplicationContext 实例执行相同的方法，则会返回 FileSystemResource。对于一个 WebApplicationContext，开发人员会得到一个 ServletContextResource，以此类推。

因此，可以以适合特定应用程序上下文的方式加载资源。

另外，也可以通过指定特殊的前缀来强制使用返回特定的资源，而不管应用程序的上下文类型如何。例如：

```
Resource template = ctx.getResource("classpath:some/resource/path/myTem-
plate.txt");
Resource template = ctx.getResource("file:///some/resource/path/myTem-
plate.txt");
Resource template = ctx.getResource("http://myhost.com/resource/path/
myTemplate.txt");
```

2.4.4 ResourceLoaderAware

ResourceLoaderAware 接口是一个特殊的标记接口，用于标识期望通过 ResourceLoader 接口提供的对象。

```
public interface ResourceLoaderAware {
    void setResourceLoader(ResourceLoader resourceLoader);
}
```

当一个类实现了 ResourceLoaderAware 并被部署到一个应用上下文（作为一个 Spring 管理的 bean）时，它被应用上下文识别为 ResourceLoaderAware。然后，应用程序上下文将调用 setResourceLoader(ResourceLoader)，并将 ResourceLoader 自身作为参数（请记住，Spring 中的所有应用程序上下文实现均使用 ResourceLoader 接口）。

当然，由于 ApplicationContext 是一个 ResourceLoader，bean 也可以实现 ApplicationContextAware 接口并直接使用提供的应用程序上下文来加载资源，但通常情况下，最好使用专用的 Resource-

Loader 接口（如果有需要）。代码只会耦合到资源加载接口，它可以被认为是一个实用接口，而不是整个 Spring ApplicationContext 接口。

从 Spring 2.5 开始，开发人员可以依靠 ResourceLoader 的自动装配来替代实现 ResourceLoader-Aware 接口。传统的 constructor 和 byType 自动装配模式，可以分别为构造函数参数或设置方法参数提供 ResourceLoader 类型的依赖关系。

2.4.5　资源作为依赖

如果 bean 本身要通过某种动态的过程来确定和提供资源路径，那么 bean 可能会使用 Resource-Loader 接口来加载资源。考虑加载某种类型的模板，其中需要的特定资源取决于用户的角色。如果资源是静态的，那么完全消除 ResourceLoader 接口的使用是有意义的，只要让 bean 公开它需要的 Resource 属性，并期望它们被注入其中。示例为：

```
<bean id="myBean" class="...">
    <property name="template" value="some/resource/path/myTemplate.txt"/>
</bean>
```

注意：资源路径没有前缀，因为应用程序上下文本身将被用作 ResourceLoader，所以根据上下文的确切类型，资源本身将根据需要通过 ClassPathResource、FileSystemResource 或 ServletContex-tResource 来进行加载。

如果需要强制使用特定的资源类型，则可以使用前缀。以下两个示例显示如何强制 ClassPath-Resource 和 UrlResource（后者用于访问文件系统文件）。

```
xml <property name="template"
value="classpath:some/resource/path/myTemplate.txt">xml
<property name="template" value="file:///some/resource/path/myTemplate.
txt"/>
```

2.5 Bean 验证

在任何时候，当需要处理一个应用程序的业务逻辑时，数据校验是必须要考虑和面对的事情。应用程序必须通过某种手段来确保输入的数据从语义上来讲是正确的。在通常的情况下，应用程序是分层的，不同的层由不同的开发人员来完成。很多时候同样的数据验证逻辑会出现在不同的层，这样就会导致代码冗余和一些管理的问题，如语义的一致性等。为了避免这样的情况出现，最好将验证逻辑与相应的域模型进行绑定。

Bean Validation 为 JavaBean 验证定义了相应的元数据模型和 API。默认的元数据是 Java Annotations，通过使用 XML 可以对原有的元数据信息进行覆盖和扩展。在应用程序中，通过使用 Bean Validation 或自己定义的 constraint，如 @NotNull、@Max、@ZipCode 等，就可以确保数据模型（JavaBean）的正确性。constraint 可以附加到字段、getter 方法、类或接口上。对于一些特定的需求，用户可以很容易地开发定制化的 constraint。Bean Validation 是一个运行时的数据验证框架，验证后的错误信息会被马上返回。

2.5.1 Bean 验证概述

目前，Spring 框架在安装支持方面支持 Bean Validation 1.0（JSR-303）和 Bean Validation 1.1（JSR-349），同时也支持 Spring Validator 接口。

Spring 应用程序可以选择全局启用 Bean 验证，并专门用于所有验证需求。应用程序还可以为每个 DataBinder 实例注册额外的 Spring Validator 实例，这对于插入验证逻辑而不使用注解的情况可能是有用的。

更多有关 Bean 验证的内容，可见“附录 B:Bean Validation 内置约束”。

重点 2.5.2 Validator 接口

Spring 提供了一个可以用来验证对象的 Validator 接口。Validator 接口使用了 Errors 对象，验证器在验证时可以将验证失败报告发给 Errors 对象。

下面来考虑一个小数据对象。

```
public class Person {
    private String name;
    private int age;
    ...// 省略 getter 和 setter 方法
}
```

这里将通过实现 org.springframework.validation.Validator 接口的两个方法来为 Person 类提供验证行为。

① upports(Class)：验证这个验证器是否支持所提供的类的实例。

② validate(Object, org.springframework.validation.Errors)：验证给定的对象，并在验证出错误的情况下，将错误信息注册到给定的错误对象。

实现 validator 非常简单，看下面的例子。

```
public class PersonValidator implements Validator {
    public boolean supports(Class clazz) {
        return Person.class.equals(clazz);
    }

    public void validate(Object obj, Errors e) {
```

```
        ValidationUtils.rejectIfEmpty(e, "name", "name.empty");
        Person p = (Person) obj;
        if (p.getAge() < 0) {
            e.rejectValue("age", "negativevalue");
        } else if (p.getAge() > 110) {
            e.rejectValue("age", "too.darn.old");
        }
    }
}
```

从上述代码可知，ValidationUtils 类上的静态 rejectIfEmpty 方法用于验证 name 属性，如果该属性值为 null 或空字符串，就判断为验证不通过或直接拒绝。

2.6 表达式语言 SpEL

Spring Expression Language(SpEL)是一种强大的表达式语言，支持在运行时查询和操作对象图。语言语法与 Unified EL 类似，但提供了额外的功能，特别是方法调用和基本的字符串模板功能。

虽然还有其他几种可用的 Java 表达式语言（如 OGNL、MVEL、JBoss EL 等），但 Spring 表达式语言的创建是为了向 Spring 社区提供单一支持的表达式语言，可以在所有产品中使用 SpEL。它的语言特性是由 Spring 项目中的项目需求驱动的，包括基于 Eclipse 的 Spring Tool Suite 中代码完成支持的工具需求。也就是说，SpEL 基于一种与技术无关的 API，允许在需要时集成其他表达式语言实现。

2.6.1 SpEL 概述

SpEL 并不与 Spring 直接相关，可以独立使用。

SpEL 表达式语言支持的功能除文本表达、布尔和关系运算符、正则表达式、类表达式，以及访问属性、数组、列表、map 以外，还有调用方法、分配、调用构造函数、Bean 引用、数组构建、内联列表、内联 map、三元操作符、变量、用户定义的功能、集合投影、集合选择和模板化的表达式。

难点 2.6.2 表达式接口

以下代码引入了 SpEL API 来评估文本字符串表达式“Hello World”的例子。

```
ExpressionParser parser = new SpelExpressionParser();
Expression exp = parser.parseExpression("'Hello World'");
```

```
String message = (String) exp.getValue();
```

消息变量的值只是简单的“Hello World”。使用的 SpEL 类和接口位于包 org.springframework.expression 及其子包（如 spel.support）中。

ExpressionParser 接口负责解析表达式字符串。在这个例子中，表达式字符串是由单引号括起来表示的文本字符串。Expression 接口负责评估表达式字符串。当分别调用 parser.parseExpression 和 exp.getValue 时，可能会抛出 ParseException 和 EvaluationException 两个异常。

SpEL 支持广泛的功能，如调用方法、访问属性和调用构造函数。

1. 调用方法

作为调用方法的一个例子，可以在字符串上调用 concat 方法。示例为：

```
ExpressionParser parser = new SpelExpressionParser();
Expression exp = parser.parseExpression("'Hello World'.concat('!')");
String message = (String) exp.getValue();
```

消息变量的值现在为“Hello World!”。

2. 访问属性

作为调用 JavaBean 属性的一个例子，可以调用 String 属性 Bytes。示例为：

```
ExpressionParser parser = new SpelExpressionParser();
// 调用 'getBytes()'
Expression exp = parser.parseExpression("'Hello World'.bytes");
byte[] bytes = (byte[]) exp.getValue();
```

SpEL 还支持使用标准点符号的嵌套属性。示例为：

```
ExpressionParser parser = new SpelExpressionParser();

// 调用 'getBytes().length'
Expression exp = parser.parseExpression("'Hello World'.bytes.length");
int length = (Integer) exp.getValue();
```

3. 调用构造函数

字符串的构造函数可以被调用，而不是使用字符串文本。示例为：

```
ExpressionParser parser = new SpelExpressionParser();
Expression exp = parser.parseExpression("new String('hello world').
toUpperCase()");
String message = exp.getValue(String.class);
```

2.6.3　对于 bean 定义的支持

SpEL 表达式可以与 XML 或基于注解的配置元数据一起使用来定义 BeanDefinitions。在这两种情况下，定义表达式的语法以下形式都是 #{ <expression string> }。

1. 基于 XML 的配置

可以使用以下表达式来设置属性或构造函数的参数值。

```
<bean id="numberGuess" class="org.spring.samples.NumberGuess">
    <property name="randomNumber" value="#{ T(java.lang.Math).random()
* 100.0 }"/>
    <!-- ... -->
</bean>
```

变量 systemProperties 是预定义的，所以可以在表达式中使用它，如以下代码。

```
<bean id="taxCalculator" class="org.spring.samples.TaxCalculator">
    <property name="defaultLocale" value="#{ systemProperties['user.
region'] }"/>
    <!-- ... -->
</bean>
```

也可以通过名称引用其他 bean 属性，如以下代码。

```
<bean id="numberGuess" class="org.spring.samples.NumberGuess">
    <property name="randomNumber" value="#{ T(java.lang.Math).random()
* 100.0 }"/>
    <!-- ... -->
</bean>
<bean id="shapeGuess" class="org.spring.samples.ShapeGuess">
    <property name="initialShapeSeed" value="#{ numberGuess.random
Number }"/>
    <!-- ... -->
</bean>
```

2. 基于注解的配置

@Value 注解可以放在字段、方法，以及构造函数参数上，以指定默认值。

以下是一个设置字段变量默认值的例子。

```
public static class FieldValueTestBean
    @Value("#{ systemProperties['user.region'] }")
    private String defaultLocale;
    public void setDefaultLocale(String defaultLocale) {
        this.defaultLocale = defaultLocale;
    }
    public String getDefaultLocale() {
        return this.defaultLocale;
    }
}
```

以上示例等价于在属性 setter 方法上设值。

```
public static class PropertyValueTestBean
    private String defaultLocale;
    @Value("#{ systemProperties['user.region'] }")
    public void setDefaultLocale(String defaultLocale) {
        this.defaultLocale = defaultLocale;
    }
    public String getDefaultLocale() {
        return this.defaultLocale;
    }
}
```

自动装配的方法和构造函数也可以使用 @Value 注解。

```
public class SimpleMovieLister {
    private MovieFinder movieFinder;
    private String defaultLocale;
    @Autowired
    public void configure(MovieFinder movieFinder,
            @Value("#{ systemProperties['user.region'] }") String
defaultLocale) {
        this.movieFinder = movieFinder;
        this.defaultLocale = defaultLocale;
    }
    // ...
}
```

重点 2.6.4 常用表达式

以下是 SpEL 常用表达式。

1. 文本表达式

文本表达式的类型包括字符串、数值（int、real、hex）、布尔值和 null。字符串由单引号分隔。要将一个单引号本身放在一个字符串中，可以使用两个单引号字符，其示例为：

```
ExpressionParser parser = new SpelExpressionParser();
String helloWorld = (String) parser.parseExpression("'Hello World'").
getValue();
double avogadrosNumber = (Double) parser.parseExpression
("6.0221415E+23").getValue();
int maxValue = (Integer) parser.parseExpression("0x7FFFFFFF").getValue();
boolean trueValue = (Boolean) parser.parseExpression("true").getValue();
Object nullValue = parser.parseExpression("null").getValue();
```

2. 属性、数组、列表、Map、索引器

使用属性引用进行导航很简单，只需使用句点来指示嵌套的属性值即可，其示例为：

```
int year = (Integer) parser.parseExpression("Birthdate.Year + 1900").
getValue(context);
```

```
String city = (String) parser.parseExpression("placeOfBirth.City").
getValue(context);
```

注意：对于属性名称的第一个字母，不区分大小写。

数组和列表的内容使用方括号表示法来获得，其示例为：

```
ExpressionParser parser = new SpelExpressionParser();
StandardEvaluationContext teslaContext = new StandardEvaluationContext
(tesla);
String invention = parser.parseExpression("inventions[3]").getValue(
        teslaContext, String.class);
StandardEvaluationContext societyContext = new StandardEvaluationContext
(ieee);
String name = parser.parseExpression("Members[0].Name").getValue(
        societyContext, String.class);
String invention = parser.parseExpression("Members[0].Inventions[6]").
getValue(societyContext, String.class);
```

Map 的内容使用 key 来获得，其示例为：

```
Inventor pupin = parser.parseExpression("Officers['president']")
        .getValue(societyContext, Inventor.class);

String city = parser.parseExpression("Officers['president'].PlaceOf-
Birth.City")
        .getValue(societyContext, String.class);

parser.parseExpression("Officers['advisors'][0].PlaceOfBirth.Country")
        .setValue(societyContext, "Croatia");
```

3. 内联列表

列表可以使用“{}”表示法直接在表达式中表达，其示例为：

```
List numbers = (List) parser.parseExpression("{1,2,3,4}")
        .getValue(context);

List listOfLists = (List) parser.parseExpression("{{'a','b'},{'x','y'}}")
        .getValue(context);
```

“{}”本身意味着一个空的列表。出于性能原因，如果列表本身完全由固定文字组成，则会创建一个常量列表来表示表达式，而不是在每个评估上创建一个新列表。

4. 内嵌 Map

Map 可以使用 {key:value} 符号直接表达，其示例为：

```
Map inventorInfo =
    (Map) parser.parseExpression("{name:'Nikola',dob:'10-July-1856'}")
        .getValue(context);
```

```
Map mapOfMaps =
    (Map) parser.parseExpression("{name:{first:'Nikola',last:'Tesla'},
dob:{day:10,month:'July',year:1856}}")
        .getValue(context);
```

“{:}”本身就是空的 Map。出于性能原因，如果 Map 本身是由固定文字或其他嵌套的常量结构（列表或 Map）组成的，则会创建一个常量地图来表示表达式，而不是在每个评估中构建一个新的 Map。Map 中 key 的引用是可选的，上面的例子不使用带引号的 key。

5. 数组构建

既可以使用熟悉的 Java 语法来构建数组，也可以选择提供一个初始化程序在构造时填充该数组，其示例为：

```
int[] numbers1 = (int[]) parser.parseExpression("new int[4]")
        .getValue(context);

int[] numbers2 = (int[]) parser.parseExpression("new int[]{1,2,3}")
        .getValue(context);

int[][] numbers3 = (int[][]) parser.parseExpression("new int[4][5]")
        .getValue(context);
```

在构建多维数组时，目前不允许提供初始化程序。

6. 方法

使用典型的 Java 编程语法调用方法。开发人员也可以调用文字方法，其可变参数也被支持。其示例为：

```
String bc = parser.parseExpression("'abc'.substring(1, 3)")
        .getValue(String.class);

boolean isMember = parser.parseExpression("isMember('Mihajlo Pupin')")
        .getValue(societyContext, Boolean.class);
```

7. 运算符

关系运算符支持等于、不等于、小于、小于或等于、大于、大于、等于等标准操作运算符。示例为：

```
boolean trueValue = parser.parseExpression("2 == 2")
        .getValue(Boolean.class);

boolean falseValue = parser.parseExpression("2 < -5.0")
        .getValue(Boolean.class);

boolean trueValue = parser.parseExpression("'black' < 'block'")
        .getValue(Boolean.class);
```

除了标准的关系运算符外，SpEL 还支持基于 instanceof 和正则表达式的匹配运算符。示例为：

```
boolean falseValue = parser.parseExpression(
        "'xyz' instanceof T(Integer)").getValue(Boolean.class);

boolean trueValue = parser.parseExpression(
        "'5.00' matches '\^-?\\d+(\\.\\d{2})?$'").getValue(Boolean.class);

boolean falseValue = parser.parseExpression(
        "'5.0067' matches '\^-?\\d+(\\.\\d{2})?$'").getValue(Boolean.class);
```

逻辑运算符，示例为：

```
boolean falseValue = parser.parseExpression("true and false")
        .getValue(Boolean.class);

String expression = "isMember('Nikola Tesla') and isMember('Mihajlo Pupin')";
boolean trueValue = parser.parseExpression(expression)
        .getValue(societyContext, Boolean.class);

boolean trueValue = parser.parseExpression("true or false")
        .getValue(Boolean.class);

String expression = "isMember('Nikola Tesla') or isMember('Albert Einstein')";
boolean trueValue = parser.parseExpression(expression)
        .getValue(societyContext, Boolean.class);

boolean falseValue = parser.parseExpression("!true")
        .getValue(Boolean.class);

String expression = "isMember('Nikola Tesla') and !isMember('Mihajlo Pupin')";
boolean falseValue = parser.parseExpression(expression)
        .getValue(societyContext, Boolean.class);
```

数学运算符，示例为：

```
int two = parser.parseExpression("1 + 1").getValue(Integer.class); // 2

String testString = parser.parseExpression(
        "'test' + ' ' + 'string'").getValue(String.class); // 'test string'

int four = parser.parseExpression("1 - -3").getValue(Integer.class); // 4

double d = parser.parseExpression("1000.00 - 1e4").getValue(Double.class);
// -9000

int six = parser.parseExpression("-2 * -3").getValue(Integer.class); // 6

double twentyFour = parser.parseExpression("2.0 * 3e0 * 4").getValue
(Double.class); // 24.0
```

```
int minusTwo = parser.parseExpression("6 / -3").getValue(Integer.class); // -2

double one = parser.parseExpression("8.0 / 4e0 / 2").getValue(Double.
class); // 1.0

int three = parser.parseExpression("7 % 4").getValue(Integer.class); // 3

int one = parser.parseExpression("8 / 5 % 2").getValue(Integer.class); // 1

int minusTwentyOne = parser.parseExpression("1+2-3*8").getValue
(Integer.class); // -21
```

8. 赋值

属性的设置是通过使用赋值操作符完成的。这通常可以在 setValue 调用中完成，但也可以在 getValue 调用中完成。

```
Inventor inventor = new Inventor();
StandardEvaluationContext inventorContext = new StandardEvaluation
Context(inventor);

parser.parseExpression("Name").setValue(inventorContext, "Alexander
Seovic2");

String aleks = parser.parseExpression(
        "Name = 'Alexandar Seovic'").getValue(inventorContext, String.
class);
```

9. 类型

特殊的 T 运算符可以用来指定 java.lang.Class（类型）的一个实例。静态方法也使用这个操作符来调用。StandardEvaluationContext 使用 TypeLocator 来查找类型，而 StandardTypeLocator（可以被替换）是建立在了解 java.lang 包的基础上的。这意味着 T() 对 java.lang 中类型的引用不需要完全限定，但所有其他类型引用必须是完全限定。

```
Class dateClass = parser.parseExpression("T(java.util.Date)").
getValue(Class.class);

Class stringClass = parser.parseExpression("T(String)").getValue(Class.
class);

boolean trueValue = parser.parseExpression(
        "T(java.math.RoundingMode).CEILING < T(java.math.RoundingMode).
FLOOR").getValue(Boolean.class);
```

10. 构造函数

构造函数可以使用 new 运算符调用。 除了基本类型和字符串（可以使用 int、float 等）外，完全限定的类名应该被使用。

```
Inventor einstein = p.parseExpression(
        "new org.spring.samples.spel.inventor.Inventor('Albert Einstein',
'German')").getValue(Inventor.class);

p.parseExpression(
        "Members.add(new org.spring.samples.spel.inventor.Inventor(
            'Albert Einstein', 'German'))").getValue(societyContext);
```

11. 变量

在表达式中引用变量可以使用语法 #variableName，它是使用 StandardEvaluationContext 上的 setVariable 方法设置的。

```
Inventor tesla = new Inventor("Nikola Tesla", "Serbian");
StandardEvaluationContext context = new StandardEvaluationContext(tesla);
context.setVariable("newName", "Mike Tesla");
parser.parseExpression("Name = #newName").getValue(context);
System.out.println(tesla.getName()) // "Mike Tesla"
```

12. 函数

可以通过注册在表达式字符串内调用的用户定义函数来扩展 SpEL。该函数使用的方法需在 StandardEvaluationContext 中注册。

```
public void registerFunction(String name, Method m)
```

对 Java 方法的引用提供了该函数的实现。例如，反转字符串的实用程序方法如下。

```
public abstract class StringUtils {

    public static String reverseString(String input) {
        StringBuilder backwards = new StringBuilder();
        for (int i = 0; i < input.length(); i++)
            backwards.append(input.charAt(input.length() - 1 - i));
        }
        return backwards.toString();
    }
}
```

然后将此方法注册到上下文中，就可以在表达式字符串中使用。示例为：

```
ExpressionParser parser = new SpelExpressionParser();
StandardEvaluationContext context = new StandardEvaluationContext();

context.registerFunction("reverseString",
    StringUtils.class.getDeclaredMethod("reverseString", new Class[] {
String.class }));

String helloWorldReversed = parser.parseExpression(
```

```
    "#reverseString('hello')").getValue(context, String.class);
```

13. Bean引用

可以使用 @ 符号从表达式中查找 bean。示例为：

```
ExpressionParser parser = new SpelExpressionParser();
StandardEvaluationContext context = new StandardEvaluationContext();
context.setBeanResolver(new MyBeanResolver());

Object bean = parser.parseExpression("@foo").getValue(context);
```

如果要访问一个工厂 bean 自身，则需要使用 & 符号。示例为：

```
ExpressionParser parser = new SpelExpressionParser();
StandardEvaluationContext context = new StandardEvaluationContext();
context.setBeanResolver(new MyBeanResolver());

Object bean = parser.parseExpression("&foo").getValue(context);
```

14. 三元运算符

可以使用三元运算符来执行表达式中的 if-then-else 条件逻辑。示例为：

```
String falseString = parser.parseExpression(
        "false ? 'trueExp': 'falseExp'").getValue(String.class);
```

15. Elvis 运算符

Elvis 运算符缩短了三元运算符的语法，并在 Groovy 语言中使用。使用三元运算符语法，通常必须重复两次变量。例如：

```
String name = "Elvis Presley";
String displayName = name != null ? name: "Unknown";
```

如果改为使用 Elvis 操作符，具体代码如为：

```
ExpressionParser parser = new SpelExpressionParser();

String name = parser.parseExpression("name?:'Unknown'").getValue
(String.class);

System.out.println(name); // 'Unknown'
```

16. 安全导航运算符

安全导航运算符用于避免 NullPointerException，并来自 Groovy 语言。 通常当开发人员有一个对象的引用时，可能需要在访问对象的方法或属性之前验证它是否为空。 为了避免这种情况，安全导航操作符将简单地返回 null，而不是抛出异常。示例为：

```
ExpressionParser parser = new SpelExpressionParser();
```

```
Inventor tesla = new Inventor("Nikola Tesla", "Serbian");
tesla.setPlaceOfBirth(new PlaceOfBirth("Smiljan"));

StandardEvaluationContext context = new StandardEvaluationContext(tesla);

String city = parser.parseExpression("PlaceOfBirth?.City")
        .getValue(context, String.class);
System.out.println(city); // Smiljan

tesla.setPlaceOfBirth(null);

city = parser.parseExpression("PlaceOfBirth?.City").getValue(context,
String.class);
System.out.println(city); // null
```

17. 集合选择

选择是一个强大的表达式语言功能，允许开发人员通过从条目中选择一些源集合转换为另一个。选择使用语法 .?[selectionExpression]，将过滤集合并返回包含原始元素子集的新集合。例如，选择可以很容易地得到一个发明者名单。

```
List<Inventor> list = (List<Inventor>) parser.parseExpression(
        "Members.?[Nationality == 'Serbian']").getValue(societyContext);
```

18. 集合投影

投影允许集合驱动子表达式的评估，结果是一个新的集合。投影使用语法 ![projectionExpression]。例如，有一个发明者名单，但想要从中获得他们出生的城市名单。实际上，开发人员希望为发明者列表中的每个条目评估“placeOfBirth.city”，这种场景就非常适合使用投影。示例为：

```
List placesOfBirth = (List)parser.parseExpression("Members.![placeOfBirth.city]");
```

19. 表达式模板

表达式模板允许将文本与一个或多个评估块混合。每个评估块都用可定义的前缀和后缀字符分隔，常见的选择是使用 #{ } 作为分隔符。例如：

```
String randomPhrase = parser.parseExpression(
        "random number is #{T(java.lang.Math).random()}",
        new TemplateParserContext()).getValue(String.class);
```

2.6.5 实战：使用 SpEL 的例子

本小节使用 SpEL 来演示一个“商品费用结算”的例子，该例通过 SpEL 表达式来筛选数据。

1. 自定义领域对象

创建一个新类 Item，代表商品。示例为：

```
package com.waylau.spring.el;
public class Item {
    private String good;
    private double weight;
    ...// 省略 getter/setter 方法
    @Override
    public String toString() {
        return "Item [good=" + good + ", weight=" + weight + "]";
    }
}
```

创建一个新类 ShopList，代表商品清单。示例为：

```
package com.waylau.spring.el;
import java.util.ArrayList;
import java.util.Arrays;
import java.util.List;
public class ShopList {
    private String name;
    private int count;
    private double price;
    private List<Item> items = new ArrayList<Item>();
    private Item onlyOne;
    private String[] allGood;
    ...// 省略 getter/setter 方法
    @Override
    public String toString() {
        return "ShopList [name=" + name + ", count=" + count + ", price="
                + price + ", items=" + items + ", onlyOne="
                + onlyOne + ", allGood=" + Arrays.toString(allGood) + "]";
    }
}
```

创建一个新类 Tax，代表商品税率。示例为：

```
package com.waylau.spring.el;
public class Tax {
    private double ctax;
    private String name;
    public static String getCountry() {
        return "zh_CN";
    }
    public String getName() {
        return this.name;
    }
    public double getCtax() {
        return ctax;
    }
    public void setCtax(double ctax) {
        this.ctax = ctax;
```

```
    }
}
```

2. 配置文件

定义 Spring 应用的配置文件 spring.xml。这里的 SpEL 表达式是基于 XML 来定义的。

```
<?xml version="1.0" encoding="UTF-8"?>
<beans xmlns="http://www.springframework.org/schema/beans"
    xmlns:xsi="http://www.w3.org/2001/XMLSchema-instance"
    xmlns:context="http://www.springframework.org/schema/context"
    xmlns:p="http://www.springframework.org/schema/p"
    xmlns:util="http://www.springframework.org/schema/util"
    xsi:schemaLocation="
        http://www.springframework.org/schema/beans
        http://www.springframework.org/schema/beans/spring-beans.xsd
        http://www.springframework.org/schema/context
        http://www.springframework.org/schema/context/spring-context.xsd
        http://www.springframework.org/schema/util
        http://www.springframework.org/schema/util/spring-util-4.2.xsd">

    <bean id="tax" class="com.waylau.spring.el.Tax" p:ctax="10"></bean>

    <!-- 访问bean的属性 -->
    <bean id="list" class="com.waylau.spring.el.ShopList" p:name="shanpoo"
        p:count="2" p:price="#{tax.ctax/100 * 36.5}" />

    <!-- 调用bean的方法 -->
    <bean id="list2" class="com.waylau.spring.el.ShopList" p:name="shan-
poo"
        p:count="2" p:price="#{tax.getCtax()/100 * 36.5}" />

    <!-- 访问静态变量 -->
    <bean id="list3" class="com.waylau.spring.el.ShopList"
        p:name="#{T(com.waylau.spring.el.Tax).country}"
        p:count="2" p:price="1" />

    <!-- 访问静态方法 -->
    <bean id="list4" class="com.waylau.spring.el.ShopList"
        p:name="#{T(com.waylau.spring.el.Tax).getCountry()}" p:count="2"
        p:price="1" />

    <!-- 三元表达式的简化 -->
    <bean id="list5" class="com.waylau.spring.el.ShopList"
        p:name="#{tax.getName()?: 'defaultTax'}"
        p:count="2" p:price="1" />

    <util:list id="its">
        <bean class="com.waylau.spring.el.Item" p:good="poke" p:weight=
"3.34"></bean>
```

```
        <bean class="com.waylau.spring.el.Item" p:good="chicken"
            p:weight="5.66"></bean>
        <bean class="com.waylau.spring.el.Item" p:good="dark" p:weight=
"3.64"></bean>
        <bean class="com.waylau.spring.el.Item" p:good="egg" p:weight=
"2.54"></bean>
    </util:list>

    <!-- 展示util:list用法 -->
    <bean id="list6" class="com.waylau.spring.el.ShopList"
        p:name="#{tax.getName()?: 'defaultTax'}"
        p:count="2" p:price="1" p:items-ref="its" />

    <!-- 集合筛选 -->
    <bean id="list7" class="com.waylau.spring.el.ShopList"
        p:name="#{tax.getName()?: 'defaultTax'}"
        p:count="2" p:price="1" p:onlyOne="#{its[0]}" /><!-- 这里不是用ref
装配的-->

    <bean id="it1" class="com.waylau.spring.el.Item" p:good="poke"
        p:weight="3.34"></bean>
    <bean id="it2" class="com.waylau.spring.el.Item" p:good="chicken"
        p:weight="5.66"></bean>
    <util:map id="itmap">
        <entry key="poke" value-ref="it1">
        </entry>
        <entry key="chicken" value-ref="it2">
        </entry>
    </util:map>

    <!-- map集合筛选 -->
    <bean id="list8" class="com.waylau.spring.el.ShopList"
        p:name="#{tax.getName()?: 'defaultTax'}"
        p:count="2" p:price="1" p:onlyOne="#{itmap['chicken']}" />

    <!-- 读取.properties文件中的属性 -->
    <util:properties id="itprop" location="classpath:spel.properites"
/>
    <bean id="list9" class="com.waylau.spring.el.ShopList"
        p:name="#{itprop['username']}"
        p:price="1" />

    <bean id="list10" class="com.waylau.spring.el.ShopList"
        p:items="#{its.?[weight lt 3.5]}" />
    <bean id="list11" class="com.waylau.spring.el.ShopList"
        p:allGood="#{its.![good]}" />
    <bean id="list12" class="com.waylau.spring.el.ShopList"
        p:allGood="#{its.?[weight gt 3.5].![good]}" />
```

```
</beans>
```

3. spel. properites 文件

定义了 spel.properites，用于演示读取 .properites 文件的场景。

```
username=waylau
password=123456
email=waylau521@gmail.com
```

4. 定义应用类 Application

Application 类定义为：

```
package com.waylau.spring.el;
import org.springframework.context.ApplicationContext;
import org.springframework.context.support.ClassPathXmlApplicationContext;
public class Application {
    public static void main(String[] args) {
        @SuppressWarnings("resource")
        ApplicationContext ctx = new ClassPathXmlApplicationContext
("spring.xml");

        ShopList list = (ShopList) ctx.getBean("list");
        System.out.println(list);

        list = (ShopList) ctx.getBean("list2");
        System.out.println(list);

        list = (ShopList) ctx.getBean("list3");
        System.out.println(list);

        list = (ShopList) ctx.getBean("list4");
        System.out.println(list);

        list = (ShopList) ctx.getBean("list5");
        System.out.println(list);

        list = (ShopList) ctx.getBean("list6");
        System.out.println(list);

        list = (ShopList) ctx.getBean("list7");
        System.out.println(list);

        list = (ShopList) ctx.getBean("list8");
        System.out.println(list);

        list = (ShopList) ctx.getBean("list9");
        System.out.println(list);

        list = (ShopList) ctx.getBean("list10");
```

```
        System.out.println(list);

        list = (ShopList) ctx.getBean("list11");
        System.out.println(list);

        list = (ShopList) ctx.getBean("list12");
        System.out.println(list);
    }
}
```

5. 运行

运行 Application 类，就能在控制台中看到如下字样的信息。

```
ShopList [name=shanpoo, count=2, price=3.6500000000000004, items=[],
onlyOne=null, allGood=null]
ShopList [name=shanpoo, count=2, price=3.6500000000000004, items=[],
onlyOne=null, allGood=null]
ShopList [name=zh_CN, count=2, price=1.0, items=[], onlyOne=null,
allGood=null]
ShopList [name=zh_CN, count=2, price=1.0, items=[], onlyOne=null,
allGood=null]
ShopList [name=defaultTax, count=2, price=1.0, items=[], onlyOne=null,
allGood=null]
ShopList [name=defaultTax, count=2, price=1.0, items=[Item [good=poke,
weight=3.34], Item [good=chicken, weight=5.66], Item [good=dark,
weight=3.64], Item [good=egg, weight=2.54]], onlyOne=null, allGood=null]

ShopList [name=defaultTax, count=2, price=1.0, items=[], onlyOne=Item
[good=poke, weight=3.34], allGood=null]
ShopList [name=defaultTax, count=2, price=1.0, items=[], onlyOne=Item
[good=chicken, weight=5.66], allGood=null]
ShopList [name=waylau, count=0, price=1.0, items=[], onlyOne=null,
allGood=null]
ShopList [name=null, count=0, price=0.0, items=[Item [good=poke,
weight=3.34], Item [good=egg, weight=2.54]], onlyOne=null, allGood=null]

ShopList [name=null, count=0, price=0.0, items=[], onlyOne=null,
allGood=[poke, chicken, dark, egg]]
ShopList [name=null, count=0, price=0.0, items=[], onlyOne=null,
allGood=[chicken, dark]]
```

6. 示例源码

本小节示例源码在 s5-ch02-expression-language 目录下。

2.7 数据缓冲器和编解码器

Spring 数据缓冲器和编解码器用于处理网络传输过程中的数据解析。

2.7.1 数据缓冲器

DataBuffer 接口定义了一个字节缓冲区的抽象。引入它的主要原因是 Netty。Netty 并不使用标准的 java.nio.ByteBuffer，而是提供 ByteBuf 作为替代。Spring 的 DataBuffer 是 ByteBuf 的一个简单抽象，也可以在非 Netty 平台（Servlet 3.1+）上使用。

1. DataBufferFactory

DataBufferFactory 提供了分配新数据缓冲区及包装现有数据的功能。分配方法分配一个新的数据缓冲区，具有默认或给定的容量。尽管 DataBuffer 可以按需实现随着需求的增长和缩减而变化，但如果能提前预知，那么提前提供容量会更高效。包装不涉及分配，它只是用 DataBuffer 实现装饰给定的数据。

DataBufferFactory 有两种方式实现，一种为 NettyDataBufferFactory，它被用在 Netty 平台上，如 Reactor Netty；另一种为 DefaultDataBufferFactory，在其他平台上使用，如 Servlet 3.1+ 服务器。

2. DataBuffer

DataBuffer 接口类似于 ByteBuffer，它提供了比 ByteBuffer 更多的优点。与 Netty 的 ByteBuf 类似，DataBuffer 抽象提供独立的读写位置。这与 JDK 的 ByteBuffer 不同，它只显示一个读取和写入位置，而单独的 flip() 操作用于在两个 I/O 操作之间切换。一般来说，读取位置、写入位置和容量之间有以下的关系。

```
'0' <= _read position_ <= _write position_ <= _capacity_
```

从 DataBuffer 中读取字节时，读取位置将根据从缓冲区读取的数据量自动更新。类似地，当向 DataBuffer 写入字节时，写入位置将被写入缓冲区的数据量更新。而且在写入数据时，DataBuffer 的容量会自动扩展，就如同 StringBuilder、ArrayList 等类型一样。

除了上面提到的读写功能外，DataBuffer 还具有方法来查看 ByteBuffer、InputStream 或 Output-Stream 的缓冲区（片段）。此外，它还提供了确定给定字节索引的方法。

DataBuffer 有两种实现方式：一种是 NettyDataBuffer，它被用在 Netty 平台上，如 Reactor Netty；另一种是 DefaultDataBuffer，用于其他平台，如 Servlet 3.1+ 服务器。

2.7.2 编解码器

org.springframework.core.codec 包中包含了将字节流转换为对象流的两个主要抽象，反之亦然。Encoder 是一个策略接口，将对象流编码为数据缓冲区的输出流。解码器做相反的事情，它将一个数据缓冲区流变成一个对象流。需要注意的是，使用解码器实例需要考虑引用计数。

Spring 带有大量的默认编解码器，能够将字符串、ByteBuffer、字节数组等进行转换，还支持包括 JAXB 和 Jackson 等编解码器。当使用 Spring WebFlux 的上下文时，使用编解码器将请求主体转换为 @RequestMapping 参数，或者将返回类型转换为发送回客户端的响应主体。默认的编解码器是在 WebFluxConfigurationSupport 类中配置的，并且可以通过从该类继承时重写 configureHttpMessageCodecs 来轻松地进行更改。有关在 WebFlux 中使用编解码器的更多信息，请参阅“第 14 章 Spring WebFlux”。

2.8 空安全

2.8.1 空安全概述

虽然 Java 语言不允许用类型系统表示空安全，但 Spring 框架在 org.springframework.lang 包中提供了以下注解来声明 API 和字段的可空性。

① @NonNull：声明特定参数、返回值或字段不能为 null。如果不需要参数和返回值的，就使用 @NonNullApi 和 @NonNullFields。

② @Nullable：声明特定参数、返回值或字段可以为 null。

③ @NonNullApi：在包级别声明特定参数、返回值不能为 null。

④ @NonNullFields：在包级别声明特定字段不能为 null。

这些注解可用于任何基于 Spring 的 Java 项目。

2.8.2 如何使用

除了提供 Spring 框架 API 可空性的明确声明外，IDE（如 IDEA 或 Eclipse）还可以使用这些注解向 Java 开发人员提供有关空安全的有用警告，以避免在运行时抛出异常 NullPointerException。它们也被用来使 Kotlin 项目中的 Spring API 无效，因为 Kotlin 本身支持空安全。

Spring 使用 JSR-305 注解来进行元注解。JSR-305 元注解允许像 IDEA 或 Kotlin 一样的工具以通用的方式提供空安全支持，而不必为 Spring 注解提供硬编码支持。

第3章 测试

3.1 测试概述

软件测试的目的，一方面是为了检测出软件中的 bug，另一方面是为了检验软件系统是否满足需求。

然而，在传统的软件开发企业中，测试一直被视为“二等公民”，测试工作也往往得不到技术人员的足够重视。随着 Web 应用的兴起，特别是以微服务为代表的分布式系统的发展，传统的测试技术也面临着巨大的变革。

3.1.1 传统的测试所面临的问题

总结起来，传统的测试工作主要面临以下问题。

1. 开发与测试对立

在传统软件公司组织结构中，开发与测试往往分属不同部门，各自担负不同工作的职责。开发人员为了实现功能需求，而生产出代码；测试人员则是为了查找出更多功能上的问题，从而迫使开发人员返工，对代码进行修改。表面上看，好像是测试在给开发“找茬”，两个部门的人也因此经常“扯皮”，无法很好相处，因而开发与测试处于对立的状态。

2. 事后测试

按照传统的开发流程，以敏捷开发模式为例，开发团队在迭代过程结束后，会发布一个版本，以提供给测试团队进行测试。由于在开发过程中，迭代周期一般是以月计，因此从输出一个迭代到这个迭代的功能完全测试完成，往往会经历数周时间。也就是说，等到开发人员拿到测试团队的测试报告时，报告中所反馈的问题，极有可能已经距离发现问题有一个多月的时间了。别说让开发人员去看一个月前的代码，即便是开发人员自己在一个星期前写的代码，如果让他们记忆起来都是挺困难的。开发人员不得不花大量时间再去熟悉原有的代码以查找错误产生的根源。所以说，对于测试工作而言，这种事后测试的流程，时间间隔得越久，修复问题的成本也就越高。

3. 测试方法老旧

很多企业的测试方法往往比较老旧，无法适应当前软件开发的大环境。很多企业测试职位仍然属于人力密集型，即往往需要进行大量的手工测试。手工测试在整个测试过程中必不可少，但如果手工测试比重较大，往往会带来极大的工作量，而且由于其机械重复性质，也大大限制了测试人员的水平。测试人员不得不处于这种低级别的重复工作中，无法发挥其才智，也就无法对企业的测试提出改进措施。

4. 技术发生了巨大的变革

互联网的发展，急剧加速了当今计算机技术的变革。当今的软件设计、开发和部署方式，也发生了很大的改变。随着越来越多的公司从桌面应用转向了 Web 应用，很多曾经红极一时的测试书籍中提及的测试方法和最佳实践，在当前的互联网环境下效率会大大下降，或者是毫无效果，甚至起了反作用。对今时今日的互联网和软件行业来说，一切变化来得如此之快，以至于几年前流行的软件测试方面的技术或方法都变得陈旧。

5. 测试工作被低估

大家都清楚测试的重要性，一款软件要交付给用户，必须要经过测试，才能放心。但相比于开发工作而言，测试工作往往会被“看低一等”，毕竟在大多数人眼里，开发工作是负责产出的，而测试往往只是默默地在背后工作。大多数技术人员也心存偏见，认为从事测试工作的人员，都是因为其技术水平不够，才会选择做测试职位。

6. 发布缓慢

在传统的开发过程中，版本的发布必须要经过版本的测试。由于传统的测试工作是采用了其事后测试的策略，修复问题的时间周期被拉长了，时间成本被扩大了，最终导致的是产品发布的延迟。延期的发布又会导致需求无法得到客户及时的确认，需求的变更也就无法得到提前实现，这样，项目无疑就陷入了恶性循环的“泥潭”。

3.1.2 如何破解测试面临的问题

针对上面所列的问题，解决的方法大致归纳为以下几种。

1. 开发与测试混合

在 *How Google Tests Software* 一书中，关于开发、测试及质量的关系，表述为：“质量不等于测试。当你把开发过程和测试放到一起，就像在搅拌机里混合搅拌那样，直到不能区分彼此的时候，你就得到了质量。”这意味着质量更像是一种预防行为，而不是检测。质量是开发过程中的问题，而不是测试问题。所以要保证软件质量，必须让开发和测试同时开展。开发写一段代码就立刻测试这段代码，完成更多的代码就做更多的测试。

在 Google 公司，有专门的一个职位，称为“软件测试开发工程师”（Software Engineer in test，SET）。Google 认为，没有人比实际写代码的人更适合做测试，所以将测试纳入开发过程，成为开发中必不可少的一部分。当开发过程和测试一起携手联姻时，即质量达成之时。

2. 测试角色的转变

在 GTAC 2011 大会上，James Whittaker 和 Alberto Savoia 发表演说，称为 Test is Dead（测试已死）。当然，这里所谓的“测试已死”并不是指测试人员或测试工作不需要了，而是指传统的测试流程和涉及测试组织架构应该进行调整。测试的角色已然发生了转变，新兴的软件测试工作，也不再只是传统的测试人员的职责了。

在 Google 公司，负责测试工作的部门被称为“工程生产力团队”，他们推崇“You build it, you break it, you fix it!”的理念，即自己的代码所产生的 bug 需要开发人员自己来负责。这样，传统的测试角色将会消失，取而代之的是开发人员测试和自动化测试。相较于依赖手工测试人员，未来的软件团队将依赖内部全体员工测试、beta 版大众测试和早期用户测试。

测试角色往往是租赁形式的，这样就可以在各个项目组之间流动，而且测试角色并不承担项目组主要的测试任务，只是给项目组提供测试方面的指导，测试工作由项目组自己来完成。这样既保证了测试角色始终比较少忙碌，还可以最大化地将测试技术在公司内部蔓延。

3. 积极发布，及时得到反馈

在开发实践中推崇持续集成和持续发布。持续集成和持续发布的成功实践，有利于形成“需求—开发—集成—测试—部署”的可持续的反馈闭环，从而使需求分析、产品的用户体验和交互设计、开发、测试、运维等角色密切协作，减少了资源的浪费。

一些互联网的产品甚至打出了“永远 Bate 版本”的口号，即产品在不完全定型时，就直接上线交付给了用户使用，通过用户的反馈来持续对产品进行完善。特别是一些开源的、社区驱动的产品，由于其功能需求往往来自真实的用户（社区用户及开发者），这些用户对产品的建议，往往会被项目组所采纳，从而纳入技术。比较有代表性的例子是 Linux 和 GitHub。

4. 增大自动化测试的比例

最大化自动测试的比例，有利于减少企业的成本，同时也有利于测试效率的提升。

谷歌刻意保持测试人员的最少化，以此保障测试力量的最优化。最少化测试人员还能迫使开发人员在软件的整个生命期间都参与测试中，尤其是在项目的早期阶段，测试基础架构容易建立时。

如果测试能够自动进行，而不需要人类智慧判断，那就应该以自动化的方式实现。当然有些手工测试仍然是不可避免的，如涉及用户体验、保留的数据是否包含隐私等。还有一些是探索性的测试，往往也依赖于手工测试。

5. 合理安排测试的介入时机

测试工作应该要及早介入，一般认为，测试应该在项目立项时介入，并伴随整个项目的生命周期。在需求分析出来以后，测试不只是对程序的测试，文档测试也是同样重要的。需求分析评审时，测试人员应该积极参与，因为所有的测试计划和测试用例都会以客户需求为准绳。需求不但是开发的工作依据，同时也是测试的工作依据。

3.2 测试的类型和范围

在当今的互联网开发模式中，虽然传统的测试角色已经发生了巨大的变革，但就测试工作而言，其本质并未改变，目的都是检验软件系统是否满足需求，以及检测软件中是否存在 bug。下面对常用的测试方案做探讨。

3.2.1 测试类型

图 3–1 所示为一个通用性的测试金字塔。

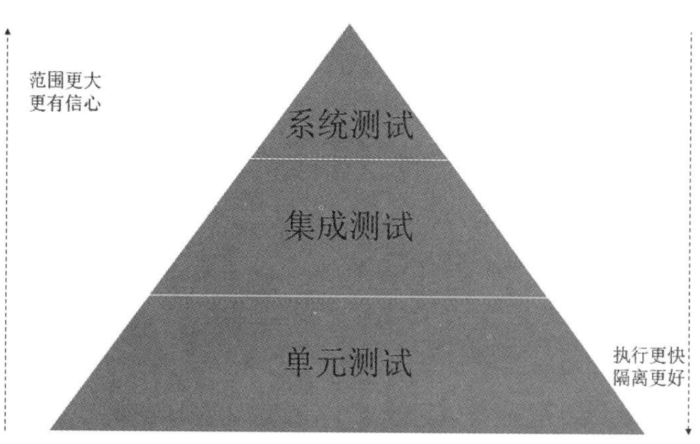

图3–1 测试金字塔

在这个测试金字塔中，从下向上形象地将测试分为了不同的类型。

1. 单元测试

单元测试是在软件开发过程中要进行的最低级别的测试活动，软件的独立单元将在与程序的其他部分相隔离的情况下进行测试。

单元测试的范围局限在服务内部，它是围绕着一组相关联的案例编写的。例如，在 C 语言中，单元通常是指一个函数；在 Java 等面向对象的编程语言中，单元通常是指一个类。所谓的单元，就是指人为规定的最小的被测功能模块。因为测试范围小，所以执行速度很快。

单元测试用例往往由编写模块的开发人员来编写。在 TDD（Test-Driven Development，测试驱动开发）的开发实践中，开发人员在开发功能代码之前，就需要先编写单元测试用例代码，测试代码确定了需要编写什么样的产品代码。TDD 在敏捷开发中被广泛采用。

单元测试往往可以通过 xUnit 等框架来自动化进行测试。例如，在 Java 平台中，JUnit 测试框（http://junit.org/）已然是用于单元测试的事实上的标准。

2. 集成测试

集成测试主要用于测试各个模块能否正确交互，并测试其作为子系统的交互性以查看接口是否存在缺陷。

集成测试的目的在于，通过集成模块检查路径畅通与否，来确认模块与外部组件的交互情况。集成测试可以结合 CI（持续集成）的实践来快速找到外部组件间的逻辑回归与断裂，从而有助于评估各个单独模块中所含逻辑的正确性。

集成测试按照不同的项目类型，有时也细分为组件测试、契约测试等。例如，在微服务架构中，微服务中的组件测试是使用测试替代与内部 API 端点，通过替换外部协作的组件，来实现对各个组件的独立测试。组件测试是通过尽量减少可移动部件来降低整体构件的复杂性。组件测试也能确认微服务的网络配置是否正确，以及是否能够对网络请求进行处理。而契约测试会测试外部服务的边界，以查看服务调用的输入 / 输出，并测试该服务能否符合契约预期。

3. 系统测试

系统测试用于测试集成系统运行的完整性，这里面涉及应用系统的前端界面和后台数据存储。该测试可能会涉及外部依赖资源，如数据库、文件系统、网络服务等。系统测试在一些面向服务的系统架构中被称为“端到端测试”。因此在微服务测试方案中，端到端测试占据了重要的角色。在微服务架构中有一些执行相同行为的可移动部件，端到端测试时需要找出覆盖缺口，并确保在架构重构时业务功能不会受到影响。

由于系统测试是面向整个完整系统来进行测试的，因此测试的涉及面将更广，所需要测试的时间也更长。

3.2.2 测试范围

不同的测试类型，其对应的测试范围也是不同的。单元测试所需要的测试范围最小，意味着其隔离性更好，同时也能在最短的时间内得到测试的结果。单元测试有助于及早发现程序的缺陷，降低修复的成本。系统测试涉及的测试范围最广，所需要的测试时间也最长。如果在系统测试阶段发现缺陷，则修复该缺陷的成本自然也就越高。

在 Google 公司，对于测试的类型和范围，一般按照规模划分为小型测试、中型测试、大型测试，也就是人们平常理解的单元测试、集成测试、系统测试。

①小型测试。小型测试是为了验证一个代码单元的功能，一般与运行环境隔离。它是所有测试类型中范畴最小的。在预设的范畴内，小型测试可以提供更加全面的底层代码覆盖率，它的外部服务，如文件系统、网络、数据库等，必须通过 mock 或 fake 来实现。这样可以减少被测试类所需要的依赖。小型测试可以拥有更加频繁的执行频率，并且可以很快发现问题并修复问题。

②中型测试。中型测试主要用于验证多个模块之间的交互是否正常。一般情况下，在 Google 由 SET 来执行中型测试。对于中型测试，推荐使用 mock 来解决外部服务的依赖问题。有时出于性能考虑，在不能使用 mock 的场景下，也可以使用轻量级的 fake。

③大型测试。大型测试在一个较高的层次上运行，以验证系统作为一个整体是否工作正常。

3.2.3 测试比例

每种测试类型都有其优缺点，特别是系统测试，涉及的范围最广，花费的时间成本也最高。所以在实际的测试过程中，要合理安排各种测试类型的测试比例。正如测试金字塔所展示的，越是底层，所需要的测试数量也会越大。那么每种测试类型需要占用多大的比例呢？实际上，这里并没有一个具体的数字，按照经验来说，顺着金字塔从上往下，下面一层的测试数量要比上面一层的测试数量多出一个数量级。

当然，这种比例也并非固定不变的。如果当前的测试比例存在问题，那么就要及时尝试调整不同类型的测试比例，以符合自己项目的实际情况。

3.3 如何进行微服务的测试

对于测试工作而言，微服务架构对传统的架构引入了更多的复杂性。一方面，随着微服务数量的增长，测试的用例也会持续增长；另一方面，由于微服务之间存在着一定的依赖性，在测试过程中如何来处理这些依赖，显得极为重要。

本节将从微服务架构的单元测试、集成测试和系统测试 3 个方面来展开讨论。

3.3.1 微服务的单元测试

单元测试要求将测试范围局限在服务内部，这样可以保证测试的隔离性，将测试的影响减少到最小。在实际编码之前，TDD 要求开发人员先编写测试用例。当然，一开始所有的测试用例应该是全部失败的，再写代码让这些测试用例逐个通过。也就是说，编写足够的测试用例使测试失败，编写足够的代码使测试成功。这样编码的目的就会更加明确。

当然，编写测试用例并非是 TDD 哲学的全部。在测试成功后，开发人员还需要对成功的代码及时进行重构，从而消除代码的“坏味道”。

1. 为什么需要重构代码

“重构”（Refactoring）一词最早源于 Martin Fowler 的《重构：改善既有代码的设计》一书。所谓重构，就是在不改变代码外部行为的前提下，对代码进行修改，以改进或改善程序的内部结构。重构的前提是代码的行为是正确的，也就是说，关于代码功能已经经过测试，并且测试通过了，这是重构的前提。只有正确的代码，才有重构意义。

那么，既然代码都正确了，为什么还要花费时间再去改动代码、重构代码呢？

重构的原因是大部分程序员无法写出完美的代码。程序员无法对自己的代码百分百自信，这也是为什么需要对自己所写的代码进行测试的原因，重构亦是如此。归纳起来，以下几方面是软件需要重构的原因。

①软件不一定一开始就是正确的。天才程序员只是少数，大多数人不可避免会犯错，所以很多

人无法一次性写出正确的代码，只能不断测试、不断重构，以改善代码。连 Martin Fowler 都承认自己的编码水平也同大多数人一样，是需要测试及重构的。

②随着时间推移，软件的行为变得难以理解。这种现象特别集中在一些规模大、历史久、代码质量差的软件中。这些软件的实现或者脱离了最初的设计，或者混乱不堪，让人无法理解，特别是缺少“活文档”来进行指导，这些代码最终会“腐烂变味”。

③能运行的代码并非好代码。程序员均能写出计算机能理解的代码，唯有能写出同时让人们也容易理解的代码，才是好程序员。

正是目前软件行业的这些事实存在，促使重构成为 TDD 中必不可少的实践之一。开发人员对程序进行重构，是出于以下的目的。

①消除重复。代码在首次编码时，单纯只是为了让程序通过测试，其间可能会有大量的重复代码，以及“僵尸代码”的存在，所以需要在重构阶段消除重复代码。

②使代码易理解、易修改。在一开始，程序员优先考虑的是程序的正确性，在代码的规范上并未注意，所以需要在重构阶段改善代码。

③改进软件的设计。好的想法也并非一气呵成，当对以前的代码有更好的解决方案时，需果断进行重构，改进软件设计。

④查找 bug，提高质量。良好的代码不但能让程序员易懂、易于理解，同样也能方便程序员发现问题、修复问题。测试与重构是相辅相成的。

⑤提高编码效率和编码水平。重构技术，有利于消除重复、减少冗余代码，提升程序员的编码水平。编码水平的提升，同时也将体现在编码效率上。

2. 何时应该进行重构

那么，应该在什么时间进行重构呢?

①随时重构。也就是说，将重构当作开发的一种习惯，重构应该与测试一样自然。

②事不过三，三则重构。当代码存在重复时，就是要进行重构了。

③添加新功能时。添加了新功能，对原有的代码结构进行了调整，意味着需要重新单元测试及重构。

④修改错误时。修复错误后，同样也需要重新对接口进行单元测试及重构。

⑤代码审查。代码审查是非常好的发现“代码坏味道”的时机，自然也是进行重构的绝佳机会。

3. 代码的坏味道

如果一段代码是不稳定或有一些潜在问题的，那么代码往往会包含一些明显的痕迹，就好像食物要腐坏之前，经常会发出一些异味一样，这些痕迹就是“代码坏味道”。以下就是常见的“代码坏味道”。

① DuplicatedCode（重复代码）：重复是万恶之源。解决方法是将公共函数进行提取。

② LongMethod（过长函数）：会导致责任不明确、难以切割、难以理解等一系列问题。解决方法是将长函数拆分成若干函数。

③ LargeClass（过大的类）：会导致职责不明确，难理解。解决方法是拆分成若干类。

④ LongParameterList（过长参数列）：其实没有真正的遵从面向对象的编码方式，对于程序员来说也是难用，难以理解。解决方法是将参数封装成结构或类。

⑤ DivergentChange（发散式变化）：当对多个需求进行修改时，都会涉及这种类。解决方法是对代码进行拆分，将总是一起变化的放在一起。

⑥ ShotgunSurgery（霰弹式修改）：其实就是在没有封装变化处改动一个需求，会涉及多个类被修改。解决方法是将各个修改点集中起来，抽象成一个新类。

⑦ FeatureEnvy（依恋情结）：一个类对其他类存在过多的依赖，如某个类使用了大量其他类的成员，这样就是 FeatureEnvy。解决方法是将该类并到所依赖的类中。

⑧ DataClumps（数据泥团）：指常一起出现的大堆数据。如果数据是有意义的，解决方法是将结构数据转变成对象。

⑨ PrimitiveObsession（基本类型偏执）：热衷于使用 int、long、String 等基本类型。其解决方法是将其修改成使用类来替代。

⑩ SwitchStatements（switch 惊悚现身）：当出现 switch 语句判断的条件太多时，则要考虑少用 switch 语句，采用多态来代替。

⑪ParallelInheritanceHierarchies（平行继承体系）：过多平行的类，使用类继承并联起来。解决方法是将其中一个类去掉继承关系。

⑫LazyClass（冗赘类）：针对这些冗赘类，其解决方法是把这些不再重要的类中的逻辑合并到相关类，并删除旧的类。

⑬SpeculativeGenerality（夸夸其谈未来性）：对于这类没有用处的类，直接删除即可。

⑭TemporaryField（令人迷惑的暂时字段）：对于这些字段，解决方法是将这些临时变量集中到一个新类中去管理。

⑮MessageChains（过度耦合的消息链）：使用真正需要的函数和对象，而不要依赖于消息链。

⑯MiddleMan（中间人）：存在这种过度代理的问题，其解决方法是用继承替代委托。

⑰InappropriateIntimacy（狎昵关系）：两个类彼此使用对方的 private 值域。解决方法是划清界限拆散，或者合并，或者改成单项联系。

⑱AlternativeClasseswithDifferentInterfaces（异曲同工的类）：这些类往往是相似的类，却有不同的接口。解决方法是对这些类进行重命名、移动函数或抽象子类、重复作用的类，从而合并成一个类。

⑲IncompleteLibraryClass（不完美的库类）：解决方法是包一层函数或包成新的类。

⑳DataClass（纯稚的数据类）：这些类很简单，往往仅有公共成员变量或简单的操作函数。解决方法是将相关操作封装进去，减少 public 成员变量。

㉑RefusedBequest（拒绝遗赠）：这些类的表现是父类中方法很多，但子类只用到有限几个。解决方法是采用代理来替代继承关系。

㉒Comments（过多的注释）：注释多了，就说明代码不清楚了。解决方法是写注释前先重构，去掉多余的注释。

4. 减少测试的依赖

首先，必须承认对象间的依赖无可避免。对象与对象之间通过协作来完成功能，任何一个对象都有可能用到另外对象的属性、方法等成员。但同时，也要认识到，代码中的对象过度复杂的依赖关系往往是不提倡的，因为对象之间的关联性越大，意味着代码改动一处，影响的范围就会越大，而这完全不利于系统的测试、重构和后期维护。所以在现代软件开发、测试过程中，应该尽量降低代码之间的依赖。

相比传统 Java EE 的开发模式，DI（依赖注入）使代码更少地依赖容器，并削减了计算机程序的耦合问题。通过简单的 new 操作，构成应用的 POJO 对象，即可在 JUnit 或 TestNG 下进行测试。即使没有 Spring 或其他 IoC 容器，也可以使用 mock 来模拟对象进行独立测试。 清晰的分层和组件化的代码将会促进单元测试的简化。例如，当运行单元测试时，开发人员可以通过 stub 或 mock 对 DAO 或资源库接口进行替代，从而实现对服务层对象的测试，这过程中无须访问持久层数据。这样就能减少对于基础设施的依赖。

在测试过程中，真实对象具有不可确定的行为，有可能产生不可预测的效果（如股票行情、天气预报），同时，真实对象存在以下问题。

①真实对象很难被创建。

②真实对象的某些行为很难被触发。

③真实对象实际上是不存在的（和其他开发小组或和新的硬件打交道等）。

正是由于上面真实对象在测试过程中存在的问题，在测试中广泛地采用 mock 测试来代替。

在单元测试上下文中，一个 mock 对象是指这样的一个对象——它能够用 一些“虚构的占位符”功能来“模拟”实现一些对象接口。在测试过程中，这些虚构的占位符对象可用简单方式来模仿对于一个组件期望的行为和结果，从而让开发人员专注于组件本身的彻底测试，而不用担心其他依赖性问题。

mock 对象经常被用于单元测试。用 mock 对象来进行测试，就是在测试过程中，对于某些不容易构造（如 HttpServletRequest 必须在 Servlet 容器中才能构造出来）或不容易获取的比较复杂的对象（如 JDBC 中的 ResultSet 对象），用一个虚拟的对象（mock 对象）来创建以便测试的测试方法。

mock 最大的功能是把单元测试的耦合分解开，如果开发人员的代码对另一个类或接口有依赖，它能够模拟这些依赖，并验证所调用的依赖的行为。

mock 对象测试的关键步骤如下。

①使用一个接口来描述这个对象。

②在产品代码中实现这个接口。

③在测试代码中实现这个接口。

④在被测试代码中只是通过接口来引用对象，所以它不知道这个引用的对象是真实对象，还是 mock 对象。

目前，在 Java 阵营中主要的 mock 测试工具有 Mockito、JMock、EasyMock 等。

3.3.2 mock 与 stub 的区别

mock 和 stub 都是为了替换外部依赖对象，但 mock 不是 stub，两者是有区别的。

① mock 被称为 mockist TDD，而 stub 一般称为 classic TDD。

② mock 是基于行为的验证（behavior verification），stub 是基于状态的验证（state verification）。

③ mock 使用的是模拟的对象，而 stub 使用的是真实的对象。

下面通过一个例子来看看 mock 与 stub 之间的区别。假如，开发人员要给发送 mail 的行为做一个测试，可以像下面这样，编写一个简单的 stub。

```
// 待测试的接口
public interface MailService(){
    public void send(Message msg);
}
// stub测试类
public class MailServiceStub implements MailService {
    private List<Message> messages = new ArrayList<Message>();
    public void send(Message msg) {
        messages.add(msg);
    }
    public int numberSent() {
        return messages.size();
    }
}
```

也可以像下面这样在 stub 上使用状态验证的测试方法。

```
public class OrserStateTester {
    Order order = new Order(TALISKER , 51);
    MailServiceStub mailer = new MailServiceStub();
    order.setMailer(mailer);
    order.fill(warehouse);

    // 通过发送的消息数来验证
```

```
    assertEquals(1 , mailer.numberSent());
}
```

当然这是一个非常简单的测试，只会发送一条 message。在这里还没有测试它是否会发送给正确的人员或内容是否正确。

如果使用 mock，那么这个测试看起来就不太一样了。

```
class OrderInteractionTester...
    public void testOrderSendsMailIfUnFilled() {
        Order order = new Order(TALISKER , 51);
        Mock warehouse = mock(Warehouse.class);
        Mock mailer = mock(MailService.class);
        order.setMailer((MailService)mailer.proxy());
        order.expects(once()).method("hasInventory").withAnyArgument()
        .will(returnValue(false));
        order.fill((Warehouse)warehouse.proxy())
    }
}
```

在以上两个例子中，使用了 stub 和 mock 来代替真实的 MailService 对象。所不同的是，stub 使用的是状态确认的方法，而 mock 使用的是行为确认的方法。

想要在 stub 中使用状态确认，需要在 stub 中增加额外的方法用来协助验证。

3.3.3 微服务的集成测试

集成测试也称组装测试或联合测试，可以说是单元测试的逻辑扩展。它的最简单的形式是把两个已经测试过的单元组合成一个组件，测试它们之间的接口。从使用的基本技术上来讲，集成测试与单元测试在很多方面都很相似，可以使用相同的测试运行器和构建系统的支持。集成测试和单元测试一个比较大的区别在于，集成测试使用了相对较少的 mock。

例如，在涉及数据访问层的测试时，单元测试会简单地模拟从后端数据库返回的数据。而集成测试时，测试过程中则会采用一个真实的数据库。数据库是一个需要测试资源类型及能暴露问题的极好的例子。

在微服务架构的集成测试中，更加关注的是服务测试。

1. 服务接口

在微服务的架构中，服务接口大多以 RESTful API 的形式加以暴露。REST 是面向资源的，使用协议 HTTP 来完成相关通信，其主要的数据交换格式为 JSON，当然也可以是 XML、HTML、二进制文件等多媒体类型。资源的操作包括获取、创建、修改和删除，它们都可以用协议 HTTP 的 GET、POST、PUT 和 DELETE 方法来映射相关的操作。

在进行服务测试时，如果只想要对单个服务功能进行测试，那么为了对其他相关的服务进行隔离，则需要给所有外部服务的合作者进行打桩。每一个下游合作者都需要一个打桩服务，而后在进行服务测试时启动它们，并确保它们是正常运行的。开发人员还需要对被测试服务进行配置，保证能够在测试过程中连接到这些打桩服务。同时，为了模仿真实的服务，还需要配置打桩服务为被测试服务的请求发回响应。

下面是一个采用 Spring 框架实现的关于“用户车辆信息”测试接口的例子。

```
import org.junit.*;
import org.junit.runner.*;
import org.springframework.beans.factory.annotation.*;
import org.springframework.boot.test.autoconfigure.web.servlet.*;
import org.springframework.boot.test.mock.mockito.*;
import static org.assertj.core.api.Assertions.*;
import static org.mockito.BDDMockito.*;
import static org.springframework.test.web.servlet.request.MockMvcRequest
Builders.*;
import static org.springframework.test.web.servlet.result.MockMvcResult
Matchers.*;

@RunWith(SpringRunner.class)
@WebMvcTest(UserVehicleController.class)
public class MyControllerTests {

    @Autowired
    private MockMvc mvc;

    @MockBean
    private UserVehicleService userVehicleService;

    @Test
    public void testExample() throws Exception {
        given(this.userVehicleService.getVehicleDetails("sboot"))
                .willReturn(new VehicleDetails("BMW", "X7"));
        this.mvc.perform(get("/sboot/vehicle").accept(MediaType.TEXT_
PLAIN))
                .andExpect(status().isOk()).andExpect(content().string
("BMW X7"));
    }
}
```

在该测试中，开发人员用 mock 模拟了 /sboot/vehicle 接口的数据 VehicleDetails("BMW","X7")，并通过 MockMvc 来进行测试结果的判断。

2. 客户端

有非常多的客户端用于测试 RESTful 服务，可以直接通过浏览器来进行测试，如前面介绍过的 RESTClient、Postman 等。很多应用框架本身提供了用于测试 RESTful API 的类库，如 Java 平台中像 Spring 的 RestTemplate 和 Jersey 的 Client API 等，以及 .NET 平台的 RestSharp（http://restsharp.org）等。也有一些独立安装的 REST 测试软件，如 SoapUI（https://www.soapui.org），当然最简洁的方式莫过于使用 cURL 在命令行中进行测试。

下面是一个测试 Elasticsearch 是否启动成功，可以在终端直接使用 cURL 来执行的操作。

```
$ curl 'http://localhost:9200/?pretty'
```

cURL 提供了一种将请求提交到 Elasticsearch 的便捷方式，而后就可以在终端看到与下面类似的响应。

```
{
  "name": "2RvnJex",
  "cluster_name": "elasticsearch",
  "cluster_uuid": "uqcQAMTtTIO6CanROYgveQ",
  "version": {
    "number": "5.5.0",
    "build_hash": "260387d",
    "build_date": "2017-06-30T23:16:05.735Z",
    "build_snapshot": false,
    "lucene_version": "6.6.0"
  },
  "tagline": "You Know, for Search"
}
```

3.3.4 微服务的系统测试

引入微服务架构后，随着微服务数量的增多，测试用例也随之增多，测试工作也越来越依赖于测试的自动化。Maven 或 Gradle 等构建工具，都会将测试纳入其生命周期内，所以只要写好相关的单元测试用例，单元测试及集成测试就能在构建过程中自动执行，构建完成后，也可以马上看到测试报告。

在系统测试阶段，除了自动化测试外，手工测试仍然是无法避免的。Docker 等容器为自动化提供了基础设施，也为手工测试带来了新的变革。

在基于容器的持续部署流程中，软件会经历最终被打包成容器镜像，从而可以部署到任意环境而无须担心工作变量不一致所带来的问题。进入部署阶段，意味着集成测试及单元测试都已经通过了。但这显然并不是测试的全部，很多测试必须要在上线部署后才能进行，如非功能性的需求。同时，用户对于需求的期望，是否与最初的设计相符，这个也必须要等到产品上线后才能验证。所以，上线后的测试工作仍然是非常重要的。

1. 冒烟测试

所谓冒烟测试，是指对一个新编译的软件版本在需要进行正式测试前，为了确认软件基本功能是否正常而进行的测试。软件经过冒烟测试后，才会进行后续的正式测试工作。冒烟测试的执行者往往是版本编译人员。

由于冒烟测试耗时短，并且能够验证软件大部分的功能，因此在进行 CI/CD 每日构建过程中，都会执行冒烟测试。

2. 蓝绿部署

蓝绿部署通过部署新旧两套版本来降低发布新版本的风险。其原理是，当部署新版本（绿部署）后，老版本（蓝部署）仍然需要保持在生产环境中一段时间。如果新版本上线、测试又没有问题后，那么所有的生产负荷就从老版本切换到新版本中。

图 3–2 所示为一个蓝绿部署的例子。其中，v1 代表的是服务的老版本，v2 代表的是新版本。

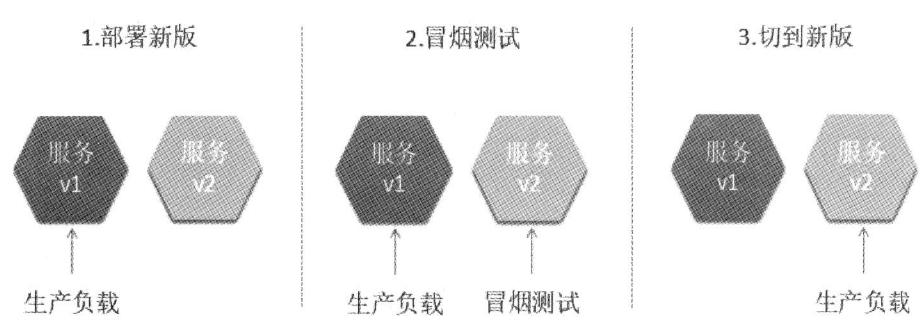

图3–2　蓝绿部署

蓝绿部署有以下几个注意事项。

①蓝绿两个部署环境是一致的，并且两者应该是完全隔离的（可以是不同的主机或不同的容器）。

②蓝绿环境两者之间有一个类似于切换器的装置用于流量的切换，如可以是负载均衡器、反向代理或路由器。

③新版本（绿部署）测试失败后，可以马上回溯到老版本。

④蓝绿部署经常与冒烟测试结合使用。

实施蓝绿部署，整个过程是自动化处理的，用户并不会感觉到任何宕机或服务重启。

3. A/B测试

A/B 测试是一种新兴的软件测试方法。A/B 测试本质上是将软件分成 A、B 两个不同的版本来进行分离实验，它的目的在于通过科学的实验设计、采样样本、流量分割与小流量测试等方式来获得具有代表性的实验结论，并确信该结论再推广到全部流量可信。例如，在经过一段时间的测试后，实验结论显示，B 版本的用户认可度较高，于是，线上系统就可以更新到 B 版本上来。

4. 金丝雀发布

金丝雀发布[①]是增量发布的一种类型，它的执行方式是在原有软件生产版本可用的情况下，同时部署一个新的版本。这样，部分生产流量就会引流到新部署的版本，从而来验证系统是否按照预期的执行。这些预期的内容可以是功能性的需求，也可以是非功能性的需求。例如，开发人员可以验证新部署服务的请求响应时间是否在 1s 以内。

如果新版本没有达到预期的效果，那么可以迅速回溯到老版本上去。如果达到了预期的效果，那么可以将生产流量更多地引流到新版本上去。

金丝雀发布与 A/B 测试非常类似，两者往往结合使用。而它与蓝绿部署的差异在于，金丝雀发布新老版本并存的时间更长久一些。

① 金丝雀发布的由来。在 17 世纪，英国矿井工人发现，金丝雀对瓦斯这种气体十分敏感。空气中哪怕有极其微量的瓦斯，金丝雀也会停止歌唱；而当瓦斯含量超过一定限度时，虽然人类对此毫无察觉，但金丝雀早已毒发身亡。因此，在当时采矿设备相对简陋的条件下，工人们每次下井都会带上一只金丝雀作为瓦斯检测的工具，以便在危险状况下紧急撤离。

第4章

单元测试

4.1 Mock 对象

TDD（Test-Driven Development，测试驱动开发）方法要求开发人员开发功能代码之前，先编写单元测试用例代码。真正的单元测试通常运行得非常快，所以花费时间用于编写测试用例对整个开发周期来说，是效率上的提升。TDD 是敏捷开发中的一项核心实践和技术，也是一种设计方法论。

遵循 Spring 的体系结构建议，代码库的清晰分层和组件化将有助于更轻松地进行单元测试，可以让代码更少地依赖容器。但是，任何一种测试方法都不能涵盖所有的单元测试场景。所以 Spring 框架提供了 Mock 对象和测试支持类。

Mock 测试就是在测试过程中，对于某些不容易构造或不容易获取的对象，用一个虚拟的对象来创建以便测试的测试方法。这个虚拟的对象就是 Mock 对象。Mock 对象就是真实对象在调试期间的代替品。

本节介绍 Mock 对象的使用。

重点 4.1.1 Environment

org.springframework.mock.env 包中包含 Environment 和 PropertySource 抽象的 Mock 实现。MockEnvironment 和 MockPropertySource 对于开发依赖于环境特定属性代码的容器外测试很有用。

4.1.2 JNDI

org.springframework.mock.jndi 包中包含了 JNDI SPI 的实现，可以使用该实现为测试套件或独立应用程序设置简单的 JNDI 环境。例如，如果 JDBC DataSources 在测试代码中与 Java EE 容器中的 JNDI 名称绑定到相同的 JNDI 名称，则可以在测试场景中同时复用应用程序代码和配置，而无须进行修改。

重点 4.1.3 Servlet API

org.springframework.mock.web 包中包含了一组全面的 Servlet API Mock 对象，可用于测试 Web 上下文、控制器和过滤器。这些 Mock 对象是针对 Spring Web MVC 框架的使用，通常比动态 Mock 对象技术（如 EasyMock）或替代 Servlet API Mock 对象技术（如 MockObjects）更方便使用。

Spring 5 的 Mock 对象是基于 Servlet 4.0 API 的。

新功能 4.1.4 Spring Web Reactive

org.springframework.mock.http.server.reactive 包中包含了用于 WebFlux 应用程序的 Server-

HttpRequest 和 ServerHttpResponse 的 Mock 实现。org.springframework.mock.web.server 包中包含一个模拟的 ServerWebExchange，它依赖于那些 Mock 的请求和响应对象。

MockServerHttpRequest 和 MockServerHttpResponse 都从相同的抽象基类扩展到特定于服务器的实现，并与它们共享行为。例如，Mock 请求一旦创建就是不可变的，但是可以使用 ServerHttpRequest 中的 mutate() 方法来创建一个可被修改的实例。

4.2 测试工具类

4.2.1 测试工具

org.springframework.test.util 包中包含几个用于单元测试和集成测试的工具类。

ReflectionTestUtils 是基于反射的工具类的集合。借助这个工具，开发人员可以在测试中按需更改常量值、设置非 public 的字段、调用非 public 配置方法等。例如，如下场景：

①访问 ORM 框架（如 JPA 和 Hibernate 等）的 private 或 protected 字段访问。

② Spring 支持在用 @Autowired、@ Inject 和 @Resource 等注解的 private 或 protected 字段、setter 方法和配置方法上提供依赖注入。

③访问使用 @PostConstruct 和 @PreDestroy 等注解的进行生命周期回调方法。

AopTestUtils 是 AOP 相关工具类的集合。这些方法可以用来获取隐藏在一个或多个 Spring 代理后面的底层目标对象的引用。

4.2.2 测试 Spring MVC

org.springframework.test.web 包中包含了 ModelAndViewAssert，可以将其与 JUnit、TestNG 或任何其他测试框架结合使用，用于处理 Spring MVC ModelAndView 对象的单元测试。

有关 Spring MVC 的测试，会在下一章中详细介绍。

第5章 集成测试

5.1 集成测试概述

集成测试，也称组装测试或联合测试。在单元测试的基础上，将所有模块按照设计要求组装成子系统或系统，进行集成测试。虽然单元测试保障了每个类、每个函数都可以正常工作，但这也并不能保证连接起来也能正常工作。

在 Spring 应用中，集成测试经常需要关注以下几方面的内容。

① Spring IoC 容器上下文是否正常注入了。

②使用 JDBC 或 ORM 工具访问数据，以及使用这些工具所要完成的业务逻辑（如 SQL 语句、Hibernate 查询、JPA 实体映射）是否正确等。

Spring 框架的 spring-test 模块为集成测试提供了一流的支持。此 Spring 的测试不依赖于应用程序服务器或其他部署环境。这样的测试比单元测试运行速度要慢，但要比等效的 Selenium 测试或依赖部署到应用程序服务器的远程测试快得多。

在 Spring 2.5 及更高版本中，单元和集成测试支持以注解驱动的 Spring TestContext 框架的形式提供。TestContext 框架不受所使用的实际测试框架的影响，因此允许在各种环境中进行测试，包括 JUnit、TestNG 等。

Spring 的集成测试支持以下主要功能。

①在测试执行之间管理 Spring IoC 容器缓存。

②提供测试夹具实例的依赖注入。

③提供适合集成测试的事务管理。

④提供特定于 Spring 的基类，以帮助开发人员编写集成测试。

难点 5.1.1 上下文管理与缓存

在 Spring 应用中，初次启动应用往往比较耗时，不是因为 Spring 本身的开销，而是因为 Spring 容器实例化的对象需要时间来实例化。例如，具有 50~100 个 Hibernate 映射文件的项目可能需要 10~20s 来加载映射文件。这种耗时同样体现在集成测试中。因为每个测试夹具中运行每个测试之前产生的成本会导致整体测试运行速度降低，从而降低开发人员的生产力。所以缓存上下文变得尤为重要。Spring TestContext 框架提供了 Spring ApplicationContexts 和 WebApplicationContexts 的一致加载及这些上下文的缓存。

默认情况下，一旦加载，就要为每个测试重新使用配置的 ApplicationContext。因此，每个测试套件只需要一次设置成本，而后续的测试执行速度即会变快。在这种情况下，术语“测试套件”（test suite）意味着所有的测试都运行在同一个 JVM 中。使用 TestContext 框架可以查看上下文管理和上下文缓存。

重点 5.1.2 测试夹具的依赖注入

当 TestContext 框架加载应用程序上下文时，它可以通过依赖注入来选择性地配置测试类的实例。这为使用应用程序上下文中预先配置的 bean 设置测试装置提供了一个方便的机制。这里的强大优势是，可以在各种测试场景（如配置 Spring 管理的对象图、事务代理、数据源等）中重复使用应用程序上下文，从而避免为个别测试案例复制复杂的测试夹具设置。

重点 5.1.3 事务管理

访问真实数据库测试中的一个常见问题是它们对持久性存储状态的影响。即使开发人员正在使用开发数据库，对状态的更改也可能影响将来的测试。另外，许多操作（如插入或修改持久性数据）不能在事务之外执行（或验证）。

TestContext 框架解决了这个问题。默认情况下，框架将为每个测试创建并回滚事务。开发人员只需编写假定交易存在的代码即可。如果开发人员在测试中调用事务代理对象，那么它们将根据其配置的事务语义正确行为。另外，如果一个测试方法在测试管理的事务内部运行时删除所选表的内容，事务将默认回滚，数据库将在测试执行之前返回它的状态。事务支持通过在测试的应用程序上下文中定义的 PlatformTransactionManager bean 提供给测试。

重点 5.1.4 集成测试类

Spring TestContext 框架提供了一些支持来简化集成测试的编写。这些基础类为测试框架提供了定义良好的钩子，还有一些便利的实例变量和方法，使用户能够访问。

① ApplicationContext：用于从整体上来进行显式的 bean 查找或测试上下文的状态。

② JdbcTemplate：用于执行 SQL 语句来查询数据库。这些查询可用于确认执行数据库相关的应用程序代码前后数据库的状态，并且 Spring 保证这些查询与应用程序代码在同一个事务作用域中执行。如果需要与 ORM 工具协同使用，必须确保避免误报。

此外，开发人员可能想用特定于自己项目的实例和方法来创建自定义的、应用程序范围的超类。

测试 5.1.5 JDBC

org.springframework.test.jdbc 是包含 JdbcTestUtils 的包，它是一个 JDBC 相关的工具方法集，意在简化标准数据库测试场景。特别地，JdbcTestUtils 提供了以下静态工具方法。

① countRowsInTable(..)：统计给定表的行数。

② countRowsInTableWhere(..)：使用提供的 where 语句进行筛选，统计给定表的行数。

③ deleteFromTables(..)：删除特定表的全部数据。

④ deleteFromTableWhere(..)：使用提供的 where 语句进行筛选并删除给定表的数据。

⑤ dropTables(..)：删除指定的表。

注 意：AbstractTransactionalJUnit4SpringContextTests 和 AbstractTransactionalTestNGSpringContextTests 提供了委托给前面所述的 JdbcTestUtils 中的方法的简便方法。

spring-jdbc 模块提供了配置和启动嵌入式数据库的支持，可用在与数据库交互的集成测试中。

5.2 测试相关的注解

Spring 框架提供以下 Spring 特定的注解集合，可以在单元和集成测试中协同 TestContext 框架来使用它们。

5.2.1 @BootstrapWith

顾名思义，@BootstrapWith 是一个类级别的注解，用于配置如何引导 Spring TestContext 框架。具体地说，@BootstrapWith 用于指定一个自定义的 TestContextBootstrapper。

5.2.2 @ContextConfiguration

@ContextConfiguration 定义了用于确定如何为集成测试加载和配置 ApplicationContext 的类级元数据。具体而言，@ContextConfiguration 声明应用程序上下文资源位置或将用于加载上下文的注解类。

资源位置通常是位于类路径中的 XML 配置文件或 Groovy 脚本，而注解类通常是 @Configuration 类。

```
@ContextConfiguration("/test-config.xml")
public class XmlApplicationContextTests {
    // ...
}
@ContextConfiguration(classes = TestConfig.class)
public class ConfigClassApplicationContextTests {
    // ...
}
```

作为声明资源路径或注解类的替代方案或补充，@ContextConfiguration 可以用于声明 ApplicationContextInitializer 类。

```
@ContextConfiguration(initializers = CustomContextIntializer.class)
public class ContextInitializerTests {
```

```
    // ...
}
```

@ContextConfiguration 偶尔也被用作声明 ContextLoader 策略。但要注意，通常不需要显示的配置加载器，因为默认的加载器已经支持资源路径或注解类及初始化器。

```
@ContextConfiguration(locations = "/test-context.xml", loader = Custom-
ContextLoader.class)
public class CustomLoaderXmlApplicationContextTests {
    // ...
}
```

5.2.3 @WebAppConfiguration

@WebAppConfiguration 是一个类级别的注解，用于声明集成测试加载的 ApplicationContext 是一个 WebApplicationContext。测试类的 @WebAppConfiguration 注解只是为了保证用于测试的 WebApplicationContext 会被加载，它使用"file:src/main/webapp"为默认值作为 Web 应用的根路径（资源基路径）。资源基路径用于幕后创建一个 MockServletContext 作为测试的 WebApplication-Context 的 ServletContext。

```
@ContextConfiguration
@WebAppConfiguration
public class WebAppTests {
    // ...
}
```

可以通过隐式属性值指定不同的基本资源路径，支持 classpath: 和 file: 资源前缀。如果没有提供资源前缀，则路径被视为文件系统资源。

```
@ContextConfiguration
@WebAppConfiguration("classpath:test-web-resources")
public class WebAppTests {
    // ...
}
```

注意：@WebAppConfiguration 必须与 @ContextConfiguration 一起使用。

5.2.4 @ContextHierarchy

@ContextHierarchy 是一个用于为集成测试定义 ApplicationContext 层次结构的类级别的注解。@ContextHierarchy 应该声明一个或多个 @ContextConfiguration 实例列表。下面的例子展示了在同一个测试类 @ContextHierarchy 的使用方法。但是，@ContextHierarchy 一样可以用于测试类的层次结构中。

```
@ContextHierarchy({
    @ContextConfiguration("/parent-config.xml"),
    @ContextConfiguration("/child-config.xml")
})
public class ContextHierarchyTests {
    // ...
}
@WebAppConfiguration
@ContextHierarchy({
    @ContextConfiguration(classes = AppConfig.class),
    @ContextConfiguration(classes = WebConfig.class)
})
public class WebIntegrationTests {
    // ...
}
```

5.2.5 @ActiveProfiles

@ActiveProfiles 是一个类级别的注解，用于在为集成测试加载 ApplicationContext 时声明哪些 bean 定义的 profiles 是应该处于激活状态的。

```
@ContextConfiguration
@ActiveProfiles("dev")
public class DeveloperTests {
    // ...
}
@ContextConfiguration
@ActiveProfiles({"dev", "integration"})
public class DeveloperIntegrationTests {
    // ...
}
```

5.2.6 @TestPropertySource

@TestPropertySource 是一个类级别的注解，用于配置 properties 文件的位置和内联属性，以将其添加到 Environment 中的 PropertySources 集合中。

测试属性源比那些从系统环境或 Java 系统属性，以及通过 @PropertySource 或编程方式声明增加的属性源具有更高的优先级。而且，内联属性比从资源路径加载的属性具有更高的优先级。

以下示例展示了如何从类路径中声明属性文件。

```
@ContextConfiguration
@TestPropertySource("/test.properties")
public class MyIntegrationTests {
    // ...
}
```

以下示例展示了如何声明内联属性。

```
@ContextConfiguration
@TestPropertySource(properties = { "timezone = GMT", "port: 4242" })
public class MyIntegrationTests {
    // ...
}
```

5.2.7 @DirtiesContext

@DirtiesContext 指明测试执行期间该 Spring 应用程序上下文已经被“弄脏”，也就是说，通过某种方式被更改或破坏，如更改单例 bean 的状态。当应用程序上下文被标为“脏”（dirty）时，它将从测试框架缓存中被移除并关闭。因此，Spring 容器将为随后需要同样配置元数据的测试而重建。

@DirtiesContext 可以在同一个类或类层次结构中的类级别和方法级别中使用。在这个场景下，应用程序上下文将在任意注解的方法之前或之后，以及当前测试类之前或之后被标为“脏”，这取决于配置的 methodMode 和 classMode。

以下示例解释了在多种配置场景下，什么时候上下文会被标为“脏”。

当在一个类中声明并将类模式设置为 BEFORE_CLASS 时，则表示在当前测试类之前。

```
@DirtiesContext(classMode = BEFORE_CLASS)
public class FreshContextTests {
    // ...
}
```

当在一个类中声明并将类模式设置为 AFTER_CLASS 或什么也不加（默认的类模式）时，则表示在当前测试类之后。

```
@DirtiesContext
public class ContextDirtyingTests {
    // ...
}
```

当在一个类中声明并将类模式设置为 BEFORE_EACH_TEST_METHOD 时，则表示在当前测试类的每个方法之前。

```
@DirtiesContext(classMode = BEFORE_EACH_TEST_METHOD)
public class FreshContextTests {
    // ...
}
```

当在一个类中声明并将类模式设置为 AFTER_EACH_TEST_METHOD 时，则表示在当前测试类的每个方法之后。

```
@DirtiesContext(classMode = AFTER_EACH_TEST_METHOD)
public class ContextDirtyingTests {
    // ...
}
```

当在一个方法中声明并将方法模式设置为 BEFORE_METHOD 时，则表示在当前方法之前。

```
@DirtiesContext(methodMode = BEFORE_METHOD)
@Test
public void testProcessWhichRequiresFreshAppCtx() {
    // ...
}
```

当在一个方法中声明并将方法模式设置为 AFTER_METHOD 或什么也不加（默认的方法模式）时，则表示在当前方法之后。

```
@DirtiesContext
@Test
public void testProcessWhichDirtiesAppCtx() {
    // ...
}
```

如果 @DirtiesContext 用于上下文被配置为通过 @ContextHierarchy 定义的上下文层次的一部分测试中，则 hierarchyMode 标志可用于控制如何清除上下文缓存。默认将使用一个穷举算法用于清除包括不仅当前层次，而且与当前测试拥有共同祖先的其他上下文层次的缓存。所有拥有共同祖先上下文的子层次应用程序上下文都会从上下文中被移除并关闭。如果穷举算法对于特定的使用场景显得有点威力过度，那么可以指定一个更简单的当前层算法来代替，如以下代码。

```
@ContextHierarchy({
    @ContextConfiguration("/parent-config.xml"),
    @ContextConfiguration("/child-config.xml")
})
public class BaseTests {
    // ...
}
public class ExtendedTests extends BaseTests {

    @Test
    @DirtiesContext(hierarchyMode = CURRENT_LEVEL)
    public void test() {
        // ...
    }
}
```

5.2.8 @TestExecutionListeners

@TestExecutionListeners 定义了用于配置 TestConecutionListener 实现的类级元数据，该实现应该在 TestContextManager 中注册。通常，@TestExecutionListeners 与 @ContextConfiguration 结合使用。

```
@ContextConfiguration
@TestExecutionListeners({CustomTestExecutionListener.class, AnotherTest
ExecutionListener.class})
public class CustomTestExecutionListenerTests {
    // ...
}
```

@TestExecutionListeners 默认支持继承的监听器。

5.2.9 @Commit

@Commit 表示在测试方法完成后，事务性测试方法的事务应该被提交。@Commit 可以用作 @Rollback(false) 的直接替换，以便更明确地传达代码的意图；类似于 @Rollback，@Commit 也可以被声明为类级别或方法级别的注解。

```
@Commit
@Test
public void testProcessWithoutRollback() {
    // ...
}
```

5.2.10 @Rollback

@Rollback 表示测试方法完成后是否应该回滚事务测试方法的事务。如果为 true，则事务回滚；否则，事务被提交（见 @Commit）。即使未明确声明 @Rollback，Spring TestContext 框架中集成测试的回滚语义也会默认为 true。

当声明为类级注解时，@Rollback 为测试类层次结构中的所有测试方法定义默认的回滚语义。当被声明为方法级别的批注时，@Rollback 为特定的测试方法定义了回滚语义，可能会覆盖类级别的 @Rollback 或 @Commit 语义。

```
@Rollback(false)
@Test
public void testProcessWithoutRollback() {
    // ...
}
```

5.2.11 @BeforeTransaction

在配置了 @Transactional 注解的事务中运行的测试方法启动事务之前，应该先执行带该 @BeforeTransaction 注解的方法。该方法是一个没有返回值的 void 方法。从 Spring 4.3 开始，在基于 Java 8 的接口默认方法中声明 @BeforeTransaction，可以不使用 public。

```
@BeforeTransaction
void beforeTransaction() {
    // ...
}
```

5.2.12 @AfterTransaction

在配置了 @Transactional 注解的事务中运行的测试方法结束事务之后，应该先执行带该 @AfterTransaction 注解的方法。从 Spring 4.3 开始，在基于 Java 8 的接口默认方法中声明 @AfterTransaction，可以不使用 public。

```
@AfterTransaction
void afterTransaction() {
    // ...
}
```

5.2.13 @Sql

@Sql 用于注解测试类或测试方法，以便在集成测试期间配置针对给定数据库执行的 SQL 脚本。

```
@Test
@Sql({"/test-schema.sql", "/test-user-data.sql"})
public void userTest {
    // ...
}
```

5.2.14 @SqlConfig

@SqlConfig 定义用于确定如何解析和执行通过 @Sql 注解配置的 SQL 脚本。

```
@Test
@Sql(
    scripts = "/test-user-data.sql",
    config = @SqlConfig(commentPrefix = "'", separator = "@@")
)
public void userTest {
    // ...
}
```

5.2.15 @SqlGroup

@SqlGroup 是一个集合了几个 @Sql 注解的容器注解。可以本地使用 @SqlGroup，声明几个嵌

套的 @Sql 注解，或者可以将其与 Java 8 对可重复注解的支持结合使用，其中 @Sql 可以简单地在相同的类或方法上多次声明，隐式地生成此容器注解。

5.2.16 标准注解

以下注解为 Spring TestContext 框架所有的配置提供标准语义支持。需要注意的是，这些注解不仅用于测试，还可以用在 Spring 框架的任意地方。

① @Autowired。

② @Qualifier。

③ @Resource：如果 JSR-250 接口存在，则该注解定义在 javax.annotation 包中。

④ @ManagedBean：如果 JSR-250 接口存在，则该注解定义在 javax.annotation 包中。

⑤ @Inject：如果 JSR-330 接口存在，则该注解定义在 javax.inject 包中。

⑥ @Named：如果 JSR-330 接口存在，则该注解定义在 javax.inject 包中。

⑦ @PersistenceContext：如果 JPA 接口存在，则该注解定义在 javax.persistence 包中。

⑧ @PersistenceUnit：如果 JPA 接口存在，则该注解定义在 javax.persistence 包中。

⑨ @Required。

⑩ @Transactional。

5.2.17 Spring JUnit 4 注解

以下注解仅在与 SpringRunner、Spring 的 JUnit 4 规则或 Spring 的 JUnit 4 支持类一起使用时才受支持。

1. @IfProfileValue

@IfProfileValue 表示对特定的测试环境启用了注解测试。如果配置的 ProfileValueSource 为所提供的名称返回匹配值，则测试已启用；否则，测试将被禁用。

@IfProfileValue 可以应用于类或方法级别。使用类级别的 @IfProfileValue 注解优先于当前类或其子类的任意方法的使用方法级别的注解。有 @IfProfileValue 注解意味着测试被隐式开启，这与 JUnit4 的 @Ignore 注解是类似的，除了使用 @Ignore 注解是用于禁用测试的之外。

```
@IfProfileValue(name="java.vendor", value="Oracle Corporation")
@Test
public void testProcessWhichRunsOnlyOnOracleJvm() {
    // ...
}
```

或者可以配置 @IfProfileValue 使用 values 列表（或语义），实现 JUnit 4 环境中的类似 TestNG 对测试组的支持。

```
@IfProfileValue(name="test-groups", values={"unit-tests", "integration-
tests"})
@Test
public void testProcessWhichRunsForUnitOrIntegrationTestGroups() {
    // ...
}
```

2. @ProfileValueSourceConfiguration

@ProfileValueSourceConfiguration 是类级别注解，用于当获取通过 @IfProfileValue 配置的 profile 值时指定使用什么样的 ProfileValueSource 类型。如果一个测试没有指定 @ProfileValueSourceConfiguration，那么默认使用 SystemProfileValueSource。

```
@ProfileValueSourceConfiguration(CustomProfileValueSource.class)
public class CustomProfileValueSourceTests {
    // ...
}
```

3. @Timed

@Timed 用于指明被注解的测试必须在指定的时限（毫秒）内结束。如果测试超过指定时限，就判定测试失败。

时限不仅包括测试方法本身所耗费的时间，还包括任何重复（请查看 @Repeat）及任意初始化和销毁所用的时间。

```
@Timed(millis=1000)
public void testProcessWithOneSecondTimeout() {
    // ...
}
```

Spring 的 @Timed 注解与 JUnit 4 的 @Test(timeout=...) 支持相比具有不同的语义。确切地说，由于在 JUnit 4 中处理方法执行超时的方式（在独立的线程中执行该测试方法），如果一个测试方法执行时间太长，@Test(timeout=...) 将直接判定该测试失败。而 Spring 的 @Timed 注解不是直接判定测试失败，而是等待测试完成。

4. @Repeat

@Repeat 用于指明测试方法需被重复执行的次数。重复的范围不仅包括测试方法自身，还包括相应的初始化方法和销毁方法。

```
@Repeat(10)
@Test
public void testProcessRepeatedly() {
    // ...
}
```

新功能 5.2.18 Spring JUnit Jupiter 注解

仅当与 SpringExtension 和 JUnit Jupiter（JUnit 5 中的编程模型）一起使用时才支持以下注解。

1. @SpringJUnitConfig

@SpringJUnitConfig 是一个组合的注解，它是将 JUnit Jupiter 的 @ExtendWith(SpringExtension.class) 与 Spring TestContext 框架中的 @ContextConfiguration 结合在一起的，可以在类级别用作 @ContextConfiguration 的替代实现。关于配置选项，@ContextConfiguration 和 @SpringJUnitConfig 的唯一区别是，可以通过 @SpringJUnitConfig 中的 value 属性来声明带注解的类。

```
@SpringJUnitConfig(TestConfig.class)
class ConfigurationClassJUnitJupiterSpringTests {
    // ...
}
```

```
@SpringJUnitConfig(locations = "/test-config.xml")
class XmlJUnitJupiterSpringTests {
    // ...
}
```

2. @SpringJUnitWebConfig

@SpringJUnitWebConfig 是一个组合的注解，它是将 JUnit Jupiter 的 @ExtendWith(SpringExtension.class) 与 Spring TestContext 框架中的 @ContextConfiguration 和 @WebAppConfiguration 结合在一起的，可以在类级别用作 @ContextConfiguration 和 @WebAppConfiguration 的替代实现。关于配置选项，@ContextConfiguration 和 @SpringJUnitWebConfig 的唯一区别是，可以通过 @SpringJUnitWebConfig 中的 value 属性来声明带注解的类。另外，来自 @WebAppConfiguration 的 value 属性只能通过 @SpringJUnitWebConfig 中的 resourcePath 属性覆盖。

```
@SpringJUnitWebConfig(TestConfig.class)
class ConfigurationClassJUnitJupiterSpringWebTests {
    // ...
}
@SpringJUnitWebConfig(locations = "/test-config.xml")
class XmlJUnitJupiterSpringWebTests {
    // ...
}
```

3. @EnabledIf

@EnabledIf 用于表示已注解的 JUnit Jupiter 测试类或测试方法已启用，并应在所提供的表达式计算结果为 true 时执行。具体来说，如果表达式的计算结果为 Boolean.TRUE 或一个等于“true”的字符串（忽略大小写），则测试将被启用。在类级别应用时，该类中的所有测试方法也会默认自动启用。

表达式可以是以下任何一种。

① SpEL 表达式：@EnabledIf("#{systemProperties['os.name'].toLowerCase().contains('mac')}")。

② Spring 环境中可用属性的占位符：@EnabledIf("${smoke.tests.enabled}")。

③文本文字：@EnabledIf("true")。

注意：@EnabledIf("false") 等同于 @Disabled，@EnabledIf 可以用作元注解来创建自定义组合注解。例如，可以按以下方式创建自定义的 @EnabledOnMac 注解。

```
@Target({ElementType.TYPE, ElementType.METHOD})
@Retention(RetentionPolicy.RUNTIME)
@EnabledIf(
    expression = "#{systemProperties['os.name'].toLowerCase().contains
('mac')}",
    reason = "Enabled on Mac OS"
)
public @interface EnabledOnMac {}
```

4. @DisabledIf

@DisabledIf 用于表示已注解的 JUnit Jupiter 测试类或测试方法被禁用，并且如果提供表达式的计算结果为 true，则不应执行。具体而言，如果表达式的计算结果为 Boolean.TRUE 或等于 “true” 的字符串（忽略大小写），则测试将被禁用。在类级别应用时，该类中的所有测试方法也会自动禁用。

表达式可以是以下任何一种。

① SpEL 表达式：@DisabledIf("#{systemProperties['os.name'].toLowerCase().contains('mac')}")。

② Spring 环境中可用属性的占位符：@DisabledIf("${smoke.tests.disabled}")。

③文本文字：@DisabledIf("true")。

注意：@DisabledIf("true") 等同于 @Disabled，@DisabledIf 可以用作元注解来创建自定义组合注解。例如，可以按以下方式创建自定义的 @DisabledOnMac 注解。

```
@Target({ElementType.TYPE, ElementType.METHOD})
@Retention(RetentionPolicy.RUNTIME)
@DisabledIf(
    expression = "#{systemProperties['os.name'].toLowerCase().contains
('mac')}",
    reason = "Disabled on Mac OS"
)
public @interface DisabledOnMac {}
```

5.2.19 元注解

Spring 测试框架中的大部分与测试相关的注解均可被当作元注解使用，以创建自定义组合注解来减少测试集中的重复配置。

以下注解都可以在 TestContext 框架中被当作元注解使用。

- @BootstrapWith
- @ContextConfiguration
- @ContextHierarchy
- @ActiveProfiles
- @TestPropertySource
- @DirtiesContext
- @WebAppConfiguration
- @TestExecutionListeners
- @Transactional
- @BeforeTransaction
- @AfterTransaction
- @Commit
- @Rollback
- @Sql
- @SqlConfig
- @SqlGroup
- @Repeat（只在 JUnit 4 中支持）
- @Timed（只在 JUnit 4 中支持）
- @IfProfileValue（只在 JUnit 4 中支持）
- @ProfileValueSourceConfiguration（只在 JUnit 4 中支持）
- @SpringJUnitConfig(只在 JUnit Jupiter 中支持）
- @SpringJUnitWebConfig（只在 JUnit Jupiter 中支持）
- @EnabledIf（只在 JUnit Jupiter 中支持）
- @DisabledIf（只在 JUnit Jupiter 中支持）

例如，如果发现在基于 JUnit 4 的测试集中重复以下配置：

```
@RunWith(SpringRunner.class)
@ContextConfiguration({"/app-config.xml", "/test-data-access-config.xml"})
@ActiveProfiles("dev")
@Transactional
public class OrderRepositoryTests { }

@RunWith(SpringRunner.class)
@ContextConfiguration({"/app-config.xml", "/test-data-access-config.xml"})
@ActiveProfiles("dev")
@Transactional
public class UserRepositoryTests { }
```

此时，可以通过一个自定义的组合注解来减少上述的重复量，将通用的测试配置集中起来。例如：

```
@Target(ElementType.TYPE)
@Retention(RetentionPolicy.RUNTIME)
@ContextConfiguration({"/app-config.xml", "/test-data-access-config.xml"})
@ActiveProfiles("dev")
@Transactional
public @interface TransactionalDevTestConfig { }
```

然后就可以像下面一样使用自定义的 @TransactionalDevTestConfig 注解来简化每个类的配置。

```
@RunWith(SpringRunner.class)
@TransactionalDevTestConfig
```

```
public class OrderRepositoryTests { }

@RunWith(SpringRunner.class)
@TransactionalDevTestConfig
public class UserRepositoryTests { }
```

如果开发人员使用 JUnit Jupiter 编写测试，那么可以进一步减少代码重复，因为 JUnit 5 中的注解也可以用作元注解。例如，如果开发人员发现正在通过基于 JUnit Jupiter 的测试套件重复以下配置。

```
@ExtendWith(SpringExtension.class)
@ContextConfiguration({"/app-config.xml", "/test-data-access-config.xml"})
@ActiveProfiles("dev")
@Transactional
class OrderRepositoryTests { }

@ExtendWith(SpringExtension.class)
@ContextConfiguration({"/app-config.xml", "/test-data-access-config.xml"})
@ActiveProfiles("dev")
@Transactional
class UserRepositoryTests { }
```

此时就可以通过引入一个自定义组合注解来减少上述重复，这个注解集中了 Spring 和 JUnit Jupiter 的常见测试配置。例如：

```
@Target(ElementType.TYPE)
@Retention(RetentionPolicy.RUNTIME)
@ExtendWith(SpringExtension.class)
@ContextConfiguration({"/app-config.xml", "/test-data-access-config.xml"})
@ActiveProfiles("dev")
@Transactional
public @interface TransactionalDevTestConfig { }
```

然后，可以使用自定义的 @TransactionalDevTestConfig 注解来简化各个基于 JUnit Jupiter 的测试类的配置。例如：

```
@TransactionalDevTestConfig
class OrderRepositoryTests { }

@TransactionalDevTestConfig
class UserRepositoryTests { }
```

由于 JUnit Jupiter 支持使用 @Test、@RepeatedTest、ParameterizedTest 等作为元注解，因此也可以在测试方法级别创建自定义的注解。例如，如果希望创建一个将 JUnit Jupiter 的 @Test 和 @Tag 注解与 Spring 的 @Transactional 注解相结合的注解，就可以创建一个 @TransactionalIntegrationTest 注解。例如：

```
@Target(ElementType.METHOD)
@Retention(RetentionPolicy.RUNTIME)
```

```
@Transactional
@Tag("integration-test") // org.junit.jupiter.api.Tag
@Test // org.junit.jupiter.api.Test
public @interface TransactionalIntegrationTest { }
```

然后就可以使用自定义的 @TransactionalIntegrationTest 注解来简化各个基于 JUnit Jupiter 的测试方法的配置。例如：

```
@TransactionalIntegrationTest
void saveOrder() { }

@TransactionalIntegrationTest
void deleteOrder() { }
```

5.3 Spring TestContext 框架

Spring TestContext 框架是用于进行单元测试和集成测试的通用框架。它基于注解驱动，并且与所使用的具体测试框架无关。

5.3.1 Spring TestContext 框架概述

Spring TestContext 框架位于 org.springframework.test.context 包中，提供了对通用的、注解驱动的单元测试和集成测试的支持。TestContext 框架也非常重视约定大于配置，合理的默认值可以通过基于注解的配置来覆盖。

除了通用测试基础架构外，TestContext 框架还为 JUnit 4、JUnit Jupiter（又称 JUnit 5）和 TestNG 提供了明确的支持。对于 JUnit 4 和 TestNG，Spring 提供了抽象的支持类。此外，Spring 为 JUnit 4 提供了一个自定义的 JUnit Runner 和 JUnit 规则，以及 JUnit Jupiter 的一个自定义扩展，允许编写基于 POJO 的测试类。POJO 测试类不需要扩展特定的类层次结构，如抽象支持类等。

难点 5.3.2 核心抽象

Spring TestContext 框架的核心由 TestContextManager 类和 TestContext、TestExecutionListener 及 SmartContextLoader 接口组成。每个测试类都创建一个 TestContextManager，TestContextManager 反过来管理一个 TestContext 来保存当前测试的上下文，它还会在测试进行时更新 TestContext 的状态，并委托给 TestExecutionListener 实现；TestExecutionListener 实现通过提供依赖注入、管理事务等来实际执行测试；SmartContextLoader 负责为给定的测试类加载一个 ApplicationContext。

1. TestContext

TestContext 封装了执行测试的上下文，与正在使用的实际测试框架无关，并为其负责的测试实例提供上下文管理和缓存支持。如果需要，TestContext 也委托给一个 SmartContextLoader 来加载一个 ApplicationContext。

2. TestContextManager

TestContextManager 是 Spring TestContext 框架的主要入口点，负责管理单个 TestContext，并在定义良好的测试执行点向每个注册的 TestExecutionListener 发信号通知事件。这些执行点包括以下内容。

①在特定测试框架的所有 before class 或 before all 方法之前。

②测试实例后处理。

③在特定测试框架的所有 before 或 before each 方法之前。

④在测试方法执行之前，但在测试设置之后。

⑤在测试方法执行之后，但在测试关闭之前立即执行。

⑥在任何一个特定测试框架的每个 after 或 after each 方法之后。

⑦在任何一个特定测试框架的每个 after class 或 after all 方法之后。

3. TestExecutionListener

TestExecutionListener 定义了 API，用于响应 TestContextManager 发布的测试执行事件，并与监听器一起注册。

4. ContextLoader

ContextLoader 是在 Spring 2.5 中引入的策略接口，主要用于在使用 Spring TestContext 框架管理集成测试时，加载 ApplicationContext。

SmartContextLoader 是在 Spring 3.1 中引入的 ContextLoader 接口的扩展。SmartContextLoader SPI 取代了 Spring 2.5 中引入的 ContextLoader SPI。具体来说，SmartContextLoader 可以选择处理资源位置、注解类或上下文初始值设定项。此外，SmartContextLoader 可以在加载的上下文中设置激活的 bean 定义配置文件和测试属性源。

Spring 提供了以下实现。

① DelegatingSmartContextLoader：根据为测试类声明的配置、默认位置或默认配置类的存在，在内部委派给 AnnotationConfigContextLoader 及 GenericXmlContextLoader 或 GenericGroovyXmlContextLoader 的两个默认加载器之一。Groovy 支持仅在 Groovy 位于类路径中时才能启用。

② WebDelegatingSmartContextLoader：根据为测试类声明的配置、默认位置或默认配置类的存在，在内部委派给 AnnotationConfigWebContextLoader 及 GenericXmlWebContextLoader 或 GenericGroovyXmlWebContextLoader 的两个默认加载器之一。只有在测试类中存在 @WebAppConfiguration 时，才会使用 Web 的 ContextLoader。Groovy 支持仅在 Groovy 位于类路径中时才能启用。

③ AnnotationConfigContextLoader：从注解类加载标准的 ApplicationContext。

④ AnnotationConfigWebContextLoader：从注解类加载 WebApplicationContext。

⑤ GenericGroovyXmlContextLoader：从 Groovy 脚本或 XML 配置文件的资源位置加载标准的 ApplicationContext。

⑥ GenericGroovyXmlWebContextLoader：从 Groovy 脚本或 XML 配置文件的资源位置加载 WebApplicationContext。

⑦ GenericXmlContextLoader：从 XML 资源位置加载标准的 ApplicationContext。

⑧ GenericXmlWebContextLoader：从 XML 资源位置加载 WebApplicationContext。

⑨ GenericPropertiesContextLoader：从 Java 属性文件加载标准的 ApplicationContext。

5.3.3 引导 TestContext

对于所有常见的用例来说 ,Spring TestContext 框架内部的默认配置都是足够的。但是，有时开发团队或第三方框架想要更改默认的 ContextLoader，实现自定义的 TestContext 或 ContextCache，增加默认的 ContextCustomizerFactory 和 TestExecutionListener 实现集等。此时，为了实现这些，Spring 提供了一个引导 TestContext 策略。

TestContextBootstrapper 定义了用于引导 TestContext 框架的 SPI。TestContextBootstrapper 被 TestContextManager 用来加载当前测试的 TestExecutionListener 实现，并构建它所管理的 TestContext。可以通过 @BootstrapWith 为测试类（或测试类层次结构）配置自定义引导策略。如果引导程序未通过 @BootstrapWith 显式配置，则将使用 DefaultTestContextBootstrapper 或 WebTestContextBootstrapper，具体取决于是否存在 @WebAppConfiguration。

由于 TestContextBootstrapper SPI 未来可能会发生变化以适应新的需求，因此强烈建议开发者不要直接实现此接口，而是扩展 AbstractTestContextBootstrapper 或其具体子类之一。

5.3.4 TestExecutionListener 配置

Spring 提供了以下默认注册的 TestExecutionListener 实现，顺序如下。

① ServletTestExecutionListener：为 WebApplicationContext 配置 Servlet API 模拟。

② DirtiesContextBeforeModesTestExecutionListener：处理之前模式的 @DirtiesContext 注解。

③ DependencyInjectionTestExecutionListener：为测试实例提供依赖注入。

④ DirtiesContextTestExecutionListener：处理 after 模式的 @DirtiesContext 注解。

⑤ TransactionalTestExecutionListener：使用默认回滚语义提供事务性测试执行。

⑥ SqlScriptsTestExecutionListener：执行通过 @Sql 注解配置的 SQL 脚本。

难点 5.3.5 上下文管理

每个 TestContext 为它所负责的测试实例提供上下文管理和缓存支持。测试实例不会自动获得对配置 ApplicationContext 的访问权限。但是，如果一个测试类实现了 ApplicationContextAware 接口，那么对该测试实例提供对 ApplicationContext 的引用。

注 意：AbstractJUnit4SpringContextTests 和 AbstractTestNGSpringContextTests 实 现 了 ApplicationContextAware，因此可以自动提供对 ApplicationContext 的访问。

作为实现 ApplicationContextAware 接口的替代方法，可以通过字段或 setter 方法中的 @Autowired 注解为测试类注入应用程序上下文。例如：

```
@RunWith(SpringRunner.class)
@ContextConfiguration
public class MyTest {

    @Autowired
    private ApplicationContext applicationContext;
    // ...
}
```

同样，如果测试配置为加载 WebApplicationContext，则可以将 Web 应用程序上下文注入自己的测试中。例如：

```
@RunWith(SpringRunner.class)
@WebAppConfiguration
@ContextConfiguration
public class MyWebAppTest {
    @Autowired
    private WebApplicationContext wac;
    // ...
}
```

使用 TestContext 框架的测试类不需要扩展任何特定的类或实现特定的接口来配置它们的应用程序上下文。相反，配置是通过在类级别声明 @ContextConfiguration 注解来实现的。如果测试类没有显式声明应用程序上下文资源位置或注解类，则配置的 ContextLoader 将确定如何从默认位置或默认配置类加载上下文。除了上下文资源位置和注解类以外，还可以通过应用程序上下文初始化程序来配置应用程序上下文。

1. 加载上下文

以下示例为加载了基于 XML 文件的上下文。

```
@RunWith(SpringRunner.class)
@ContextConfiguration(locations={"/app-config.xml", "/test-config.xml"})
public class MyTest {
    // ...
```

```
}
```

如果从 @ContextConfiguration 注解中忽略了 locations 和 value 属性，则 TestContext 框架将尝试检测默认的 XML 资源位置。具体来说，GenericXmlContextLoader 和 GenericXmlWebContextLoader 将根据测试类的名称检测默认位置。如果类名为 com.example.MyTest，则 GenericXmlContextLoader 会从“classpath:com/example/MyTest-context.xml”加载用户的应用程序上下文。

```
package com.example;

@RunWith(SpringRunner.class)
// 将会从"classpath:com/example/MyTest-context.xml" 加载应用程序上下文
@ContextConfiguration
public class MyTest {
    // ...
}
```

以下示例为加载了基于 Groovy 脚本的上下文。

```
@RunWith(SpringRunner.class)
@ContextConfiguration({"/AppConfig.groovy", "/TestConfig.Groovy"})
public class MyTest {
    // ...
}
```

如果从 @ContextConfiguration 注解中忽略了 locations 和 value 属性，则 TestContext 框架将尝试检测默认的 Groovy 脚本位置。具体来说，GenericGroovyXmlContextLoader 和 GenericGroovyXmlWebContextLoader 将根据测试类的名称检测默认位置。如果类名为 com.example.MyTest，则 GenericGroovyXmlContextLoader 会从“classpath:com/example/MyTestContext.groovy” 加载用户应用程序上下文。

```
package com.example;

@RunWith(SpringRunner.class)
// 将会从"classpath:com/example/MyTestContext.groovy" 加载应用程序上下文
@ContextConfiguration
public class MyTest {
    // ...
}
```

以下示例为加载了基注解类的上下文。

```
@RunWith(SpringRunner.class)
@ContextConfiguration(classes = {AppConfig.class, TestConfig.class})
public class MyTest {
    // ...
}
```

如果 @ContextConfiguration 注解中省略了 classes 属性，则 TestContext 框架将尝试检测默认配置类的存在。具体来说，AnnotationConfigContextLoader 和 AnnotationConfigWebContextLoader 将检测符合配置类实现要求的测试类的所有静态嵌套类。在以下示例中，OrderServiceTest 类声明一个名称为 Config 的静态嵌套配置类，该类将自动用于加载测试类的 ApplicationContext。

```
@RunWith(SpringRunner.class)
@ContextConfiguration
public class OrderServiceTest {
    @Configuration
    static class Config {
        @Bean
        public OrderService orderService() {
            OrderService orderService = new OrderServiceImpl();
            return orderService;
        }
    }

    @Autowired
    private OrderService orderService;

    @Test
    public void testOrderService() {
    }
}
```

2. 上下文初始化

要使用上下文初始化程序为自己的测试配置 ApplicationContext，须使用 @ContextConfiguration 注解测试类，并使用包含对实现 ApplicationContextInitializer 类引用的数组来配置 initializers 属性。声明的上下文初始化器将被用来初始化为测试加载的 ConfigurableApplicationContext。

注意：每个声明的初始化程序支持的具体 ConfigurableApplicationContext 类型必须与使用的 SmartContextLoader 创建的 ApplicationContext 的类型（通常为 GenericApplicationContext）兼容。而且，调用初始化器的顺序取决于它们是实现 Spring 的 Ordered 接口，还是用 Spring 的 @Order 注解或标准的 @Priority 注解来注解。

```
@RunWith(SpringRunner.class)
@ContextConfiguration(
    classes = TestConfig.class,
    initializers = TestAppCtxInitializer.class)
public class MyTest {
    // ...
}
```

3. 上下文配置继承

@ContextConfiguration 支持 boolean inheritLocations 和 inheritInitializers 属性，这些属性表示是

否应继承超类声明的资源位置或注解类和上下文初始化器。两个标志的默认值都是 true。这意味着测试类继承资源位置或注解类及由任何超类声明的上下文初始化器。具体而言，测试类的资源位置或注解类附加到由超类声明的资源位置或注解类的列表中。类似地，给定测试类的初始化器将被添加到由测试超类定义的初始化器集合中。因此，子类可以选择扩展资源位置、注解类或上下文初始化器。

如果 @ContextConfiguration 中的 inheritLocations 或 inheritInitializers 属性设置为 false，则分别为测试类 shadow 的资源位置或注解类和上下文初始化程序有效地替换由超类定义的配置。

在以下使用 XML 资源位置的示例中，ExtendedTest 的 ApplicationContext 将以 base-config.xml 和 extended-config.xml 的顺序加载。因此在 extended-config.xml 中定义的 bean 可以覆盖（替换）在 base-config.xml 中定义的 bean。

```
@RunWith(SpringRunner.class)
@ContextConfiguration("/base-config.xml")
public class BaseTest {
    // ...
}

@ContextConfiguration("/extended-config.xml")
public class ExtendedTest extends BaseTest {
    // ...
}
```

同样，在以下使用带注解的类的示例中，ExtendedTest 的 ApplicationContext 将按照该顺序从 BaseConfig 和 ExtendedConfig 类中加载。因此在 ExtendedConfig 中定义的 bean 可以覆盖（替换）在 BaseConfig 中定义的 bean。

```
@RunWith(SpringRunner.class)
@ContextConfiguration(classes = BaseConfig.class)
public class BaseTest {
    // ...
}

@ContextConfiguration(classes = ExtendedConfig.class)
public class ExtendedTest extends BaseTest {
    // ...
}
```

4. 特定环境的上下文

Spring 3.1 引入了 environment 和 profile 的概念，可以配置集成测试来激活特定的 bean 定义配置文件，以适应各种测试场景。这可以通过使用 @ActiveProfiles 注解来实现。示例为：

```
@RunWith(SpringRunner.class)
@ContextConfiguration("/app-config.xml")
@ActiveProfiles("dev")
```

```
public class TransferServiceTest {

    @Autowired
    private TransferService transferService;

    @Test
    public void testTransferService() {
    }
}
```

测试属性文件可以通过 @TestPropertySource 的 locations 或 value 属性进行配置，如以下示例所示。

```
@ContextConfiguration
@TestPropertySource("/test.properties")
public class MyIntegrationTests {
    // ...
}
```

5. 上下文缓存

一旦 TestContext 框架为测试加载一个 ApplicationContext（或 WebApplicationContext），该上下文将被缓存，并在所有后续测试中重用，这些后续测试在相同的测试套件中声明相同的唯一上下文配置。

ApplicationContext 可以通过用于加载它的配置参数的组合来唯一标识。因此，使用配置参数的唯一组合来生成缓存上下文的密钥。TestContext 框架使用以下配置参数来构建上下文缓存 key。

- locations（来自 @ContextConfiguration）
- classes（来自 @ContextConfiguration）
- contextInitializerClasses（来自 @ContextConfiguration）
- contextCustomizers（来自 ContextCustomizerFactory）
- contextLoader（来自 @ContextConfiguration）
- parent（来自 @ContextHierarchy）
- activeProfiles（来自 @ActiveProfiles）
- propertySourceLocations（来自 @TestPropertySource）
- propertySourceProperties（来自 @TestPropertySource）
- resourceBasePath（来自 @WebAppConfiguration）

例如，如果 TestClassA 为 @ContextConfiguration 的 locations（或 value）属性指定了 {"app-config.xml", "test-config.xml"}，则 TestContext 框架将加载相应的 ApplicationContext，将其存储在静态上下文中，并在完全基于这些位置的 key 下缓存。因此，如果 TestClassB 还为其 locations（通过继承显式或隐式）定义 {"app-config.xml", "test-config.xml"}，那么相同的 ApplicationContext 将被两个测试类共享。这意味着加载应用程序上下文的设置成本只会产生一次（每个测试套件），而且后续的测试执行速度要快得多。

5.3.6 测试夹具的依赖注入

当使用 DependencyInjectionTestExecutionListener（默认配置）时，开发人员的测试实例的依赖关系将 bean 中注入使用 @ContextConfiguration 配置的应用程序上下文中。开发人员可以使用 setter 注入或字段注入，这取决于他选择的注解及是否将它们放置在 setter 方法或字段上。为了与 Spring 2.5 和 Spring 3.0 中引入的注解支持保持一致，可以使用 Spring 的 @Autowired 注解或 JSR-330 中的 @Inject 注解。

TestContext 框架不会检测测试实例的实例化方式。因此，对构造函数使用 @Autowired 或 @Inject 对测试类没有影响。

因为 @Autowired 被用来按类型执行自动装配，所以如果有多个相同类型的 bean 定义，那么就不能依靠这种方法来实现这些特定的 bean。在这种情况下，可以使用 @Autowired 和 @Qualifier。从 Spring 3.0 开始，也可以选择 @Inject 和 @Named 一起使用。或者，如果开发人员的测试类可以访问其 ApplicationContext，则可以调用 applicationContext.getBean("titleRepository") 来执行显式查找。

如果不想将依赖注入应用于自己的测试实例，则不要使用 @Autowired（或 @Inject）注解字段或设置方法。或者，可以通过使用 @TestExecutionListeners 显式配置类并从监听器列表中省略 DependencyInjectionTestExecutionListener.class 来完全禁用依赖注入。

以下代码演示了在字段方法上使用 @Autowired。

```
@RunWith(SpringRunner.class)
@ContextConfiguration("repository-config.xml")
public class HibernateTitleRepositoryTests {

    // 根据类型来注入实例
    @Autowired
    private HibernateTitleRepository titleRepository;

    @Test
    public void findById() {
        Title title = titleRepository.findById(new Long(10));
        assertNotNull(title);
    }
}
```

也可以将类配置为使用 @Autowired 进行 setter 注入。例如：

```
@RunWith(SpringRunner.class)
@ContextConfiguration("repository-config.xml")
public class HibernateTitleRepositoryTests {

    // 根据类型来注入实例
    private HibernateTitleRepository titleRepository;

    @Autowired
```

```
    public void setTitleRepository(HibernateTitleRepository titleRepos-
itory) {
        this.titleRepository = titleRepository;
    }

    @Test
    public void findById() {
        Title title = titleRepository.findById(new Long(10));
        assertNotNull(title);
    }
}
```

难点 5.3.7 如何测试 request bean 和 session bean

很早之前，Spring 就已经支持 request 和 session scope 的 bean。而从 Spring 3.2 开始，测试 request bean 和 session bean 是一件轻而易举的事情。

以下代码片段显示登录用例的 XML 配置。

注意： userService bean 对请求范围的 loginAction bean 具有依赖性。此外，LoginAction 使用 SpEL 表达式来实例化，从当前的 HTTP 请求中检索用户名和密码。在开发人员的测试中，需要通过 TestContext 框架管理的 mock 方式来配置这些请求参数。

```
<beans>
    <bean id="userService" class="com.example.SimpleUserService"
            c:loginAction-ref="loginAction"/>
    <bean id="loginAction" class="com.example.LoginAction"
            c:username="#{request.getParameter('user')}"
            c:password="#{request.getParameter('pswd')}"
            scope="request">
        <aop:scoped-proxy/>
    </bean>
</beans>
```

在 RequestScopedBeanTests 中，将 UserService 和 MockHttpServletRequest 都注入自己的测试实例中。在 requestScope() 测试方法中，可以通过在提供的 MockHttpServletRequest 中设置请求参数来设置测试工具。当在 userService 上调用 loginUser() 方法时，可以确信用户服务访问当前 MockHttpServletRequest 请求范围的 loginAction（刚才设置的参数）。然后，根据已知的用户名和密码输入对结果执行断言。

```
@RunWith(SpringRunner.class)
@ContextConfiguration
@WebAppConfiguration
public class RequestScopedBeanTests {
    @Autowired UserService userService;
    @Autowired MockHttpServletRequest request;
```

```
    @Test
    public void requestScope() {
        request.setParameter("user", "enigma");
        request.setParameter("pswd", "$pr!ng");

        LoginResults results = userService.loginUser();
        // 断言结果
    }
}
```

session bean 的测试类似。代码为：

```
<beans>
    <bean id="userService" class="com.example.SimpleUserService"
            c:userPreferences-ref="userPreferences" />
    <bean id="userPreferences" class="com.example.UserPreferences"
            c:theme="#{session.getAttribute('theme')}"
            scope="session">
        <aop:scoped-proxy/>
    </bean>
</beans>
@RunWith(SpringRunner.class)
@ContextConfiguration
@WebAppConfiguration
public class SessionScopedBeanTests {
    @Autowired UserService userService;
    @Autowired MockHttpSession session;
    @Test
    public void sessionScope() throws Exception {
        session.setAttribute("theme", "blue");
        Results results = userService.processUserPreferences();
        // 断言结果
    }
}
```

重点 5.3.8 事务管理

在 TestContext 框架中，事务由默认配置的 TransactionalTestExecutionListener 管理，即使没有在测试类上显式声明 @TestExecutionListener。但是，为了支持事务，必须在通过 @ContextConfiguration 语义加载的 ApplicationContext 中配置一个 PlatformTransactionManager bean。另外，必须在类或方法级别为测试声明 Spring 的 @Transactional 注解。

1. 测试管理的事务

测试管理事务是通过 TransactionalTestExecutionListener 声明式管理的事务，或者通过 TestTransaction 以编程方式进行管理的事务。这样的事务不应该与 Spring 管理的事务（被加载用于测试的 ApplicationContext 内的 Spring 直接管理的事务）或应用程序管理的事务（通过测试调用的应用程序代码内的程序管理的事务）相混淆。Spring 管理的和应用程序管理的事务通常会参与测试管理事务。

2. 启用和禁用事务

默认情况下，测试完成后会自动回滚。如果一个测试类用 @Transactional 注解，则该类层次结构中的每个测试方法将在一个事务中运行；如果没有用 @Transactional（在类或方法级别）注解，则测试方法将不会在事务中运行。此外，使用 @Transactional 进行注解但将传播类型设置为 NOT_SUPPORTED 的测试不会在事务中运行。

注 意：AbstractTransactionalJUnit4SpringContextTests 和 AbstractTransactionalTestNGSpringContextTests 是为类级别的事务支持预配置的。

以下示例演示了为基于 Hibernate 的 UserRepository 编写集成测试的常见方案。正如在事务回滚和提交行为中所解释的，在执行 createUser() 方法后，不需要清理数据库，因为对数据库所做的任何更改都将由 TransactionalTestExecutionListener 自动回滚。

```
@RunWith(SpringRunner.class)
@ContextConfiguration(classes = TestConfig.class)
@Transactional
public class HibernateUserRepositoryTests {

    @Autowired
    HibernateUserRepository repository;

    @Autowired
    SessionFactory sessionFactory;

    JdbcTemplate jdbcTemplate;

    @Autowired
    public void setDataSource(DataSource dataSource) {
        this.jdbcTemplate = new JdbcTemplate(dataSource);
    }

    @Test
    public void createUser() {
        final int count = countRowsInTable("user");

        User user = new User(...);
        repository.save(user);

        sessionFactory.getCurrentSession().flush();
        assertNumUsers(count + 1);
    }

    protected int countRowsInTable(String tableName) {
       return JdbcTestUtils.countRowsInTable(this.jdbcTemplate, tableName);
```

```
    }

    protected void assertNumUsers(int expected) {
        assertEquals("Number of rows in the [user] table.", expected,
countRowsInTable("user"));
    }
}
```

3. 事务回滚和提交行为

默认情况下，测试完成后会自动回滚测试。然而，事务提交和回滚行为也可以通过 @Commit 和 @Rollback 注解声明式地配置。

4. 编程式事务管理

自 Spring 4.1 开始，可以通过 TestTransaction 中的静态方法以编程方式和测试托管的事务进行交互。例如，TestTransaction 可用于 test 、before、after 方法，以开始或结束当前测试管理的事务，或者配置当前测试管理的事务以进行回滚或提交。无论何时启用 TransactionalTestExecutionListener，都可以使用 TestTransaction 。

以下示例演示了 TestTransaction 的一些功能。

```
@ContextConfiguration(classes = TestConfig.class)
public class ProgrammaticTransactionManagementTests extends
        AbstractTransactionalJUnit4SpringContextTests {

    @Test
    public void transactionalTest() {
        assertNumUsers(2);
        deleteFromTables("user");
        TestTransaction.flagForCommit();
        TestTransaction.end();
        assertFalse(TestTransaction.isActive());
        assertNumUsers(0);
        TestTransaction.start();
        // ...
    }

    protected void assertNumUsers(int expected) {
        assertEquals("Number of rows in the [user] table.", expected,
countRowsInTable("user"));
    }
}
```

5. 在事务之外执行代码

有时需要在事务性测试方法之前或之后执行某些代码，并且希望这些代码是在事务性上下文之外的。例如，在执行测试之前验证初始数据库状态，或者在测试执行之后验证预期的事务性执行行为。TransactionalTestExecutionListener 完全支持这种场景，并提供了 @BeforeTransaction 和

@AfterTransaction 注解来实现这些行为。

6. 配置事务管理器

TransactionalTestExecutionListener 需要在 Spring ApplicationContext 中为测试定义一个 PlatformTransactionManager bean。如果在测试的 ApplicationContext 中有多个 PlatformTransactionManager 实例，则可以通过 @Transactional("myTxMgr") 或 @Transactional(transactionManager = "myTxMgr") 声明限定符，或者可以通过 @Configuration 类来实现 TransactionManagementConfigurer。

以下基于 JUnit 4 的示例用于突出显示所有与事务相关的注解。

```
@RunWith(SpringRunner.class)
@ContextConfiguration
@Transactional(transactionManager = "txMgr")
@Commit
public class FictitiousTransactionalTest {
    @BeforeTransaction
    void verifyInitialDatabaseState() {
        // ...
    }
    @Before
    public void setUpTestDataWithinTransaction() {
        // ...
    }

    @Test
    @Rollback
    public void modifyDatabaseWithinTransaction() {
        // ...
    }
    @After
    public void tearDownWithinTransaction() {
        // ...
    }
    @AfterTransaction
    void verifyFinalDatabaseState() {
        // ...
    }
}
```

5.3.9 执行 SQL 脚本

在针对关系数据库编写集成测试时，执行 SQL 脚本来修改数据库模式或将测试数据插入表中通常是非常常见的。spring-jdbc 模块提供了在加载 Spring ApplicationContext 时通过执行 SQL 脚本来初始化现有数据库的支持。当然，这些数据库也包括嵌入式的数据库。

尽管在加载 ApplicationContext 时初始化数据库进行测试是非常有用的，但有时在集成测试期间能够修改数据库同样也是非常重要的。以下介绍如何在集成测试期间以编程方式和声明方式执行 SQL 脚本。

1. 编程式执行 SQL 脚本

Spring 提供了以下选项，用于在集成测试方法中以编程方式执行 SQL 脚本。

- org.springframework.jdbc.datasource.init.ScriptUtils
- org.springframework.jdbc.datasource.init.ResourceDatabasePopulator
- org.springframework.test.context.junit4.AbstractTransactionalJUnit4SpringContextTests
- org.springframework.test.context.testng.AbstractTransactionalTestNGSpringContextTests

ScriptUtils 提供了一组用于处理 SQL 脚本的静态工具方法，主要用于框架的内部使用。但是，如果需要完全控制 SQL 脚本的解析和执行方式，则 ScriptUtils 可能会比下面介绍的其他替代方法更适合用户需求。

ResourceDatabasePopulator 提供了一个简单的基于对象的 API，使用外部资源中定义的 SQL 脚本以编程方式填充、初始化或清理数据库。ResourceDatabasePopulator 提供了用于配置分析和执行脚本时使用的字符编码、语句分隔符、注解分隔符和错误处理标志的选项，每个配置选项都有一个合理的默认值。要执行在 ResourceDatabasePopulator 中配置的脚本，可以调用 populatc(Conncction) 方法来针对 java.sql.Connection 执行 populator，或者调用 execute(DataSource) 方法来针对 javax.sql.DataSource 执行 populator。以下示例为测试模式和测试数据指定 SQL 脚本，将语句分隔符设置为“@@”，然后针对数据源执行脚本。

```
@Test
public void databaseTest {
    ResourceDatabasePopulator populator = new ResourceDatabasePopulator();
    populator.addScripts(
            new ClassPathResource("test-schema.sql"),
            new ClassPathResource("test-data.sql"));
    populator.setSeparator("@@");
    populator.execute(this.dataSource);
    // ...
}
```

ResourceDatabasePopulator 内部其实也是使用 ScriptUtils 来解析和执行 SQL 脚本。同样，AbstractTransactionalJUnit4SpringContextTests 和 AbstractTransactionalTestNGSpringContextTests 中的 executeSqlScript(..) 方法在内部使用 ResourceDatabasePopulator 来执行 SQL 脚本。

2. 声明式执行 SQL 脚本

Spring TestContext 框架同时也提供了声明式执行 SQL 脚本。具体而言，可以在测试类或测试方法上声明 @Sql 注解，以便将资源路径配置为在集成测试方法之前或之后应针对给定数据库执行的 SQL 脚本。

注意：方法级声明会覆盖类级声明，而对 @Sql 的支持则由默认情况下启用的 SqlScriptsTestExecutionListener 提供。

每个路径资源将被解释为一个 Spring 资源。一个普通路径（如 schema.sql）将被视为与定义测试类的包相关的类路径资源。以斜杠开始的路径将被视为绝对类路径资源，如：“/org/example/schema.sql”。可以使用指定的资源协议来加载引用 URL 的路径，如以 classpath:、file:、http: 等为前缀的路径。

以下示例演示了如何在基于 JUnit Jupiter 的集成测试类中，在类级别和方法级别上使用 @Sql。

```
@SpringJUnitConfig
@Sql("/test-schema.sql")
class DatabaseTests {
    @Test
    void emptySchemaTest {
        // ...
    }
    @Test
    @Sql({"/test-schema.sql", "/test-user-data.sql"})
    void userTest {
        // ...
    }
}
```

如果没有指定 SQL 脚本，将尝试根据声明的 @Sql 的位置来自动检测默认脚本。如果无法检测到默认值，则会抛出 IllegalStateException 异常。

①类级别声明：如果注解的测试类为 com.example.MyTest，则相应的默认脚本为“classpath:com/example/MyTest.sql”。

②方法级别声明：如果注解的测试方法名称为 testMethod()，并且在类 com.example.MyTest 中定义，则相应的默认脚本为“classpath:com/example/MyTest.testMethod.sql”。

如果需要为给定的测试类或测试方法配置多组 SQL 语句，但具有不同的语法配置、不同的错误处理规则或每个集合的不同执行阶段，则可以声明多个 @Sql 实例。对于 Java 8，@Sql 可以用作可重复的注解；否则，@SqlGroup 注解可以用作声明多个 @Sql 实例的显式容器。

以下示例演示如何将 @Sql 用作使用 Java 8 的可重复注解。在这种情况下，test-schema.sql 脚本对单行注解使用不同的语法。

```
@Test
@Sql(scripts = "/test-schema.sql", config = @SqlConfig(commentPrefix = "'"))
@Sql("/test-user-data.sql")
public void userTest {
    // ...
}
```

以下示例和以上示例是一样的。不同的是，@Sql 声明在 @SqlGroup 中被组合在一起，以便与 Java 6 和 Java 7 兼容。

```
@Test
@SqlGroup({
    @Sql(scripts = "/test-schema.sql", config = @SqlConfig(commentPrefix =
"'")),
    @Sql("/test-user-data.sql")
)}
public void userTest {
    // ...
}
```

默认情况下，SQL 脚本将在相应的测试方法之前执行。但是，如果需要在测试方法之后执行特定的一组脚本（如清理数据库状态），则可以使用 @Sql 中的 executionPhase 属性，如以下示例。

```
@Test
@Sql(
    scripts = "create-test-data.sql",
    config = @SqlConfig(transactionMode = ISOLATED)
)
@Sql(
    scripts = "delete-test-data.sql",
    config = @SqlConfig(transactionMode = ISOLATED),
    executionPhase = AFTER_TEST_METHOD
)
public void userTest {
    // ...
}
```

其中，ISOLATED 和 AFTER_TEST_METHOD 分别从 Sql.TransactionMode 和 Sql.ExecutionPhase 中静态导入。

新功能 5.3.10 并行测试

在使用 Spring TestContext 框架时，Spring 5.0 引入了在单个 JVM 中并行执行测试的基本支持。通常，这意味着大多数测试类或测试方法可以并行执行，而不需要对测试代码或配置进行任何改变。但是，使用并行测试也要区分具体的场景。由于将并发性引入测试套件中可能会导致意想不到的副作用，因此，Spring 团队提供了以下指导原则，以避免并行执行测试。

①测试使用 Spring 的 @DirtiesContext 支持。

②测试使用 JUnit 4 的 @FixMethodOrder 支持或任何测试框架功能，旨在确保测试方法以特定顺序执行。但要注意，如果整个测试类并行执行，则不适用。

③测试更改共享服务或系统（如数据库、消息代理、文件系统等）的状态。这适用于内存和外部系统。

如果并行执行测试失败，并显示一个异常，指出当前测试的 ApplicationContext 不再处于活动状态，这通常意味着 ApplicationContext 已从另一个线程中的 ContextCache 中移除。

新功能 5.3.11 SpringExtension 测试类

1. Spring JUnit 4 Runner

Spring TestContext 框架通过自定义 Runner（JUnit 4.12 或更高版本支持）提供了与 JUnit 4 的完全集成。通过使用 @RunWith(SpringJUnit4ClassRunner.class) 或 @RunWith(SpringRunner.class)，开发人员可以实现标准的基于 JUnit 4 的单元和集成测试，同时获得 TestContext 框架的好处，如支持加载应用程序上下文、测试实例的依赖注入、事务测试方法执行等。如果想使用 Spring TestContext 框架和 JUnit 4 的参数化 Runner 或第三方 Runner（如 MockitoJUnitRunner），可以选择使用 Spring 对 JUnit 规则的支持。

以下代码显示配置测试类以使用自定义 Spring Runner 运行时的最低要求。

```
@RunWith(SpringRunner.class)
@TestExecutionListeners({})
public class SimpleTest {

    @Test
    public void testMethod() {
        // ...
    }
}
```

2. Spring JUnit 4 Rules

org.springframework.test.context.junit4.rules 包提供了 SpringClassRule 和 SpringMethodRule 两种 JUnit 4 规则（支持 JUnit 4.12 或更高版本）。其中，SpringClassRule 是一个支持 Spring TestContext 框架的类级特性的 JUnit TestRule；而 SpringMethodRule 是一个支持 Spring TestContext 框架的实例级别和方法级别功能的 JUnit MethodRule。

为了支持 TestContext 框架的全部功能，SpringClassRule 必须与 SpringMethodRule 结合使用。以下示例演示了在集成测试中声明这些规则的正确方法。

```
@ContextConfiguration
public class IntegrationTest {

    @ClassRule
    public static final SpringClassRule springClassRule = new Spring
ClassRule();

    @Rule
    public final SpringMethodRule springMethodRule = new SpringMethod
Rule();

    @Test
    public void testMethod() {
        // ...
```

```
    }
}
```

3. JUnit 4 支持类

org.springframework.test.context.junit4 包为基于 JUnit 4 的测试用例（在 JUnit 4.12 或更高版本上支持）提供了以下两种支持类。

① AbstractJUnit4SpringContextTests 是一个抽象的基础测试类，它在 JUnit 4 环境中集成了 Spring TestContext 框架和显式的 ApplicationContext 测试支持。扩展 AbstractJUnit4SpringContextTests 时，可以访问受保护的 applicationContext 实例变量，该变量可用于执行显式 bean 查找或测试整个上下文的状态。

② AbstractTransactionalJUnit4SpringContextTests 是 AbstractJUnit4SpringContextTests 的抽象事务扩展，为 JDBC 访问添加了一些便利功能。这个类需要在 ApplicationContext 中定义一个 javax.sql.DataSource bean 和一个 PlatformTransactionManager bean。扩展 AbstractTransactionalJUnit4SpringContextTests 时，可以访问受保护的 jdbcTemplate 实例变量，该实例变量可用于执行 SQL 语句来查询数据库。这样的查询可以用来在数据库相关的应用程序代码执行之前和执行之后确认数据库状态，并且 Spring 确保这些查询在与应用程序代码相同的事务范围内运行。当与 ORM 工具一起使用时，一定要避免误报。正如 JDBC 测试支持中所提到的，AbstractTransactionalJUnit4SpringContextTests 还提供了使用上述 jdbcTemplate 委托给 JdbcTestUtils 中的简洁方法。此外，它还提供了一个 executeSqlScript(..) 方法，用于对配置的 DataSource 执行 SQL 脚本。

4. JUnit Jupiter 中的 SpringExtension

Spring TestContext 框架提供了与 JUnit 5 中引入的 JUnit Jupiter 测试框架的完全集成。通过使用 @ExtendWith(SpringExtension.class) 注解测试类，开发人员可以实现标准的基于 JUnit Jupiter 的单元和集成测试，同时获得 TestContext 的好处，如支持加载应用程序上下文、测试实例的依赖注入、事务测试方法的执行等。

此外，得益于 JUnit Jupiter 中丰富的扩展 API，Spring 能够提供以下功能及超越 Spring 支持的 JUnit 4 和 TestNG 的功能集。

①测试构造函数、测试方法和测试生命周期回调方法的依赖注入。

②强大的支持基于 SpEL 表达式、环境变量、系统属性等条件的测试执行。

③自定义组合的注解，结合 Spring 和 JUnit Jupiter 的注解。

以下代码演示了如何配置一个测试类来使用 SpringExtension 和 @ContextConfiguration。

```
@ExtendWith(SpringExtension.class)
@ContextConfiguration(classes = TestConfig.class)
class SimpleTests {
    @Test
    void testMethod() {
        // ...
```

```
    }
}
```

由于 JUnit 5 中的注解也可以用作元注解，因此 Spring 能够提供 @SpringJUnitConfig 和 @SpringJUnitWebConfig 注解，以简化测试 ApplicationContext 和 JUnit Jupiter 的配置。

例如，以下示例使用 @SpringJUnitConfig 来减少前面示例中使用的配置数量。

```
@SpringJUnitConfig(TestConfig.class)
class SimpleTests {
    @Test
    void testMethod() {
        // ...
    }
}
```

同样，以下示例使用 @SpringJUnitWebConfig 创建一个 WebApplicationContext 与 JUnit Jupiter 一起使用。

```
@SpringJUnitWebConfig(TestWebConfig.class)
class SimpleWebTests {
    @Test
    void testMethod() {
        // ...
    }
}
```

5. SpringExtension 中的依赖注入

SpringExtension 从 JUnit Jupiter 实现了 ParameterResolver 扩展 API，允许 Spring 为测试构造函数、测试方法和测试生命周期回调方法提供依赖注入。具体来说，SpringExtension 能够将测试的 ApplicationContext 依赖注入用 @BeforeAll、@AfterAll、@BeforeEach、@AfterEach、@Test、@RepeatedTest、@ParameterizedTest 等注解的测试构造函数和方法中。

以下示例演示了采用构造函数注入的方式。

```
@SpringJUnitConfig(TestConfig.class)
class OrderServiceIntegrationTests {
    private final OrderService orderService;
    @Autowired
    OrderServiceIntegrationTests(OrderService orderService) {
        this.orderService = orderService;
    }

    // ...
}
```

以下示例演示了采用方法注入的方式。

```
@SpringJUnitConfig(TestConfig.class)
class OrderServiceIntegrationTests {
    @Test
    void deleteOrder(@Autowired OrderService orderService) {
        // ...
    }
}
```

6. TestNG 支持类

org.springframework.test.context.testng 包为基于 TestNG 的测试用例提供了以下两种支持类。

① AbstractTestNGSpringContextTests 是一个抽象的基础测试类，它在 TestNG 环境中集成了 Spring TestContext 框架和显式的 ApplicationContext 测试支持。扩展 AbstractTestNGSpringContextTests 时，可以访问受保护的 applicationContext 实例变量，该变量可用于执行显式 bean 查找或测试整个上下文的状态。

② AbstractTransactionalTestNGSpringContextTests 是 AbstractTestNGSpringContextTests 的抽象事务扩展，为 JDBC 访问添加了一些便利功能。这个类需要在 ApplicationContext 中定义一个 javax.sql.DataSource bean 和一个 PlatformTransactionManager bean。扩展 AbstractTransactionalTestNGSpringContextTests 时，可以访问受保护的 jdbcTemplate 实例变量，该变量可用于执行 SQL 语句以查询数据库。这样的查询可以用来在数据库相关的应用程序代码执行之前和执行之后确认数据库状态，并且 Spring 确保这些查询在与应用程序代码相同的事务范围内运行。当与 ORM 工具一起使用时，一定要避免误报。

5.4 Spring MVC Test 框架

Spring MVC Test 框架可以与 JUnit、TestNG 或任何其他测试框架一起使用，测试 Spring MVC 代码。Spring MVC Test 框架建立在 spring-test 模块的 Servlet API Mock 对象上，因此可以不再依赖所运行的 Servlet 容器。它使用 DispatcherServlet 来提供完整的 Spring MVC 运行时的行为，并提供对使用 TestContext 框架加载实际的 Spring 配置及独立模式的支持。在独立模式下，可以手动实例化控制器并进行测试。

Spring MVC Test 还为使用 RestTemplate 的代码提供了客户端支持。客户端测试模拟服务器响应时，也不再依赖所运行的服务器。

Spring Boot 提供了一个选项，可以编写包含正在运行服务器的、完整的端到端集成测试。

5.4.1 服务端测试概述

使用 JUnit 或 TestNG 为 Spring MVC 控制器编写简单的单元测试非常简单，只需实例化控制器，为其注入 Mock 或 Stub 的依赖关系，并根据需要调用 MockHttpServletRequest、MockHttpServletResponse 等方法。但是，在编写这样的单元测试时，还有很多部分没有经过测试，如请求映射、数据绑定、类型转换、验证等。此外，其他控制器方法（如 @InitBinder、@ModelAttribute 和 @ExceptionHandler）也可能作为请求处理生命周期的一部分被调用。

Spring MVC Test 的目标是通过执行请求并通过实际的 DispatcherServlet 生成响应来为测试控制器提供一种有效的方法。

Spring MVC Test 建立在 spring-test 模块中的 Mock 实现上。这允许执行请求并生成响应，而不需要在 Servlet 容器中运行。在大多数情况下，所有操作都应该如同运行时一样工作，并且能覆盖到一些单元测试无法覆盖的场景。

以下是一个基于 JUnit Jupiter 的使用 Spring MVC Test 的例子。

```
import static org.springframework.test.web.servlet.request.MockMvc
RequestBuilders.*;
import static org.springframework.test.web.servlet.result.MockMvc
ResultMatchers.*;

@SpringJUnitWebConfig(locations = "test-servlet-context.xml")
class ExampleTests {
    private MockMvc mockMvc;

    @BeforeEach
    void setup(WebApplicationContext wac) {
        this.mockMvc = MockMvcBuilders.webAppContextSetup(wac).build();
    }

    @Test
    void getAccount() throws Exception {
        this.mockMvc.perform(get("/accounts/1")
            .accept(MediaType.parseMediaType("application/json;
charset=UTF-8")))
            .andExpect(status().isOk())
            .andExpect(content().contentType("application/json"))
            .andExpect(jsonPath("$.name").value("Lee"));
    }
}
```

以上测试依赖于 TestContext 框架的 WebApplicationContext 支持，用于从位置与测试类相同的包中的 XML 配置文件加载 Spring 配置。当然，配置也是支持基于 Java 和 Groovy 的配置。

在该例子中，MockMvc 实例用于对“/accounts/1”执行 GET 请求，并验证结果响应的状态为 200，内容类型为“application/json”，响应主体是一个属性为“name”、值为“Lee”的 JSON。

jsonPath 语法是通过 Jayway 的 JsonPath 项目[①] 支持的。

该例子中的测试 API 是需要静态导入的，如 MockMvcRequestBuilders.*、MockMvcResult-Matchers.* 和 MockMvcBuilders.*。找到这些类的简单方法是搜索匹配“MockMvc *”的类型。

难点 5.4.2 选择测试策略

创建 MockMvc 实例有以下两种方式。

第一种是通过 TestContext 框架加载 Spring MVC 配置。该框架加载 Spring 配置，并将 WebApplicationContext 注入测试中，用于构建 MockMvc 实例。

```
@RunWith(SpringRunner.class)
@WebAppConfiguration
@ContextConfiguration("my-servlet-context.xml")
public class MyWebTests {
    @Autowired
    private WebApplicationContext wac;
    private MockMvc mockMvc;
    @Before
    public void setup() {
        this.mockMvc = MockMvcBuilders.webAppContextSetup(this.wac).
build();
    }
    // ...
}
```

第二种是简单地创建一个控制器实例，而不加载 Spring 配置。相对于 MVC JavaConfig 或 MVC 命名空间而言，默认基本的配置是自动创建的，并且可以在一定程度上进行自定义。

```
public class MyWebTests {
    private MockMvc mockMvc;
    @Before
    public void setup() {
        this.mockMvc =
            MockMvcBuilders.standaloneSetup(new AccountController()).
build();
    }
    // ...
}
```

那么，这两种方式应该如何来抉择呢？

第一种方式也被称为“webAppContextSetup”，会加载实际的 Spring MVC 配置，从而产生更完整的集成测试。由于 TestContext 框架缓存了加载的 Spring 配置，因此即使在测试套件中引入了更多的测试，也可以帮助保持测试的快速运行。此外，还可以通过 Spring 配置将 Mock 服务注入控

① 有关该项目详情，可见 https://github.com/json-path/JsonPath。

制器中，以便继续专注于测试 Web 层。这是一个用 Mockito 声明 Mock 服务的例子。

```
<bean id="accountService" class="org.mockito.Mockito" factory-method=
"mock">
    <constructor-arg value="com.waylau.AccountService"/>
</bean>
```

然后，可以将 Mock 服务注入测试，以便设置和验证期望值。

```
@RunWith(SpringRunner.class)
@WebAppConfiguration
@ContextConfiguration("test-servlet-context.xml")
public class AccountTests {
    @Autowired
    private WebApplicationContext wac;
    private MockMvc mockMvc;
    @Autowired
    private AccountService accountService;
    // ...
}
```

第二种方式也被称为“standaloneSetup”，它更接近于单元测试。它一次测试一个控制器，控制器可以手动注入 Mock 依赖关系，而不涉及加载 Spring 配置。这样的测试更注重风格，更容易查看到哪个控制器正在测试、是否需要特定的 Spring MVC 配置等。standaloneSetup 方式也是一种非常方便的方式——编写临时测试验证特定行为或调试问题。

到底选择哪种方式？没有绝对的答案。但是，使用 standaloneSetup 就意味着需要额外的“webAppContextSetup”测试来验证 Spring MVC 配置。或者可以选择使用 webAppContextSetup 方式编写所有测试，以便始终根据实际的 Spring MVC 配置进行测试。

重点 5.4.3　设置测试功能

无论使用哪个 MockMvc 构建器，所有 MockMvcBuilder 实现都提供了一些常用和非常有用的功能。例如，可以为所有请求声明 accept 头，并期望所有响应中的状态为 200 及声明 contentType 头。例如：

```
MockMVc mockMvc = standaloneSetup(new MusicController())
        .defaultRequest(get("/").accept(MediaType.APPLICATION_JSON))
        .alwaysExpect(status().isOk())
        .alwaysExpect(content().contentType("application/json;charset=
UTF-8"))
        .build();
```

此外，第三方框架（和应用程序）可以通过 MockMvcConfigurer 预先打包安装指令。Spring 框架有一个这样的内置实现，有助于跨请求保存和重用 HTTP 会话。它可以使用如下代码。

```
MockMvc mockMvc = MockMvcBuilders.standaloneSetup(new TestController())
        .apply(sharedHttpSession())
        .build();
```

重点 5.4.4 执行请求

使用任何 HTTP 方法来执行请求都是很容易的。例如：

```
mockMvc.perform(post("/hotels/{id}", 42).accept(MediaType.APPLICATION_
JSON));
```

可以使用 MockMultipartHttpServletRequest 来实现文件的上传请求，也可以执行内部使用请求，这样就不需要实际解析多重请求，而是必须设置它。例如：

```
mockMvc.perform(multipart("/doc").file("a1", "ABC".getBytes("UTF-8")));
```

可以在 URI 模板样式中指定查询参数。例如：

```
mockMvc.perform(get("/hotels?foo={foo}", "bar"));
```

或者可以添加表示表单参数查询的 Servlet 请求参数。例如：

```
mockMvc.perform(get("/hotels").param("foo", "bar"));
```

如果应用程序代码依赖于 Servlet 请求参数，并且不会显式检查被查询字符串（最常见的情况），那么使用哪个选项并不重要。

在大多数情况下，最好从请求 URI 中省略上下文路径和 Servlet 路径。如果必须使用完整请求 URI 进行测试，须设置相应的 contextPath 和 servletPath，以便请求映射可正常工作。

```
mockMvc.perform(get("/app/main/hotels/{id}").contextPath("/app").
servletPath("/main"))
```

以上示例，在每个执行请求中设置 contextPath 和 servletPath 是相当烦琐的。相反，可以通过设置通用的默认请求属性来减少设置。

```
public class MyWebTests {
    private MockMvc mockMvc;
    @Before
    public void setup() {
        mockMvc = standaloneSetup(new AccountController())
            .defaultRequest(get("/")
            .contextPath("/app").servletPath("/main")
            .accept(MediaType.APPLICATION_JSON).build();
    }
    // ...
}
```

上述设置将影响通过 MockMvc 实例执行的每个请求。如果在给定的请求中也指定了相同的属性，它将覆盖默认值。

难点 5.4.5 定义期望

期望值可以通过在执行请求后附加一个或多个 .andExpect(..) 来定义。

```
mockMvc.perform(get("/accounts/1")).andExpect(status().isOk());
```

MockMvcResultMatchers.* 提供了许多期望。其中，期望分为以下两类。

①断言验证响应的属性。例如，响应状态、标题和内容。这些是最重要的结果。

②断言超出了相应结果。这些断言允许检查 Spring MVC 特定的方面，如哪个控制器方法处理请求、是否引发和处理了异常、模型的内容是什么、选择了什么视图、添加了哪些 flash 属性等。它们还允许检查 Servlet 特定的方面，如请求和会话属性。

以下测试断言绑定或验证失败。

```
mockMvc.perform(post("/persons"))
    .andExpect(status().isOk())
    .andExpect(model().attributeHasErrors("person"));
```

在编写测试时，很多时候打印出执行请求的结果是很有用的。如以下示例，其中 print() 是从 MockMvcResultHandlers 静态导入的。

```
mockMvc.perform(post("/persons"))
    .andDo(print())
    .andExpect(status().isOk())
    .andExpect(model().attributeHasErrors("person"));
```

只要请求处理不会导致未处理的异常，print() 方法就会将所有可用的打印结果数据发送到 System.out。Spring Framework 4.2 引入了 log() 方法和 print() 方法的两个额外变体：一个接收 OutputStream，另一个接收 Writer。例如，调用 print(System.err) 会将打印结果数据发送到 System.err，而调用 print(myWriter) 会将结果数据打印到一个自定义写入器。如果希望将结果数据记录下来，而不是打印出来，只需调用 log() 方法，该方法会将结果数据记录为 org.springframework.test.web.servlet.result 日志记录类别下的单个 DEBUG 消息。

在某些情况下，可能希望直接访问结果并验证其他方式无法验证的内容，这时可以通过在所有其他期望之后追加 .andReturn() 来实现。

```
MvcResult mvcResult = mockMvc.perform(post("/persons")).andExpect(status ()
.isOk()).andReturn();
```

如果所有测试都重复相同的期望，那么在构建 MockMvc 实例时，可以设置一个共同期望。

```
standaloneSetup(new SimpleController())
```

```
    .alwaysExpect(status().isOk())
    .alwaysExpect(content().contentType("application/json;charset=UTF-8"))
    .build()
```

当 JSON 响应内容包含使用 Spring HATEOAS 创建的超媒体链接时，可以使用 JsonPath 表达式验证生成的链接。

```
mockMvc.perform(get("/people").accept(MediaType.APPLICATION_JSON))
    .andExpect(jsonPath("$.links[?(@.rel == 'self')].href")
    .value("http://localhost:8080/people"));
```

当 XML 响应内容包含使用 Spring HATEOAS 创建的超媒体链接时，可以使用 XPath 表达式验证生成的链接。

```
Map<String, String> ns = Collections.singletonMap("ns", "http://www.w3.
org/2005/Atom");
mockMvc.perform(get("/handle").accept(MediaType.APPLICATION_XML))
    .andExpect(xpath("/person/ns:link[@rel='self']/@href", ns)
    .string("http://localhost:8080/people"));
```

5.4.6 注册过滤器

设置 MockMvc 实例时，可以注册一个或多个 Servlet 过滤器实例。

```
mockMvc = standaloneSetup(new PersonController())
    .addFilters(new CharacterEncodingFilter()).build();
```

已注册的过滤器将通过来自 spring-test 的 MockFilterChain 调用，最后一个过滤器将委托给 DispatcherServlet。

5.4.7 脱离容器的测试

正如之前提到的，Spring MVC Test 是建立在 spring-test 模块的 Servlet API Mock 对象之上的，并且不使用正在运行的 Servlet 容器，所以脱离容器的测试，与运行在实际客户端和服务器的完整端到端集成测试相比，两者之间存在一些重要差异。

开发人员的测试，往往是从一个空的 MockHttpServletRequest 开始的。无论添加什么内容到测试中，默认情况下都没有上下文路径，没有 jsessionid cookie，没有转发，没有错误或异步调度，也没有实际的 JSP 呈现。相反，“转发”和“重定向”的 URL 被保存在 MockHttpServletResponse 中，并且可以被期望所断言。这意味着如果使用的是 JSP，就可以验证请求被转发到的 JSP 页面，但不会有任何 HTML 呈现。换句话说，JSP 将不会被调用。但是要注意，所有其他不依赖于转发的呈现技术（如 Thymeleaf 和 Freemarker）都会按照预期，将 HTML 呈现给响应主体。通过 @Response-Body 方法呈现 JSON、XML 和其他格式也是如此。或者可以考虑通过 @WebIntegrationTest 从

Spring Boot 进行完整的端到端集成测试支持。

每种方法都有优点和缺点。Spring MVC Test 提供的选项在经典单元测试到完整集成测试的范围内是不同的。可以肯定的是，Spring MVC Test 中没有任何选项属于经典单元测试的范畴，但它们有点接近。例如，可以通过向控制器注入 Mock 服务来隔离 Web 层，在这种情况下，虽然只是通过 DispatcherServlet 测试 Web 层，但可以使用实际的 Spring 配置。或者可以一次使用专注于一个控制器的独立设置，并手动提供使其工作所需的配置。

5.4.8 实战：服务端测试的例子

下面新建了一个应用程序（s5-ch05-mvc-test），用于演示服务端测试。

1. 导入相关的依赖

导入与 Servlet、Spring Test、JUnit 相关的依赖。示例为：

```
<properties>
        <spring.version>5.0.8.RELEASE</spring.version>
</properties>
<dependencies>
    <dependency>
        <groupId>org.springframework</groupId>
        <artifactId>spring-context</artifactId>
        <version>${spring.version}</version>
    </dependency>
    <dependency>
        <groupId>org.springframework</groupId>
        <artifactId>spring-webmvc</artifactId>
        <version>${spring.version}</version>
    </dependency>
    <dependency>
        <groupId>javax.servlet</groupId>
        <artifactId>javax.servlet-api</artifactId>
        <version>4.0.0</version>
        <scope>provided</scope>
    </dependency>
    <dependency>
        <groupId>org.springframework</groupId>
        <artifactId>spring-test</artifactId>
        <version>${spring.version}</version>
        <scope>test</scope>
    </dependency>
    <dependency>
        <groupId>junit</groupId>
        <artifactId>junit</artifactId>
        <version>4.12</version>
        <scope>test</scope>
    </dependency>
</dependencies>
```

2. 定义控制器

创建一个控制器 HelloController，用于处理 HTTP 请求。示例为：

```
package com.waylau.spring.hello.controller;
import org.springframework.web.bind.annotation.RequestMapping;
import org.springframework.web.bind.annotation.RestController;
@RestController
public class HelloController {

    @RequestMapping("/hello")
    public String hello() {
        return "Hello World! Welcome to visit waylau.com!";
    }
}
```

当访问“/hello”接口时，应返回“Hello World! Welcome to visit waylau.com!”字符串。

3. 配置文件

定义 Spring 应用的配置文件 spring.xml。示例为：

```
<?xml version="1.0" encoding="UTF-8"?>
<beans xmlns="http://www.springframework.org/schema/beans"
    xmlns:xsi="http://www.w3.org/2001/XMLSchema-instance"
    xmlns:context="http://www.springframework.org/schema/context"
    xmlns:mvc="http://www.springframework.org/schema/mvc"
    xsi:schemaLocation="
        http://www.springframework.org/schema/beans
        http://www.springframework.org/schema/beans/spring-beans.xsd
        http://www.springframework.org/schema/context
        http://www.springframework.org/schema/context/spring-context.xsd
http://www.springframework.org/schema/mvc
        http://www.springframework.org/schema/mvc/spring-mvc.xsd">
    <mvc:annotation-driven/>
    <context:component-scan base-package="com.waylau.spring.*"/>
</beans>
```

其中，启用了 Spring MVC 的注解。

4. 编写测试类

测试类 HelloControllerTest 的代码如下。

```
package com.waylau.spring.hello.controller;

import org.junit.Before;
import org.junit.Test;
import org.junit.runner.RunWith;
import org.springframework.beans.factory.annotation.Autowired;
import org.springframework.http.MediaType;
import org.springframework.test.context.ContextConfiguration;
import org.springframework.test.context.junit4.SpringJUnit4ClassRunner;
```

```
import org.springframework.test.context.web.WebAppConfiguration;
import org.springframework.test.web.servlet.MockMvc;
import org.springframework.test.web.servlet.setup.MockMvcBuilders;
import org.springframework.web.context.WebApplicationContext;
import static org.springframework.test.web.servlet.request.MockMvcRequest
Builders.get;
import static org.springframework.test.web.servlet.result.MockMvcResult
Matchers.content;
import static org.springframework.test.web.servlet.result.MockMvcResult
Matchers.status;

@RunWith(SpringJUnit4ClassRunner.class)
@ContextConfiguration("classpath:spring.xml")
@WebAppConfiguration
public class HelloControllerTest {
    private MockMvc mockMvc;

    @Autowired
    private WebApplicationContext webApplicationContext;

    @Before
    public void setUp() throws Exception {
        mockMvc = MockMvcBuilders.webAppContextSetup(webApplicationCon-
text).build();
    }

    @Test
    public void testHello() throws Exception {
        mockMvc.perform(get("/hello")
                .accept(MediaType.parseMediaType("application/json;
charset=UTF-8")))
                .andExpect(status().isOk())
                .andExpect(content().contentType("application/json;
charset=UTF-8"))
                .andExpect(content().string("Hello World! Welcome to
visit waylau.com!"));
    }
}
```

5. 运行

使用 JUnit 运行 HelloControllerTest 类，能看到测试结果为绿色，代码测试成功。

6. 示例源码

本小节示例源码在 s5-ch05-mvc-test 目录下。

5.4.9 HtmlUnit 集成

Spring 提供了 MockMvc 和 HtmlUnit 之间的集成，这简化了在使用基于 HTML 的视图时执行端到端测试。这种集成带来的好处包括以下 4 个方面：

①可以使用 HtmlUnit、WebDriver 和 Geb 等工具轻松测试 HTML 页面，而无须部署到 Servlet 容器。

②可以在页面内测试 JavaScript。

③可以使用 Mock 服务来加速测试。

④在容器内端到端测试和容器外集成测试之间共享逻辑。

注意：MockMvc 使用不依赖于 Servlet 容器（如 Thymeleaf、FreeMarker 等）的模板技术，所以它不适用于 JSP，因为 JSP 是依赖于 Servlet 容器的。

那么，如何来集成 HtmlUnit 呢？

首先，确保已添加 net.sourceforge.htmlunit:htmlunit 依赖项。为了在 Apache HttpComponents 4.5+ 中使用 HtmlUnit，需要使用 HtmlUnit 2.18 或更高版本。

开发人员可以使用 MockMvcWebClientBuilder 轻松创建一个与 MockMvc 集成的 HtmlUnit WebClient，例如：

```
@Autowired
WebApplicationContext context;
WebClient webClient;
@Before
public void setup() {
    webClient = MockMvcWebClientBuilder
            .webAppContextSetup(context)
            .build();
}
```

这将确保任何引用 localhost 作为服务器的 URL 将被引导到 MockMvc 实例，而不需要真正的 HTTP 连接。

现在可以像平常一样使用 HtmlUnit，但不需要将应用程序部署到 Servlet 容器。例如，可以请求视图使用以下代码创建消息。

```
HtmlPage createMsgFormPage = webClient.getPage("http://localhost/messages/
form");
```

一旦有了 HtmlPage 的引用，就可以填写并提交表单来创建一条消息。

```
HtmlForm form = createMsgFormPage.getHtmlElementById("messageForm");
HtmlTextInput summaryInput = createMsgFormPage.getHtmlElementById("sum-
mary");
summaryInput.setValueAttribute("Spring Rocks");
HtmlTextArea textInput = createMsgFormPage.getHtmlElementById("text");
textInput.setText("In case you didn't know, Spring Rocks!");
HtmlSubmitInput submit = form.getOneHtmlElementByAttribute("input",
"type", "submit");
HtmlPage newMessagePage = submit.click();
```

最后，可以验证新消息是否成功创建。以下断言使用 AssertJ 库[①]。

```
assertThat(newMessagePage.getUrl().toString()).endsWith("/messages/123");
String id = newMessagePage.getHtmlElementById("id").getTextContent();
assertThat(id).isEqualTo("123");
String summary = newMessagePage.getHtmlElementById("summary")
.getText Content();
assertThat(summary).isEqualTo("Spring Rocks");
String text = newMessagePage.getHtmlElementById("text").getTextContent();
assertThat(text).isEqualTo("In case you didn't know, Spring Rocks!");
```

通过上述方式可以极大地改进 MockMvc 测试。首先，开发人员不再需要明确验证自己的表单，然后创建一个类似于表单的请求。相反，开发人员可以直接请求表单、填写表单并提交表单，从而大大减少开销。

另一个重要因素是 HtmlUnit 使用 Mozilla Rhino 引擎[②]来评估 JavaScript。这意味着开发人员可以在页面中测试 JavaScript 的行为。

有关使用 HtmlUnit 的更多信息，请参阅 HtmlUnit 文档。

5.4.10　客户端 REST 测试

客户端测试可用于测试内部使用 RestTemplate 的代码。例如：

```
RestTemplate restTemplate = new RestTemplate();
MockRestServiceServer mockServer = MockRestServiceServer.bindTo(rest-
Template).build();
mockServer.expect(requestTo("/greeting")).andRespond(withSuccess());
// ...
mockServer.verify();
```

在以上示例中，客户端 REST 测试的中心类 MockRestServiceServer 使用自定义 ClientHttpRequest-Factory 配置 RestTemplate，该 ClientHttpRequestFactory 根据期望声明实际请求并返回"Stub"响应。在这种情况下，开发人员希望请求"/greeting"，并希望以"text/plain"内容返回 200 响应。这时可以根据需要定义额外的预期请求和 Stub 响应。当预期的请求和 Stub 响应被定义时，RestTemplate 可以照常在客户端代码中使用。在测试结束时，可以使用 mockServer.verify() 来验证是否所有期望已经满足。

默认情况下，请求按期望声明的顺序预计。在构建服务器时，可以设置 ignoreExpectOrder 选项，在这种情况下，将检查所有期望（按顺序）以找到给定请求的匹配项。这意味着请求可以以任何顺序进行。例如：

```
server = MockRestServiceServer.bindTo(restTemplate).ignoreExpectOrder
```

① 有关该项目详情，可见 https://joel-costigliola.github.io/assertj/。
② 有关该项目详情，可见 http://htmlunit.sourceforge.net/javascript.html。

```
(true).build();
```

即使是默认的无序请求，每个请求也只允许执行一次。expect 方法提供了一个重载的变体，它接收指定计数范围的 ExpectedCount 参数，如 once、manyTimes、max、min、between 等。例如：

```
RestTemplate restTemplate = new RestTemplate();
MockRestServiceServer mockServer = MockRestServiceServer.bindTo(restTemplate)
.build();
mockServer.expect(times(2), requestTo("/foo")).andRespond(withSuccess());
mockServer.expect(times(3), requestTo("/bar")).andRespond(withSuccess());
// ...
mockServer.verify();
```

作为上述所有的替代方案，客户端测试支持还提供了一个 ClientHttpRequestFactory 实现，该实现可以配置到 RestTemplate 中以将其绑定到 MockMvc 实例。这允许使用实际的服务器端逻辑处理请求，而无须运行服务器。例如：

```
MockMvc mockMvc = MockMvcBuilders.webAppContextSetup(this.wac).build();
this.restTemplate = new RestTemplate(new MockMvcClientHttpRequestFactory
(mockMvc));
// ...
mockServer.verify();
```

5.4.11　实战：客户端 REST 测试的例子

在前面章节“s5-ch05-mvc-test”应用的基础上，稍做改造生成一个“s5-ch05-client-side-rest-test”应用，用于演示客户端 REST 测试。

1. 导入相关的依赖

本示例所需的依赖与“s5-ch05-mvc-test”应用是一致的。

```
<properties>
        <spring.version>5.0.8.RELEASE</spring.version>
</properties>
<dependencies>
    <dependency>
        <groupId>org.springframework</groupId>
        <artifactId>spring-context</artifactId>
        <version>${spring.version}</version>
    </dependency>
    <dependency>
        <groupId>org.springframework</groupId>
        <artifactId>spring-webmvc</artifactId>
        <version>${spring.version}</version>
    </dependency>
    <dependency>
        <groupId>javax.servlet</groupId>
```

```
        <artifactId>javax.servlet-api</artifactId>
        <version>4.0.0</version>
        <scope>provided</scope>
    </dependency>
    <dependency>
        <groupId>org.springframework</groupId>
        <artifactId>spring-test</artifactId>
        <version>${spring.version}</version>
        <scope>test</scope>
    </dependency>
    <dependency>
        <groupId>junit</groupId>
        <artifactId>junit</artifactId>
        <version>4.12</version>
        <scope>test</scope>
    </dependency>
</dependencies>
```

2. 无须定义控制器

由于是客户端的测试，所以服务端的控制器 HelloController 可以删除。

3. 配置文件

定义 Spring 应用的配置文件 spring.xml，与“s5-ch05-mvc-test”应用是一致的。

```
<?xml version="1.0" encoding="UTF-8"?>
<beans xmlns="http://www.springframework.org/schema/beans"
    xmlns:xsi="http://www.w3.org/2001/XMLSchema-instance"
    xmlns:context="http://www.springframework.org/schema/context"
    xmlns:mvc="http://www.springframework.org/schema/mvc"
    xsi:schemaLocation="
        http://www.springframework.org/schema/beans
        http://www.springframework.org/schema/beans/spring-beans.xsd
        http://www.springframework.org/schema/context
        http://www.springframework.org/schema/context/spring-context.xsd
        http://www.springframework.org/schema/mvc
        http://www.springframework.org/schema/mvc/spring-mvc.xsd">
    <mvc:annotation-driven/>
    <context:component-scan base-package="com.waylau.spring.*"/>
</beans>
```

其中，启用了 Spring MVC 的注解。

4. 编写测试类

测试类 HelloControllerTest 的代码为：

```
package com.waylau.spring.hello.controller;

import org.junit.Before;
import org.junit.Test;
```

```
import org.junit.runner.RunWith;
import org.springframework.http.HttpMethod;
import org.springframework.http.MediaType;
import org.springframework.test.context.ContextConfiguration;
import org.springframework.test.context.junit4.SpringJUnit4ClassRunner;
import org.springframework.test.context.web.WebAppConfiguration;
import org.springframework.test.web.client.MockRestServiceServer;
import org.springframework.web.client.RestTemplate;
import static org.springframework.test.web.client.match.MockRestRequest-
Matchers.method;
import static org.springframework.test.web.client.match.MockRestRequest-
Matchers.requestTo;
import static org.springframework.test.web.client.response.MockRest
ResponseCreators.withSuccess;
@RunWith(SpringJUnit4ClassRunner.class)
@ContextConfiguration("classpath:spring.xml")
@WebAppConfiguration
public class HelloControllerTest {
    private MockRestServiceServer mockServer;
    private RestTemplate restTemplate;
    @Before
    public void setup() {
        this.restTemplate = new RestTemplate();
        this.mockServer = MockRestServiceServer.bindTo(this.restTemplate)
            .ignoreExpectOrder(true).build();
    }

    @Test
    public void performGet() throws Exception {
        String responseBody = "Hello World! Welcome to visit waylau.com!";
        this.mockServer.expect(requestTo("/hello")).andExpect(method
(HttpMethod.GET))
            .andRespond(withSuccess(responseBody, MediaType.APPLICATION_
JSON));

        @SuppressWarnings("unused")
        String hello = this.restTemplate.getForObject("/hello", String.
class);
        // 这里只验证请求，因为响应是被"Mock"掉的
        this.mockServer.verify();
    }
}
```

这里只需要验证请求即可，因为响应是被“Mock”掉的。

5. 运行

使用 JUnit 运行 HelloControllerTest 类，能看到测试结果为绿色，代码测试成功。

6. 示例源码

本小节示例源码在 s5-ch05-client-side-rest-test 目录下。

★新功能 5.5 WebTestClient

5.5.1 WebTestClient 概述

WebTestClient 是一个用于测试 Web 服务器的非阻塞的、响应式的客户端。它使用响应式的 WebClient 在内部执行请求，并提供 API 来验证响应。WebTestClient 可以通过 HTTP 连接到任何服务器。它也可以使用 Mock 请求和响应对象直接绑定到 WebFlux 应用程序，而不需要 HTTP 服务器。

5.5.2 设置 WebTestClient

要创建 WebTestClient，必须设置几个服务器选项。实际上，开发人员可以将 WebFlux 应用程序配置为绑定到正在运行的服务器，或者使用绝对 URL 连接到正在运行的服务器。

1. 绑定到控制器

使用此服务器设置一次测试一个 Controller。

```
client = WebTestClient.bindToController(new TestController()).build();
```

以上将加载 WebFlux Java 配置并注册到给定的控制器。生成的 WebFlux 应用程序将在没有 HTTP 服务器的情况下使用 Mock 请求和响应对象进行测试。在构建器上将有更多的方法来定制默认的 WebFlux Java 配置。

2. 绑定到 RouterFunction

使用此选项从 RouterFunction 中设置服务器。

```
RouterFunction<?> route = ...
client = WebTestClient.bindToRouterFunction(route).build();
```

内部提供的配置传递给 RouterFunctions.toWebHandler。生成的 WebFlux 应用程序将在没有 HTTP 服务器的情况下使用 Mock 请求和响应对象进行测试。

3. 绑定到 ApplicationContext

使用此选项从应用程序的 Spring 配置或其子集中设置服务器。

```
@RunWith(SpringRunner.class)
@ContextConfiguration(classes = WebConfig.class)   // (1)
public class MyTests {
    @Autowired
    private ApplicationContext context;  // (2)
    private WebTestClient client;
    @Before
    public void setUp() {
        client = WebTestClient.bindToApplicationContext(context).build();
```

```
// (3)
    }
}
```

其中，主要分为指定要加载的配置、注入配置和创建 WebTestClient 这 3 个步骤。

提供的配置在内部传递给 WebHttpHandlerBuilder 以设置请求处理链。生成的 WebFlux 应用程序将在没有 HTTP 服务器的情况下使用 Mock 请求和响应对象进行测试。

4. 绑定到服务器

此服务器设置选项允许连接到正在运行的服务器。

```
client = WebTestClient.bindToServer().baseUrl("http://localhost:8080").
build();
```

5. 客户端生成器

除上述服务器设置选项外，还可以配置客户端选项，包括基本 URL、默认标题、客户端过滤器等。在 bindToServer 之后，这些选项随时可用。对于其他用户，需要使用 configureClient() 从服务器转换到客户端配置。例如：

```
client = WebTestClient.bindToController(new TestController())
            .configureClient()
            .baseUrl("/test")
            .build();
```

5.5.3 如何编写测试用例

WebTestClient 是围绕 WebClient 的瘦 shell。它提供了一个与 WebClient 完全相同的 API，通过 exchange() 方法执行请求。exchange() 方法之后是一个方法链来验证响应。

首先，通常需要声明响应状态和头。

```
client.get().uri("/persons/1")
            .accept(MediaType.APPLICATION_JSON_UTF8)
            .exchange()
            .expectStatus().isOk()
            .expectHeader().contentType(MediaType.APPLICATION_JSON_UTF8)
            // ...
```

然后，指定如何解码和使用响应体。

① expectBody(Class)：解码为单个对象。

② expectBodyList(Class)：将对象解码并收集到 List<T>。

③ expectBody()：将 JSON 内容或空主体解码为 byte[]。

最后，可以使用内置的断言。例如：

```
client.get().uri("/persons")
            .exchange()
            .expectStatus().isOk()
            .expectBodyList(Person.class).hasSize(3).contains(person);
```

可以超越内置的断言并创建自己的。例如：

```
client.get().uri("/persons/1")
            .exchange()
            .expectStatus().isOk()
            .expectBody(Person.class)
            .consumeWith(result -> {
                // ...
            });
```

也可以退出工作流程并获得结果。例如：

```
EntityExchangeResult<Person> result = client.get().uri("/persons/1")
            .exchange()
            .expectStatus().isOk()
            .expectBody(Person.class)
            .return Result();
```

5.5.4 处理空内容

如果响应没有内容，或者不在乎内容，须使用 Void.class 确保释放资源。

```
client.get().uri("/persons/123")
            .exchange()
            .expectStatus().isNotFound()
            .expectBody(Void.class);
```

或者，如果要断言没有响应内容，须使用以下语句。

```
client.post().uri("/persons")
            .body(personMono, Person.class)
            .exchange()
            .expectStatus().isCreated()
            .expectBody().isEmpty();
```

5.5.5 处理 JSON

当使用 expectBody() 时，响应消耗为一个 byte[]。这对原始内容断言很有用。例如，可以使用 JSONAssert 来验证 JSON 内容。

```
client.get().uri("/persons/1")
```

```
            .exchange()
            .expectStatus().isOk()
            .expectBody()
            .json("{\"name\":\"Jane\"}")
```

也可以使用 JSONPath 表达式。例如：

```
client.get().uri("/persons")
            .exchange()
            .expectStatus().isOk()
            .expectBody()
            .jsonPath("$[0].name").isEqualTo("Jane")
            .jsonPath("$[1].name").isEqualTo("Jason");
```

5.5.6 处理流式响应

为了测试无限流（如“text/event-stream”和“application/stream+json”），需要在响应状态和头部声明之后立即通过 returnResult 退出方法链。例如：

```
FluxExchangeResult<MyEvent> result = client.get().uri("/events")
            .accept(TEXT_EVENT_STREAM)
            .exchange()
            .expectStatus().isOk()
            .return Result(MyEvent.class);
```

现在，可以使用 Flux<T> 在解码对象到来时声明它们，然后在满足测试对象的某个时刻取消。建议使用 reactor-test 模块中的 StepVerifier 来执行此操作。例如：

```
Flux<Event> eventFux = result.getResponseBody();
StepVerifier.create(eventFlux)
        .expectNext(person)
        .expectNextCount(4)
        .consumeNextWith(p -> ...)
        .thenCancel()
        .verify();
```

这时会发现在构建请求时，WebTestClient 提供了与 WebClient 完全相同的 API。

第6章 事务管理

6.1 事务管理概述

在关系数据库中，一个事务可以是一条 SQL 语句、一组 SQL 语句或整个程序。事务是恢复和并发控制的基本单位。

事务应该具有 4 个属性，即原子性、一致性、隔离性和持久性。这 4 个属性通常称为 ACID 特性。

①原子性（Atomicity）。一个事务是一个不可分割的工作单位，事务中包括的所有操作要么都做，要么都不做。

②一致性（Consistency）。事务必须是使数据库从一个一致性状态变到另一个一致性状态。一致性与原子性是密切相关的。

③隔离性（Isolation）。一个事务的执行不能被其他事务干扰，即一个事务内部的操作及使用的数据对并发的其他事务是隔离的，并发执行的各个事务之间不能互相干扰。

④持久性（Durability）。持久性也称为永久性（Permanence），指一个事务一旦提交，它对数据库中数据的改变就应该是永久性的。后面的其他操作或故障不应该对其有任何影响。

本章，将着重关注 Spring 的事务管理。

6.1.1 Spring 事务管理优势

Spring 框架支持全面的事务管理。Spring 框架为事务管理提供了一致的抽象，具有以下优势。

①跨越不同事务 API 的一致编程模型，如 Java 事务 API（JTA）、JDBC、Hibernate 和 Java 持久性 API（JPA）。

②支持声明式事务管理。

③用于编程式事务管理的简单 API 比复杂事务 API（如 JTA）要简单。

④与 Spring 的数据访问抽象有极佳整合能力。

难点 6.1.2 Spring 事务模型

传统上，Java EE 开发人员对事务管理有两种选择：全局事务或本地事务。两者都有很大的局限性。下面将讨论 Spring 框架的事务管理如何支持、如何解决全局事务和本地事务模型的局限性。

1. 全局事务

全局事务使用户能够使用多个事务资源，通常是关系数据库和消息队列。应用程序服务器通过 JTA 管理全局事务，API 的使用相当烦琐。此外，JTA 的 UserTransaction 通常需要来自 JNDI，这意味着还需要使用 JNDI 才能使用 JTA。很明显，全局事务的使用将限制应用程序代码的重用，因为 JTA 通常只在应用程序服务器环境中可用。

以前，使用全局事务的首选方式是通过 EJB CMT（容器管理事务）。CMT 是一种声明式事务管理（区别于编程式事务管理）。EJB CMT 消除了与事务相关的 JNDI 查找的需要。当然，使用 EJB 本身也需要使用 JNDI。它消除了大部分但不是全部需要编写以控制事务的 Java 代码。其重要的缺点是，CMT 与 JTA 和应用服务器环境相关联。此外，只有选择在 EJB 中实现业务逻辑时，或者至少在事务性 EJB Facade 后面才可用。一般来说，EJB 的负面影响非常大，所以这不是一个有吸引力的选择。

2. 本地事务

本地事务是特定于资源的，如与 JDBC 连接关联的事务。本地事务可能更容易使用，但有明显的缺点，它们不能在多个事务资源上工作。例如，使用 JDBC 连接管理事务的代码无法在全局 JTA 事务中运行。由于应用程序服务器不参与事务管理，因此无法确保跨多个资源的正确性。另一个缺点是本地事务对编程模型是侵入式的。

当然，大多数应用程序使用的是单个事务资源，因此本地事务仍然能够满足需求。

3. Spring 框架的一致编程模型

Spring 解决了全局事务和本地事务的缺点。它使应用程序开发人员能够在任何环境中使用一致的编程模型。只需编写一次代码，就能够从不同环境中的不同事务管理策略中受益。Spring 框架提供了声明式和编程式事务管理。

通过编程式事务管理，开发人员可以使用 Spring 框架事务抽象，它可以在任何事务基础设施上运行。使用声明式模型，开发人员通常会很少写或不用写与事务管理相关的代码，因此不依赖于 Spring 框架事务 API 或任何其他事务 API。大多数用户更喜欢声明式事务管理。

Spring 事务抽象的核心概念是事务策略。事务策略由 org.springframework.transaction.PlatformTransactionManager 接口定义。例如：

```
public interface PlatformTransactionManager {
    TransactionStatus getTransaction(TransactionDefinition definition)
throws TransactionException;
    void commit(TransactionStatus status) throws TransactionException;
    void rollback(TransactionStatus status) throws TransactionExcep-
tion;}
```

这主要是一个服务提供者接口（SPI），虽然它可以通过应用程序代码以编程方式使用。由于 PlatformTransactionManager 是一个接口，因此可以根据需要轻松进行 Mock 或 Stub。它不受诸如 JNDI 等的查找策略的束缚。PlatformTransactionManager 实现同 Spring 框架 IoC 容器中的任何其他对象（或 bean）一样定义。单就此优势而言，即使用户使用 JTA，Spring 框架交易也是一种有价值的抽象。Spring 的事务代码可以比直接使用 JTA 更容易测试。

PlatformTransactionManager 接口的任何方法都可以抛出未检查的 TransactionException（也就是说，它扩展了 java.lang.RuntimeException 类）。应用程序开发人员可以自行选择捕获和处理 TransactionException。

getTransaction(..) 方法根据 TransactionDefinition 参数返回一个 TransactionStatus 对象。返回的 TransactionStatus 对象可能代表一个新的事务，或者是一个已经存在的事务（如果当前调用栈中存在匹配的事务）。后一种情况的含义是，与 Java EE 事务上下文一样，TransactionStatus 与一个执行线程相关联。

TransactionDefinition 接口指定了如下定义。

①隔离（Isolation）：代表了事务与其他事务的分离程度。例如，这个事务可以看到来自其他事务的未提交的写入等。

②传播（Propagation）：通常，在事务范围内执行的所有代码都将在该事务中运行。但是，如果在事务上下文已经存在的情况下执行事务方法，则可以选择指定行为。例如，代码可以在现有的事务中继续运行（常见的情况），或者现有事务可以被暂停并创建新的事务。Spring 提供了 EJB CMT 所熟悉的所有事务传播选项。要了解 Spring 中事务传播的语义，请参阅“6.3.6 事务传播机制”的内容。

③超时（Timeout）：定义了事务超时之前该事务能够运行多久，并由事务基础设施自动回滚。

④只读状态（Read-only status）：当代码读取但不修改数据时，可以使用只读事务。在某些情况下，只读事务可以是一个有用的优化，如使用 Hibernate 时。

这些设置反映了标准的事务概念。理解这些概念对于使用 Spring 框架或任何事务管理解决方案都是至关重要的。

TransactionStatus 接口为事务代码提供了一种简单的方法来控制事务执行和查询事务状态。例如：

```
public interface TransactionStatus extends SavepointManager {
    boolean isNewTransaction();
    boolean hasSavepoint();
    void setRollbackOnly();
    boolean isRollbackOnly();
    void flush();
    boolean isCompleted();
}
```

PlatformTransactionManager 实现通常需要知道它们的工作环境，如 JDBC、JTA、Hibernate 等。以下示例显示如何定义本地 PlatformTransactionManager 实现。

定义一个 JDBC 数据源：

```
<bean id="dataSource" class="org.apache.commons.dbcp.BasicDataSource"
destroy-method="close">
    <property name="driverClassName" value="${jdbc.driverClassName}" />
    <property name="url" value="${jdbc.url}" />
    <property name="username" value="${jdbc.username}" />
    <property name="password" value="${jdbc.password}" />
</bean>
```

相关的 PlatformTransactionManager bean 定义将会有一个对 DataSource 定义的引用。它看起来像这样：

```
<bean id="txManager" class="org.springframework.jdbc.datasource.Data
SourceTransactionManager">
    <property name="dataSource" ref="dataSource"/>
</bean>
```

如果在 Java EE 容器中使用 JTA，那么将通过 JNDI 获得的容器 DataSource 与 Spring 的 JtaTransactionManager 结合使用。以下是使用 JTA 和 JNDI 查找的例子。

```
<?xml version="1.0" encoding="UTF-8"?>
<beans xmlns="http://www.springframework.org/schema/beans"
    xmlns:xsi="http://www.w3.org/2001/XMLSchema-instance"
    xmlns:jee="http://www.springframework.org/schema/jee"
    xsi:schemaLocation="
        http://www.springframework.org/schema/beans
        http://www.springframework.org/schema/beans/spring-beans.xsd
        http://www.springframework.org/schema/jee
        http://www.springframework.org/schema/jee/spring-jee.xsd">
    <jee:jndi-lookup id="dataSource" jndi-name="jdbc/jpetstore"/>
    <bean id="txManager" class="org.springframework.transaction.jta.
JtaTransactionManager" />
    <!-- 其他 bean 定义 -->
</beans>
```

JtaTransactionManager 不需要了解 DataSource 或任何其他特定资源，因为它使用容器的全局事务管理基础设施。dataSource bean 的上述定义使用 jee 命名空间中的 <jee:jndi-lookup /> 标签。

可以轻松地使用 Hibernate 本地事务，如以下示例。在这种情况下，需要定义一个 hibernate 5. LocalSessionFactoryBean，应用程序代码将用它来获取 Hibernate Session 实例。这种情况下的 txManager bean 是 HibernateTransactionManager 类型。与 DataSourceTransactionManager 需要对 DataSource 的引用相同，HibernateTransactionManager 需要对 SessionFactory 的引用。

```
<bean id="sessionFactory" class="org.springframework.orm.hibernate5.
LocalSessionFactoryBean">
    <property name="dataSource" ref="dataSource"/>
    <property name="mappingResources">
        <list>
            <value>org/springframework/samples/petclinic/hibernate/
petclinic.hbm.xml</value>
        </list>
    </property>
    <property name="hibernateProperties">
        <value>
            hibernate.dialect=${hibernate.dialect}
        </value>
    </property>
```

```
</bean>

<bean id="txManager" class="org.springframework.orm.hibernate5.Hiberna-
teTransactionManager">
    <property name="sessionFactory" ref="sessionFactory"/>
</bean>
```

如果正在使用 Hibernate 和 Java EE 容器管理的 JTA 事务，那么应该简单地使用与之前 JTA JDBC 示例相同的 JtaTransactionManager。

```
<bean id="txManager" class="org.springframework.transaction.jta.
Jta TransactionManager"/>
```

如果使用 JTA，那么无论使用哪种数据访问技术——无论是 JDBC、Hibernate JPA 还是其他任何支持的技术——事务管理器定义都将保持不变。这是由于 JTA 事务是全局事务，它可以征用任何事务资源。

在所有这些情况下，应用程序代码不需要改变，可以通过更改配置来更改事务的管理方式。这种更改意味着从本地事务转移到全局事务，反之亦然。

4. 是否真的需要应用程序服务器的 JTA

通常情况下，只有当应用程序需要处理跨多个资源的事务时，才需要应用程序服务器的 JTA 功能，这对于许多应用程序来说不是必需的，特别是很多应用程序都是使用单个高度可伸缩的数据库（如 Oracle RAC）。

即便没有应用程序服务器的 JTA 功能，还有很多独立事务管理器可供选择，如 Atomikos Transactions 和 JOTM。当然，可能还需要其他应用程序服务器功能，如 Java 消息服务（JMS）和 Java EE 连接器体系结构（JCA）。

6.2 通过事务实现资源同步

通过之前的介绍，现在应该清楚如何创建不同的事务管理器，以及它们如何链接到需要与事务同步的相关资源上，如 DataSourceTransactionManager 链接到 JDBC 数据源，HibernateTransactionManager 链接到 Hibernate SessionFactory 等。本节介绍应用程序代码如何直接或间接使用持久化 API（如 JDBC、Hibernate 或 JPA），确保能够正确创建、重用和清理这些资源。本节还讨论了如何通过相关的 PlatformTransactionManager 来触发（可选）事务同步。

6.2.1 高级别的同步方法

高级别的同步方法是首选的方法，通常是使用 Spring 基于模板的持久性集成 API，或者是原生的 ORM API 来管理本地的资源工厂。这些事务感知型解决方案在内部处理资源创建和重用、清理、映射等，用户无须关注这些细节。这样，用户可以纯粹专注于非模板化的持久性逻辑。通常，可以使用原生的 ORM API 或使用 JdbcTemplate 采取模板方法进行 JDBC 访问。

6.2.2 低级别的同步方法

低级别的同步方法包括 DataSourceUtils（用于 JDBC）、EntityManagerFactoryUtils（用于 JPA）、SessionFactoryUtils（用于 Hibernate）等。当用户希望应用程序代码直接处理原生持久性 API 的资源类型时，可以使用这些类来确保获得正确的 Spring 框架管理的实例、事务（可选）同步等。

例如，在 JDBC 的情况下，不是调用 JDBC 传统的 DataSource 的 getConnection() 方法的，而是使用 Spring 的 org.springframework.jdbc.datasource.DataSourceUtils 类，如下所示。

```
Connection conn = DataSourceUtils.getConnection(dataSource);
```

如果现有的事务已经有一个同步（链接）到它的连接，则返回该实例。否则，方法调用会触发创建一个新的连接，该连接（可选）与任何现有事务同步，并可用于同一事务中的后续重用。如前所述，任何 SQLException 都被封装在 Spring 框架 CannotGetJdbcConnectionException 中，这是 Spring 框架未检查的 DataAccessExceptions 的层次结构之一。这种方法可以让用户比从 SQLException 中获得更多的信息，并确保跨数据库的可移植性。这种方法也可以在没有 Spring 事务管理的情况下工作（事务同步是可选的），因此无论是否使用 Spring 进行事务管理，都可以使用它。

当然，一旦使用了 Spring 的 JDBC、JPA 或 Hibernate 支持，通常不会使用 DataSourceUtils 或其他帮助类，因为通过 Spring 抽象，比直接使用相关的 API 更简便。例如，如果使用 Spring JdbcTemplate 或 jdbc.object 包来简化 JDBC 的使用，无须编写任何特殊代码，就能在后台执行正确的连接检索。

6.2.3 TransactionAwareDataSourceProxy

TransactionAwareDataSourceProxy 类是最低级别的。一般情况下，几乎不需要使用这个类，而是使用上面提到的更高级别的抽象来编写新的代码。

这是目标 DataSource 的代理，它封装了目标 DataSource 以增加对 Spring 管理的事务的感知。在这方面，它类似由 Java EE 服务器提供的事务性 JNDI 数据源。

6.3 声明式事务管理

Spring 框架的声明式事务管理是通过 Spring AOP 实现的，它与 EJB CMT 类似，因为可以将事务行为指定到单个方法级别。如果需要，可以在事务上下文中调用 setRollbackOnly() 方法。这两种事务管理的区别如下。

①与 JTA 绑定的 EJB CMT 不同，Spring 框架的声明式事务管理适用于任何环境。通过简单地调整配置文件，它可以使用 JDBC、JPA 或 Hibernate 与 JTA 事务或本地事务协同工作。

②可以将 Spring 框架声明式事务管理应用于任何类，而不仅仅是诸如 EJB 的特殊类。

③ Spring 框架提供了声明式的回滚规则，这是一个没有与 EJB 相同的特性，它提供了回滚规则的编程式和声明式支持。

④ Spring 框架能够通过使用 AOP 来自定义事务行为。例如，可以在事务回滚的情况下插入自定义行为。而使用 EJB CMT 则不同，除 setRollbackOnly() 外，不能影响容器的事务管理。

⑤ Spring 框架不支持跨远程调用传播事务上下文。如果需要此功能，建议使用 EJB。但是，在使用这种功能之前需要仔细考虑，因为通常情况下，使用事务的跨越远程调用的机会非常少。

回滚规则的概念很重要，它指定了哪些异常会导致自动回滚，可以在配置中以声明方式指定。因此，尽管可以调用 TransactionStatus 对象上的 setRollbackOnly() 来回滚当前事务，但通常可以指定 MyApplicationException 必须总是导致回滚的规则。这个选项的显著优点是业务对象不依赖于事务基础设施。例如，通常不需要导入 Spring 事务 API 或其他 Spring API。

虽然 EJB 容器默认行为会自动回滚系统异常事务（通常是运行时异常），但 EJB CMT 不会自动回滚应用程序异常（除 java.rmi.RemoteException 外的已检查异常）的事务。虽然声明式事务管理的 Spring 默认行为遵循 EJB 约定（回滚仅在未检查的异常时自动回滚），但定制此行为通常很有用。

重点 6.3.1 声明式事务管理

关于 Spring 框架的声明式事务支持最重要的概念是通过 AOP 代理来启用此支持，并且事务性的 Advice 由元数据（当前基于 XML 或基于注解的）驱动。AOP 与事务性元数据的结合产生了 AOP 代理，该代理使用 TransactionInterceptor 和适当的 PlatformTransactionManager 实现来驱动方法调用周围的事务。

从概念上讲，调用事务代理的流程如图 6–1 所示。

图6–1　调用事务代理的流程

6.3.2 实战：声明式事务管理的例子

下面将创建一个声明式事务管理的示例应用（s5-ch06-declarative-transaction）。在这个应用中，会实现一个简单的“用户管理”功能，在执行保存用户的操作时会开启事务。同时，当遇到操作异常时，也能保证事务回滚。

1. 导入相关的依赖

声明式事务管理需要导入以下依赖。

```
<properties>
<spring.version>5.0.5.RELEASE</spring.version>
</properties>
<dependencies>
<dependency>
<groupId>org.springframework</groupId>
<artifactId>spring-context</artifactId>
<version>${spring.version}</version>
</dependency>
<dependency>
<groupId>org.springframework</groupId>
<artifactId>spring-aspects</artifactId>
<version>${spring.version}</version>
</dependency>
<dependency>
<groupId>org.springframework</groupId>
<artifactId>spring-jdbc</artifactId>
<version>${spring.version}</version>
</dependency>
<dependency>
<groupId>org.apache.logging.log4j</groupId>
<artifactId>log4j-core</artifactId>
<version>2.6.2</version>
</dependency>
<dependency>
<groupId>org.apache.logging.log4j</groupId>
<artifactId>log4j-jcl</artifactId>
<version>2.6.2</version>
</dependency>
<dependency>
<groupId>org.apache.logging.log4j</groupId>
<artifactId>log4j-slf4j-impl</artifactId>
<version>2.6.2</version>
</dependency>
<dependency>
<groupId>org.apache.commons</groupId>
<artifactId>commons-dbcp2</artifactId>
<version>2.5.0</version>
</dependency>
```

```
<dependency>
<groupId>com.h2database</groupId>
<artifactId>h2</artifactId>
<version>1.4.196</version>
<scope>runtime</scope>
</dependency>
</dependencies>
```

其中，使用了 JDBC 的方式来连接数据库；数据库用了 H2 内嵌数据库，方便用户进行测试；日志框架采用了 Log4j 2，主要用于打印出 Spring 完整的事务执行过程。

2. 定义领域模型

定义一个代表用户信息的 User 类。例如：

```
package com.waylau.spring.tx.vo;
public class User {
private String username;
private Integer age;
publicUser(String username, Integer age) {
this.username = username;
this.age = age;
    }
public String getUsername() {
return username;
    }
public void setUsername(String username) {
this.username = username;
    }
public IntegergetAge() {
return age;
    }
public void setAge(Integer age) {
this.age = age;
    }
}
```

定义服务接口 UserService。例如：

```
package com.waylau.spring.tx.service;
import com.waylau.spring.tx.vo.User;
public interface UserService {
voidsa veUser(User user);
}
```

定义服务的实现类 UserServiceImpl。例如：

```
package com.waylau.spring.tx.service;
import com.waylau.spring.tx.vo.User;
public class UserServiceImpl implements UserService {
public void saveUser(User user) {
```

```
throw newUnsupportedOperationException(); // 模拟异常情况
    }
}
```

在服务实现类中，没有真把业务数据存储到数据库中，而是抛出了一个异常，来模拟数据库操作的异常。

3. 配置文件

定义 Spring 应用的配置文件 spring.xml。例如：

```
<?xml version="1.0" encoding="UTF-8"?>
<beans xmlns="http://www.springframework.org/schema/beans"
    xmlns:xsi="http://www.w3.org/2001/XMLSchema-instance"
    xmlns:context="http://www.springframework.org/schema/context"
    xmlns:aop="http://www.springframework.org/schema/aop"
    xmlns:tx="http://www.springframework.org/schema/tx"
    xsi:schemaLocation="
        http://www.springframework.org/schema/beans
        http://www.springframework.org/schema/beans/spring-beans.xsd
        http://www.springframework.org/schema/context
        http://www.springframework.org/schema/context/spring-context.xsd
        http://www.springframework.org/schema/tx
        http://www.springframework.org/schema/tx/spring-tx.xsd
        http://www.springframework.org/schema/aop
        http://www.springframework.org/schema/aop/spring-aop.xsd">

<!-- 定义Aspect -->
<aop:config>
<aop:pointcut id="userServiceOperation"
            expression="execution(* com.waylau.spring.tx.service.User-
Service.*(..))"/>
<aop:advisor advice-ref="txAdvice" pointcut-ref="userServiceOperation"/>
</aop:config>

<!-- 定义DataSource -->
<bean id="dataSource" class="org.apache.commons.dbcp2.BasicDataSource"
        destroy-method="close">
<property name="driverClassName" value="org.h2.Driver"/>
<property name="url" value="jdbc:h2:mem:testdb"/>
<property name="username" value="sa"/>
<property name="password" value=""/>
</bean>

<!-- 定义PlatformTransactionManager -->
<bean id="txManager"
        class="org.springframework.jdbc.datasource.DataSourceTransaction-
Manager">
<property name="dataSource" ref="dataSource"/>
</bean>
```

```
<!-- 定义事务Advice -->
<tx:advice id="txAdvice" transaction-manager="txManager">
<tx:attributes>
<!-- 所有"get"开头的都是只读 -->
<tx:method name="get*" read-only="true"/>
<!-- 其他方法，使用默认的事务设置 -->
<tx:method name="*"/>
</tx:attributes>
</tx:advice>

<!-- 定义 bean -->
<bean id="userService" class="com.waylau.spring.tx.service.UserService
Impl"/>

</beans>
```

在上述配置文件中，定义了事务 Advice、DataSource、PlatformTransactionManager 等。

4. 编写主应用类

主应用类 Application 的代码如下。

```
package com.waylau.spring.tx;
import org.springframework.context.ApplicationContext;
import org.springframework.context.support.ClassPathXmlApplicationContext;
import com.waylau.spring.tx.service.UserService;
import com.waylau.spring.tx.vo.User;
public class Application {
public static void main(String[] args) {
@SuppressWarnings("resource")
        ApplicationContext context = newClassPathXmlApplicationContext
("spring.xml");
        UserService UserService = context.getBean(UserService.class);
        UserService.saveUser(newUser("Way Lau", 30));
    }
}
```

在 Application 类中，会执行保存用户的操作。

5. 运行

运行 Application 类，能看到控制台中的打印信息如下。

```
...
00:00:49.518 [main] DEBUG org.springframework.jdbc.datasource.DataSource
TransactionManager - Creating new transaction with name [com.waylau.
spring.tx.service.UserServiceImpl.saveUser]: PROPAGATION_REQUIRED,ISO-
LATION_DEFAULT
00:00:49.665 [main] DEBUG org.springframework.jdbc.datasource.DataSource
TransactionManager - Acquired Connection [1926673338, URL=jdbc:h2:mem:
testdb, UserName=SA, H2 JDBC Driver] for JDBC transaction
```

```
00:00:49.671 [main] DEBUG org.springframework.jdbc.datasource.Data-
SourceTransactionManager - Switching JDBC Connection [1926673338, URL=
jdbc:h2:mem:testdb, UserName=SA, H2 JDBC Driver] to manual commit
00:00:49.672 [main] DEBUG org.springframework.jdbc.datasource.DataSource
TransactionManager - Initiating transaction rollback
00:00:49.672 [main] DEBUG org.springframework.jdbc.datasource.DataSource
TransactionManager - Rolling back JDBC transaction on Connection
[1926673338, URL=jdbc:h2:mem:testdb, UserName=SA, H2 JDBC Driver]
00:00:49.674 [main] DEBUG org.springframework.jdbc.datasource.DataSource
TransactionManager - Releasing JDBC Connection [1926673338, URL=jdbc:h2:
mem:testdb, UserName=SA, H2 JDBC Driver] after transaction
00:00:49.674 [main] DEBUG org.springframework.jdbc.datasource.DataSource
Utils - Returning JDBC Connection to DataSource
Exception in thread "main" java.lang.UnsupportedOperationException
    at com.waylau.spring.tx.service.UserServiceImpl.saveUser(UserService
Impl.java:17)
    at sun.reflect.NativeMethodAccessorImpl.invoke0(Native Method)
    at sun.reflect.NativeMethodAccessorImpl.invoke(NativeMethodAccessor
Impl.java:62)
    at sun.reflect.DelegatingMethodAccessorImpl.invoke(DelegatingMethod
AccessorImpl.java:43)
    at java.lang.reflect.Method.invoke(Method.java:498)
    at org.springframework.aop.support.AopUtils.invokeJoinpointUsing
Reflection(AopUtils.java:338)
    at org.springframework.aop.framework.ReflectiveMethodInvocation.
invokeJoinpoint(ReflectiveMethodInvocation.java:197)
    at org.springframework.aop.framework.ReflectiveMethodInvocation.
proceed(ReflectiveMethodInvocation.java:163)
    at org.springframework.transaction.interceptor.TransactionAspect
Support.invokeWithinTransaction(TransactionAspectSupport.java:294)
    at org.springframework.transaction.interceptor.TransactionInter
ceptor.invoke(TransactionInterceptor.java:98)
    at org.springframework.aop.framework.ReflectiveMethodInvocation.
proceed(ReflectiveMethodInvocation.java:185)
    at org.springframework.aop.interceptor.ExposeInvocationInterceptor.
invoke(ExposeInvocationInterceptor.java:92)
    at org.springframework.aop.framework.ReflectiveMethodInvocation.
proceed(ReflectiveMethodInvocation.java:185)
    at org.springframework.aop.framework.JdkDynamicAopProxy.invoke
(JdkDynamicAopProxy.java:212)
    at com.sun.proxy.$Proxy21.saveUser(Unknown Source)
    at com.waylau.spring.tx.Application.main(Application.java:24)
```

从上述异常信息中，能够完整地看到整个事务的管理过程，包括创建事务、获取连接，以及遇到异常后的事务回滚、连接释放等过程。由此可以证明，事务在遇到特定的异常时，是可以进行事务回滚的。

6. 示例源码

本小节示例源码在 s5-ch06-declarative-transaction 目录下。

重点 6.3.3 事务回滚

向 Spring 框架的事务基础设施中指示事务的工作将被回滚的推荐方式，是从事务上下文中正在执行的代码中抛出一个异常。Spring 框架的事务基础设施代码会捕获任何未处理的异常，因为它会唤起调用堆栈，并确定是否将事务标记为回滚。

在其默认配置中，Spring 框架的事务基础设施代码仅在运行时未检查的异常处标记用于事务回滚。换言之，如果要回滚，抛出的异常是 RuntimeException 的一个实例或子类。Error 默认情况下也会导致回滚，但已检查的异常不会导致在默认配置中回滚。

可以精确地配置哪些 Exception 类型标记为回滚事务，包括已检查的异常。以下 XML 片段演示了如何配置应用程序特定的异常类型的回滚。

```
<tx:advice id="txAdvice" transaction-manager="txManager">
<tx:attributes>
<tx:method name="get*" read-only="true" rollback-for="NoProductInStock-
Exception"/>
<tx:method name="*"/>
</tx:attributes>
</tx:advice>
```

如果不想在抛出异常时回滚事务，还可以指定“no-rollback-for”。例如：

```
<tx:advice id="txAdvice">
<tx:attributes>
<tx:method name="updateStock" no-rollback-for="InstrumentNotFoundExcep-
tion"/>
<tx:method name="*"/>
</tx:attributes>
</tx:advice>
```

当 Spring 框架的事务基础设施捕获一个异常时，在检查配置的回滚规则以确定是否标记回滚事务时，最强的匹配规则将胜出。因此，在以下配置的情况下，除了 InstrumentNotFoundException 之外的任何异常都会导致事务的回滚。

```
<tx:advice id="txAdvice">
<tx:attributes>
<tx:method name="*" rollback-for="Throwable" no-rollback-for="Instru-
mentNotFoundException"/>
</tx:attributes>
</tx:advice>
```

还可以编程方式指示所需的回滚。虽然非常简单，但会将代码紧密耦合到 Spring 框架的事务基础架构上。

```
public void resolvePosition() {
try {
```

```
// some business logic...
    } catch (NoProductInStockException ex) {
// trigger rollback programmatically
   TransactionAspectSupport.currentTransactionStatus().setRollback Only();
    }
}
```

如果有可能，建议使用声明式方法来回滚。

6.3.4　配置不同的事务策略

如果有多个服务层对象的场景，并且想对它们应用一个完全不同的事务配置。可以通过使用不同的 pointcut 和 advice-ref 属性值定义不同的 <aop:advisor/> 元素来执行此操作。

假定所有服务层类都是在根 com.waylau.spring.service 包中定义的，要使所有在该包（或子包）中定义的类的实例都具有默认的事务配置，可以编写以下代码。

```
<?xml version="1.0" encoding="UTF-8"?>
<beans xmlns="http://www.springframework.org/schema/beans"
    xmlns:xsi="http://www.w3.org/2001/XMLSchema-instance"
    xmlns:aop="http://www.springframework.org/schema/aop"
    xmlns:tx="http://www.springframework.org/schema/tx"
    xsi:schemaLocation="
        http://www.springframework.org/schema/beans
        http://www.springframework.org/schema/beans/spring-beans.xsd
        http://www.springframework.org/schema/tx
        http://www.springframework.org/schema/tx/spring-tx.xsd
        http://www.springframework.org/schema/aop
        http://www.springframework.org/schema/aop/spring-aop.xsd">

<aop:config>
<aop:pointcut id="serviceOperation"
            expression="execution(* com.waylau.spring.service..*
Service.*(..))"/>
<aop:advisor pointcut-ref="serviceOperation" advice-ref="txAdvice"/>
</aop:config>
<!-- 下面两个将会纳入事务 -->
<bean id="fooService" class="com.waylau.spring.service.DefaultFooService"/>
<bean id="barService" class="com.waylau.spring.service.extras.SimpleBarSer-
vice"/>

<!-- 下面两个将不会纳入事务 -->
<bean id="anotherService" class="org.xyz.SomeService"/><!-- 没有在指定的包
中 -->
<bean id="barManager" class="com.waylau.spring.service.SimpleBarManag-
er"/><!--类名没有以Service结尾-->

<tx:advice id="txAdvice">
```

```
<tx:attributes>
<tx:method name="get*" read-only="true"/>
<tx:method name="*"/>
</tx:attributes>
</tx:advice>

<!-- ... -->
</beans>
```

以下示例显示了如何使用完全不同的事务配置两个不同的 bean。

```
<?xml version="1.0" encoding="UTF-8"?>
<beans xmlns="http://www.springframework.org/schema/beans"
    xmlns:xsi="http://www.w3.org/2001/XMLSchema-instance"
    xmlns:aop="http://www.springframework.org/schema/aop"
    xmlns:tx="http://www.springframework.org/schema/tx"
    xsi:schemaLocation="
        http://www.springframework.org/schema/beans
        http://www.springframework.org/schema/beans/spring-beans.xsd
        http://www.springframework.org/schema/tx
        http://www.springframework.org/schema/tx/spring-tx.xsd
        http://www.springframework.org/schema/aop
        http://www.springframework.org/schema/aop/spring-aop.xsd">

<aop:config>
<aop:pointcut id="defaultServiceOperation"
                expression="execution(* com.waylau.spring.service.*
Service.*(..))"/>
<aop:pointcut id="noTxServiceOperation"
                expression="execution(* com.waylau.spring.service.ddl.
DefaultDdlManager.*(..))"/>
<aop:advisor pointcut-ref="defaultServiceOperation" advice-ref="default-
TxAdvice"/>
<aop:advisor pointcut-ref="noTxServiceOperation" advice-ref="noTx
Advice"/>
</aop:config>

<!-- 下面两个将会纳入不同的事务配置 -->
<bean id="fooService" class="com.waylau.spring.service.DefaultFoo
Service"/>
<bean id="anotherFooService" class="com.waylau.spring.service.ddl.
DefaultDdlManager"/>

<tx:advice id="defaultTxAdvice">
<tx:attributes>
<tx:method name="get*" read-only="true"/>
<tx:method name="*"/>
</tx:attributes>
</tx:advice>
```

```
<tx:advice id="noTxAdvice">
<tx:attributes>
<tx:method name="*" propagation="NEVER"/>
</tx:attributes>
</tx:advice>
<!-- ... -->
</beans>
```

重点 6.3.5 @Transactional 详解

除了基于 XML 的事务配置声明式方法外，还可以使用基于注解的方法。使用注解的好处是，声明事务的语义会使声明更接近受影响的代码，而没有太多的不必要的耦合。

标准的 javax.transaction.Transactional 注解也支持作为 Spring 自己注解的一个直接替代。

以下是使用 @Transactional 注解的例子。

```
@Transactional
public class DefaultFooService implements FooService {
    Foo getFoo(String fooName);
    Foo getFoo(String fooName, String barName);
void insertFoo(Foo foo);
void updateFoo(Foo foo);
}
```

与上述相同的效果，如果是使用基于 XML 的方式来配置，那么从整体上来说，会比较烦琐一点。

```
<!-- from the file 'context.xml' -->
<?xml version="1.0" encoding="UTF-8"?>
<beans xmlns="http://www.springframework.org/schema/beans"
    xmlns:xsi="http://www.w3.org/2001/XMLSchema-instance"
    xmlns:aop="http://www.springframework.org/schema/aop"
    xmlns:tx="http://www.springframework.org/schema/tx"
    xsi:schemaLocation="
        http://www.springframework.org/schema/beans
        http://www.springframework.org/schema/beans/spring-beans.xsd
        http://www.springframework.org/schema/tx
        http://www.springframework.org/schema/tx/spring-tx.xsd
        http://www.springframework.org/schema/aop
        http://www.springframework.org/schema/aop/spring-aop.xsd">

<bean id="fooService" class="com.waylau.spring.service.DefaultFoo
Service"/>
<tx:annotation-driven transaction-manager="txManager"/>
<bean id="txManager"
        class="org.springframework.jdbc.datasource.DataSourceTransaction
Manager">
<property name="dataSource" ref="dataSource"/>
</bean>
```

```
<!-- ... -->
</beans>
```

注意：在使用代理时，应该将 @Transactional 注解仅应用于具有 public 的方法。如果使用 @Transactional 注解标注 protected、private 或包可见的方法，虽然不会引发错误，但注解的方法不会使用已配置的事务设置。

@Transactional 注解可以用于接口定义、接口上的方法、类定义或类上的 public 方法之前。然而，仅有 @Transactional 注解是不足以激活事务行为的。@Transactional 注解只是一些元数据，可以被一些具有事务感知的运行时基础设施使用，并且可以使用元数据来配置具有事务行为的适当的 bean。在前面的示例中，<tx:annotation-driven/> 元素用于切换事务行为。

默认的 @Transactional 设置如下。

①传播设置为 PROPAGATION_REQUIRED。

②隔离级别为 ISOLATION_DEFAULT。

③事务是读—写的。

④事务超时默认为基础事务系统的默认超时。如果超时不受支持，则默认为无。

⑤任何 RuntimeException 都会触发回滚，并且任何已检查的异常都不会触发回滚。

这些默认设置可以被更改。表 6–1 汇总了 @Transactional 注解的各种属性及描述。

表6–1 @Transactional注解的各种属性及描述

属 性	类 型	描 述
value	String	指定要使用的事务管理器的可选限定符
propagation	enuml（枚举）	设置事务的传播机制
isolation	enuml（枚举）	设置事务的隔离级别
readOnly	boolean	确认是读—写还是只读事务
timeout	int	事务超时时间（s）
rollbackFor	Class对象的数组，必须从 Throwable 派生	导致回滚的异常类数组
rollbackForClassName	Class对象的数组，必须从 Throwable 派生	导致回滚的异常类名数组
noRollbackFor	Class对象的数组，必须从 Throwable 派生	不能导致回滚的异常类数组
noRollbackForClassName	必须从 Throwable 派生的 String 类名数组	不允许回滚的异常类名数组

续表

重点 6.3.6 事务传播机制

本小节详细介绍了 Spring 事务传播机制。Spring 的事务传播机制类型定义在了 Propagation 枚举类中。

```
public enum Propagation {
REQUIRED(TransactionDefinition.PROPAGATION_REQUIRED),
SUPPORTS(TransactionDefinition.PROPAGATION_SUPPORTS),
MANDATORY(TransactionDefinition.PROPAGATION_MANDATORY),
REQUIRES_NEW(TransactionDefinition.PROPAGATION_REQUIRES_NEW),
NOT_SUPPORTED(TransactionDefinition.PROPAGATION_NOT_SUPPORTED),
NEVER(TransactionDefinition.PROPAGATION_NEVER),
NESTED(TransactionDefinition.PROPAGATION_NESTED);
// ...
}
```

下面主要对常用的 PROPAGATION_REQUIRED、PROPAGATION_REQUIRES_NEW 和 PROPAGATION_NESTED 做详细介绍。

1. PROPAGATION_REQUIRED

PROPAGATION_REQUIRED 表示加入当前正要执行的事务不在另外一个事务中，那么就开启一个新的事务。

例如，ServiceB.methodB() 的事务级别定义为 PROPAGATION_REQUIRED, 那么由于执行 ServiceA.methodA () 时，ServiceA.methodA() 已经开启了事务，这时调用 ServiceB.methodB()，ServiceB.methodB() 看到自己已经运行在 ServiceA.methodA() 的事务内部，就不再开启新的事务。而假如 ServiceA.methodA() 运行时发现自己没有在事务中，它就会为自己分配一个事务。

这样，在 ServiceA.methodA() 或在 ServiceB.methodB() 内的任何地方出现异常，事务都会被回滚。即使 ServiceB.methodB() 的事务已经被提交，但是 ServiceA.methodA() 在下面异常了要回滚，那么 ServiceB.methodB() 也会回滚。

图 6–2 所示为 PROPAGATION_REQUIRED 类型的事务处理流程。

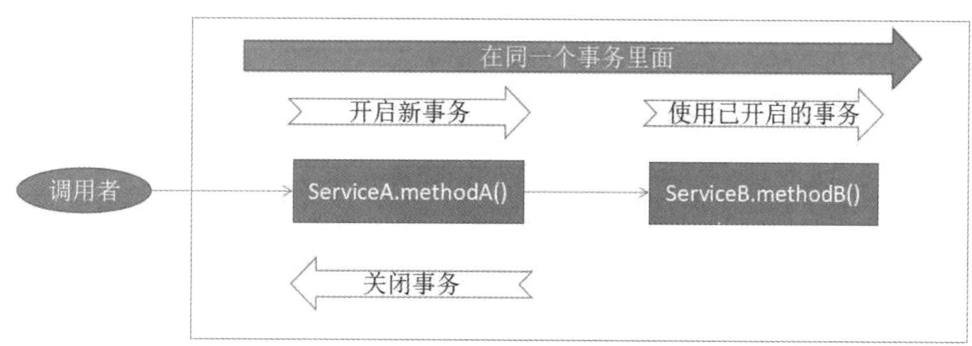

图6–2 PROPAGATION_REQUIRED 事务处理流程

2. PROPAGATION_REQUIRES_NEW

例如，定义 ServiceA.methodA() 的事务级别为 PROPAGATION_REQUIRED，ServiceB.methodB() 的事务级别为 PROPAGATION_REQUIRES_NEW，那么当执行到 ServiceB.methodB() 的时候，ServiceA.methodA() 所在的事务就会挂起，ServiceB.methodB() 会开启一个新的事务。等 ServiceB.methodB 的事务完成以后，ServiceA.methodA() 才继续执行。它与 PROPAGATION_REQUIRED 的事务区别在于，事务的回滚程度。因为 ServiceB.methodB() 是新开启一个事务，那么就是存在两个不同的事务。如果 ServiceB.methodB() 已经提交，那么 ServiceA.methodA() 失败回滚，ServiceB.methodB() 是不会回滚的。如果 ServiceB.methodB() 失败回滚，如果它抛出的异常被 ServiceA.methodA() 捕获，ServiceA.methodA() 事务仍然可能提交。

图 6–3 所示为 PROPAGATION_REQUIRES_NEW 类型的事务处理流程。

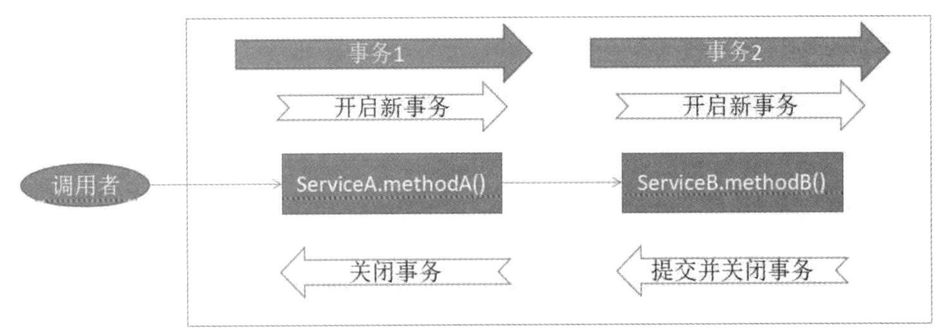

图6–3　PROPAGATION_REQUIRES_NEW 事务处理流程

3. PROPAGATION_NESTED

PROPAGATION_NESTED 使用具有可回滚到的多个保存点的单个物理事务。PROPAGATION_NESTED 与 PROPAGATION_REQUIRES_NEW 的区别是，PROPAGATION_REQUIRES_NEW 另开启一个事务，将会与它的父事务相互独立，而 PROPAGATION_NESTED 的事务和它的父事务是相依的，它的提交要和它的父事务一起。也就是说，如果父事务最后回滚，它也要回滚。如果子事务回滚或提交，不会导致父事务回滚或提交，但父事务回滚将导致子事务回滚。

图 6–4 所示为 PROPAGATION_NESTED 类型的事务处理流程。

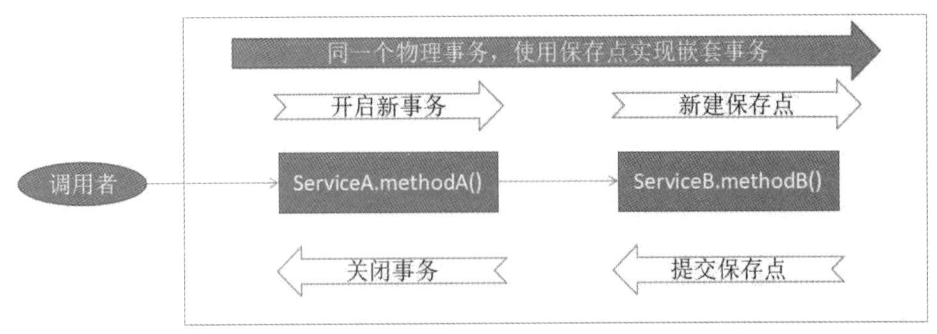

图6–4　PROPAGATION_NESTED 事务处理流程

6.4 编程式事务管理

Spring 框架提供了两种编程式事务管理方式。

①使用 TransactionTemplate。

②直接使用 PlatformTransactionManager 实现。

注意：使用编程式的事务管理，在一定程度上，会与 Spring 的事务基础设施 API 结合起来。

6.4.1 编程式事务管理概述

1. TransactionTemplate

TransactionTemplate 采用与其他 Spring 模板（如 JdbcTemplate）相同的方法。它使用一种回调方法，使应用程序代码可以处理获取和释放事务资源，这样可以让开发人员更加专注于自己的业务逻辑的编写。

以下是使用 TransactionTemplate 的例子。

```
public class SimpleService implements Service {
    private final TransactionTemplate transactionTemplate;
    public SimpleService(PlatformTransactionManager transactionManager)
{
        Assert.notNull(transactionManager, "The 'transactionManager'
argument must not be null.");
        this.transactionTemplate = new TransactionTemplate(transaction-
Manager);
    }

    public Object someServiceMethod() {
        return transactionTemplate.execute(new TransactionCallback() {
        // the code in this method executes in a transactional context
            public Object doInTransaction(TransactionStatus status) {
                updateOperation1();
                return resultOfUpdateOperation2();
            }
        });
    }
}
```

以下是 bean 配置的例子。

```
<bean id="sharedTransactionTemplate"
    class="org.springframework.transaction.support.TransactionTemp late">
    <property name="isolationLevelName" value="ISOLATION_READ_UNCOMMIT-
TED"/>
    <property name="timeout" value="30"/>
</bean>
```

2. PlatformTransactionManager

也可以直接使用 org.springframework.transaction.PlatformTransactionManager 来管理事务。只需通过 bean 引用将正在使用的 PlatformTransactionManager 的实现传递给 bean。然后，使用 TransactionDefinition 和 TransactionStatus 对象来启动、回滚和提交事务。

以下是使用 PlatformTransactionManager 的例子。

```
DefaultTransactionDefinition def = new DefaultTransactionDefinition();

def.setName("SomeTxName");
def.setPropagationBehavior(TransactionDefinition.PROPAGATION_REQUIRED);

TransactionStatus status = txManager.getTransaction(def);
try {
    // ...
}
catch (MyException ex) {
    txManager.rollback(status);
    throw ex;
}
txManager.commit(status);
```

6.4.2 声明式事务管理和编程式事务管理

如果应用中只有很少量的事务操作，编程式事务管理通常是一个很好的选择。例如，如果 Web 应用程序只需要某些更新操作的事务，则可能不想使用 Spring 或任何其他技术来设置事务代理。在这种情况下，使用 TransactionTemplate 可能是一个好方法。因为它能够很明确地设置事务，并与具体的业务逻辑代码靠得更近。

如果应用程序有大量的事务操作，则声明式事务管理通常是更好的选择。它使事务管理不受业务逻辑的影响，并且在配置上也很简单。当使用 Spring 框架而不使用 EJB CMT 时，声明式事务管理的配置成本往往很低。

6.5 事件中的事务

从 Spring 4.2 开始，事件的监听器可以被绑定到事务的某个阶段。一个典型的应用场景是在事务成功完成时处理事件。

注册常规的事件监听器是通过 @EventListener 注解完成的。如果要将其绑定到特定的事务中，则使用 @TransactionalEventListener。当这样做时，默认情况下，监听器将被绑定到事务的提交阶段。

下面举一个例子来说明这个概念。假定一个组件发布一个订单创建的事件，并且要定义一个监听器，该监听器应该只在发布的事务成功提交时才处理该事件。

```
@Component
public class MyComponent {
    @TransactionalEventListener
    public void handleOrderCreatedEvent(CreationEvent<Order> creation
Event) {
        ...
    }
}
```

@TransactionalEventListener 注解公开了一个阶段属性，允许自定义监听器绑定到事务的某个阶段，包括 BEFORE_COMMIT、AFTER_COMMIT（默认）、AFTER_ROLLBACK 和 AFTER_COMPLETION（无论是提交还是回滚）。

如果没有事务正在运行，则根本不会调用监听器。但是可以通过将注解的 fallbackExecution 属性设置为 true 来覆盖该行为。

第7章 DAO

7.1 DAO 概述

Java EE 开发人员使用 DAO（Data Access Object，数据访问对象）设计模式，以便将低级别的数据访问逻辑与高级别的业务逻辑分离。

Spring 中的 DAO 层能够以一致的方式轻松处理 JDBC、Hibernate 或 JPA 等数据访问技术，这使得人们可以相当容易地在上述持久化技术之间进行切换。

同时，Spring 的 DAO 层对各种技术的异常进行了封装，以便开发者能够使用统一的异常，而无须担心捕捉每种技术特有的异常。

7.2 DAO 常用异常类

Spring 将特定于技术的异常（如 SQLException），统一转换为其自己的异常类层次结构，并将 DataAccessException 作为根异常以方便转换。这些异常包装了原始异常，因此不会丢失原始异常的出错信息。

除了 JDBC 异常外，Spring 还可以封装 Hibernate 特定的异常，将它们转换为一组专注的运行时的异常（对于 JPA 异常也是如此）。这使得开发过程变得简便了，因为无须在 DAO 中编写烦琐的 catch-and-throw 代码块和异常声明。同时，JDBC 异常（包括特定于数据库的方言）由于已经转换为相同的层次结构，这意味着可以在一致的编程模型中使用 JDBC 的执行操作。

以上列举的 Spring 的各种模板类支持各种 ORM 框架。如果使用基于拦截器的类，那么程序必须关心并处理 HibernateExceptions 和 PersistenceExceptions 本身，最好是通过分别授权给 SessionFactoryUtils 的 convertHibernateAccessException(..) 或 convertJpaAccessException() 方法。这些方法将异常转换为与 org.springframework.dao 中异常层级兼容的异常。由于 PersistenceExceptions 没有被检查，它可以被简单地抛出，这也牺牲了 DAO 在异常上的抽象。

图 7—1 所示为 Spring DAO 提供的异常层。

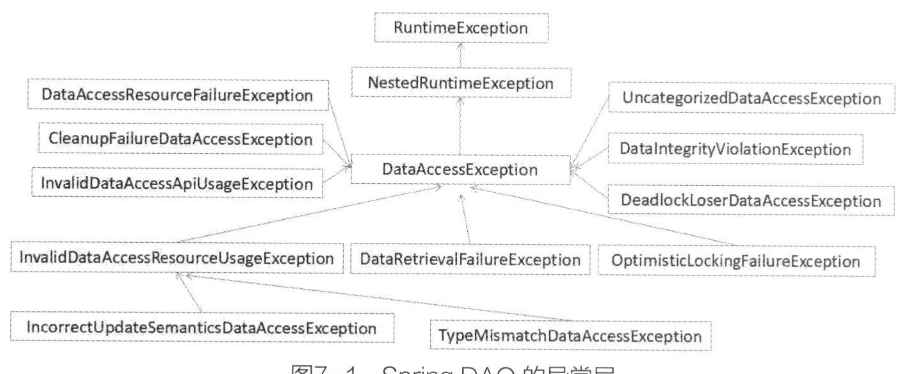

图7—1　Spring DAO 的异常层

7.3 DAO 常用注解

在领域驱动设计（Domain-Driven Design，DDD）领域，与数据存储交互的领域概念被称为存储库（Repository）。所以在 Spring 框架中，使用 @Repository 注解来表示 DAO 层是最合适不过的。该注解还允许组件扫描查找和配置 DAO 及存储库，而无须为它们提供 XML 配置条目。例如：

```
@Repository
public class SomeMovieFinder implements MovieFinder {
    // ...
}
```

任何 DAO 或存储库的实现都需要访问持久性资源，具体取决于所使用的持久化技术。例如，基于 JDBC 的存储库需要访问 JDBC 数据源，而基于 JPA 的存储库将需要访问 EntityManager。最简单的方法是使用 @Autowired、@Inject、@Resource 或 @PersistenceContext 等注解，来将此资源依赖项进行注入。

以下是 JPA 存储库的示例。

```
@Repository
public class JpaMovieFinder implements MovieFinder {
    @PersistenceContext
    private EntityManager entityManager;
    // ...
}
```

以下是使用 Hibernate 时，注入 SessionFactory 的示例。

```
@Repository
public class HibernateMovieFinder implements MovieFinder {
    private SessionFactory sessionFactory;
    @Autowired
    public void setSessionFactory(SessionFactory sessionFactory) {
        this.sessionFactory = sessionFactory;
    }
    // ...
}
```

最后一个例子是典型的 JDBC 支持。可以将 DataSource 注入一个初始化方法，在这个初始化方法中将使用 DataSource 创建一个 JdbcTemplate 和其他数据访问支持类，如 SimpleJdbcCall 等。

```
@Repository
public class JdbcMovieFinder implements MovieFinder {
    private JdbcTemplate jdbcTemplate;
    @Autowired
    public void init(DataSource dataSource) {
        this.jdbcTemplate = new JdbcTemplate(dataSource);
    }
    // ...
}
```

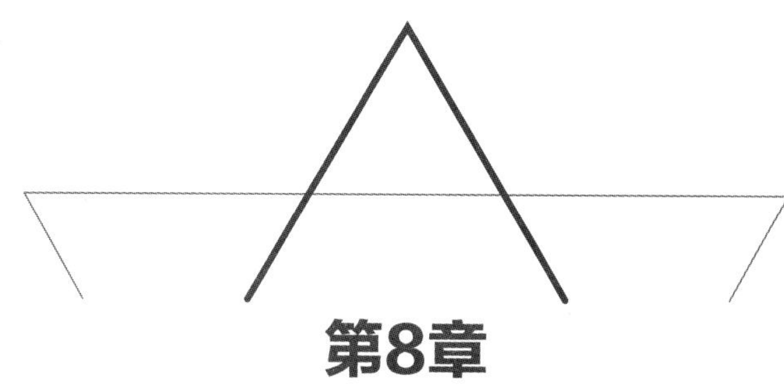

第8章

基于 JDBC 的数据访问

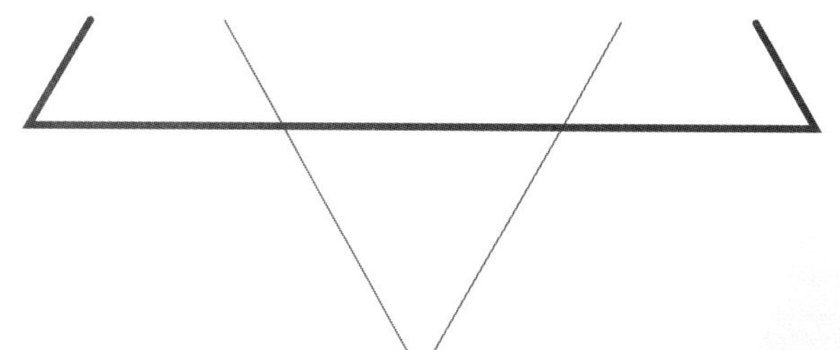

8.1 Spring JDBC 概述

JDBC（Java Data Base Connectivity）是一种用于执行 SQL 语句的 Java API，可以为多种关系型数据库提供统一访问，它是由一组用 Java 语言编写的类和接口组成的。JDBC 提供了一种基准，据此可以构建更高级的工具和接口，使数据库开发人员能够编写数据库应用程序。

但是，在 Java 企业级应用中，使用底层的 JDBC API 来编写程序还是显得过于烦琐，如需要编写很多的样板代码来打开和关闭数据库连接，需要处理很多的异常等。

针对上述问题，Spring JDBC 框架对底层的 JDBC API 进行了封装，负责所有的底层细节，包括如何开始打开连接、准备和执行 SQL 语句、处理异常、处理事务、最后关闭连接等。所以使用 Spring JDBC 框架，开发人员需要做的仅是定义连接参数、指定要执行的 SQL 语句，从而可以从烦琐的 JDBC API 中解放出来，专注于自己的业务。

8.1.1 不同的 JDBC 访问方式

Spring JDBC 提供了几种方法，以运用不同类与数据库的接口。除了 JdbcTemplate 之外，新的 SimpleJdbcInsert 和 SimpleJdbcCall 两个类通过利用 JDBC 驱动提供的数据库元数据来简化 JDBC 操作，而 RDBMS Object 样式采用了更类似于 JDO Query 设计的面向对象的方法。

1. JdbcTemplate

JdbcTemplate 是最经典的 Spring JDBC 方法。这是一种底层的方法，其他方法内部都借助于 JdbcTemplate 来完成。

2. NamedParameterJdbcTemplate

NamedParameterJdbcTemplate 封装了 JdbcTemplate 以提供命名参数，而不是使用传统的 JDBC “？” 占位符。当一个 SQL 语句有多个参数时，这种方法则呈现出了更好的可读性和易用性。

3. SimpleJdbcInsert 和 SimpleJdbcCall

SimpleJdbcInsert 和 SimpleJdbcCall 优化数据库元数据，以限制必要配置的数量。这种方法简化了编码，只需要提供表或过程的名称及与列名匹配的参数映射。这仅在数据库提供足够的元数据时有效。如果数据库不提供此元数据，则必须提供参数的显式配置。

4. RDBMS Object

RDBMS Object 包括 MappingSqlQuery、SqlUpdate 和 StoredProcedure，需要在数据访问层初始化期间建立可重用的且是线程安全的对象。此方法在 JDO Query 之后建模，可以在其中定义查询字符串、声明参数并编译查询。一旦这样做，执行方法可以多次调用传入的各种参数值。

8.1.2　Spring JDBC 包

Spring JDBC 由 4个不同的包构成，分别为 core、datasource、object 和 support，如图 8－1 所示。

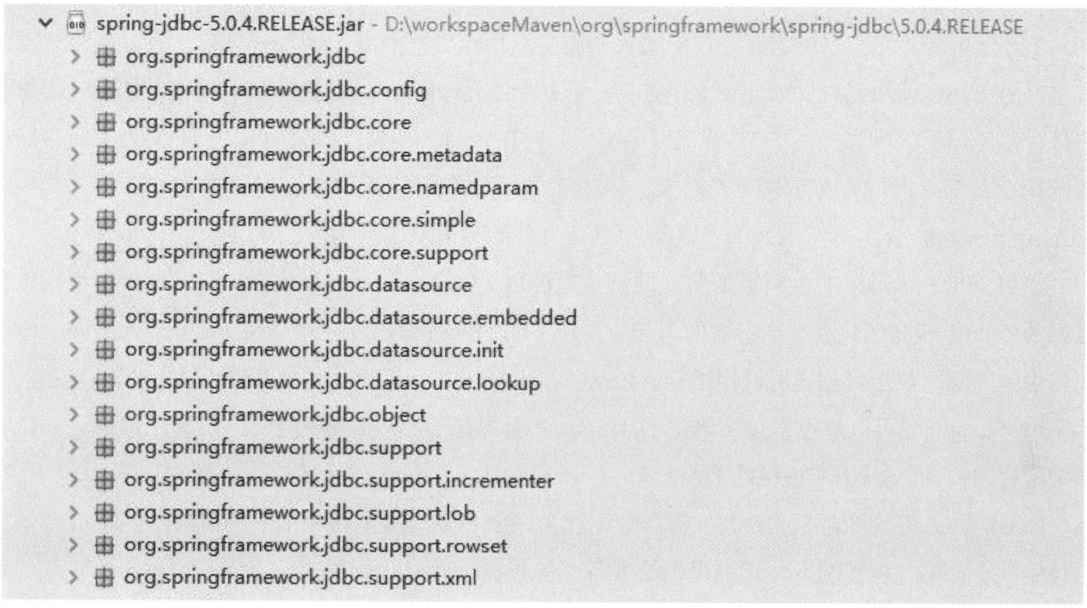

```
spring-jdbc-5.0.4.RELEASE.jar - D:\workspaceMaven\org\springframework\spring-jdbc\5.0.4.RELEASE
  org.springframework.jdbc
  org.springframework.jdbc.config
  org.springframework.jdbc.core
  org.springframework.jdbc.core.metadata
  org.springframework.jdbc.core.namedparam
  org.springframework.jdbc.core.simple
  org.springframework.jdbc.core.support
  org.springframework.jdbc.datasource
  org.springframework.jdbc.datasource.embedded
  org.springframework.jdbc.datasource.init
  org.springframework.jdbc.datasource.lookup
  org.springframework.jdbc.object
  org.springframework.jdbc.support
  org.springframework.jdbc.support.incrementer
  org.springframework.jdbc.support.lob
  org.springframework.jdbc.support.rowset
  org.springframework.jdbc.support.xml
```

图8—1　Spring JDBC 包结构

1. core

org.springframework.jdbc.core 为核心包，它包含了 JDBC 的核心功能。该包内有很多重要的类，包括 JdbcTemplate 类、SimpleJdbcInsert 类、SimpleJdbcCall 类及 NamedParameterJdbcTemplate 类。

2. datasource

org.springframework.jdbc.datasource 为数据源包，包含了访问数据源的实用工具类。它有多种数据源的实现，可以在 Java EE 容器外部测试 JDBC 代码。org.springfamework.jdbc.datasource.embedded 子包提供了使用 Java 数据库引擎（如 HSQL、H2 和 Derby）创建嵌入式数据库的支持。

3. object

org.springframework.jdbc.object 为对象包，以面向对象的方式访问数据库。它允许执行查询并返回结果作为业务对象，可以在数据表的列和业务对象的属性之间映射查询结果。

4. support

org.springframework.jdbc.support 为支持包，提供了 SQLException 转换功能和一些实用工具类，均是 core 包和 object 包的支持类。

在 JDBC 处理期间抛出的异常被转换为 org.springframework.dao 包中定义的异常，这意味着使用 Spring JDBC 抽象层的代码不需要实现 JDBC 或 RDBMS 特定的错误处理。所有经过转换的异常均是未检查异常，用户可以选择捕获可从中恢复的异常，还允许将其他异常传递给调用者。

8.2 JDBC 核心类

重点 8.2.1 JdbcTemplate

JdbcTemplate 类是 JDBC 核心包中的核心类。它用于处理资源的创建和释放，可以避免开发人员常见的 JDBC 使用错误，如忘记关闭连接。它执行核心 JDBC 工作流的基本任务，如语句创建和执行，使应用程序代码提供 SQL 并提取结果。JdbcTemplate 类执行 SQL 查询、更新语句和存储过程调用，对 ResultSets 执行迭代并提取返回的参数值。它还捕获 JDBC 异常并将它们转换为 org.springframework.dao 包中定义的通用的、更具信息性的异常层次结构。

使用 JdbcTemplate 时，只需要实现回调接口即可。PreparedStatementCreator 回调接口根据该类提供的 Connection 创建一个准备好的语句，提供 SQL 和任何必需的参数。CallableStatementCreator 接口也是如此，该接口创建可调用语句。RowCallbackHandler 接口从 ResultSet 的每一行提取值。

JdbcTemplate 可以通过直接实例化 DataSource 引用在 DAO 实现中使用，或者在 Spring IoC 容器中配置并作为 bean 引用提供给 DAO。

DataSource 应始终在 Spring IoC 容器中配置为一个 bean。在上述的第一种情况下，bean 直接提供给服务；在第二种情况下，它被提供给准备好的模板。

以下是 JdbcTemplate 类用法的一些常见示例。

1. 查询（SELECT）

获取关系中行数的简单查询：

```
int rowCount = this.jdbcTemplate.queryForObject("select count(*) from
t_actor", Integer.class);
```

使用绑定变量的简单查询：

```
int countOfActorsNamedJoe = this.jdbcTemplate.queryForObject(
        "select count(*) from t_actor where first_name = ?", Integer.
class, "Joe");
```

查询字符串：

```
String lastName = this.jdbcTemplate.queryForObject(
        "select last_name from t_actor where id = ?",
        new Object[]{1212L}, String.class);
```

查询和填充单个域对象：

```
Actor actor = this.jdbcTemplate.queryForObject(
        "select first_name, last_name from t_actor where id = ?",
        new Object[]{1212L},
        new RowMapper<Actor>() {
            public Actor mapRow(ResultSet rs, int rowNum) throws SQL
```

```
Exception {
                Actor actor = new Actor();
                actor.setFirstName(rs.getString("first_name"));
                actor.setLastName(rs.getString("last_name"));
                return actor;
            }
        });
```

查询和填充多个域对象：

```
List<Actor> actors = this.jdbcTemplate.query(
        "select first_name, last_name from t_actor",
        new RowMapper<Actor>() {
            public Actor mapRow(ResultSet rs, int rowNum) throws SQL
Exception {
                Actor actor = new Actor();
                actor.setFirstName(rs.getString("first_name"));
                actor.setLastName(rs.getString("last_name"));
                return actor;
            }
        });
```

如果最后两段代码实际上存在于同一个应用程序中，那么需要重构代码，将重复的代码提取到单个类（通常是静态嵌套类）中将使代码变得更加有意义。重构后的代码如下。

```
public List<Actor> findAllActors() {
    return this.jdbcTemplate.query( "select first_name, last_name from
t_actor", new ActorMapper());
}
private static final class ActorMapper implements RowMapper<Actor> {
    public Actor mapRow(ResultSet rs, int rowNum) throws SQLException {
        Actor actor = new Actor();
        actor.setFirstName(rs.getString("first_name"));
        actor.setLastName(rs.getString("last_name"));
        return actor;
    }
}
```

2. 使用 JdbcTemplate 更新（INSERT/UPDATE/DELETE）

使用 update(..) 方法执行插入、更新和删除操作。

执行插入操作：

```
this.jdbcTemplate.update(
        "insert into t_actor (first_name, last_name) values (?, ?)",
        "Leonor", "Watling");
```

执行更新操作：

```
this.jdbcTemplate.update(
```

```
        "update t_actor set last_name = ? where id = ?",
        "Banjo", 5276L);
```

执行删除操作：

```
this.jdbcTemplate.update(
        "delete from actor where id = ?",
        Long.valueOf(actorId));
```

3. 其他 JdbcTemplate 操作

可以使用 execute(..) 方法来执行任意 SQL，因此该方法通常用于 DDL 语句。

```
this.jdbcTemplate.execute("create table mytable (id integer, name var-
char(100))");
```

以下示例调用一个简单的存储过程。

```
this.jdbcTemplate.update(
        "call SUPPORT.REFRESH_ACTORS_SUMMARY(?)",
        Long.valueOf(unionId));
```

8.2.2 实战：使用 JdbcTemplate 的例子

在第 6 章中，创建了一个声明式事务管理的示例应用（s5-ch06-declarative-transaction）。在本章中，将基于该应用来演示使用 JdbcTemplate 实现“用户管理”的完整过程 。本例子命名为“s5-ch08-jdbc-template”。

1. 导入相关的依赖

使用 JdbcTemplate 需要导入以下依赖。

```
<properties>
    <spring.version>5.0.8.RELEASE</spring.version>
</properties>
<dependencies>
    <dependency>
        <groupId>org.springframework</groupId>
        <artifactId>spring-context</artifactId>
        <version>${spring.version}</version>
    </dependency>
    <dependency>
        <groupId>org.springframework</groupId>
        <artifactId>spring-aspects</artifactId>
        <version>${spring.version}</version>
    </dependency>
    <dependency>
        <groupId>org.springframework</groupId>
        <artifactId>spring-jdbc</artifactId>
```

```
        <version>${spring.version}</version>
    </dependency>
    <dependency>
        <groupId>org.apache.logging.log4j</groupId>
        <artifactId>log4j-core</artifactId>
        <version>2.6.2</version>
    </dependency>
    <dependency>
        <groupId>org.apache.logging.log4j</groupId>
        <artifactId>log4j-jcl</artifactId>
        <version>2.6.2</version>
    </dependency>
    <dependency>
        <groupId>org.apache.logging.log4j</groupId>
        <artifactId>log4j-slf4j-impl</artifactId>
        <version>2.6.2</version>
    </dependency>
    <dependency>
        <groupId>org.apache.commons</groupId>
        <artifactId>commons-dbcp2</artifactId>
        <version>2.5.0</version>
    </dependency>
    <dependency>
        <groupId>com.h2database</groupId>
        <artifactId>h2</artifactId>
        <version>1.4.196</version>
        <scope>runtime</scope>
    </dependency>
</dependencies>
```

其中，使用了 JDBC 的方式来连接数据库；数据库采用了 H2 内嵌数据库，方便用户进行测试；日志框架采用了 Log4j 2，主要用于打印出 Spring 完整的事务执行过程。

2. 定义领域模型

定义一个代表用户信息的 User 类。例如：

```
package com.waylau.spring.jdbc.vo;
public class User {
    private String username;
    private Integer age;
    public User() {
    }
    public User(String username, Integer age) {
        this.username = username;
        this.age = age;
    }

    @Override
    public String toString() {
```

```
        return "User [username=" + username + ", age=" + age + "]";
    }
    // 省略 getter/setter 方法
}
```

定义 DAO 接口 UserDao。例如：

```
package com.waylau.spring.jdbc.dao;
import java.util.List;
import com.waylau.spring.jdbc.vo.User;
public interface UserDao {

    /**
     * 初始化User表
     */
    void createUserTable();

    /**
     * 保存用户
     *
     * @param user
     */
    void saveUser(User user);

    /**
     * 查询用户
     *
     * @return
     */
    List<User> listUser();

}
```

定义 DAO 的实现类 UserDaoImpl。例如：

```
package com.waylau.spring.jdbc.dao;
import java.sql.ResultSet;
import java.sql.SQLException;
import java.util.List;
import javax.sql.DataSource;
import org.springframework.beans.factory.annotation.Autowired;
import org.springframework.jdbc.core.JdbcTemplate;
import org.springframework.jdbc.core.RowMapper;
import org.springframework.stereotype.Repository;
import com.waylau.spring.jdbc.vo.User;

@Repository
public class UserDaoImpl implements UserDao {
    private JdbcTemplate jdbcTemplate;
```

```
    @Autowired
    public void setDataSource(DataSource dataSource) {
        this.jdbcTemplate = new JdbcTemplate(dataSource);
    }

    public void saveUser(User user) {
        this.jdbcTemplate.update(
                "INSERT INTO USER (username, age) VALUES (?, ?)",
                user.getUsername(), user.getAge());
    }

    public List<User> listUser() {
        List<User> users = this.jdbcTemplate.query(
                "SELECT username, age FROM USER",
                new RowMapper<User>() {
                    public User mapRow(ResultSet rs, int rowNum) throws
SQLException {
                        User user = new User();
                        user.setUsername(rs.getString("username"));
                        user.setAge(rs.getInt("age"));
                        return user;
                    }
                });

        return users;
    }

    public void createUserTable() {
        this.jdbcTemplate.execute("CREATE TABLE USER (USERNAME varchar
(250),AGE INT)");
    }
}
```

定义服务接口 UserService。例如：

```
package com.waylau.spring.jdbc.service;
import java.util.List;
import com.waylau.spring.jdbc.vo.User;
public interface UserService {

    /**
     * 初始化User表
     */
    void createUserTable();

    /**
     * 保存用户
     *
     * @param user
     */
```

```
    void saveUser(User user);

    /**
     * 查询用户
     *
     * @return
     */
    List<User> listUser();
}
```

定义服务的实现类 UserServiceImpl。例如：

```
package com.waylau.spring.jdbc.service;
import java.util.List;
import org.springframework.beans.factory.annotation.Autowired;
import org.springframework.stereotype.Service;
import com.waylau.spring.jdbc.dao.UserDao;
import com.waylau.spring.jdbc.vo.User;
@Service
public class UserServiceImpl implements UserService {

    private UserDao userdao;

    @Autowired
    public void setUserDao(UserDao userdao) {
        this.userdao = userdao;
    }

    public void createUserTable() {
        userdao.createUserTable();
    }

    public void saveUser(User user) {
        userdao.saveUser(user);
    }

    public List<User> listUser() {
        return userdao.listUser();
    }
}
```

上述服务实现了用户表的初始化，以及用户的新增和查询。

3. 配置文件

定义 Spring 应用的配置文件 spring.xml。例如：

```
<?xml version="1.0" encoding="UTF-8"?>
<beans xmlns="http://www.springframework.org/schema/beans"
    xmlns:xsi="http://www.w3.org/2001/XMLSchema-instance"
    xmlns:context="http://www.springframework.org/schema/context"
```

```
    xmlns:tx="http://www.springframework.org/schema/tx"
    xsi:schemaLocation="
        http://www.springframework.org/schema/beans
        http://www.springframework.org/schema/beans/spring-beans.xsd
        http://www.springframework.org/schema/context
        http://www.springframework.org/schema/context/spring-context.xsd
        http://www.springframework.org/schema/tx
        http://www.springframework.org/schema/tx/spring-tx.xsd">

    <context:component-scan base-package="com.waylau.spring" />

    <!-- DataSource -->
    <bean id="dataSource" class="org.apache.commons.dbcp2.BasicData-
Source"
        destroy-method="close">
        <property name="driverClassName" value="org.h2.Driver"/>
        <property name="url" value="jdbc:h2:mem:testdb"/>
        <property name="username" value="sa"/>
        <property name="password" value=""/>
    </bean>

    <!-- PlatformTransactionManager -->
    <bean id="txManager"
        class="org.springframework.jdbc.datasource.DataSourceTrans-
actionManager">
        <property name="dataSource" ref="dataSource"/>
    </bean>

    <!-- 定义事务Advice -->
    <tx:advice id="txAdvice" transaction-manager="txManager">
        <tx:attributes>
            <!-- 所有"list"开头的都是只读 -->
            <tx:method name="list*" read-only="true"/>
            <!-- 其他方法，使用默认的事务设置 -->
            <tx:method name="*"/>
        </tx:attributes>
    </tx:advice>

</beans>
```

在上述配置文件中，定义了事务 Advice、DataSource、PlatformTransactionManager 等，并启用了 Spring 自动扫描机制来注入 bean。

4. 编写主应用类

主应用类 Application 的代码如下。

```
package com.waylau.spring.jdbc;
import java.util.List;
import org.springframework.context.ApplicationContext;
```

```
import org.springframework.context.support.ClassPathXmlApplicationContext;
import com.waylau.spring.jdbc.service.UserService;
import com.waylau.spring.jdbc.vo.User;
public class Application {

    public static void main(String[] args) {
        @SuppressWarnings("resource")
        ApplicationContext context = new ClassPathXmlApplicationContext
("spring.xml");
        UserService UserService = context.getBean(UserService.class);
        UserService.createUserTable();
        UserService.saveUser(new User("Way Lau", 30));
        UserService.saveUser(new User("Rod Johnson", 45));

        List<User> users = UserService.listUser();
        for (User user: users) {
            System.out.println(user);
        }
    }
}
```

在 Application 类中，会执行用户表的初始化，以及用户的新增和查询。

5. 运行

运行 Application 类，能看到控制台中的打印信息如下。

```
...
22:56:01.602 [main] DEBUG org.springframework.jdbc.core.JdbcTemplate
- Executing SQL statement [CREATE TABLE USER (USERNAME varchar(250),AGE
INT)]
22:56:01.605 [main] DEBUG org.springframework.jdbc.datasource.DataSource
Utils - Fetching JDBC Connection from DataSource
22:56:01.748 [main] DEBUG org.springframework.jdbc.datasource.DataSource
Utils - Returning JDBC Connection to DataSource
22:56:01.749 [main] DEBUG org.springframework.jdbc.core.JdbcTemplate
- Executing prepared SQL update
22:56:01.749 [main] DEBUG org.springframework.jdbc.core.JdbcTemplate
- Executing prepared SQL statement [INSERT INTO USER (username, age)
VALUES (?, ?)]
22:56:01.749 [main] DEBUG org.springframework.jdbc.datasource.DataSource
Utils - Fetching JDBC Connection from DataSource
22:56:01.754 [main] DEBUG org.springframework.jdbc.core.JdbcTemplate
- SQL update affected 1 rows
22:56:01.754 [main] DEBUG org.springframework.jdbc.datasource.DataSource
Utils - Returning JDBC Connection to DataSource
22:56:01.754 [main] DEBUG org.springframework.jdbc.core.JdbcTemplate
- Executing prepared SQL update
22:56:01.754 [main] DEBUG org.springframework.jdbc.core.JdbcTemplate
- Executing prepared SQL statement [INSERT INTO USER (username, age)
VALUES (?, ?)]
```

```
22:56:01.755 [main] DEBUG org.springframework.jdbc.datasource.DataSource
Utils - Fetching JDBC Connection from DataSource
22:56:01.755 [main] DEBUG org.springframework.jdbc.core.JdbcTemplate
- SQL update affected 1 rows
22:56:01.755 [main] DEBUG org.springframework.jdbc.datasource.DataSource
Utils - Returning JDBC Connection to DataSource
22:56:01.756 [main] DEBUG org.springframework.jdbc.core.JdbcTemplate
- Executing SQL query [SELECT username, age FROM USER]
22:56:01.756 [main] DEBUG org.springframework.jdbc.datasource.DataSource
Utils - Fetching JDBC Connection from DataSource
22:56:01.767 [main] DEBUG org.springframework.jdbc.datasource.DataSource
Utils - Returning JDBC Connection to DataSource
User [username=Way Lau, age=30]
User [username=Rod Johnson, age=45]
```

从上述异常信息中，能够完整地看到整个数据库的操作过程，包括用户表的初始化，以及用户的新增和查询。

6. 示例源码

本小节示例源码在 s5-ch08-jdbc-template 目录下。

8.2.3　NamedParameterJdbcTemplate

在经典的 JDBC 用法中，SQL 参数是用占位符“?”来表示的，这会受到位置的限制。这种方式的问题在于，一旦参数的顺序发生变化，就必须改变参数绑定。在 Spring JDBC 框架中，绑定 SQL 参数的另一种选择是使用命名参数（named parameter）。

1. 命名参数

SQL 按名称（以冒号开头）而不是按位置进行指定。命名参数更易于维护，也提升了可读性。命名参数由框架类在运行时用占位符取代。Spring JDBC 提供了 NamedParameterJdbcTemplate 来支持命名参数，NamedParameterJdbcTemplate 可以使用全部 JdbcTemplate 的方法。

2. NamedParameterJdbcTemplate 用法

以下是一个 NamedParameterJdbcTemplate 用法示例。

```
private NamedParameterJdbcTemplate namedParameterJdbcTemplate;
public void setDataSource(DataSource dataSource) {
    this.namedParameterJdbcTemplate = new NamedParameterJdbcTemplate
(dataSource);
}
public int countOfActorsByFirstName(String firstName) {
    String sql = "select count(*) from T_ACTOR where first_name =
:first_name";
    SqlParameterSource namedParameters =
        new MapSqlParameterSource("first_name", firstName);
    return this.namedParameterJdbcTemplate
```

```
                .queryForObject(sql, namedParameters, Integer.class);
}
```

在上述例子中，在赋给 SQL 变量的值中使用了命名参数符号，并将相应的值插入 namedParameters 变量（类型为 MapSqlParameterSource）。

也可以使用基于 Map 的样式将命名参数及其对应的值传递给 NamedParameterJdbcTemplate 实例。NamedParameterJdbcOperations 公开的并由 NamedParameterJdbcTemplate 类实现的其余方法都遵循类似的模式。

以下示例是使用基于 Map 的样式。

```
private NamedParameterJdbcTemplate namedParameterJdbcTemplate;
public void setDataSource(DataSource dataSource) {
    this.namedParameterJdbcTemplate = new NamedParameterJdbcTemplate
(dataSource);
}
public int countOfActorsByFirstName(String firstName) {
    String sql = "select count(*) from T_ACTOR where first_name =
:first_name";
    Map<String, String> namedParameters =
        Collections.singletonMap("first_name", firstName);
    return this.namedParameterJdbcTemplate
        .queryForObject(sql, namedParameters,  Integer.class);
}
```

与 NamedParameterJdbcTemplate 相关的一个很好的功能是 SqlParameterSource 接口，两者并存在同一个 Java 包中。SqlParameterSource 是 NamedParameterJdbcTemplate 的命名参数值的来源。MapSqlParameterSource 类是一个非常简单的实现，它只是一个围绕 java.util.Map 的适配器，其中键是参数名称，值是参数值。

另一个 SqlParameterSource 实现是 BeanPropertySqlParameterSource 类。这个类包装了一个任意的 JavaBean，并使用包装的 JavaBean 的属性作为命名参数值的来源。

```
public class Actor {
    private Long id;
    private String firstName;
    private String lastName;

    public String getFirstName() {
        return this.firstName;
    }

    public String getLastName() {
        return this.lastName;
    }

    public Long getId() {
```

```
        return this.id;
    }
    // ...
}
private NamedParameterJdbcTemplate namedParameterJdbcTemplate;
public void setDataSource(DataSource dataSource) {
    this.namedParameterJdbcTemplate = new NamedParameterJdbcTemplate
(dataSource);
}

public int countOfActors(Actor exampleActor) {
    String sql = "select count(*) from T_ACTOR where first_name =
:firstName and last_name = :lastName";
    SqlParameterSource namedParameters =
        new BeanPropertySqlParameterSource(exampleActor);
    return this.namedParameterJdbcTemplate
        .queryForObject(sql, namedParameters, Integer.class);
}
```

8.2.4 SQLExceptionTranslator

SQLExceptionTranslator 是一个接口，其实现类可以用于 SQLExceptions 和 Spring 自己的 org.springframework.dao.DataAccessException 之间进行转换。这些实现类可以是通用的（如使用 JDBC 的 SQLState 代码）或专有的（如使用 Oracle 错误代码）以获得更高的精度。

SQLErrorCodeSQLExceptionTranslator 默认使用 SQLExceptionTranslator 的实现。该实现使用特定的供应商代码，它比 SQLState 实现更精确。错误代码转换基于 JavaBean 类型类（称为 SQLErrorCodes）中保存的代码。该类由 SQLErrorCodesFactory 创建和填充，顾名思义，它是一个根据名为 sql-error-codes.xml 的配置文件内容创建 SQLErrorCodes 的工厂。该文件使用供应商代码填充，并基于从 DatabaseMetaData 获取的 DatabaseProductName。

用户也可以自己来扩展 SQLErrorCodeSQLExceptionTranslator，其代码如下。

```
public class CustomSQLErrorCodesTranslator extends SQLErrorCodeSQL
ExceptionTranslator {
    protected DataAccessException customTranslate(String task, String
sql, SQLException sqlex) {
        if (sqlex.getErrorCode() == -12345) {
            return new DeadlockLoserDataAccessException(task, sqlex);
        }
        return null;
    }
}
```

在这个例子中，特定的错误代码“-12345”被转换且其他错误由默认的转换器实现转换。要使用此自定义转换程序，必须通过 setExceptionTranslator 方法将其传递给 JdbcTemplate，并在需要此转换器的所有数据访问处理中使用此 JdbcTemplate。以下是如何使用此自定义转换器的示例。

```
private JdbcTemplate jdbcTemplate;
public void setDataSource(DataSource dataSource) {
    this.jdbcTemplate = new JdbcTemplate();
    this.jdbcTemplate.setDataSource(dataSource);
    CustomSQLErrorCodesTranslator tr = new CustomSQLErrorCodesTrans-
lator();
    tr.setDataSource(dataSource);
    this.jdbcTemplate.setExceptionTranslator(tr);
}
public void updateShippingCharge(long orderId, long pct) {
    this.jdbcTemplate.update("update orders" +
        " set shipping_charge = shipping_charge * ? / 100" +
        " where id = ?", pct, orderId);
}
```

自定义转换器将传递一个数据源以查找 sql-error-codes.xml 中的错误代码。

重点 8.2.5 执行语句

执行 SQL 语句需要少量的代码，只需要一个 DataSource 和一个 JdbcTemplate 就能执行。

以下示例为创建新表所需要的最少量代码。

```
import javax.sql.DataSource;
import org.springframework.jdbc.core.JdbcTemplate;
public class ExecuteAStatement {
    private JdbcTemplate jdbcTemplate;
    public void setDataSource(DataSource dataSource) {
        this.jdbcTemplate = new JdbcTemplate(dataSource);
    }
    public void doExecute() {
        this.jdbcTemplate.execute("create table mytable (id integer,
name varchar(100))");
    }
}
```

重点 8.2.6 运行查询

某些查询方法返回单个值，那么可以使用 queryForObject(..) 来从一行数据中检索计数或特定值。queryForObject(..) 中的最后一个参数将返回的 JDBC 类型转换为作为参数传入的 Java 类。如果类型转换无效，则引发 InvalidDataAccessApiUsageException。下面是一个包含两个查询方法的示例，一个用于查询 int，另一个用于查询 String。

```
import javax.sql.DataSource;
import org.springframework.jdbc.core.JdbcTemplate;
public class RunAQuery {
    private JdbcTemplate jdbcTemplate;
    public void setDataSource(DataSource dataSource) {
        this.jdbcTemplate = new JdbcTemplate(dataSource);
    }

    // 获取计数
    public int getCount() {
        return this.jdbcTemplate
            .queryForObject("select count(*) from mytable", Integer.
class);
    }

    // 获取特定值
    public String getName() {
        return this.jdbcTemplate
            .queryForObject("select name from mytable", String.class);
    }
}
```

除了查询单个结果的方法外，还有几种方法可以查询返回数据的列表。最通用的方法是 queryForList(..)，它返回一个 List，其中每个条目都是一个 Map，Map 中的每个条目代表该行的列值。例如：

```
private JdbcTemplate jdbcTemplate;
public void setDataSource(DataSource dataSource) {
    this.jdbcTemplate = new JdbcTemplate(dataSource);
}
public List<Map<String, Object>> getList() {
    return this.jdbcTemplate.queryForList("select * from mytable");
}
```

获得的结果如下。

```
[{name=Bob, id=1}, {name=Mary, id=2}]
```

重点 8.2.7 更新数据

以下示例为某个主键更新的列。在此示例中，SQL 语句具有行参数的占位符。参数值可以作为可变参数或作为对象数组传递。

```
import javax.sql.DataSource;
import org.springframework.jdbc.core.JdbcTemplate;
public class ExecuteAnUpdate {
    private JdbcTemplate jdbcTemplate;
    public void setDataSource(DataSource dataSource) {
        this.jdbcTemplate = new JdbcTemplate(dataSource);
```

```
    }
    public void setName(int id, String name) {
        this.jdbcTemplate
            .update("update mytable set name = ? where id = ?", name, id);
    }
}
```

8.2.8 检索自动生成的主键

update() 方法支持检索由数据库生成的主键。这种支持是 JDBC 3.0 标准的一部分。该方法将 PreparedStatementCreator 作为其第一个参数，这是指定所需插入语句的方式。另一个参数是 KeyHolder，它包含从更新成功返回时生成的主键。

```
final String INSERT_SQL = "insert into my_test (name) values(?)";
final String name = "Rob";
KeyHolder keyHolder = new GeneratedKeyHolder();
jdbcTemplate.update(
    new PreparedStatementCreator() {
        public PreparedStatement createPreparedStatement(Connection
connection) throws SQLException {
            PreparedStatement ps = connection.prepareStatement(INSERT_
SQL, new String[] {"id"});
            ps.setString(1, name);
            return ps;
        }
    },
    keyHolder);

// keyHolder.getKey() 此时就包含了自动生成的主键
```

注意：上述示例可以适用于 Oracle 数据库，但由于各个数据厂商所实现的自动生成主键的机制有差异，因此上述代码在其他数据库中不一定能用，需要经过测试。

8.3 控制数据库连接

1. DataSource

Spring 通过一个 DataSource（数据源）获得与数据库的连接。DataSource 是 JDBC 规范的一部分，是一个通用连接工厂。它允许容器或框架隐藏应用程序代码中的连接池和事务管理问题。作为开发人员，无须关心如何连接到数据库的详细信息，因为这些是设置数据源的管理员的职责。在开发和测试代码时，可以无须关心数据源的配置方式。

在使用 Spring 的 JDBC 层时，可以从 JNDI 获取数据源，或者使用第三方提供的连接池实现来配置自己的数据源。流行的实现是 Apache Jakarta Commons DBCP 和 C3P0。Spring 发行版本中的实现仅用于测试，并未提供连接池方案。所以在使用 Spring 的 DriverManagerDataSource 类时，仅用于测试目的，因为它不提供连接池的方案，在执行多个连接请求时性能较差。

以下是如何在 Java 代码中配置 DriverManagerDataSource 的示例。

```
DriverManagerDataSource dataSource = new DriverManagerDataSource();
dataSource.setDriverClassName("org.hsqldb.jdbcDriver");
dataSource.setUrl("jdbc:hsqldb:hsql://localhost:");
dataSource.setUsername("sa");
dataSource.setPassword("");
```

以下是如何在 XML 中配置 DriverManagerDataSource 的示例。

```
<bean id="dataSource" class="org.springframework.jdbc.datasource.Driver-
ManagerDataSource">
    <property name="driverClassName" value="${jdbc.driverClassName}"/>
    <property name="url" value="${jdbc.url}"/>
    <property name="username" value="${jdbc.username}"/>
    <property name="password" value="${jdbc.password}"/>
</bean>

<context:property-placeholder location="jdbc.properties"/>
```

在生产环境中，尽量采用成熟的连接池方案 DBCP 或 C3P0。

以下示例是 DBCP 的基本连接和配置。

```
<bean id="dataSource" class="org.apache.commons.dbcp.BasicDataSource"
    destroy-method="close">
    <property name="driverClassName" value="${jdbc.driverClassName}"/>
    <property name="url" value="${jdbc.url}"/>
    <property name="username" value="${jdbc.username}"/>
    <property name="password" value="${jdbc.password}"/>
</bean>

<context:property-placeholder location="jdbc.properties"/>
```

以下示例是 C3P0 的基本连接和配置。

```
<bean id="dataSource" class="com.mchange.v2.c3p0.ComboPooledDataSource"
destroy-method="close">
    <property name="driverClass" value="${jdbc.driverClassName}"/>
    <property name="jdbcUrl" value="${jdbc.url}"/>
    <property name="user" value="${jdbc.username}"/>
    <property name="password" value="${jdbc.password}"/>
</bean>
```

```
<context:property-placeholder location="jdbc.properties"/>
```

2. DataSourceUtils

DataSourceUtils 类是一个方便且功能强大的工具类，它提供静态方法来从 JNDI 获取连接，并在必要时关闭连接。它支持与 DataSourceTransactionManager 的线程绑定连接。

3. SmartDataSource

SmartDataSource 接口扩展了 DataSource 接口，允许使用它的类查询连接是否应该在给定操作后关闭。如果经常需要重用连接，则此用法非常有效。

4. AbstractDataSource

AbstractDataSource 是 Spring 的 DataSource 实现的抽象基类，它实现了所有 DataSource 实现通用的代码。如果需要自定义自己的 DataSource 实现，则扩展 AbstractDataSource 类即可。

5. SingleConnectionDataSource

SingleConnectionDataSource 类是 SmartDataSource 接口的一个实现，它包装了每次使用后都没有关闭的单个 Connection。显然，这个类不具备多线程的能力。

这个类主要用于测试，与 DriverManagerDataSource 相比，它始终重复使用相同的连接，避免过度创建物理连接。

6. DriverManagerDataSource

DriverManagerDataSource 类是通过 bean 属性配置普通 JDBC 驱动程序的标准 DataSource 接口的实现，并且每次都返回一个新的 Connection。此实现对于 Java EE 容器之外的测试和独立环境很有用，可以是 Spring IoC 容器中的 DataSource bean，也可以是简单的 JNDI 环境。

然而，由于目前 DBCP 等连接池工具本身使用非常方便，即便是在测试环境也能胜任。因此，笔者建议在开发测试时，尽量采用 DBCP 等连接池工具而不采用 DriverManagerDataSource 类。

7. TransactionAwareDataSourceProxy

TransactionAwareDataSourceProxy 是目标 DataSource 的代理，它封装了该目标 DataSource 以增加对 Spring 管理事务的感知。这方面，它类似于由 Java EE 服务器提供的事务性 JNDI 数据源。

8. DataSourceTransactionManager

DataSourceTransactionManager 类是单个 JDBC 数据源的 PlatformTransactionManager 实现。它将 JDBC 连接从指定的数据源绑定到当前正在执行的线程，可能允许每个数据源有一个线程连接。

需要应用程序代码通过 DataSourceUtils.getConnection(DataSource) 方法而不是 Java EE 的标准 DataSource.getConnection 来检索 JDBC 连接。它将抛出未检查的 org.springframework.dao 异常，而不是已检查的 SQLExceptions。所有框架类（如 JdbcTemplate）都隐式使用此策略。如果不用于此事务管理器，查找策略的行为与普通策略完全相同 。

DataSourceTransactionManager 类支持自定义隔离级别和适当的 JDBC 语句查询超时。为了支持后者，应用程序代码必须使用 JdbcTemplate 或为每个创建的语句调用 DataSourceUtils.applyTransactionTimeout(..) 方法。

这个实现可以用来代替单个资源情况下的 JtaTransactionManager，因为它不需要容器来支持 JTA。JTA 不支持自定义隔离级别。

8.4 批处理

在 JDBC 开发中，操作数据库需要与数据库建立连接，然后将要执行的 SQL 语句传送到数据库服务器中，数据库执行完后返回结果，最后关闭数据库连接，都是按照这样的一个流程进行操作的。如果按照该流程执行多条 SQL 语句，那么就需要建立多个数据库连接，这样会将时间浪费在数据库连接上。针对这一问题，JDBC 的批处理提供了很好的解决方案。

JDBC 中批处理的原理是将批量的 SQL 语句一次性发送到数据库中进行执行，从而解决多次与数据库连接所产生的性能瓶颈。

8.4.1 使用 JdbcTemplate 实现批处理

通过实现特殊接口 BatchPreparedStatementSetter 的两个方法（使用 getBatchSize 方法提供当前批次的大小，使用 setValues 方法为准备语句的参数设置值），并将其作为 batchUpdate 方法调用中的第二个参数传入，可以完成 JdbcTemplate 批处理。以下是一个使用 JdbcTemplate 实现批处理的例子。

```
public class JdbcActorDao implements ActorDao {
    private JdbcTemplate jdbcTemplate;
    public void setDataSource(DataSource dataSource) {
        this.jdbcTemplate = new JdbcTemplate(dataSource);
    }
    public int[] batchUpdate(final List<Actor> actors) {
        return this.jdbcTemplate.batchUpdate(
        "update t_actor set first_name = ?, last_name = ? where id = ?",
new BatchPreparedStatementSetter() {
                    public void setValues(PreparedStatement ps, int i)
throws SQLException {
                        ps.setString(1, actors.get(i).getFirstName());
                        ps.setString(2, actors.get(i).getLastName());
                        ps.setLong(3, actors.get(i).getId().longValue());
                    }
                    public int getBatchSize() {
                        return actors.size();
```

```
                    }
                });
    }
    // ...
}
```

注意：在执行处理时，有可能会遇到一种特殊情况，就是最后一批可能没有该数量的条目。在这种情况下，可以使用 InterruptibleBatchPreparedStatementSetter 接口，该接口允许在输入源耗尽后中断批次操作。isBatchExhausted 方法允许发出批次结束的信号。

8.4.2 批量更新 List

JdbcTemplate 和 NamedParameterJdbcTemplate 都提供了批量更新的备用方式。不需要实现特殊的批处理接口，而是将调用的所有参数值作为列表提供。框架会遍历这些值并使用内部准备好的语句设置器。API 取决于用户是否使用命名参数。对于指定的参数，提供了一个 SqlParameterSource 数组，该批处理的每个成员都有一个条目。可以使用 SqlParameterSourceUtils.createBatch 便捷方法创建此数组，并传入一组 bean 对象（使用与参数对应的 getter 方法）或以 String 作为 key 的 Map（包含相应参数作为值）。

以下示例是使用命名参数的批量更新。

```
public class JdbcActorDao implements ActorDao {
    private NamedParameterTemplate namedParameterJdbcTemplate;
    public void setDataSource(DataSource dataSource) {
        this.namedParameterJdbcTemplate = new NamedParameterJdbcTemplate
(dataSource);
    }
    public int[] batchUpdate(List<Actor> actors) {
        return this.namedParameterJdbcTemplate.batchUpdate(
                "update t_actor set first_name = :firstName, last_name   =
:lastName where id = :id",
                SqlParameterSourceUtils.createBatch(actors));
    }
    // ...
}
```

对于使用经典 JDBC “?”占位符，将传入包含更新值的对象数组的列表。此对象数组必须与 SQL 语句中的每个占位符都一一对应，并且它们的顺序必须与在 SQL 语句中定义的顺序严格一致。

以下是使用经典 JDBC “?”占位符的例子。

```
public class JdbcActorDao implements ActorDao {
    private JdbcTemplate jdbcTemplate;
    public void setDataSource(DataSource dataSource) {
        this.jdbcTemplate = new JdbcTemplate(dataSource);
    }
```

```
    public int[] batchUpdate(final List<Actor> actors) {
        List<Object[]> batch = new ArrayList<Object[]>();
        for (Actor actor: actors) {
            Object[] values = new Object[] {
            actor.getFirstName(), actor.getLastName(), actor. getId()};
            batch.add(values);
        }
        return this.jdbcTemplate.batchUpdate(
            "update t_actor set first_name = ?, last_name = ? where id = ?",
                batch);
    }
    // ...
}
```

以上所有批处理更新方法都会返回一个 int 数组，其中包含每个批处理条目的受影响行数。这个计数是由 JDBC 驱动程序进行返回的。如果计数不可用，则 JDBC 驱动程序返回 -2。

8.4.3　多个批次更新

系统对于 JDBC 批量处理的数据是有限制的，这些限制包括文件的大小、SQL 语句的长度等，换言之，每一批次的数量不可能无限大。所以如果批量处理的数量太大，建议分成多个较小的批次来处理。至于这个批次数要设置为多少，没有确定值，只能结合自己的环境配置来做测试。当然也可以通过对 batchUpdate 方法进行多次调用来完成上述方法，但还有一种更方便的方法。除 SQL 语句外，此方法还包括一个带参数的对象集合、每个批次的更新次数及一个 ParameterizedPrepared-StatementSetter 用于设置已准备语句的参数值。框架遍历提供的值并将更新调用分成指定大小的批处理。

以下示例是使用批量大小为 100 的批量更新。

```
public class JdbcActorDao implements ActorDao {
    private JdbcTemplate jdbcTemplate;
    public void setDataSource(DataSource dataSource) {
        this.jdbcTemplate = new JdbcTemplate(dataSource);
    }
    public int[][] batchUpdate(final Collection<Actor> actors) {
        int[][] updateCounts = jdbcTemplate.batchUpdate(
        "update t_actor set first_name = ?, last_name = ? where id = ?",
        actors,
        100,
        new ParameterizedPreparedStatementSetter<Actor>() {
            public void setValues(PreparedStatement ps, Actor argument)
throws SQLException {
            ps.setString(1, argument.getFirstName());
            ps.setString(2, argument.getLastName());
```

```
            ps.setLong(3, argument.getId().longValue());
          }
        });
      return updateCounts;
    }
    // ...
}
```

此调用的批量更新方法返回一个 int 数组，其中包含每个批处理的数组条目，并为每个更新创建一个受影响行数的数组。顶级数组的长度表示执行的批次数，第二级数组的长度表示该批次中的更新数。每个批次中的更新次数应该是为所有批次提供的批次大小，除了最后一批次外，这取决于提供的更新对象的总数。每个更新语句的更新计数是由 JDBC 驱动程序返回的。如果计数不可用，则 JDBC 驱动程序返回 -2。

8.5 SimpleJdbc 类

SimpleJdbcInsert 类和 SimpleJdbcCall 类主要利用了 JDBC 驱动所提供的数据库元数据的一些特性来简化数据库操作配置。这意味着可以在前端减少配置，当然也可以覆盖或关闭底层的元数据处理，在代码中指定所有的细节。

8.5.1 使用 SimpleJdbcInsert 插入数据

首先看 SimpleJdbcInsert 类可提供的最小配置选项。需要在数据访问层初始化方法中初始化 SimpleJdbcInsert 类。在下面这个例子中，初始化方法是 setDataSource。不需要继承 SimpleJdbcInsert，只需要简单地创建其实例，同时调用 withTableName 设置数据库名。

```
public class JdbcActorDao implements ActorDao {
    private JdbcTemplate jdbcTemplate;
    private SimpleJdbcInsert insertActor;
    public void setDataSource(DataSource dataSource) {
        this.jdbcTemplate = new JdbcTemplate(dataSource);
        this.insertActor = new SimpleJdbcInsert(dataSource).withTable
Name("t_actor");
    }
    public void add(Actor actor) {
        Map<String, Object> parameters = new HashMap<String, Object>(3);
        parameters.put("id", actor.getId());
        parameters.put("first_name", actor.getFirstName());
        parameters.put("last_name", actor.getLastName());
        insertActor.execute(parameters);
```

```
    }
    // ...
}
```

上述代码中的 execute 只传入 java.utils.Map 作为唯一参数。需要注意的是，Map 中用到的 Key 必须与数据库中表对应的列名一一匹配。这是因为需要按顺序读取元数据来构造实际的插入语句。

8.5.2 使用 SimpleJdbcInsert 检索自动生成的主键

下面介绍对于同样的插入语句并不传入 ID，而是通过数据库自动获取主键的方式来创建新的 Actor 对象并插入数据库。当创建 SimpleJdbcInsert 实例时，不仅需要指定表名，同时通过 usingGeneratedKeyColumns 方法指定需要数据库自动生成主键的列名。

```
public class JdbcActorDao implements ActorDao {
    private JdbcTemplate jdbcTemplate;
    private SimpleJdbcInsert insertActor;
    public void setDataSource(DataSource dataSource) {
        this.jdbcTemplate = new JdbcTemplate(dataSource);
        this.insertActor = new SimpleJdbcInsert(dataSource)
                .withTableName("t_actor")
                .usingGeneratedKeyColumns("id");
    }
    public void add(Actor actor) {
        Map<String, Object> parameters = new HashMap<String, Object>(2);
        parameters.put("first_name", actor.getFirstName());
        parameters.put("last_name", actor.getLastName());
        Number newId = insertActor.executeAndReturnKey(parameters);
        actor.setId(newId.longValue());
    }
    // ...
}
```

执行插入操作时第二种方式相较于第一种方式最大的区别是，程序员不是在 Map 中指定 ID，而是调用 executeAndReturnKey 方法。这个方法返回 java.lang.Number 对象，可以创建一个数值类型的实例用于领域模型中。如果有多个自增列，或者自增的值是非数值型的，可以使用 executeAndReturnKeyHolder 方法返回的 KeyHolder。

8.5.3 使用 SqlParameterSource

可以使用 Map 来指定参数值，但不是最便捷的方法。Spring 提供了一些 SqlParameterSource 接口的实现类来更方便地做这些操作。一个是使用 BeanPropertySqlParameterSource，如果有一个 JavaBean 兼容的类包含具体的值，使用这个类是很方便的。它会使用相关的 Getter 方法来获取参数值。例如：

```
public class JdbcActorDao implements ActorDao {
    private JdbcTemplate jdbcTemplate;
    private SimpleJdbcInsert insertActor;
    public void setDataSource(DataSource dataSource) {
        this.jdbcTemplate = new JdbcTemplate(dataSource);
        this.insertActor = new SimpleJdbcInsert(dataSource)
                .withTableName("t_actor")
                .usingGeneratedKeyColumns("id");
    }
    public void add(Actor actor) {
        SqlParameterSource parameters = new BeanPropertySqlParameter
Source(actor);
        Number newId = insertActor.executeAndReturnKey(parameters);
        actor.setId(newId.longValue());
    }
    // ...
}
```

另一个是使用 MapSqlParameterSource，类似于 Map，但是提供了一个更便捷的 addValue 方法可以用来做链式操作。

```
public class JdbcActorDao implements ActorDao {
    private JdbcTemplate jdbcTemplate;
    private SimpleJdbcInsert insertActor;
    public void setDataSource(DataSource dataSource) {
        this.jdbcTemplate = new JdbcTemplate(dataSource);
        this.insertActor = new SimpleJdbcInsert(dataSource)
                .withTableName("t_actor")
                .usingGeneratedKeyColumns("id");
    }
    public void add(Actor actor) {
        SqlParameterSource parameters = new MapSqlParameterSource()
                .addValue("first_name", actor.getFirstName())
                .addValue("last_name", actor.getLastName());
        Number newId = insertActor.executeAndReturnKey(parameters);
        actor.setId(newId.longValue());
    }
    ...//additional methods
}
```

从上面这些例子可以看出配置是一样的，区别是切换了不同的提供参数实现方式来执行调用。

8.5.4 使用 SimpleJdbcCall

SimpleJdbcCall 使用数据库元数据的特性来查找传入的参数和返回值，这样就不需要显式地去定义它们。也可以自己定义参数，尤其对于某些参数无法直接将它们映射到 Java 类上，如 ARRAY 类型和 STRUCT 类型的参数。下面的例子是一个存储过程，从一个 MySQL 数据库返回 Varchar 和

Date 类型。这个存储过程中的例子从指定的 actor 记录中查询返回 first_name、last_name 和 birth_date 列。

```
CREATE PROCEDURE read_actor (
    IN in_id INTEGER,
    OUT out_first_name VARCHAR(100),
    OUT out_last_name VARCHAR(100),
    OUT out_birth_date DATE)
BEGIN
    SELECT first_name, last_name, birth_date
    INTO out_first_name, out_last_name, out_birth_date
    FROM t_actor where id = in_id;
END;
```

其中，in_id 参数包含正在查找的 actor 记录中 id.out 参数返回从数据库表读取的数据。

SimpleJdbcCall 和 SimpleJdbcInsert 定义的方式比较类似。需要在数据访问层的初始化代码中初始化和配置该类。相比 StoredProcedure 类，不需要创建一个子类且不需要定义能够在数据库元数据中查找到的参数。下面是一个使用上面存储过程的 SimpleJdbcCall 配置例子。除了 DataSource 以外，唯一的配置选项是存储过程的名称。

```
public class JdbcActorDao implements ActorDao {
    private JdbcTemplate jdbcTemplate;
    private SimpleJdbcCall procReadActor;
    public void setDataSource(DataSource dataSource) {
        this.jdbcTemplate = new JdbcTemplate(dataSource);
        this.procReadActor = new SimpleJdbcCall(dataSource)
                .withProcedureName("read_actor");
    }
    public Actor readActor(Long id) {
        SqlParameterSource in = new MapSqlParameterSource()
                .addValue("in_id", id);
        Map out = procReadActor.execute(in);
        Actor actor = new Actor();
        actor.setId(id);
        actor.setFirstName((String) out.get("out_first_name"));
        actor.setLastName((String) out.get("out_last_name"));
        actor.setBirthDate((Date) out.get("out_birth_date"));
        return actor;
    }
    // ...
}
```

调用代码包括创建带传入参数的 SqlParameterSource。这里需要注意的是，传入参数值名称需要和存储过程中定义的参数名称相匹配。有一种场景不需要匹配，那就是使用元数据去确定数据库对象如何与存储过程相关联。在存储过程源代码中指定的并不一定是数据库中存储的格式。有些数据库会把名称转成大写，而另一些会使用小写或特定的格式。

execute 方法接收传入参数，同时返回一个 Map 包含任意的返回参数，Map 的 Key 是存储过程中指定的名称。在这个例子中，它们是 out_first_name、out_last_name 和 out_birth_date。

execute 方法的最后一部分，使用返回的数据创建 Actor 对象实例。再次需要强调的是，Out 参数的名称必须是在存储过程中定义的。结果 Map 中存储的返回参数名称必须和数据库中的返回参数名称（不同的数据库可能会不一样）相匹配，为了提高代码的可重用性，需要在查找中区分大小写，或者使用 Spring 中的 LinkedCaseInsensitiveMap。如果使用 LinkedCaseInsensitiveMap，需要创建自己的 JdbcTemplate 并将 setResultsMapCaseInsensitive 属性设置为 True。然后将自定义的 JdbcTemplate 传入 SimpleJdbcCall 的构造器中。下面是这种配置的一个例子。

```
public class JdbcActorDao implements ActorDao {
    private SimpleJdbcCall procReadActor;
    public void setDataSource(DataSource dataSource) {
        JdbcTemplate jdbcTemplate = new JdbcTemplate(dataSource);
        jdbcTemplate.setResultsMapCaseInsensitive(true);
        this.procReadActor = new SimpleJdbcCall(jdbcTemplate)
                .withProcedureName("read_actor");
    }
    // ...
}
```

通过这样的配置，就无须担心返回参数值的大小写问题。

8.6 JDBC 转为对象模型

org.springframework.jdbc.object 包能更加面向对象化的访问数据库。例如，用户可以执行查询并返回一个 list，该 list 作为一个结果集将从数据库中取出的列数据映射到业务对象的属性上。也可以执行存储过程，常用的包括更新、删除、插入等执行语句。

8.6.1 SqlQuery

SqlQuery 类主要封装了 SQL 查询，其本身可重用且是线程安全的。子类必须实现 newRowMapper 方法，这个方法提供了一个 RowMapper 实例，用于在查询执行返回时创建的结果集迭代过程中每一行映射并创建一个对象。SqlQuery 类一般不会直接使用，因为 MappingSqlQuery 子类已经提供了一个更方便从列映射到 Java 类的实现。其他继承 SqlQuery 的子类有 MappingSqlQueryWithParameters 和 UpdatableSqlQuery。

8.6.2 MappingSqlQuery

MappingSqlQuery 是一个可重用的查询类，它的子类必须是 mapRow(..) 方法，将结果集返回的每一行转换成指定的对象类型。下面是一个自定义的查询例子，将 t_actor 关系表的数据映射为 Actor 类。

```
public class ActorMappingQuery extends MappingSqlQuery<Actor> {
    public ActorMappingQuery(DataSource ds) {
        super(ds, "select id, first_name, last_name from t_actor where
id = ?");
        super.declareParameter(new SqlParameter("id", Types.INTEGER));
        compile();
    }

    @Override
    protected Actor mapRow(ResultSet rs, int rowNumber) throws SQL
Exception {
        Actor actor = new Actor();
        actor.setId(rs.getLong("id"));
        actor.setFirstName(rs.getString("first_name"));
        actor.setLastName(rs.getString("last_name"));
        return actor;
    }
}
```

这个类继承了 MappingSqlQuery，并且传入 Actor 类型的泛型参数。这个自定义查询类的构造函数将 DataSource 作为唯一的传入参数。这个构造器中调用父类的构造器，传入 DataSource 及相应的 SQL 参数。该 SQL 用于创建 PreparedStatement，因此它可能包含任何在执行过程中传入参数的占位符。用户必须在 SqlParameter 中使用 declareParameter 方法定义每个参数。SqlParameter 使用 java.sql.Types 定义名称和 JDBC 类型。在定义所有的参数后，需要调用 compile 方法，语句被预编译以便后续执行。这个类在编译后是线程安全的，一旦在 DAO 初始化时这些实例被创建后，它们可以作为实例变量一直被重用。

```
private ActorMappingQuery actorMappingQuery;

@Autowired
public void setDataSource(DataSource dataSource) {
    this.actorMappingQuery = new ActorMappingQuery(dataSource);
}

public Customer getCustomer(Long id) {
    return actorMappingQuery.findObject(id);
}
```

上述这个例子中的方法通过唯一的传入参数 id 获取 customer 实例。因为只需要返回一个对象，所以简单地调用 findObject 类即可，这个方法只需要传入 id 参数。如果需要一次查询返回一个列表，就需要使用传入可变参数数组的执行方法。

```
public List<Actor> searchForActors(int age, String namePattern) {
    List<Actor> actors = actorSearchMappingQuery.execute(age, namePattern);
```

```
    return actors;
}
```

8.6.3 SqlUpdate

SqlUpdate 封装了 SQL 的更新操作。与查询一样，更新对象是可以被重用的；就如同所有的 RdbmsOperation 类一样，更新操作能够传入参数并在 SQL 中定义。类似 SqlQuery 的 execute(..) 方法，这个类提供了一系列 update(..) 方法。SQLUpdate 类不是抽象类，它可以被继承，如实现自定义的更新方法。但是并不需要继承 SqlUpdate 类来达到这个目的，可以通过简单地在 SQL 中设置自定义参数来实现。

```
import java.sql.Types;
import javax.sql.DataSource;
import org.springframework.jdbc.core.SqlParameter;
import org.springframework.jdbc.object.SqlUpdate;
public class UpdateCreditRating extends SqlUpdate {
    public UpdateCreditRating(DataSource ds) {
        setDataSource(ds);
        setSql("update customer set credit_rating = ? where id = ?");
        declareParameter(new SqlParameter("creditRating", Types.
NUMERIC));
        declareParameter(new SqlParameter("id", Types.NUMERIC));
        compile();
    }

    /**
     * @param id for the Customer to be updated
     * @param rating the new value for credit rating
     * @return number of rows updated
     */
    public int execute(int id, int rating) {
        return update(rating, id);
    }
}
```

8.6.4 StoredProcedure

StoredProcedure 类是所有 RDBMS 存储过程的抽象类。该类提供了多种 execute(..) 方法，其访问类型都是 protected 类型的。

为了定义一个存储过程类，需要使用 SqlParameter 或它的一个子类。用户必须像下面的代码那样在构造函数中指定参数名和 SQL 类型。SQL 类型使用 java.sql.Types 常量定义。

```
new SqlParameter("in_id", Types.NUMERIC),
```

```
    new SqlOutParameter("out_first_name", Types.VARCHAR),
```

其中，第一行的 SqlParameter 定义了一个输入参数，输入参数可以同时被存储过程调用和使用 SqlQuery 的查询语句，它的子类会在下面的章节提到；第二行的 SqlOutParameter 定义了一个在存储过程调用中使用的输出参数，它还有一个 InOut 参数（该参数提供了一个输入值，同时也有返回值）。对于输入参数，除了名称和 SQL 类型外，还能指定返回区间数值类型和自定义数据库类型。对于输出参数，可以使用 RowMapper 来处理 REF 游标返回的行映射关系。另一个是指定 SqlReturnType，能够定义自定义的返回值类型。

下面的程序演示了如何调用 Oracle 中的函数 sysdate()。为了使用存储过程函数，需要创建一个 StoredProcedure 的子类。在这个例子中，StoredProcedure 是一个内部类，如果需要重用 StoredProcedure ，就要把它定义成一个顶级类。这个例子没有输入参数，但是使用 SqlOutParameter 类定义了一个时间类型的输出参数。调用 execute() 方法执行了存储过程，并且从结果集 Map 中获取返回的时间数据。结果集 Map 中包含每个输出参数对应的项，在这个例子中就只有一项，使用了参数名作为 key。

```
import java.sql.Types;
import java.util.Date;
import java.util.HashMap;
import java.util.Map;
import javax.sql.DataSource;
import org.springframework.beans.factory.annotation.Autowired;
import org.springframework.jdbc.core.SqlOutParameter;
import org.springframework.jdbc.object.StoredProcedure;
public class StoredProcedureDao {
    private GetSysdateProcedure getSysdate;

    @Autowired
    public void init(DataSource dataSource) {
        this.getSysdate = new GetSysdateProcedure(dataSource);
    }

    public Date getSysdate() {
        return getSysdate.execute();
    }

    private class GetSysdateProcedure extends StoredProcedure {
        private static final String SQL = "sysdate";

        public GetSysdateProcedure(DataSource dataSource) {
            setDataSource(dataSource);
            setFunction(true);
            setSql(SQL);
            declareParameter(new SqlOutParameter("date", Types.DATE));
            compile();
```

```
        }

        public Date execute() {
            Map<String, Object> results = execute(new HashMap<String,
Object>());
            Date sysdate = (Date) results.get("date");
            return sysdate;
        }
    }
}
```

下面是一个包含两个输出参数的存储过程例子。

```
import oracle.jdbc.OracleTypes;
import org.springframework.jdbc.core.SqlOutParameter;
import org.springframework.jdbc.object.StoredProcedure;
import javax.sql.DataSource;
import java.util.HashMap;
import java.util.Map;
public class TitlesAndGenresStoredProcedure extends StoredProcedure {
    private static final String SPROC_NAME = "AllTitlesAndGenres";
    public TitlesAndGenresStoredProcedure(DataSource dataSource) {
        super(dataSource, SPROC_NAME);
        declareParameter(new SqlOutParameter("titles", OracleTypes.
CURSOR, new TitleMapper()));
        declareParameter(new SqlOutParameter("genres", OracleTypes.
CURSOR, new GenreMapper()));
        compile();
    }

    public Map<String, Object> execute() {
        return super.execute(new HashMap<String, Object>());
    }
}
```

值得注意的是，TitlesAndGenresStoredProcedure 构造函数中 declareParameter(..) 的 SqlOutParameter 参数，该参数使用 RowMapper 接口的实现。这是一种非常方便、有效的重用方式。两种 RowMapper 实现的代码如下。

TitleMapper 类将返回结果集的每一行映射成 Title 类。例如：

```
import org.springframework.jdbc.core.RowMapper;
import java.sql.ResultSet;
import java.sql.SQLException;
import com.foo.domain.Title;
public final class TitleMapper implements RowMapper<Title> {
    public Title mapRow(ResultSet rs, int rowNum) throws SQLException {
        Title title = new Title();
        title.setId(rs.getLong("id"));
```

```
        title.setName(rs.getString("name"));
        return title;
    }
}
```

GenreMapper 类将返回结果集的每一行映射成 Genre 类。例如：

```
import org.springframework.jdbc.core.RowMapper;
import java.sql.ResultSet;
import java.sql.SQLException;
import com.foo.domain.Genre;
public final class GenreMapper implements RowMapper<Genre> {
    public Genre mapRow(ResultSet rs, int rowNum) throws SQLException {
        return new Genre(rs.getString("name"));
    }
}
```

为了将参数传递给 RDBMS 中定义的包含一个或多个输入参数的存储过程，可以定义一个强类型的 execute(..) 方法，该方法将调用基类的 protected execute(Map parameters) 方法。例如：

```
import oracle.jdbc.OracleTypes;
import org.springframework.jdbc.core.SqlOutParameter;
import org.springframework.jdbc.core.SqlParameter;
import org.springframework.jdbc.object.StoredProcedure;
import javax.sql.DataSource;
import java.sql.Types;
import java.util.Date;
import java.util.HashMap;
import java.util.Map;
public class TitlesAfterDateStoredProcedure extends StoredProcedure {
    private static final String SPROC_NAME = "TitlesAfterDate";
    private static final String CUTOFF_DATE_PARAM = "cutoffDate";
    public TitlesAfterDateStoredProcedure(DataSource dataSource) {
        super(dataSource, SPROC_NAME);
        declareParameter(new SqlParameter(CUTOFF_DATE_PARAM, Types.
DATE);
        declareParameter(new SqlOutParameter("titles", OracleTypes.
CURSOR, new TitleMapper()));
        compile();
    }

    public Map<String, Object> execute(Date cutoffDate) {
        Map<String, Object> inputs = new HashMap<String, Object>();
        inputs.put(CUTOFF_DATE_PARAM, cutoffDate);
        return super.execute(inputs);
    }
}
```

8.6.5 实战：JDBC 转为对象模型的例子

前面创建了一个示例应用（s5-ch08-jdbc-template）。本小节将基于该应用，创建一个“s5-ch08-jdbc-object-mapping”应用，来演示如何用 JDBC 转为对象模型。

1. 导入相关的依赖

JDBC 转为对象模型需要导入以下依赖。

```
<properties>
    <spring.version>5.0.8.RELEASE</spring.version>
</properties>
<dependencies>
    <dependency>
        <groupId>org.springframework</groupId>
        <artifactId>spring-context</artifactId>
        <version>${spring.version}</version>
    </dependency>
    <dependency>
        <groupId>org.springframework</groupId>
        <artifactId>spring-aspects</artifactId>
        <version>${spring.version}</version>
    </dependency>
    <dependency>
        <groupId>org.springframework</groupId>
        <artifactId>spring-jdbc</artifactId>
        <version>${spring.version}</version>
    </dependency>
    <dependency>
        <groupId>org.apache.logging.log4j</groupId>
        <artifactId>log4j-core</artifactId>
        <version>2.6.2</version>
    </dependency>
    <dependency>
        <groupId>org.apache.logging.log4j</groupId>
        <artifactId>log4j-jcl</artifactId>
        <version>2.6.2</version>
    </dependency>
    <dependency>
        <groupId>org.apache.logging.log4j</groupId>
        <artifactId>log4j-slf4j-impl</artifactId>
        <version>2.6.2</version>
    </dependency>
    <dependency>
        <groupId>org.apache.commons</groupId>
        <artifactId>commons-dbcp2</artifactId>
        <version>2.5.0</version>
    </dependency>
    <dependency>
        <groupId>com.h2database</groupId>
```

```
        <artifactId>h2</artifactId>
        <version>1.4.196</version>
        <scope>runtime</scope>
    </dependency>
</dependencies>
```

其中，使用了 JDBC 的方式来连接数据库；数据库采用了 H2 内嵌数据库，方便用户进行测试；日志框架采用了 Log4j 2，主要用于打印出 Spring 完整的事务执行过程。

2. 定义领域模型

定义一个代表用户信息的 User 类。例如：

```
package com.waylau.spring.jdbc.vo;

public class User {
    private String username;
    private Integer age;

    public User() {
    }

    public User(String username, Integer age) {
        this.username = username;
        this.age = age;
    }

    @Override
    public String toString() {
        return "User [username=" + username + ", age=" + age + "]";
    }
    // 省略 getter/setter 方法
}
```

3. 定义DAO层

定义 UserMappingQuery 类用于用户信息的查询。例如：

```
package com.waylau.spring.jdbc.dao;
import java.sql.ResultSet;
import java.sql.SQLException;
import javax.sql.DataSource;
import org.springframework.jdbc.object.MappingSqlQuery;
import com.waylau.spring.jdbc.vo.User;
public class UserMappingQuery extends MappingSqlQuery<User> {
    public UserMappingQuery(DataSource dataSource) {
        super(dataSource, "SELECT username, age FROM USER");
        compile();
    }

    @Override
```

```
    protected User mapRow(ResultSet rs, int rowNumber) throws SQLException {
        User user = new User();
        user.setUsername(rs.getString("username"));
        user.setAge(rs.getInt("age"));
        return user;
    }
}
```

定义 UserSqlUpdate 类用于用户信息的更新。例如：

```
package com.waylau.spring.jdbc.dao;
import java.sql.Types;
import javax.sql.DataSource;
import org.springframework.jdbc.core.SqlParameter;
import org.springframework.jdbc.object.SqlUpdate;
import com.waylau.spring.jdbc.vo.User;
public class UserSqlUpdate extends SqlUpdate {
    public UserSqlUpdate(DataSource ds) {
        setDataSource(ds);
        setSql("INSERT INTO USER (username, age) VALUES (?, ?)");
        declareParameter(new SqlParameter("username", Types.VARCHAR));
        declareParameter(new SqlParameter("age", Types.NUMERIC));
        compile();
    }
     public int execute(User user) {
        return update( user.getUsername(), user.getAge());
    }
}
```

定义 DAO 接口 UserDao。例如：

```
package com.waylau.spring.jdbc.dao;
import java.util.List;
import com.waylau.spring.jdbc.vo.User;
public interface UserDao {

    /**
     * 初始化User表
     */
    void createUserTable();

    /**
     * 保存用户
     *
     * @param user
     */
    void saveUser(User user);

    /**
     * 查询用户
```

```
     *
     * @return
     */
    List<User> listUser();
}
```

定义 DAO 的实现类 UserDaoImpl。例如：

```
package com.waylau.spring.jdbc.dao;
import java.util.List;
import javax.sql.DataSource;
import org.springframework.beans.factory.annotation.Autowired;
import org.springframework.jdbc.core.JdbcTemplate;
import org.springframework.stereotype.Repository;
import com.waylau.spring.jdbc.vo.User;

@Repository
public class UserDaoImpl implements UserDao {

    private JdbcTemplate jdbcTemplate;
    private UserMappingQuery userMappingQuery;
    private UserSqlUpdate userSqlUpdate;

    @Autowired
    public void setDataSource(DataSource dataSource) {
        this.jdbcTemplate = new JdbcTemplate(dataSource);
        this.userMappingQuery = new UserMappingQuery(dataSource);
        this.userSqlUpdate = new UserSqlUpdate(dataSource);
    }

    public void saveUser(User user) {
        this.userSqlUpdate.execute(user);
    }

    public List<User> listUser() {
        return this.userMappingQuery.execute();
    }

    public void createUserTable() {
        this.jdbcTemplate.execute("CREATE TABLE USER (USERNAME varchar
(250),AGE INT)");
    }
}
```

4. 定义Service层

定义服务接口 UserService。例如：

```
package com.waylau.spring.jdbc.service;
```

```
import java.util.List;
import com.waylau.spring.jdbc.vo.User;

public interface UserService {

    /**
     * 初始化User表
     */
    void createUserTable();

    /**
     * 保存用户
     *
     * @param user
     */
    void saveUser(User user);

    /**
     * 查询用户
     *
     * @return
     */
    List<User> listUser();
}
```

定义服务的实现类 UserServiceImpl。例如：

```
package com.waylau.spring.jdbc.service;
import java.util.List;
import org.springframework.beans.factory.annotation.Autowired;
import org.springframework.stereotype.Service;
import com.waylau.spring.jdbc.dao.UserDao;
import com.waylau.spring.jdbc.vo.User;

@Service
public class UserServiceImpl implements UserService {
    private UserDao userdao;
    @Autowired
    public void setUserDao(UserDao userdao) {
        this.userdao = userdao;
    }
    public void createUserTable() {
        userdao.createUserTable();
    }
    public void saveUser(User user) {
        userdao.saveUser(user);
    }
    public List<User> listUser() {
        return userdao.listUser();
    }
```

```
}
```

上述服务实现了用户表的初始化，以及用户的新增和查询。

5. 配置文件

定义 Spring 应用的配置文件 spring.xml。例如：

```
<?xml version="1.0" encoding="UTF-8"?>
<beans xmlns="http://www.springframework.org/schema/beans"
    xmlns:xsi="http://www.w3.org/2001/XMLSchema-instance"
    xmlns:context="http://www.springframework.org/schema/context"
    xmlns:tx="http://www.springframework.org/schema/tx"
    xsi:schemaLocation="
        http://www.springframework.org/schema/beans
        http://www.springframework.org/schema/beans/spring-beans.xsd
        http://www.springframework.org/schema/context
        http://www.springframework.org/schema/context/spring-context.xsd
        http://www.springframework.org/schema/tx
        http://www.springframework.org/schema/tx/spring-tx.xsd">

    <context:component-scan base-package="com.waylau.spring" />

    <!-- DataSource -->
    <bean id="dataSource" class="org.apache.commons.dbcp2.BasicData
Source"
        destroy-method="close">
        <property name="driverClassName" value="org.h2.Driver"/>
        <property name="url" value="jdbc:h2:mem:testdb"/>
        <property name="username" value="sa"/>
        <property name="password" value=""/>
    </bean>

    <!-- PlatformTransactionManager -->
    <bean id="txManager"
        class="org.springframework.jdbc.datasource.DataSourceTransaction
Manager">
        <property name="dataSource" ref="dataSource"/>
    </bean>

    <!-- 定义事务Advice -->
    <tx:advice id="txAdvice" transaction-manager="txManager">
        <tx:attributes>
            <!-- 所有"list"开头的都是只读 -->
            <tx:method name="list*" read-only="true"/>
            <!-- 其他方法，使用默认的事务设置 -->
            <tx:method name="*"/>
        </tx:attributes>
    </tx:advice>

</beans>
```

在上述配置文件中，定义了事务 Advice、DataSource、PlatformTransactionManager 等，并启用了 Spring 自动扫描机制来注入 bean。

6. 编写主应用类

主应用类 Application 的代码如下。

```
package com.waylau.spring.jdbc;
import java.util.List;
import org.springframework.context.ApplicationContext;
import org.springframework.context.support.ClassPathXmlApplication-
Context;
import com.waylau.spring.jdbc.service.UserService;
import com.waylau.spring.jdbc.vo.User;
public class Application {
    public static void main(String[] args) {
        @SuppressWarnings("resource")
        ApplicationContext context = new ClassPathXmlApplicationContext
("spring.xml");
        UserService UserService = context.getBean(UserService.class);
        UserService.createUserTable();
        UserService.saveUser(new User("Way Lau", 30));
        UserService.saveUser(new User("Rod Johnson", 45));

        List<User> users = UserService.listUser();
        for (User user: users) {
            System.out.println(user);
        }
    }
}
```

在 Application 类中，会执行用户表的初始化，以及用户的新增和查询。

7. 运行

运行 Application 类，能看到控制台中的打印信息如下。

```
...
23:38:40.631 [main] DEBUG org.springframework.jdbc.core.JdbcTemplate
- Executing SQL statement [CREATE TABLE USER (USERNAME varchar(250),AGE
INT)]
23:38:40.636 [main] DEBUG org.springframework.jdbc.datasource.DataSource
Utils - Fetching JDBC Connection from DataSource
23:38:40.813 [main] DEBUG org.springframework.jdbc.datasource.DataSource
Utils - Returning JDBC Connection to DataSource
23:38:40.814 [main] DEBUG org.springframework.jdbc.core.JdbcTemplate
- Executing prepared SQL update
23:38:40.815 [main] DEBUG org.springframework.jdbc.core.JdbcTemplate
- Executing prepared SQL statement [INSERT INTO USER (username, age)
VALUES (?, ?)]
23:38:40.815 [main] DEBUG org.springframework.jdbc.datasource.DataSource
```

```
Utils - Fetching JDBC Connection from DataSource
23:38:40.824 [main] DEBUG org.springframework.jdbc.core.JdbcTemplate
- SQL update affected 1 rows
23:38:40.824 [main] DEBUG org.springframework.jdbc.datasource.DataSource
Utils - Returning JDBC Connection to DataSource
23:38:40.824 [main] DEBUG org.springframework.jdbc.core.JdbcTemplate
- Executing prepared SQL update
23:38:40.824 [main] DEBUG org.springframework.jdbc.core.JdbcTemplate
- Executing prepared SQL statement [INSERT INTO USER (username, age)
VALUES (?, ?)]
23:38:40.824 [main] DEBUG org.springframework.jdbc.datasource.DataSource
Utils - Fetching JDBC Connection from DataSource
23:38:40.825 [main] DEBUG org.springframework.jdbc.core.JdbcTemplate
- SQL update affected 1 rows
23:38:40.825 [main] DEBUG org.springframework.jdbc.datasource.DataSource
Utils - Returning JDBC Connection to DataSource
23:38:40.825 [main] DEBUG org.springframework.jdbc.core.JdbcTemplate
- Executing prepared SQL query
23:38:40.826 [main] DEBUG org.springframework.jdbc.core.JdbcTemplate
- Executing prepared SQL statement [SELECT username, age FROM USER]
23:38:40.826 [main] DEBUG org.springframework.jdbc.datasource.DataSource
Utils - Fetching JDBC Connection from DataSource
23:38:40.874 [main] DEBUG org.springframework.jdbc.datasource.DataSource
Utils - Returning JDBC Connection to DataSource
User [username=Way Lau, age=30]
User [username=Rod Johnson, age=45]
```

从上述异常信息中，能够完整地看到整个数据库的操作过程，包括用户表的初始化，以及用户的新增和查询。

8. 示例源码

本小节示例源码在 s5-ch08-jdbc-object-mapping 目录下。

8.7 内嵌数据库

在前面的示例中已经演示过了如何使用 H2 内嵌数据库来执行 JDBC 的操作。org.springframework.jdbc.datasource.embedded 包提供对嵌入式 Java 数据库引擎的支持，包括 HSQL、H2 和 Derby 等。当然，Spring 框架还可以使用可扩展的 API 来插入新的嵌入式数据库类型和数据源实现。

重点 8.7.1 使用内嵌数据库的好处

由于嵌入式数据库具有轻量级特性，因此它在项目的开发阶段非常有用。其优点包括配置简单，启动时间短，可测试性强，并且能够在开发过程中快速演变 SQL。

8.7.2 使用 Spring XML 创建内存数据库

如果想在 Spring ApplicationContext 中将嵌入式数据库实例公开为 bean，那么就要在 spring-jdbc 命名空间中使用 embedded-database 标签。

```
<jdbc:embedded-database id="dataSource" generate-name="true">
    <jdbc:script location="classpath:schema.sql"/>
    <jdbc:script location="classpath:test-data.sql"/>
</jdbc:embedded-database>
```

上述配置创建了一个嵌入式 HSQL 数据库，其中填充了来自 schema.sql 的 SQL 及类路径根中的 test-data.sql 资源。嵌入式数据库作为一个 javax.sql.DataSource 类型的 bean 被 Spring 容器使用，然后可以根据需要将其注入数据访问对象中。

通常，使用内嵌数据库，除非指定数据库的名词，否则会将嵌入式数据库的名称设置为"testdb"。如果开发团队中有多人都在尝试创建同一数据库，则可能会遇到嵌入式数据库的错误。为了解决这个常见问题，Spring 4.2 框架提供了为嵌入式数据库生成唯一名称的支持。要启用生成的名称，就需要使用以下选项之一。

- EmbeddedDatabaseFactory.setGenerateUniqueDatabaseName()
- EmbeddedDatabaseBuilder.generateUniqueName()
- <jdbc:embedded-database generate-name= "true" … >

Spring 支持的数据库及设置方式如下。

①使用 HSQL。Spring 支持 HSQL 1.8.0 及以上版本。如果没有明确指定类型，HSQL 为默认的嵌入式数据库。要显式指定 HSQL，需要将 embedded-database 标签的 type 属性设置为"HSQL"。

②使用 H2。Spring 也支持 H2 数据库。 要启用 H2，需要将 embedded-database 标签的 type 属性设置为"H2"。

③使用 Derby。Spring 还支持 Apache Derby 10.5 及更高版本。要启用 Derby，需要将 embedded-database 标签的 type 属性设置为"DERBY"。

8.7.3 编程方式创建内存数据库

EmbeddedDatabaseBuilder 类提供了 API 以编程方式构建嵌入式数据库。在独立环境或独立集成测试中创建嵌入式数据库时，需要使用此选项。例如：

```
EmbeddedDatabase db = new EmbeddedDatabaseBuilder()
        .generateUniqueName(true)
        .setType(H2)
        .setScriptEncoding("UTF-8")
        .ignoreFailedDrops(true)
        .addScript("schema.sql")
```

```
        .addScripts("user_data.sql", "country_data.sql")
        .build();
// ...
db.shutdown()
```

EmbeddedDatabaseBuilder 也可用于使用 Java Config 创建嵌入式数据库。例如：

```
@Configuration
public class DataSourceConfig {
    @Bean
    public DataSource dataSource() {
        return new EmbeddedDatabaseBuilder()
                .generateUniqueName(true)
                .setType(H2)
                .setScriptEncoding("UTF-8")
                .ignoreFailedDrops(true)
                .addScript("schema.sql")
                .addScripts("user_data.sql", "country_data.sql")
                .build();
    }
}
```

8.7.4　实战：使用内存数据库进行测试的例子

本小节将创建一个示例（s5-ch08-embedded-database），演示如何使用内存数据库进行测试。

1. 导入相关的依赖

使用内存数据库进行测试需要导入以下依赖。

```
<properties>
    <spring.version>5.0.8.RELEASE</spring.version>
</properties>
<dependencies>
    <dependency>
        <groupId>org.springframework</groupId>
        <artifactId>spring-context</artifactId>
        <version>${spring.version}</version>
    </dependency>
    <dependency>
        <groupId>org.springframework</groupId>
        <artifactId>spring-aspects</artifactId>
        <version>${spring.version}</version>
    </dependency>
    <dependency>
        <groupId>org.springframework</groupId>
        <artifactId>spring-jdbc</artifactId>
        <version>${spring.version}</version>
    </dependency>
```

```
    <dependency>
        <groupId>org.apache.logging.log4j</groupId>
        <artifactId>log4j-core</artifactId>
        <version>2.6.2</version>
    </dependency>
    <dependency>
        <groupId>org.apache.logging.log4j</groupId>
        <artifactId>log4j-jcl</artifactId>
        <version>2.6.2</version>
    </dependency>
    <dependency>
        <groupId>org.apache.logging.log4j</groupId>
        <artifactId>log4j-slf4j-impl</artifactId>
        <version>2.6.2</version>
    </dependency>
    <dependency>
        <groupId>org.apache.commons</groupId>
        <artifactId>commons-dbcp2</artifactId>
        <version>2.5.0</version>
    </dependency>
    <dependency>
        <groupId>com.h2database</groupId>
        <artifactId>h2</artifactId>
        <version>1.4.196</version>
        <scope>runtime</scope>
    </dependency>
</dependencies>
```

其中，使用了 JDBC 的方式来连接数据库；数据库采用了 H2 内嵌数据库，方便用户进行测试；日志框架，采用了 Log4j 2，主要用于打印出 Spring 完整的事务执行过程。

2. 定义领域模型

定义一个代表用户信息的 User 类。例如：

```
package com.waylau.spring.jdbc.vo;
public class User {
    private String username;
    private Integer age;

    public User() {
    }

    public User(String username, Integer age) {
        this.username = username;
        this.age = age;
    }

    @Override
    public String toString() {
```

```
        return "User [username=" + username + ", age=" + age + "]";
    }
    // 省略 getter/setter 方法
}
```

3. 定义DAO层

定义 DAO 接口 UserDao。例如：

```
package com.waylau.spring.jdbc.dao;
import java.util.List;
import com.waylau.spring.jdbc.vo.User;
public interface UserDao {

    /**
     * 查询用户
     *
     * @return
     */
    List<User> listUser();

}
```

定义 DAO 的实现类 UserDaoImpl。例如：

```
package com.waylau.spring.jdbc.dao;

import java.sql.ResultSet;
import java.sql.SQLException;
import java.util.List;
import javax.sql.DataSource;
import org.springframework.beans.factory.annotation.Autowired;
import org.springframework.jdbc.core.JdbcTemplate;
import org.springframework.jdbc.core.RowMapper;
import org.springframework.stereotype.Repository;
import com.waylau.spring.jdbc.vo.User;

@Repository
public class UserDaoImpl implements UserDao {

    private JdbcTemplate jdbcTemplate;

    @Autowired
    public void setDataSource(DataSource dataSource) {
        this.jdbcTemplate = new JdbcTemplate(dataSource);
    }

    public List<User> listUser() {
        List<User> users = this.jdbcTemplate.query(
                "SELECT username, age FROM USER",
```

```
                new RowMapper<User>() {
                    public User mapRow(ResultSet rs, int rowNum) throws
SQLException {
                        User user = new User();
                        user.setUsername(rs.getString("username"));
                        user.setAge(rs.getInt("age"));
                        return user;
                    }
                });
        return users;
    }
}
```

4. 定义Service层

定义服务接口 UserService。例如：

```
package com.waylau.spring.jdbc.service;
import java.util.List;
import com.waylau.spring.jdbc.vo.User;
public interface UserService {

    /**
     * 查询用户
     *
     * @return
     */
    List<User> listUser();
}
```

定义服务的实现类 UserServiceImpl。例如：

```
package com.waylau.spring.jdbc.service;
import java.util.List;
import org.springframework.beans.factory.annotation.Autowired;
import org.springframework.stereotype.Service;
import com.waylau.spring.jdbc.dao.UserDao;
import com.waylau.spring.jdbc.vo.User;

@Service
public class UserServiceImpl implements UserService {

    private UserDao userdao;

    @Autowired
    public void setUserDao(UserDao userdao) {
        this.userdao = userdao;
    }

    public List<User> listUser() {
```

```
        return userdao.listUser();
    }
}
```

上述服务实现了用户的查询。

5. 配置文件

定义 Spring 应用的配置文件 spring.xml。例如：

```
<?xml version="1.0" encoding="UTF-8"?>
<beans xmlns="http://www.springframework.org/schema/beans"
    xmlns:xsi="http://www.w3.org/2001/XMLSchema-instance"
    xmlns:context="http://www.springframework.org/schema/context"
    xmlns:tx="http://www.springframework.org/schema/tx"
    xmlns:jdbc="http://www.springframework.org/schema/jdbc"
    xsi:schemaLocation="
        http://www.springframework.org/schema/beans
        http://www.springframework.org/schema/beans/spring-beans.xsd
        http://www.springframework.org/schema/context
        http://www.springframework.org/schema/context/spring-context.xsd
        http://www.springframework.org/schema/tx
        http://www.springframework.org/schema/tx/spring-tx.xsd
        http://www.springframework.org/schema/jdbc
        http://www.springframework.org/schema/jdbc/spring-jdbc.xsd">

    <context:component-scan base-package="com.waylau.spring" />

    <!-- DataSource -->
    <jdbc:embedded-database id="dataSource" generate-name="true" type="H2">
        <jdbc:script location="classpath:schema.sql"/>
        <jdbc:script location="classpath:test-data.sql"/>
    </jdbc:embedded-database>

    <!-- PlatformTransactionManager -->
    <bean id="txManager"
        class="org.springframework.jdbc.datasource.DataSourceTransaction
Manager">
        <property name="dataSource" ref="dataSource"/>
    </bean>

    <!-- 定义事务Advice -->
    <tx:advice id="txAdvice" transaction-manager="txManager">
        <tx:attributes>
            <!-- 所有"list"开头的都是只读 -->
            <tx:method name="list*" read-only="true"/>
            <!-- 其他方法，使用默认的事务设置 -->
            <tx:method name="*"/>
        </tx:attributes>
    </tx:advice>
```

```
</beans>
```

在上述配置文件中，定义了事务 Advice、DataSource、PlatformTransactionManager 等，并启用了 Spring 自动扫描机制来注入 bean。

初始化数据源时，引用了两个 SQL 脚本文件。schema.sql 文件用于初始化数据库表结构。例如:

```
CREATE TABLE USER (
  USERNAME varchar(250) NOT NULL COMMENT '姓名',
  AGE INT DEFAULT NULL COMMENT '年纪'
);
```

test-data.sql 文件用于初始化测试数据：

```
INSERT INTO user (username, age) VALUES ('admin', 11);
INSERT INTO user (username, age) VALUES ('waylau', 22);
```

6. 编写主应用类

主应用类 Application 的代码如下。

```
package com.waylau.spring.jdbc;
import java.util.List;
import org.springframework.context.ApplicationContext;
import org.springframework.context.support.ClassPathXmlApplicationContext;
import com.waylau.spring.jdbc.service.UserService;
import com.waylau.spring.jdbc.vo.User;
public class Application {
    public static void main(String[] args) {
        @SuppressWarnings("resource")
        ApplicationContext context = new ClassPathXmlApplicationContext
("spring.xml");
        UserService UserService = context.getBean(UserService.class);

        List<User> users = UserService.listUser();
        for (User user: users) {
            System.out.println(user);
        }
    }
}
```

在 Application 类中，会执行用户表的初始化，以及用户的新增和查询。

7. 运行

运行 Application 类，能看到控制台中的打印信息如下。

```
...
23:01:57.038 [main] INFO  org.springframework.jdbc.datasource.embedded.
EmbeddedDatabaseFactory - Starting embedded database: url='jdbc:h2:mem:
67c39420-7064-4a9d-a745-72de37d87d42;DB_CLOSE_DELAY=-1;DB_CLOSE_ON_EXIT=
false', username='sa'
```

```
23:01:57.042 [main] DEBUG org.springframework.jdbc.datasource.DataSource
Utils - Fetching JDBC Connection from DataSource
23:01:57.043 [main] DEBUG org.springframework.jdbc.datasource.Simple
DriverDataSource - Creating new JDBC Driver Connection to [jdbc:h2:mem:
67c39420-7064-4a9d-a745-72de37d87d42;DB_CLOSE_DELAY=-1;DB_CLOSE_ON_EXIT=
false]
23:01:57.168 [main] INFO  org.springframework.jdbc.datasource.init.
ScriptUtils - Executing SQL script from class path resource [schema.sql]
23:01:57.175 [main] DEBUG org.springframework.jdbc.datasource.init.
ScriptUtils - 0 returned as update count for SQL: CREATE TABLE USER (
USERNAME varchar(250) NOT NULL COMMENT '姓名', AGE INT DEFAULT NULL
COMMENT '年纪' )
23:01:57.175 [main] INFO  org.springframework.jdbc.datasource.init.
ScriptUtils - Executed SQL script from class path resource [schema.sql]
in 7 ms.
23:01:57.175 [main] INFO  org.springframework.jdbc.datasource.init.
ScriptUtils - Executing SQL script from class path resource [test-data.
sql]
23:01:57.177 [main] DEBUG org.springframework.jdbc.datasource.init.
ScriptUtils - 1 returned as update count for SQL: INSERT INTO user
(username, age) VALUES ('admin', 11)
23:01:57.177 [main] DEBUG org.springframework.jdbc.datasource.init.
ScriptUtils - 1 returned as update count for SQL: INSERT INTO user
(username, age) VALUES ('waylau', 22)
23:01:57.177 [main] INFO  org.springframework.jdbc.datasource.init.
ScriptUtils - Executed SQL script from class path resource [test-data.
sql] in 2 ms.
23:01:57.177 [main] DEBUG org.springframework.jdbc.datasource.DataSource
Utils - Returning JDBC Connection to DataSource
23:01:57.178 [main] DEBUG org.springframework.beans.factory.support.
DefaultListableBeanFactory - Finished creating instance of bean 'data
Source'

...

23:01:57.247 [main] DEBUG org.springframework.jdbc.core.JdbcTemplate
- Executing SQL query [SELECT username, age FROM USER]
23:01:57.248 [main] DEBUG org.springframework.jdbc.datasource.DataSource
Utils - Fetching JDBC Connection from DataSource
23:01:57.248 [main] DEBUG org.springframework.jdbc.datasource.Simple
DriverDataSource - Creating new JDBC Driver Connection to [jdbc:h2:mem:
67c39420-7064-4a9d-a745-72de37d87d42;DB_CLOSE_DELAY=-1;DB_CLOSE_ON_EXIT=
false]
23:01:57.262 [main] DEBUG org.springframework.jdbc.datasource.DataSource
Utils - Returning JDBC Connection to DataSource
User [username=admin, age=11]
User [username=waylau, age=22]
```

从上述异常信息中，能够完整地看到整个数据库的操作过程，包括用户表的初始化，以及用户的新增和查询。

8. 示例源码

本小节示例源码在 s5-ch08-embedded-database 目录下。

8.8 初始化 DataSource

org.springframework.jdbc.datasource.init 包提供了对初始化现有数据源的支持。嵌入式数据库支持为创建和初始化应用程序的 DataSource 提供了一个选项，但有时需要初始化在某个服务器上运行的实例。

如果要初始化数据库并可以提供对 DataSource bean 的引用，需要在 spring-jdbc 命名空间中使用 initialize-database 标签。例如：

```
<jdbc:initialize-database data-source="dataSource">
    <jdbc:script location="classpath:com/foo/sql/db-schema.sql"/>
    <jdbc:script location="classpath:com/foo/sql/db-test-data.sql"/>
</jdbc:initialize-database>
```

上面的例子执行数据库指定的两个脚本：第一个脚本创建一个模式，第二个脚本使用测试数据集填充表。脚本位置也可以使用通配符（如 classpath*:/com/foo/**/sql/*-data.sql）。如果使用模式，脚本将按照其 URL 或文件名的词法顺序执行。

数据库初始化程序的默认行为是无条件执行提供的脚本。但是，为了更好地控制现有数据的创建和删除，XML 命名空间提供了一些其他选项。第一个是打开和关闭初始化标签，也可以根据环境来设置（如从系统属性或环境 bean 中提取布尔值）。例如：

```
<jdbc:initialize-database data-source="dataSource"
    enabled="#{systemProperties.INITIALIZE_DATABASE}">
    <jdbc:script location="..."/>
</jdbc:initialize-database>
```

控制现有数据的第二种方法是更容忍失败。为此，可以控制初始化程序来忽略执行的 SQL 脚本中的某些错误。例如：

```
<jdbc:initialize-database data-source="dataSource" ignore-failures=
"DROPS">
    <jdbc:script location="..."/>
</jdbc:initialize-database>
```

在这个例子中，有时脚本会针对空的数据库执行，并且脚本中会有一些 DROP 语句，因此会失败。失败的 SQL DROP 语句将被忽略，但其他失败将导致异常。

ignore-failures 选项可以设置为 NONE（默认值）、DROPS（忽略失败的丢弃）、ALL（忽略所有失败）。

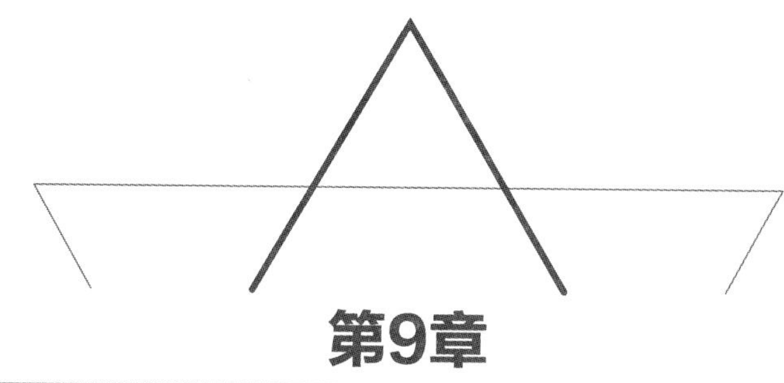

第9章

基于 ORM 的数据访问

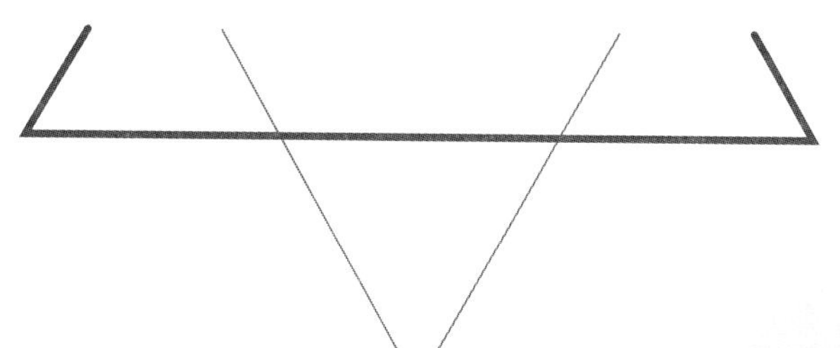

9.1 Spring ORM 概述

ORM（Object Relational Mapping，对象关系映射）是一种程序技术，用于实现面向对象编程语言中不同类型数据之间的转换，如 Java 对象与关系型数据库数据的转换。Spring 框架在实现资源管理、数据访问对象（DAO）层及事务策略等方面，支持对 Java 持久化 API（JPA）及原生 Hibernate 的集成。以 Hibernate 来说，Spring 有非常强的 IoC 功能，可以解决许多典型的 Hibernate 配置和集成问题。开发者可以通过依赖注入来配置 ORM 组件支持的特性。Hibernate 的这些特性可以参与 Spring 的资源和事务管理，并且符合 Spring 的通用事务和 DAO 层的异常体系。因此，Spring 团队推荐使用 Spring 集成的方式来开发 DAO 层，而不是使用原生的 Hibernate 或 JPA 的 API。

当创建数据访问应用程序时，Spring 会为开发者选择的 ORM 层对应功能进行优化。而且，开发者可以根据需要来使用 Spring 对集成 ORM 的支持，将此集成工作与维护内部类似的基础架构服务的成本和风险进行权衡。同时，在使用 Spring 集成时可以很大程度上不用考虑技术，将 ORM 的支持当作一个库来使用，因为所有的组件都被设计为可重用的 JavaBean 组件。Spring IoC 容器中的 ORM 十分易于配置和部署。

开发者使用 Spring ORM 框架创建自己的 DAO 的好处如下。

1. 易于测试

Spring IoC 的模式使得开发者可以轻易地替换 Hibernate 的 SessionFactory 实例、JDBC 的 DataSource 实例、事务管理器，以及映射对象（如果有必要）的配置和实现。这一特点十分利于开发者对每个模块进行独立的测试。

2. 统一数据访问异常

Spring 可以将 ORM 工具的异常封装起来，将所有异常（可以是受检异常）封装成运行时的 DataAccessException 体系。这一特性可以使开发者在合适的逻辑层上处理绝大多数不可修复的持久化异常，避免了大量的 catch-throw 和异常的声明。开发者还可以按需来处理这些异常。其中，JDBC 异常（包括一些特定数据库语言）都会被封装为相同的体系，意味着开发者即使使用不同的 JDBC 操作，基于不同的数据库，也可以保证一致的编程模型。

3. 通用的资源管理

Spring 的应用上下文可以通过处理配置源的位置来灵活配置 Hibernate 的 SessionFactory 实例、JPA 的 EntityManagerFactory 实例、JDBC 的 DataSource 实例及其他类似的资源。Spring 的这一特性使得这些实例的配置十分易于管理和修改。同时，Spring 还为处理持久化资源的配置提供了高效、易用和安全的处理方式。例如，有些代码使用了 Hibernate 需要使用相同的 Session 来确保高效性和正确的事务处理。Spring 通过 Hibernate 的 SessionFactory 来获取当前的 Session，透明地将 Session 绑定到当前的线程。Spring 为任何本地或 JTA 事务环境解决了在使用 Hibernate 时碰到的一些常见问题。

4. 集成事务管理

开发者可以通过 @Transactional 注解或在 XML 配置文件中显式配置事务 AOP Advise 拦截，将 ORM 代码封装在声明式的 AOP 方法拦截器中。事务的语义和异常处理（回滚等）都可以根据开发者自己的需求来定制。开发者可以在不影响 ORM 相关代码的情况下替换使用不同的事务管理器。例如，开发者可以在本地事务和 JTA 之间进行切换，并在两种情况下具有相同的完整服务（如声明式事务）。此外，与 JDBC 相关的代码可以与用于执行 ORM 的代码完全集成。这对于不适合 ORM 的数据访问时非常有用，如批处理和 BLOB 流式传输。

9.2 ORM 集成注意事项

Spring 对 ORM 集成的主要目的是使应用层次化，可以任意选择数据访问和事务管理技术，并且为应用对象提供松耦合结构。不再将业务逻辑依赖于数据访问或事务策略上，不再使用基于硬编码的资源查找，不再使用难以替代的单例，不再自定义服务的注册。同时，为应用提供一个简单和一致的方法来装载对象，保证它们的重用并尽可能不依赖于容器。所有单独的数据访问功能都可以自己使用，也可以很好地与 Spring 的 ApplicationContext 集成，提供基于 XML 的配置和不需要 Spring 感知的普通 JavaBean 实例。在典型的 Spring 应用程序中，许多重要的对象都是 JavaBean，包括数据访问模板、数据访问对象、事务管理器、使用数据访问对象和事务管理器的业务服务、Web 视图解析器、使用业务服务的 Web 控制器等。

重点 9.2.1　资源与事务管理

通常企业应用都会包含很多重复的资源管理代码。很多项目总是尝试去创造自己的解决方案，有时会为了开发的方便而牺牲对错误的处理。Spring 为资源的配置管理提供了简单易用的解决方案，在 JDBC 上使用模板技术，在 ORM 上使用 AOP 拦截技术。

Spring 的基础设施提供了合适的资源处理，同时 Spring 引入了 DAO 层的异常体系，可以适用于任何数据访问策略。对于 JDBC 直连来说，前面提及的 JdbcTemplate 类提供了包括连接处理，对 SQLException 到 DataAccessException 的异常封装，同时还包含对于一些特定数据库 SQL 错误代码的转换。

当谈到事务管理时，JdbcTemplate 类通过 Spring 事务管理器挂接到 Spring 事务支持，并支持 JTA 和 JDBC 事务。Spring 通过 Hibernate、JPA 事务管理器和 JTA 的支持来提供 Hibernate 和 JPA 这类 ORM 技术的支持。

难点 9.2.2 异常处理

当在 DAO 层中使用 Hibernate 或 JPA 时，开发者必须决定该如何处理持久化技术的一些原生异常。DAO 层会根据选择技术的不同而抛出 HibernateException 或 PersistenceException。这些异常都属于运行时的异常，所以无须显式声明和捕捉。同时，开发者还需要处理 IllegalArgumentException 和 IllegalStateException 这类异常。一般情况下，调用方通常只能将这一类异常视为致命的异常，除非他们想要自己的应用依赖于持久性技术原生的异常体系。如果需要捕获一些特定的错误，如乐观锁获取失败一类的错误，只能选择调用方和实现策略耦合到一起。对于那些只基于某种特定 ORM 技术或不需要特殊异常处理的应用来说，使用 ORM 本身的异常体系的代价是可以接受的。但是，Spring 可以通过 @Repository 注解透明地应用异常转换，以解耦调用方和 ORM 技术的耦合。

```
@Repository
public class ProductDaoImpl implements ProductDao {
    // ...
}
<beans>
    <bean class="org.springframework.dao.annotation.PersistenceException-
TranslationPostProcessor"/>
    <bean id="myProductDao" class="com.waylau.ProductDaoImpl"/>
</beans>
```

上面的后置处理器会自动查找所有的异常转义器（实现 PersistenceExceptionTranslator 接口的 bean），并且拦截所有标记为 @Repository 注解的 bean，通过代理来拦截异常，然后通过 PersistenceExceptionTranslator 将 DAO 层异常转义后的异常抛出。

总而言之，开发者既可以基于简单的持久化技术的 API 和注解来实现 DAO，同时还可以从 Spring 管理的事务、依赖注入和异常转换中受益。

9.3 集成 Hibernate

从 Spring 5.0 开始，Spring 需要 Hibernate ORM 对 JPA 的支持要基于 Spring 4.3 或更高的版本，甚至是 Hibernate ORM 5.0+ 版本，都可以很好地与现有的 Spring 5 实现集成。本节主要使用 Hibernate 5 来演示 Spring 集成 ORM 的方法。

重点 9.3.1 设置 SessionFactory

开发者可以将资源（如 JDBCDataSource 或 HibernateSessionFactory ）定义为 Spring 容器中的 bean 来避免将应用程序对象绑定到硬编码的资源查找上。应用对象需要访问资源时，都通过对应的 bean 实例进行间接查找。

下面的 XML 元数据定义就展示了如何配置 JDBC 的 DataSource 和 Hibernate 的 SessionFactory。

```
<beans>
    <bean id="myDataSource" class="org.apache.commons.dbcp.BasicData
Source" destroy-method="close">
        <property name="driverClassName" value="org.hsqldb.jdbcDriver"/>

        <property name="url" value="jdbc:hsqldb:hsql://localhost:9001"/>

        <property name="username" value="sa"/>
        <property name="password" value=""/>
    </bean>

    <bean id="mySessionFactory" class="org.springframework.orm.hiber
nate5.LocalSessionFactoryBean">
        <property name="dataSource" ref="myDataSource"/>
        <property name="mappingResources">
            <list>
                <value>product.hbm.xml</value>
            </list>
        </property>
        <property name="hibernateProperties">
            <value>
                hibernate.dialect=org.hibernate.dialect.HSQLDialect
            </value>
        </property>
    </bean>
</beans>
```

这样，从本地的 Jaksrta Commons DBCP 的 BasicDataSource 转换到 JNDI 定位的 DataSource 仅需要修改配置文件。

```
<beans>
    <jee:jndi-lookup id="myDataSource" jndi-name="java:comp/env/jdbc/
myds"/>
</beans>
```

开发者也可以通过 Spring 的 JndiObjectFactoryBean 或 <jee:jndi-lookup> 来获取对应 bean 以访问 JNDI 定位的 SessionFactory。但是，JNDI 定位的 SessionFactory 在 EJB 上下文不常见。

9.3.2　基于 Hibernate 的 DAO

Hibernate 有一个特性称为上下文会话，每个 Hibernate 本身事务都管理一个当前的 Session。这大致相当于 Spring 每个事务的一个 HibernateSession 的同步。如下 DAO 的实现类就是基于简单的 Hibernate API 实现的。

```
public class ProductDaoImpl implements ProductDao {
    private SessionFactory sessionFactory;
    public void setSessionFactory(SessionFactory sessionFactory) {
        this.sessionFactory = sessionFactory;
    }

    public Collection loadProductsByCategory(String category) {
        return this.sessionFactory.getCurrentSession()
                .createQuery("from test.Product product where product.
category=?")
                .setParameter(0, category)
                .list();
    }
}
```

除了需要在实例中持有 SessionFactory 引用外，上面的代码与 Hibernate 文档中的例子十分相近。Spring 团队强烈建议使用这种基于实例变量的实现风格，而非守旧的 static HibernateUtil 风格（总的来说，除非绝对必要，否则尽量不要使用 static 变量来持有资源）。

上面 DAO 的实现完全符合 Spring 依赖注入的样式。这种方式可以很好地集成 Spring IoC 容器，就好像 Spring 的 HibernateTemplate 代码一样。当然，DAO 层的实现也可以通过纯 Java 的方式来配置（如在单元测试中）。简单实例化 ProductDaoImpl 并调用 setSessionFactory(..) 即可。当然，也可以使用 Spring bean 来进行注入，XML 配置如下。

```
<beans>

    <bean id="myProductDao" class="product.ProductDaoImpl">
        <property name="sessionFactory" ref="mySessionFactory"/>
    </bean>

</beans>
```

上面 DAO 实现方式的好处在于只依赖于 Hibernate API，而无须引入 Spring 的 API。这从非侵入性的角度来看是有吸引力的，因此这种开发方式会使 Hibernate 开发人员更加自然。

然而，DAO 层会抛出 Hibernate 自有异常 HibernateException（属于非检查异常，无须显式声明和使用 try-catch），但是也意味着调用方会将异常看作致命异常——除非调用方将 Hibernate 异常体系作为应用的异常体系来处理。而在这种情况下，除非调用方自己来实现一定的策略，否则捕获一些诸如乐观锁失败等的特定错误是不可能的。对于强烈基于 Hibernate 的应用程序或不需要对特殊异常处理的应用程序，这种代价可能是可以接受的。

Spring 的 LocalSessionFactoryBean 可以通过 Hibernate 的 SessionFactory.getCurrentSession() 方法为所有的 Spring 事务策略提供支持，使用 HibernateTransactionManager 返回当前的 Spring 管理的事务的 Session。但是，该方法的标准行为仍然是返回与正在进行的 JTA 事务相关联的当前 Session。无论开发者是使用 Spring 的 JtaTransactionManager、EJB 容器管理事务（CMT）还是使用 JTA，都

会适用此行为。

总之，开发者可以基于纯 Hibernate API 来实现 DAO，同时也可以集成 Spring 来管理事务。

重点 9.3.3　声明式事务

Spring 团队建议开发者使用 Spring 声明式的事务支持，这样可以通过 AOP 事务拦截器来替代事务 API 的显式调用。AOP 事务拦截器可以在 Spring 容器中使用 XML 或 Java 的注解进行配置。这种事务拦截器可以使开发者的代码和重复的事务代码相解耦，而开发者可以将精力更多集中在业务逻辑上。因为，业务逻辑才是应用的核心。

开发者可以在服务层的代码使用注解 @Transactional，这样可以让 Spring 容器找到这些注解，以对其中注解了的方法提供事务语义。

```
public class ProductServiceImpl implements ProductService {
    private ProductDao productDao;
    public void setProductDao(ProductDao productDao) {
        this.productDao = productDao;
    }

    @Transactional
    public void increasePriceOfAllProductsInCategory(final String
category) {
        List productsToChange = this.productDao.loadProductsByCategory
(category);
        // ...
    }

    @Transactional(readOnly = true)
    public List<Product> findAllProducts() {
        return this.productDao.findAllProducts();
    }
}
```

开发者需要做的就是在容器中配置 PlatformTransactionManager 的实现，或者是在 XML 中配置 <tx:annotation-driven/> 标签，这样就可以在运行时支持 @Transactional 的处理了。例如：

```
<?xml version="1.0" encoding="UTF-8"?>
<beans xmlns="http://www.springframework.org/schema/beans"
    xmlns:xsi="http://www.w3.org/2001/XMLSchema-instance"
    xmlns:aop="http://www.springframework.org/schema/aop"
    xmlns:tx="http://www.springframework.org/schema/tx"
    xsi:schemaLocation="
        http://www.springframework.org/schema/beans
        http://www.springframework.org/schema/beans/spring-beans.xsd
        http://www.springframework.org/schema/tx
        http://www.springframework.org/schema/tx/spring-tx.xsd
```

```
        http://www.springframework.org/schema/aop
        http://www.springframework.org/schema/aop/spring-aop.xsd">

    <bean id="transactionManager"
            class="org.springframework.orm.hibernate5.HibernateTrans-
actionManager">
        <property name="sessionFactory" ref="sessionFactory"/>
    </bean>

    <tx:annotation-driven/>

    <bean id="myProductService" class="product.SimpleProductService">
        <property name="productDao" ref="myProductDao"/>
    </bean>
</beans>
```

重点 9.3.4 编程事务

开发者可以在应用程序的更高级别上对事务进行标记，而不用考虑低级别的数据访问执行了多少操作。这样不会对业务服务的实现进行限制，只需要定义一个 Spring 的 PlatformTransactionManager 即可。PlatformTransactionManager 可以从多处获取，但最好是通过 setTransactionManager(..) 方法以 bean 来注入。

下面的代码展示了 Spring 应用程序上下文中的事务管理器和业务服务的定义，以及业务方法的实现。

```
<beans>
    <bean id="myTxManager" class="org.springframework.orm.hibernate5.
HibernateTransactionManager">
        <property name="sessionFactory" ref="mySessionFactory"/>
    </bean>

    <bean id="myProductService" class="product.ProductServiceImpl">
        <property name="transactionManager" ref="myTxManager"/>
        <property name="productDao" ref="myProductDao"/>
    </bean>
</beans>
public class ProductServiceImpl implements ProductService {
    private TransactionTemplate transactionTemplate;
    private ProductDao productDao;
    public void setTransactionManager(PlatformTransactionManager trans-
actionManager) {
        this.transactionTemplate = new TransactionTemplate(transaction-
Manager);
    }
```

```
    public void setProductDao(ProductDao productDao) {
        this.productDao = productDao;
    }

    public void increasePriceOfAllProductsInCategory(final String cate-
gory) {
        this.transactionTemplate.execute(new TransactionCallbackWith-
outResult() {
            public void doInTransactionWithoutResult(TransactionStatus
status) {
                List productsToChange = this.productDao.loadProductsBy-
Category(category);
                ...// do the price increase
            }
        });
    }
}
```

Spring 的 TransactionInterceptor 允许任何检查的应用程序异常与回调代码一起被抛出，而 TransactionTemplate 被限制在回调中的未检查异常。如果未检查异常在应用程序中抛出，或者事务被标记为 rollback-only，则 TransactionTemplate 会触发回滚。TransactionInterceptor 默认行为方式相同，但允许每种方法配置回滚策略。

9.3.5 事务管理策略

无论是 TransactionTemplate 还是 TransactionInterceptor 都将实际的事务处理代理到 PlatformTransactionManager 实例上来进行处理，这个实例的实现可以是一个 HibernateTransactionManager（包含一个 Hibernate 的 SessionFactory 通过使用 ThreadLocal 的 Session），也可以是 JatTransactionManager（代理到容器的 JTA 子系统）。开发者还可以使用一个自定义的 PlatformTransactionManager 的实现。如果应用需要部署分布式事务，只是一个配置变化，就可以从本地 Hibernate 事务管理切换到 JTA。简单地用 Spring 的 JTA 事务实现来替换 Hibernate 事务管理器即可。因为引用的 PlatformTransactionManager 是通用事务管理 API 的，事务管理器之间的切换无须修改代码。

对于那些跨越了多个 Hibernate 会话工厂的分布式事务，只需要将 JtaTransactionManager 和多个 LocalSessionFactoryBean 定义相结合即可。每个 DAO 之后会获取一个特定的 SessionFactory 引用。如果所有底层 JDBC 数据源都是事务性容器，那么只要使用 JtaTransactionManager 作为策略实现，业务服务就可以划分任意数量的 DAO 和任意数量的会话工厂的事务。

无论是 HibernateTransactionManager 还是 JtaTransactionManager 都允许使用 JVM 级别的缓存来处理 Hibernate，无须基于容器的事务管理器查找，或者 JCA 连接器（如果开发者没有使用 EJB 来实例化事务）。

HibernateTransactionManager 可以为指定的数据源的 Hibernate JDBC 的 Connection 转为纯 JDBC 的访问代码。如果开发者仅访问一个数据库完全可以不使用 JTA，通过 Hibernate 和 JDBC 数据访问进行高级别事务划分。如果开发者已经通过 LocalSessionFactoryBean 的 dataSource 属性与 DataSource 设置了传入的 SessionFactory，HibernateTransactionManager 会自动将 Hibernate 事务公开为 JDBC 事务，或者可以通过 HibernateTransactionManager 的 dataSource 属性的配置以确定公开事务的类型。

9.4 JPA

JPA（Java Persistence API）是用于管理 Java EE 和 Java SE 环境中的持久化，以及对象 / 关系映射的 Java API。

JPA 最新规范为“JSR 338: Java™ Persistence 2.2”（https://jcp.org/en/jsr/detail?id=338）。目前，市面上实现该规范的常见 JPA 框架有 EclipseLink（http://www.eclipse.org/eclipselink）、Hibernate（http://hibernate.org/orm）、Apache OpenJPA（http://openjpa.apache.org/）等。

Spring JPA 在 org.springframework.orm.jpa 包中。Spring JPA 用了 Hibernate 集成相似的方法来提供更易于理解的 JPA 支持。

注意：本节只对 JPA 的用法做简单的介绍。读者如果要了解详细的 JPA 用法，可以参见笔者所著的《Java EE 编程要点》和《Spring Boot 企业级应用开发实战》。

9.4.1 设置 JPA 不同方式

Spring JPA 支持提供了 3 种配置 JPAEntityManagerFactory 的方法，然后通过 EntityManagerFactory 来获取对应的实体管理器。

1. LocalEntityManagerFactoryBean

通常只有在简单的部署环境中使用此选项，如在独立应用程序或进行集成测试时，才会使用这种方式。

LocalEntityManagerFactoryBean 创建一个适用于应用程序且仅使用 JPA 进行数据访问的简单部署环境的 EntityManagerFactory。工厂 bean 会使用 JPAPersistenceProvider 自动检测机制，并且在大多数情况下，仅要求开发者指定持久化单元的名称。

```
<beans>
    <bean id="myEmf" class="org.springframework.orm.jpa.LocalEntityMan-
agerFactoryBean">
        <property name="persistenceUnitName" value="myPersistenceUnit"/>
```

```
</bean>
</beans>
```

这种形式的 JPA 部署是最简单的，同时限制也很多。开发者不能引用现有的 JDBC DataSource bean 定义，并且不支持全局事务。而且，持久化类的织入是特定于提供者的，通常需要在启动时指定特定的 JVM 代理。该选项仅适用于符合 JPA 规范的独立应用程序或测试环境。

2. 从 JNDI 中获取 EntityManagerFactory

在部署到 Java EE 服务器时可以使用此选项。检查服务器的文档来了解如何将自定义 JPA 提供程序部署到服务器中，从而对服务器进行比默认更多的个性化定制。

从 JNDI 中获取 EntityManagerFactory，只需要在 XML 配置中加入配置信息即可。例如：

```
<beans>
    <jee:jndi-lookup id="myEmf" jndi-name="persistence/myPersistence
Unit"/>
</beans>
```

此操作将采用标准 Java EE 引导。Java EE 服务器自动检测 Java EE 部署描述符（如 web.xml）中 persistence-unit-ref 条目和持久性单元（实际上是应用程序 jar 中的 META-INF/persistence.xml 文件），并为这些持久性单元定义环境上下文位置。

在这种情况下，整个持久化单元部署（包括持久化类的织入）都取决于 Java EE 服务器。JDBC DataSource 通过 META-INF/persistence.xml 文件中的 JNDI 位置进行定义；而 EntityManager 事务与服务器 JTA 子系统集成。Spring 仅使用获取的 EntityManagerFactory，通过依赖注入将其传递给应用程序对象，通常通过 JtaTransactionManager 来管理持久性单元的事务。

如果在同一应用程序中使用多个持久性单元，则这种 JNDI 检索的持久性单元的 bean 名称应与应用程序引用的持久性单元名称相匹配，如 @PersistenceUnit 和 @PersistenceContext 注解。

3. LocalContainerEntityManagerFactoryBean

在基于 Spring 的应用程序环境中使用此选项来实现完整的 JPA 功能，包括诸如 Tomcat 的 Web 容器，以及具有复杂持久性要求的独立应用程序和集成测试。

LocalContainerEntityManagerFactoryBean 可以完全控制 EntityManagerFactory 的配置，同时适用于需要细粒度定制的环境。LocalContainerEntityManagerFactoryBean 会基于 persistence.xml 文件、dataSourceLookup 策略和指定的 loadTimeWeaver 来创建一个 PersistenceUnitInfo 实例。因此，可以在 JNDI 之外使用自定义数据源并控制织入过程。以下示例为 LocalContainerEntityManagerFactory-Bean 的典型 bean 定义。

```
<beans>
    <bean id="myEmf"
        class="org.springframework.orm.jpa.LocalContainerEntityManager
FactoryBean">
        <property name="dataSource" ref="someDataSource"/>
```

```
        <property name="loadTimeWeaver">
            <bean class="org.springframework.instrument.classloading.
InstrumentationLoadTimeWeaver"/>
        </property>
    </bean>
</beans>
```

下面的例子是一个典型的 persistence.xml 文件。

```
<persistence xmlns="http://java.sun.com/xml/ns/persistence" version=
"1.0">
    <persistence-unit name="myUnit" transaction-type="RESOURCE_LOCAL">
        <mapping-file>META-INF/orm.xml</mapping-file>
        <exclude-unlisted-classes/>
    </persistence-unit>
</persistence>
```

<exclude-unlisted-classes/> 标签表示不会进行注解实体类的扫描。指定显式 true 值表示不进行扫描；指定为 false 则会触发扫描。但是，如果开发者需要进行实体类扫描，建议开发者简单地省略 <exclude-unlisted-classes> 标签。

LocalContainerEntityManagerFactoryBean 是最强大的 JPA 设置选项，允许在应用程序中进行灵活的本地配置。它支持连接到现有的 JDBC DataSource，支持本地和全局事务等。但是，它对运行环境施加了需求，如果持久性提供程序需要字节码转换，就需要有织入能力的类加载器。

LocalContainerEntityManagerFactoryBean 选项可能与 Java EE 服务器的内置 JPA 功能冲突。在完整的 Java EE 环境中，请考虑从 JNDI 中获取 EntityManagerFactory，或者在开发者的 LocalContainerEntityManagerFactoryBean 定义中指定一个自定义 persistenceXmlLocation，如 META-INF/my-persistence.xml，并且只在应用程序 jar 文件中包含该名称的描述符。因为 Java EE 服务器仅查找默认的 META-INF/persistence.xml 文件，所以它会忽略这种自定义持久性单元，从而避免了与 Spring 驱动的 JPA 设置之间发生冲突。

重点 9.4.2 基于 JPA 的 DAO

通过注入的方式使用 EntityManagerFactory 或 EntityManager 来编写 JPA 代码，是不需要依赖任何 Spring 定义的类的。如果启用了 PersistenceAnnotationBeanPostProcessor，Spring 可以在实例级别和方法级别识别 @PersistenceUnit 和 @PersistenceContext 注解。

使用 @PersistenceUnit 注解的纯 JPA DAO 实现如下。

```
public class ProductDaoImpl implements ProductDao {
    private EntityManagerFactory emf;
    @PersistenceUnit
    public void setEntityManagerFactory(EntityManagerFactory emf) {
        this.emf = emf;
```

```
    }
    public Collection loadProductsByCategory(String category) {
        EntityManager em = this.emf.createEntityManager();
        try {
            Query query = em.createQuery("from Product as p where p.
category = ?1");
            query.setParameter(1, category);
            return query.getResultList();
        }
        finally {
            if (em != null) {
                em.close();
            }
        }
    }
}
```

上面的 DAO 对 Spring 的实现是没有任何依赖的，而且很适合与 Spring 的应用程序上下文进行集成。DAO 还可以通过注解来注入默认的 EntityManagerFactory。

```
<beans>
    <bean class="org.springframework.orm.jpa.support.PersistenceAnnot-
ationBeanPostProcessor"/>
    <bean id="myProductDao" class="com.waylau.ProductDaoImpl"/>
</beans>
```

如果不想明确定义 PersistenceAnnotationBeanPostProcessor，可以在应用程序上下文配置中使用 Spring 上下文 annotation-config 元素，具体代码如下。这样做会自动注册所有 Spring 标准后置处理器，用于初始化基于注解的配置，包括 CommonAnnotationBeanPostProcessor 等。

```
<beans>
    <context:annotation-config/>
    <bean id="myProductDao" class="com.waylau.ProductDaoImpl"/>
</beans>
```

这样 DAO 的主要问题是，它总是通过工厂创建一个新的 EntityManager。开发者可以通过请求事务性 EntityManager（也称为共享 EntityManager，因为它是实际的事务性 EntityManager 的一个共享的、线程安全的代理）来避免这种情况。

```
public class ProductDaoImpl implements ProductDao {

    @PersistenceContext
    private EntityManager em;
    public Collection loadProductsByCategory(String category) {
        Query query = em.createQuery("from Product as p where p.cate
gory = :category");
        query.setParameter("category", category);
        return query.getResultList();
```

```
        }
}
```

@PersistenceContext 注解具有可选的属性类型，默认值为 PersistenceContextType.TRANSACTION。此默认值是开发者所需要接收共享的 EntityManager 代理。替代方案 PersistenceContextType.EXTENDED 则完全不同，该方案会返回一个扩展的 EntityManager，该 EntityManager 不是线程安全的，因此不能在并发访问的组件（如 Spring 管理的单例 bean）中使用。扩展实体管理器仅应用于状态组件中，如持有会话的组件，其中 EntityManager 的生命周期是与当前事务无关的，而是完全取决于应用程序。

9.4.3 JPA 事务

JPA 的推荐策略是通过 JPA 支持的本地事务。Spring 的 JpaTransactionManager 提供了许多来自本地 JDBC 事务的功能，如任何常规 JDBC 连接池（不需要 XA 要求）指定事务的隔离级别和资源级只读优化等。

Spring JPA 还允许配置 JpaTransactionManager 将 JPA 事务暴露给访问同一个 DataSource 的 JDBC 访问代码，但是注册的 JpaDialect 支持检索底层 JDBC 连接。Spring 为 EclipseLink 和 Hibernate JPA 实现提供了 JpaDialect 机制的实现。

重点 9.4.4 JpaDialect

作为高级特性，JpaTransactionManager 和 AbstractEntityManagerFactoryBean 的子类支持一个自定义的 JpaDialect，以传递到 jpaDialect bean 属性中。JpaDialect 实现可以启用 Spring 支持的一些高级功能，通常采用特定于供应商的方式。

①应用特定的事务语义，如自定义隔离级别或事务超时。

②检索事务 JDBC 连接以暴露给基于 JDBC 的 DAO。

③从 PersistenceExceptions 到 SpringDataAccessExceptions 的异常转义。

这对于特殊事务语义和异常的高级翻译特别有用。使用的默认实现（DefaultJpaDialect）不提供任何特殊功能，如果需要上述功能，则必须指定适当的方言。

9.4.5 JTA 事务管理

作为 JpaTransactionManager 的替代方法，Spring 还允许通过 JTA 在 Java EE 环境中或与独立事务协调器（如 Atomikos）进行多资源事务协调。除了选择 Spring 的 JtaTransactionManager 外，还有以下几个步骤可以采用。

①底层的 JDBC 连接池需要支持 XA，并与事务协调器集成。在 Java EE 环境中，只需通过

JNDI 公开一种不同类型的 DataSource。

②需要为 JTA 配置 JPA EntityManagerFactory 安装程序。这是特定于提供程序的，通常通过特定属性在 LocalContainerEntityManagerFactoryBean 上指定为“jpaProperties”。在 Hibernate 的情况下，这些属性是特定于版本的（详情请查阅 Hibernate 官方文档）。

③ Spring 的 HibernateJpaVendorAdapter 会强制执行某些面向 Spring 的默认设置。例如，在 Hibernate 5.0 版本中匹配 Hibernate 默认值的连接释放模式为“on-close”，但在 Hibernate 5.1 版本及 Hibernate 5.2 版本中不再存在这些设置。对于 JTA 设置，无须声明以 HibernateJpaVendorAdapter 开始，或关闭其 prepareConnection 标志；或者将 Hibernate 5.2 版本的 hibernate.connection.handling_mode 属性设置为 DELAYED_ACQUISITION_AND_RELEASE_AFTER_STATEMENT 以恢复 Hibernate 默认值。

④考虑从应用程序服务器本身获取 EntityManagerFactory，即通过 JNDI 查找而不是本地声明的 LocalContainerEntityManagerFactoryBean。服务器提供的 EntityManagerFactory 可能需要在服务器配置中进行特殊定义，减少了部署的移植性，但是 EntityManagerFactory 将为“开箱即用”的服务器 JTA 环境设置。

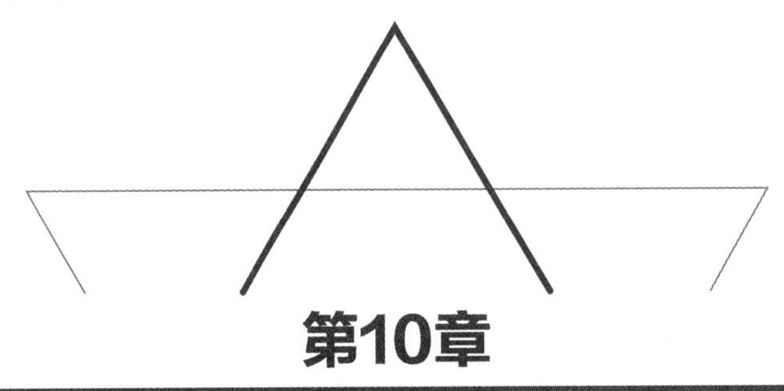

第10章

XML 与对象的转换

10.1 XML 解析概述

XML（eXtensible Markup Language，可扩展标记语言）是标准通用标记语言的子集，是一种用于标记电子文件使其具有结构性的标记语言。XML 同时也是 Web 服务的数据交换标准。

XML 结构简单，易于理解，能够在任何应用程序中读写数据，这使 XML 成为数据交换的公共语言。因为 XML 是与具体的编程语言无关的，任何程序都可以很容易加载 XML 数据到程序中并分析它，最终以 XML 格式输出结果。

XML 格式经常需要与编程语言中的对象做相互映射或是转换（Object/XML Mapping），这个转换过程也称为 XML 编组或 XML 序列化。编组器（Marshaller）负责将对象序列化为 XML。类似地，解组器（Unmarshaller）将 XML 反序列化为对象。

Spring 框架提供了对 XML 解析的强大支持。

1. 配置简单

Spring 的 bean 工厂可以轻松配置编组器，而不需要构建 JAXB 上下文、JiBX 绑定工厂等。编组器可以配置为应用程序上下文中的任何其他 bean。此外，基于 XML 命名空间的配置可用于多个编组器，使配置更加简单。

2. 统一接口

Spring 通常使用 Marshaller 和 Unmarshaller 两个接口来实现 XML 的解析。这些抽象使开发人员可以相对容易地切换 Object/XML Mapping 映射框架，而不会对业务逻辑代码做任何修改。这种方法的另一个好处是可以以非侵入式的方式混搭各种 XML 解析技术，以便充分利用每种技术的优势。

3. 一致的异常层次结构

Spring 将异常从底层的 Object/XML Mapping 工具转换为它自己的异常层次结构，并将 Xml-MappingException 作为根异常。因此，运行时异常包装了原始异常，不会丢失任何信息。

10.2 XML 的序列化与反序列化

正如前面所介绍的那样，编组器将对象序列化为 XML，而解组器将 XML 反序列化为对象。本节将介绍用于此目的的两个 Spring 接口 Marshaller 和 Unmarshaller。

10.2.1 序列化接口 Marshaller

org.springframework.oxm.Marshaller 接口抽象了所有序列化 XML 的操作。

```
public int erface Marshaller {
```

```
/**
* Marshal the object graph with the given root into the provided Result.

*/
void marshal(Object graph, Result result) throws XmlMappingException,
IOException;
}
```

Marshaller 接口的 marshal() 方法是用于将给定的对象编组到给定的 javax.xml.transform.Result。Result 表示 XML 输出抽象的标记接口，其具体实现包装了各种 XML 的表示形式，如表 10–1 所示。

表10–1　Result的具体实现及所包装的XML

Result 实现	所包装的 XML
DOMResult	org.w3c.dom.Node
SAXResult	org.xml.sax.ContentHandler
StreamResult	java.io.File、java.io.OutputStream 或 java.io.Writer

10.2.2　反序列化接口 Unmarshaller

org.springframework.oxm.Unmarshaller 接口抽象了所有反序列化 XML 的操作。

```
public interface Unmarshaller {

/**
* Unmarshal the given provided Source into an object graph.
*/
Object unmarshal(Source source) throws XmlMappingException, IOException;
}
```

Unmarshaller 接口还有一个方法，它从给定的 javax.xml.transform.Source（一个 XML 输入抽象）中读取数据，并返回读取的对象。与 Result 一样，Source 是一个标记接口，它有 3 个具体的实现，每个都包装了不同的 XML 表示形式，如表 10–2 所示。

表10–2　Source的具体实现及所包装的XML

Source 实现	所包装的 XML
DOMSource	org.w3c.dom.Node
SAXSource	org.xml.sax.InputSource 和 org.xml.sax.XMLReader
StreamSource	java.io.File、java.io.InputStream 或 java.io.Reader

10.2.3 XML 解析异常类

MarshallingFailureException 和 UnmarshallingFailureException 提供了编组和解组操作之间的区别。Spring XML 解析异常层次结构如图 10–1 所示。

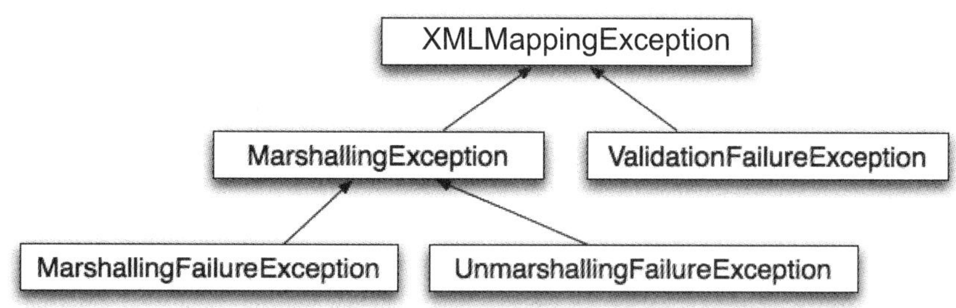

图10–1 Spring XML 解析异常层次结构

重点 10.2.4 如何使用 XML 的序列化与反序列化

Spring XML 解析可以用于各种情况。在以下示例中，使用它将 Spring 管理的应用程序的设置编组为一个 XML 文件。下面将使用一个简单的 JavaBean 来表示这些设置。

```
public class Settings {

private boolean fooEnabled;

public boolean isFooEnabled() {
return fooEnabled;
    }

public void setFooEnabled(boolean fooEnabled) {
this.fooEnabled = fooEnabled;
    }
}
```

Application 类使用 bean 来存储它的设置。除了一个主要的方法外，Application 类还有两个方法：saveSettings() 方法将设置 bean 保存到一个名为 settings.xml 的文件中；loadSettings() 方法再次加载这些设置。main() 方法构造一个 Spring 应用程序上下文，并调用这两个方法。

```
import java.io.FileInputStream;
import java.io.FileOutputStream;
import java.io.IOException;
import javax.xml.transform.stream.StreamResult;
import javax.xml.transform.stream.StreamSource;

import org.springframework.context.ApplicationContext;
import org.springframework.context.support.ClassPathXmlApplication-
```

```
Context;
import org.springframework.oxm.Marshaller;
import org.springframework.oxm.Unmarshaller;

public class Application {

private static final String FILE_NAME = "settings.xml";
private Settings settings = newSettings();
private Marshaller marshaller;
private Unmarshaller unmarshaller;

public void setMarshaller(Marshaller marshaller) {
this.marshaller = marshaller;
    }

public void setUnmarshaller(Unmarshaller unmarshaller) {
this.unmarshaller = unmarshaller;
    }

public void saveSettings() throws IOException {
FileOutputStream os = null;
try {
            os = newFileOutputStream(FILE_NAME);
this.marshaller.marshal(settings, newStreamResult(os));
        } finally {
if (os != null) {
                os.close();
            }
        }
    }

public void loadSettings() throws IOException {
FileInputStream is = null;
try {
            is = newFileInputStream(FILE_NAME);
this.settings = (Settings) this.unmarshaller.unmarshal(newStreamSource
(is));
        } finally {
if (is != null) {
                is.close();
            }
        }
    }

public static void main(String[] args) throwsIOException {
        ApplicationContext appContext =
newClassPathXmlApplicationContext("applicationContext.xml");
        Application application = (Application) appContext.getBean
("application");
```

```
        application.saveSettings();
        application.loadSettings();
    }
}
```

Application 需要设置 marshaller 和 unmarshaller 属性，在 applicationContext.xml 文件中进行以下配置。

```
<beans>
<bean id="application" class="Application">
<property name="marshaller" ref="castorMarshaller"/>
<property name="unmarshaller" ref="castorMarshaller"/>
</bean>
<bean id="castorMarshaller" class="org.springframework.oxm.castor.
CastorMarshaller"/>
</beans>
```

此应用程序上下文使用了 Castor 做 XML 解析工具，后面还会再介绍其他解析工具。

注意：Castor 默认不需要进一步的配置，所以 bean 定义相当简单；CastorMarshaller 同时实现了 Marshaller 和 Unmarshaller，所以可以在应用程序的 marshaller 和 unmarshaller 属性中引用 castor-Marshaller bean。

此示例应用程序生成以下 settings.xml 文件。

```
<?xml version="1.0" encoding="UTF-8"?>
<settings foo-enabled="false"/>
```

10.2.5 XML 配置命名空间

Spring 框架提供了用于 Object/XML Mapping 的 XML 配置命名空间“oxm”，使用该命名空间中的标签可以更简单地配置 Marshaller。

```
<?xml version="1.0" encoding="UTF-8"?>
<beans xmlns="http://www.springframework.org/schema/beans"
    xmlns:xsi="http://www.w3.org/2001/XMLSchema-instance"
    xmlns:oxm="http://www.springframework.org/schema/oxm" xsi:schema
Location="http://www.springframework.org/schema/beans http://www.spring-
framework.org/schema/beans/spring-beans.xsd *http://www.springframework.
org/schema/oxm http://www.springframework.org/schema/oxm/spring-oxm.xsd"*>
```

目前，Spring 支持使用的标签有 jaxb2-marshaller、jibx-marshaller 和 castor-marshaller。

每个标签将在各自的编组器部分进行说明。例如，以下是 JAXB2 编组器的配置。

```
<oxm:jaxb2-marshaller id="marshaller"
    contextPath="org.springframework.ws.samples.airline.schema"/>
```

10.3 常用 XML 解析工具

Spring 支持主流的 XML 解析工具，如 JAXB、Castor、JiBX 和 XStream 等。

10.3.1 JAXB

JAXB（Java Architecture for XML Binding）是 Jave EE 平台的一部分，使开发者能够快速完成 Java 类和 XML 的互相映射。

Spring 支持 JAXB 2.0 标准，相应的集成类位于 org.springframework.oxm.jaxb 包中。Jaxb2Marshaller 类实现了 Spring 的 Marshaller 和 Unmarshaller 接口。它需要一个上下文路径来操作，可以使用 contextPath 属性进行设置。上下文路径是包含模式派生类的以“:”分隔的 Java 包名称的列表。它还提供了一个 classesToBeBound 属性，允许设置一个由编组器支持的类的数组。可以通过为 bean 指定一个或多个模式资源来执行模式验证。例如：

```
<beans>
    <bean id="jaxb2Marshaller"
        class="org.springframework.oxm.jaxb.Jaxb2Marshaller">
        <property name="classesToBeBound">
            <list>
                <value>org.springframework.oxm.jaxb.Flight</value>
                <value>org.springframework.oxm.jaxb.Flights</value>
            </list>
        </property>
        <property name="schema" value="classpath:org/springframework/
oxm/schema.xsd"/>
    </bean>
    ...
</beans>
```

JAXB 的 XML 配置命名空间如下。

```
<oxm:jaxb2-marshaller id="marshaller"
    contextPath="org.springframework.ws.samples.airline.schema"/>
```

也可以通过要绑定的类的子标签向编组器提供要绑定的类列表。

```
<oxm:jaxb2-marshaller id="marshaller">
    <oxm:class-to-be-bound
        name="org.springframework.ws.samples.airline.schema.Airport"/>
    <oxm:class-to-be-bound
        name="org.springframework.ws.samples.airline.schema.Flight"/>
    ...
</oxm:jaxb2-marshaller>
```

10.3.2 Castor

Castor 是一个开源的 XML 解析框架。有关 Castor 的更多信息，请参阅 Castor 网站。Spring 集成 Castor 类位于 org.springframework.oxm.castor 包中。CastorMarshaller 类实现了 Spring 的 Marshaller 和 Unmarshaller 接口。其配置如下。

```
<beans>
    <bean id="castorMarshaller" class="org.springframework.oxm.castor.
CastorMarshaller" />
    ...
</beans>
```

如果需要 Castor 更多的控制，则可以通过 Castor 映射文件来完成。使用 mappingLocation 属性进行设置。例如：

```
<beans>
    <bean id="castorMarshaller"
        class="org.springframework.oxm.castor.CastorMarshaller" >
        <property name="mappingLocation" value="classpath:mapping.xml"
/>
    </bean>
</beans>
```

Castor 的 XML 配置命名空间如下。

```
<oxm:castor-marshaller id="marshaller"
    mapping-location="classpath:org/springframework/oxm/castor/mapping.
xml"/>
```

编组器实例可以通过两种方式进行配置：一种方式是指定映射文件的位置（通过 mapping-location 属性），另一种方式是通过标识存在相应对象的 Java POJO（通过 target-class 或 target-package 属性）。第二种方式通常与 XML 模式中的 XML 代码生成结合起来使用。

10.3.3 JiBX

JiBX 框架提供了类似于 Hibernate 为 ORM 提供的解决方案，定义了 Java 对象如何转换为 XML 或从 XML 转换为对象的规则。在准备绑定并编译这些类后，JiBX 绑定编译器增强了这些类文件，并添加了代码来处理将类的实例转换为 XML。有关 JiBX 的更多信息，请参阅 JiBX 网站。

Spring 集成 JiBX 类位于 org.springframework.oxm.jibx 包中。JibxMarshaller 类实现了 Spring 的 Marshaller 和 Unmarshaller 接口。其配置如下。

```
<beans>
    <bean id="jibxFlightsMarshaller"
        class="org.springframework.oxm.jibx.JibxMarshaller">
        <property name="targetClass">org.springframework.oxm.jibx.
```

```
Flights</property>
    </bean>
    ...
</beans>
```

JibxMarshaller 被配置为一个类。如果要编组多个类，则必须使用不同的 targetClass 属性值配置多个 JibxMarshallers。

JiBX 的 XML 配置命名空间如下。

```
<oxm:jibx-marshaller id="marshaller"
    target-class="org.springframework.ws.samples.airline.schema.
Flight"/>
```

10.3.4 XStream

XStream 是一个简单的库，用于将对象序列化为 XML 或将 XML 反序列化为对象。它不需要任何映射，并生成 XML。有关 XStream 的更多信息，请参阅 XStream 网站。

Spring 集成 XStream 类位于 org.springframework.oxm.xstream 包中。XStreamMarshaller 的配置如下。

```
<beans>
    <bean id="xstreamMarshaller"
        class="org.springframework.oxm.xstream.XStreamMarshaller">
        <property name="aliases">
            <props>
                <prop key="Flight">org.springframework.oxm.xstream.
Flight</prop>
            </props>
        </property>
    </bean>
    ...
</beans>
```

10.3.5 实战：使用 JAXB 解析 XML 的例子

本小节将创建一个示例应用（s5-ch10-jaxb-oxm），演示如何使用 JAXB 解析 XML。

1. 导入相关的依赖

使用 JAXB 解析 XML 需要导入以下依赖。

```
<properties>
    <spring.version>5.0.8.RELEASE</spring.version>
</properties>
<dependencies>
```

```
    <dependency>
        <groupId>org.springframework</groupId>
        <artifactId>spring-context</artifactId>
        <version>${spring.version}</version>
    </dependency>
    <dependency>
        <groupId>org.springframework</groupId>
        <artifactId>spring-oxm</artifactId>
        <version>${spring.version}</version>
    </dependency>
</dependencies>
```

其中，要使用 XML 解析工具，需要添加 spring-oxm 依赖。

2. 定义领域模型

定义一个城市数据列表的 XML 文件 citylist.xml。例如：

```
<?xml version="1.0" encoding="UTF-8"?>
<c c1="0">
<d d1="101280101" d2="广州" d3="guangzhou" d4="广东"/>
<d d1="101280102" d2="番禺" d3="panyu" d4="广东"/>
<d d1="101280103" d2="从化" d3="conghua" d4="广东"/>
<d d1="101280104" d2="增城" d3="zengcheng" d4="广东"/>
<d d1="101280301" d2="惠州" d3="huizhou" d4="广东"/>
<d d1="101280601" d2="深圳" d3="shenzhen" d4="广东"/>
<d d1="101281601" d2="东莞" d3="dongguan" d4="广东"/>
<d d1="101281701" d2="中山" d3="zhongshan" d4="广东"/>
</c>
```

XML 文件 citylist.xml 放置在 resources 目录下。

为了映射 XML 文件，定义了两个 Java 类。其中，定义一个代表城市信息的 City 类。例如：

```
import javax.xml.bind.annotation.XmlAccessType;
import javax.xml.bind.annotation.XmlAccessorType;
import javax.xml.bind.annotation.XmlAttribute;
import javax.xml.bind.annotation.XmlRootElement;

@XmlRootElement(name = "d")
@XmlAccessorType(XmlAccessType.FIELD)
public class City {
    @XmlAttribute(name = "d1")
    private String cityId;

    @XmlAttribute(name = "d2")
    private String cityName;

    @XmlAttribute(name = "d3")
    private String cityCode;
```

```
    @XmlAttribute(name = "d4")
    private String province;

    public String getCityId() {
        return cityId;
    }

    public void setCityId(String cityId) {
        this.cityId = cityId;
    }

    public String getCityName() {
        return cityName;
    }

    public void setCityName(String cityName) {
        this.cityName = cityName;
    }

    public String getCityCode() {
        return cityCode;
    }

    public void setCityCode(String cityCode) {
        this.cityCode = cityCode;
    }

    public String getProvince() {
        return province;
    }

    public void setProvince(String province) {
        this.province = province;
    }
}
```

上述代码中 @XmlAttribute 所定义的 name 正是映射为 XML 中的元素属性。

定义另一个代表城市信息列表的 CityList 类。例如：

```
import java.util.List;

import javax.xml.bind.annotation.XmlAccessType;
import javax.xml.bind.annotation.XmlAccessorType;
import javax.xml.bind.annotation.XmlElement;
import javax.xml.bind.annotation.XmlRootElement;

@XmlRootElement(name = "c")
@XmlAccessorType(XmlAccessType.FIELD)
public class CityList {
```

```
    @XmlElement(name = "d")
    private List<City> cityList;

    public List<City> getCityList() {
        return cityList;
    }

    public void setCityList(List<City> cityList) {
        this.cityList = cityList;
    }
}
```

3. 定义工具类

最后，还需要对 JAXB 的方法做一些封装以方便自己使用。创建一个 XmlBuilder 工具类。例如：

```
package com.waylau.spring.jaxb.util;
import java.io.Reader;
import java.io.StringReader;
import javax.xml.bind.JAXBContext;
import javax.xml.bind.Unmarshaller;

public class XmlBuilder {

    /**
     * 将XML转为指定的POJO
     * @param clazz
     * @param xmlStr
     * @return
     * @throws Exception
     */
    public static Object xmlStrToOject(Class<?> clazz, String xmlStr)
throws Exception {
        Object xmlObject = null;
        Reader reader = null;
        JAXBContext context = JAXBContext.newInstance(clazz);

        // XML转为对象的接口
        Unmarshaller unmarshaller = context.createUnmarshaller();

        reader = new StringReader(xmlStr);
        xmlObject = unmarshaller.unmarshal(reader);

        if (null != reader) {
            reader.close();
        }
        return xmlObject;
    }
}
```

4. 定义Service层

定义服务接口 CityDataService。例如：

```
public interface CityDataService {

    /**
     * 获取City列表
     * @return
     * @throws Exception
     */
    List<City> listCity() throws Exception;
}
```

定义服务的实现类 CityDataServiceImpl。例如：

```
package com.waylau.spring.jaxb.service;
import java.io.BufferedReader;
import java.io.InputStreamReader;
import java.util.List;
import org.springframework.core.io.ClassPathResource;
import org.springframework.core.io.Resource;
import com.waylau.spring.jaxb.util.XmlBuilder;
import com.waylau.spring.jaxb.vo.City;
import com.waylau.spring.jaxb.vo.CityList;
public class CityDataServiceImpl implements CityDataService {
    public List<City> listCity() throws Exception {
        // 读取XML文件
        Resource resource = new ClassPathResource("citylist.xml");
        BufferedReader br = new BufferedReader(new InputStreamReader
(resource.getInputStream(), "utf-8"));
        String Buffer buffer = new StringBuffer();
        String line = "";

        while ((line = br.readLine()) !=null) {
            buffer.append(line);
        }
        br.close();
        // XML转为Java对象
        CityList cityList = (CityList)XmlBuilder.xmlStrToOject(City
List.class, buffer.toString());
        return cityList.getCityList();
    }
}
```

其实现原理是：首先，从放置在 resources 目录下的 citylist.xml 文件中读取内容，并转换成文本；其次，将该文本通过 XmlBuilder 工具类转换为 Java bean。

这样，城市数据服务层定义就完成了。

5. 配置文件

定义 Spring 应用的配置文件 spring.xml。例如：

```
<?xml version="1.0" encoding="UTF-8"?>
<beans xmlns="http://www.springframework.org/schema/beans"
    xmlns:xsi="http://www.w3.org/2001/XMLSchema-instance"
    xmlns:context="http://www.springframework.org/schema/context"
    xsi:schemaLocation="
        http://www.springframework.org/schema/beans
        http://www.springframework.org/schema/beans/spring-beans.xsd
        http://www.springframework.org/schema/context
        http://www.springframework.org/schema/context/spring-context.
xsd">

    <bean id="cityDataServiceImpl"
        class="com.waylau.spring.jaxb.service.CityDataServiceImpl">
    </bean>
</beans>
```

6. 编写主应用类

主应用类 Application 的代码如下。

```
package com.waylau.spring.jaxb;
import java.util.List;
import org.springframework.context.ApplicationContext;
import org.springframework.context.support.ClassPathXmlApplication-
Context;
import com.waylau.spring.jaxb.service.CityDataService;
import com.waylau.spring.jaxb.vo.City;
public class Application {
    public static void main(String[] args) throws Exception {
        @SuppressWarnings("resource")
        ApplicationContext context = new ClassPathXmlApplicationContext
("spring.xml");
        CityDataService cityDataService = context.getBean(CityData-
Service.class);

        List<City> cityList = cityDataService.listCity();
        for (City city: cityList) {
            System.out.println(city);
        }
    }
}
```

7. 运行

运行 Application 类，能看到控制台中的打印信息如下。

```
...
City [cityId=101280101, cityName=广州, cityCode=guangzhou, province=广东]
```

```
City [cityId=101280102, cityName=番禺, cityCode=panyu, province=广东]
City [cityId=101280103, cityName=从化, cityCode=conghua, province=广东]
City [cityId=101280104, cityName=增城, cityCode=zengcheng, province=广东]
City [cityId=101280301, cityName=惠州, cityCode=huizhou, province=广东]
City [cityId=101280601, cityName=深圳, cityCode=shenzhen, province=广东]
City [cityId=101281601, cityName=东莞, cityCode=dongguan, province=广东]
City [cityId=101281701, cityName=中山, cityCode=zhongshan, province=广东]
```

从上述异常信息中，能够完整地看到整个 XML 的解析过程。

8. 示例源码

本小节示例源码在 s5-ch10-jaxb-oxm 目录下。

第11章 Spring Web MVC

11.1 Spring Web MVC 概述

Spring Web MVC 框架简称“Spring MVC”，实现了 Web 开发中的经典的 MVC（Model-View-Controller）模式。MVC 由以下 3 部分组成。

①模型（Model）：应用程序的核心功能，管理模块中用到的数据和值。

②视图（View）：提供模型的展示，管理模型如何显示给用户，它是应用程序的外观。

③控制器（Controller）：对用户的输入做出反应，管理用户和视图的交互，是连接模型和视图的枢纽。

Spring Web MVC 是基于 Servlet API 来构建的，自 Spring 框架诞生之日起，就包含在 Spring 中了。要使用 Spring Web MVC 框架的功能，需要添加 spring-webmvc 模块。

11.2 DispatcherServlet

在 Java EE 中 Servlet 是业务处理的核心。像许多其他 Web 框架一样，Spring MVC 围绕前端控制器模式进行设计，其中 DispatcherServlet 为所有的请求处理提供调度，由它将实际工作交由可配置委托组件执行。该模型非常灵活，支持多种工作流程。

11.2.1 DispatcherServlet 概述

DispatcherServlet 需要根据 Servlet 规范使用 Java 配置或在 web.xml 中进行声明和映射。DispatcherServlet 依次使用 Spring 配置来发现它在请求映射、查看解析、异常处理等方面所需的委托组件。

以下是注册和初始化 DispatcherServlet 的 Java 配置示例。该类将由 Servlet 容器自动检测。

```
public class MyWebApplicationInitializer implements WebApplication-
Initializer {

@Override
public void onStartup(ServletContext servletCxt) {

// 加载 Spring Web用于配置
        AnnotationConfigWebApplicationContext ac =
newAnnotationConfigWebApplicationContext();
        ac.register(AppConfig.class);
        ac.refresh();

// 创建并注册DispatcherServlet
```

```
        DispatcherServlet servlet = newDispatcherServlet(ac);
        ServletRegistration.Dynamic registration = servletCxt.addServlet
("app", servlet);
        registration.setLoadOnStartup(1);
        registration.addMapping("/app/*");
    }
}
```

以下是一个在 web.xml 中进行声明和映射的例子。

```
<web-app>

<listener>
<listener-class>org.springframework.web.context.ContextLoaderListener</
listener-class>
</listener>

<context-param>
<param-name>contextConfigLocation</param-name>
<param-value>/WEB-INF/app-context.xml</param-value>
</context-param>

<servlet>
<servlet-name>app</servlet-name>
<servlet-class>org.springframework.web.servlet.DispatcherServlet</
servlet-class>
<init-param>
<param-name>contextConfigLocation</param-name>
<param-value></param-value>
</init-param>
<load-on-startup>1</load-on-startup>
</servlet>

<servlet-mapping>
<servlet-name>app</servlet-name>
<url-pattern>/app/*</url-pattern>
</servlet-mapping>

</web-app>
```

重点 11.2.2 上下文层次结构

DispatcherServlet 需要一个 WebApplicationContext（一个普通 ApplicationContext 的扩展）用于其自己的配置。WebApplicationContext 有一个指向它所关联的 ServletContext 和 Servlet 的链接，也可以绑定 ServletContext，以便应用程序可以使用 RequestContextUtils 上的静态方法来查找 WebApplicationContext 是否需要访问它。

但对大多数应用来说，单个 WebApplicationContext 可以使应用看上去更加简单，也可以支持具有层次结构的上下文，包含一个根 WebApplicationContext 在多个 DispatcherServlet（或其他 Servlet）实例中共享，每个实例都有其自己的子 WebApplicationContext 配置。

根 WebApplicationContext 通常包含需要跨多个 Servlet 实例共享的基础架构 bean，如数据存储库和业务服务。这些 bean 被有效地继承，并且可以在特定于 Servlet 的子 WebApplicationContext 中重写，子 WebApplicationContext 通常包含给定 Servlet 本地的 bean，如图 11–1 所示。

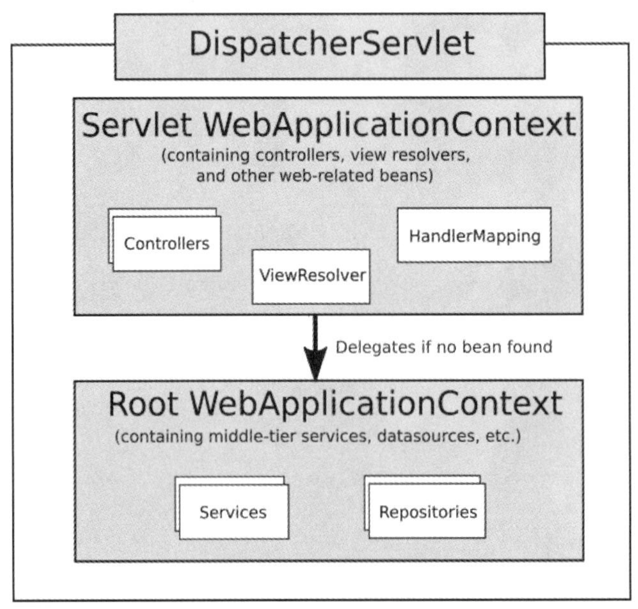

图11–1　Spring Web MVC中的典型上下文层次结构

以下是使用 WebApplicationContext 层次结构的配置示例。

```
public class MyWebAppInitializer extends AbstractAnnotationConfigDispatcher
ServletInitializer {

@Override
protected Class<?>[] getRootConfigClasses() {
return newClass<?[] { RootConfig.class };
    }

@Override
protected Class<?>[] getServletConfigClasses() {
return newClass<?[] { App1Config.class };
    }

@Override
protected String[] getServletMappings() {
return newString[] { "/app1/*" };
    }
}
```

相当于以下在 web.xml 中进行配置的例子。

```
<web-app>

<listener>
<listener-class>org.springframework.web.context.ContextLoaderListener</
listener-class>
</listener>

<context-param>
<param-name>contextConfigLocation</param-name>
<param-value>/WEB-INF/root-context.xml</param-value>
</context-param>

<servlet>
<servlet-name>app1</servlet-name>
<servlet-class>org.springframework.web.servlet.DispatcherServlet</
servlet-class>
<init-param>
<param-name>contextConfigLocation</param-name>
<param-value>/WEB-INF/app1-context.xml</param-value>
</init-param>
<load-on-startup>1</load-on-startup>
</servlet>

<servlet-mapping>
<servlet-name>app1</servlet-name>
<url-pattern>/app1/*</url-pattern>
</servlet-mapping>

</web-app>
```

11.2.3 特定的 bean

DispatcherServlet 委托特定的 bean 来处理请求并呈现适当的响应。DispatcherHandler 检测到的特定 bean，如表 11–1 所示。

表11–1 DispatcherHandler检测到的特定bean类型及说明

bean 类型	说 明
HandlerMapping	根据一些标准将传入的请求映射到处理程序列表（处理程序拦截器），其细节由HandlerMapping 实现而异。最流行的实现支持注解控制器，但其他实现也存在。HandlerMapping的两个主要实现是 RequestMappingHandlerMapping和SimpleUrlHandlerMapping。前者支持@RequestMapping注解方法，后者为 URI 处理程序显式注册URI 路径模式

续表

bean 类型	说　明
HandlerAdapter	帮助 DispatcherServlet 调用映射到请求处理程序。HandlerAdapter 的主要目的是屏蔽 DispatcherServlet 的细节
HandlerExceptionResolver	解决异常的策略，可能将它们映射到处理程序或 HTML 错误视图等
ViewResolver	将从处理程序返回的基于字符串的逻辑视图名称解析为实际视图，以便使用返回的响应
LocaleResolver，Locale-ContextResolver	解决客户端正在使用的区域设置及可能的时区，以便能够提供国际化的视图
ThemeResolver	解析 Web 应用程序可以使用的主题，如提供个性化布局等
MultipartResolver	用于解析 multi-part 请求的抽象，如浏览器表单文件上传
FlashMapManager	存储和检索可用于将属性从一个请求传递到另一个请求的“输入”和“输出”FlashMap，一般通过重定向来实现

重点 11.2.4　框架配置

应用程序可以声明处理请求所需的 Spring MVC 特定的 bean。DispatcherServlet 检查每个特定 bean 的 WebApplicationContext。如果没有匹配的 bean 类型，它将返回到 DispatcherServlet.properties 中列出的默认类型。

在大多数情况下，MVC 配置是最好的起点。它用 Java 或 XML 声明所需的 bean，并提供更高级别的配置回调 API 来定制它。

11.2.5　容器配置

在 Servlet 3.0+ 环境中，可以选择以编程方式将 Servlet 容器配置为替代 web.xml 文件方式或与 web.xml 文件组合使用的方式。以下是注册 DispatcherServlet 的示例。

```
import org.springframework.web.WebApplicationInitializer;

public class MyWebApplicationInitializer implements WebApplication
Initializer {

@Override
public void onStartup(ServletContext container) {
        XmlWebApplicationContext appContext = newXmlWebApplication-
Context();
        appContext.setConfigLocation("/WEB-INF/spring/dispatcher-config.
xml");

        ServletRegistration.Dynamic registration = container.addServlet
("dispatcher",
```

```
newDispatcherServlet(appContext));
        registration.setLoadOnStartup(1);
        registration.addMapping("/");
    }
}
```

WebApplicationInitializer 是 Spring MVC 提供的一个接口，它确保用户的实现被检测到并自动用于初始化任何 Servlet 3 容器。一个名为 AbstractDispatcherServletInitializer 的 WebApplicationInitializer 的抽象基类实现可以通过简单重写方法来指定 Servlet 映射和 DispatcherServlet 配置的位置，更容易注册 DispatcherServlet。

建议使用基于 Java 的 Spring 配置的应用程序。

```
public class MyWebAppInitializer extends AbstractAnnotationConfig-
DispatcherServletInitializer {

@Override
protected Class<?>[] getRootConfigClasses() {
return null;
    }

@Override
protected Class<?>[] getServletConfigClasses() {
return newClass<?>[] { MyWebConfig.class };
    }

@Override
protected String[] getServletMappings() {
return newString[] { "/" };
    }
}
```

如果使用基于 XML 的 Spring 配置，则应该直接从 AbstractDispatcherServletInitializer 扩展。

```
public class MyWebAppInitializer extends AbstractDispatcherServletIni-
tializer {

@Override
protected WebApplicationContext createRootApplicationContext() {
return null;
    }

@Override
protected WebApplicationContext createServletApplicationContext() {
        XmlWebApplicationContext cxt = newXmlWebApplicationContext();
        cxt.setConfigLocation("/WEB-INF/spring/dispatcher-config.xml");
return cxt;
    }
```

```
@Override
protected String[] getServletMappings() {
return newString[] { "/" };
    }
}
public class MyWebAppInitializer extends AbstractDispatcherServletIni-
tializer {

// ...

@Override
protected Filter[] getServletFilters() {
return newFilter[] {
newHiddenHttpMethodFilter(), newCharacterEncodingFilter() };
    }
}
```

每个过滤器都会根据其具体类型添加一个默认名称，并自动映射到 DispatcherServlet 上。AbstractDispatcherServletInitializer 的 isAsyncSupported 提供了在 DispatcherServlet 上启用异步支持的方法。最后，如果需要进一步自定义 DispatcherServlet 本身，则可以覆盖 createDispatcherServlet 方法。

11.2.6 处理流程

DispatcherServlet 按如下方式处理请求。

①在请求中搜索并绑定 WebApplicationContext，作为控制器和进程中其他元素可以使用的属性。它在 DispatcherServlet.WEB_APPLICATION_CONTEXT_ATTRIBUTE 关键字下被默认为绑定。

②语言环境解析程序绑定到请求以启用进程中的元素来解析处理请求（呈现视图、准备数据等）时要使用的语言环境。如果不需要区域解析，则可以跳过该步骤。

③主题解析器必须使请求等元素决定使用哪个主题。如果不使用主题，则可以忽略。

④如果指定了 multipart 文件解析器，则将检查请求中的 multipart；如果找到 multipart，则将请求封装在 MultipartHttpServletRequest 中，以供进程中的其他元素进一步处理。

⑤搜索适当的处理程序。如果找到处理程序，则执行与处理程序（预处理程序、后处理程序和控制器）关联的执行链，以便准备模型或渲染；或者对于注解控制器，响应可以直接呈现（在 HandlerAdapter 内）而无须返回视图。

⑥如果返回模型，则会呈现视图。如果没有返回模型（可能是由于预处理程序或后处理程序拦截了请求，也可能出于其他安全原因），则不会呈现视图，因为请求可能已经被满足。

WebApplicationContext 中声明的 HandlerExceptionResolver bean 用于解决请求处理期间抛出的异常。这些异常解析器允许定制逻辑来解决异常。

Spring DispatcherServlet 还支持返回最后修改日期，如 Servlet API 所指定的。确定特定请求的最后修改日期的过程为：DispatcherServlet 查找适当的处理程序映射并测试找到的处理程序是否实现 LastModified 接口；如果实现，则 LastModified 接口的 long getLastModified(request) 方法的值将返回给客户端。

开发者可以通过将 Servlet 初始化参数（init-param 元素）添加到 web.xml 文件中的 Servlet 声明来自定义单个 DispatcherServlet 实例。获取支持的参数如表 11–2 所示。

表11–2　可获取的参数及解释

参数	解释
contextClass	实现 WebApplicationContext 的类，它实例化了Servlet 使用的上下文。默认情况下，使用 XmlWebApplicationContext
contextConfigLocation	传递给上下文实例（由 contextClass指定）以指示可以找到上下文的字符串。该字符串可能包含多个字符串（使用逗号作为分隔符）来支持多个上下文。在具有两次定义的 bean 的多个上下文位置的情况下，优先级最高
namespace	WebApplicationContext 的命名空间。默认为[servlet-name]-servlet

11.2.7　拦截

所有 HandlerMapping 实现都支持处理程序拦截器，如果想要将特定功能应用于某些请求时（如检查委托人），该拦截器非常有用。拦截器必须实现自 org.springframework.web.servlet 包中的 HandlerInterceptor，并提供了以下 3 种方法来执行各种预处理和后处理。

① preHandle(..)：在执行实际处理程序之前。

② postHandle(..)：处理程序执行后。

③ afterCompletion(..)：在完成请求后。

preHandle(..) 方法返回一个布尔值，可以使用此方法来中断或继续处理执行链。当此方法返回 true 时，继续处理程序执行链；当返回 false 时，DispatcherServlet 假定拦截器本身已经处理请求（如已经呈现适当的视图），并且中断执行链中的其他拦截器和实际处理器。

11.2.8　视图解析

Spring MVC 定义了 ViewResolver 和 View 接口，可以在浏览器中呈现模型，而无须绑定到特定的视图技术。ViewResolver 提供了视图名称和实际视图之间的映射。View 在交付给特定视图技术之前处理数据的准备。

表 11–3 提供了有关 ViewResolver 层次结构的更多详细信息。

表11–3　ViewResolver层次结构的详细说明

ViewResolver	说　明
AbstractCachingViewResolver	用于解析的AbstractCachingViewResolver缓存视图实例的子类。缓存提高了某些视图技术的性能，可以通过将缓存属性设置为false来关闭缓存。此外，如果必须在运行时刷新某个视图（如在修改 FreeMarker 模板时），则可以使用 removeFromCache(String viewName, Locale loc) 方法
XmlViewResolver	ViewResolver 的实现，它接受用 XML 编写的配置文件，其中使用与 Spring 的 XML bean 工厂相同的 DTD。默认配置文件为 /WEB-INF/views.xml
ResourceBundleViewResolver	ViewResolver 的实现，它使用一个 ResourceBundle 中的 bean 定义，对于它应该解析的每个视图，使用属性 [viewname].(class) 的值作为视图类，属性 [viewname].url 作为视图 URL
UrlBasedViewResolver	ViewResolver接口的简单实现，该接口影响逻辑视图名称到 URL 的直接解析，而没有明确的映射定义。如果逻辑名称以直观的方式与视图资源的名称匹配，而不需要任意映射，则这很合适
InternalResourceViewResolver	UrlBasedViewResolver的便捷子类，支持InternalResourceView（实际上是Servlet和JSP）和子类（如JstlView和TilesView），也可以使用setViewClass(..)为此解析器生成的所有视图指定视图类
FreeMarkerViewResolver	UrlBasedViewResolver 的便捷子类，支持 FreeMarkerView 及其自定义子类
ContentNegotiatingViewResolver	实现基于请求文件名或 Accept 头解析视图的 ViewResolver 接口

1. 处理

通过声明多个解析器 bean 来链接视图解析器，并在必要时通过设置 order 属性来指定排序。但是，order 属性越高，视图解析器在链中的位置越靠后。

ViewResolver 可以返回 null 来指示无法找到视图。但是，对于 JSP 和 InternalResourceViewResolver，确定 JSP 是否存在的唯一方法是通过 RequestDispatcher 执行分派。因此，必须始终将 InternalResourceViewResolver 配置为视图解析程序整体顺序中的最后一个。

MVC Config 为 ViewResolvers 提供了一个专用的配置 API，并且还用于添加无逻辑的 View Controller，这些 View Controller 无须控制器逻辑即可用于 HTML 模板渲染。

2. 重定向

视图名称中的 redirect: 前缀允许用户执行重定向。UrlBasedViewResolver（和子类）将此识别为需要重定向的指令。视图名称的其余部分是重定向 URL。

实际效果与控制器返回 RedirectView 的效果相同，但现在控制器本身可以简单地按逻辑视图名称操作。逻辑视图名称（如 redirect:/myapp/some/resource）将相对于当前的 Servlet 上下文重定向，而名称（如 redirect:http://myhost.com/some/arbitrary/path）将重定向到绝对 URL。

3. 转发

对于最终由 UrlBasedViewResolver 和子类解析的视图名称，也可以使用特殊的 forward: 前缀，将创建一个执行 RequestDispatcher.forward() 的 InternalResourceView。因此，对于 InternalResourceViewResolver 和 InternalResourceView（对于 JSP），此前缀不起作用，但如果使用其他视图技术强制转发资源以由 Servlet/JSP 引擎处理，此前缀可能会起作用。

4. 内容协商

ContentNegotiatingViewResolver 不自行解析视图，而是委托给其他视图解析器，并选择类似于客户端请求的视图。该表示可以从 Accept 报头或查询参数确定，如“/path?format=pdf ”。

ContentNegotiatingViewResolver 通过将请求媒体类型与 ViewResolvers 关联的 View 支持的媒体类型（也称为 Content-Type）进行比较，以选择适当的 View 来处理请求。具有兼容 Content-Type 列表中的第一个 View 表示返回给客户端。如果 ViewResolver 链无法提供兼容视图，则查看通过 DefaultView 属性指定的视图列表。后一个选项适用于单例视图，该视图可以呈现当前资源的适当表示。Accept 报头可能包含通配符，如 text/*，在这种情况下，将兼容匹配其内容类型为 text/xml 的 View。

11.2.9 语言环境

Spring 架构大部分都支持国际化，就像 Spring Web MVC 框架一样。DispatcherServlet 能够使用客户端的区域设置自动解析消息。这是通过 LocaleResolver 对象完成的。

当请求进入时，DispatcherServlet 会查找一个区域解析器，如果找到一个，可以使用它设置区域。使用 RequestContext.getLocale() 方法来检索区域设置信息。

除了自动区域设置解析外，还可以在特定情况（如基于请求中的参数）下将拦截器附加到处理程序用于更改区域设置。

区域设置解析器和拦截器在 org.springframework.web.servlet.i18n 包中定义，并以正常方式在应用程序上下文中配置。以下是 Spring 中包含的一个语言环境解析器的常用选项。

1. 时区

除了获取客户端的语言环境外，了解他们的时区通常也很有用。LocaleContextResolver 接口提供了 LocaleResolver 的扩展，它允许解析器提供更丰富的 LocaleContext，其中可能包含时区信息。

用户的 TimeZone 可以使用 RequestContext.getTimeZone() 方法获得。

2. 头解析器

用于检查客户端（如 Web 浏览器）发送请求中的 accept-language 头。通常这个头域包含客户端操作系统的区域设置。

注意：此解析器不支持时区信息。

3. Cookie 解析器

用于检查客户端可能存在的 Cookie，以查看是否指定了区域设置或时区。以下是一个定义 CookieLocaleResolver 的例子。在其中，可以指定 cookie 的名称及最大存活时间。

```
<bean id="localeResolver" class="org.springframework.web.servlet.i18n.
CookieLocaleResolver">
<property name="cookieName" value="clientlanguage"/>
<!-- 单位为秒。如果值设为-1，该cookie不会被保留（当浏览器关闭时被删除）-->
<property name="cookieMaxAge" value="100000"/>
</bean>
```

4. 会话解析器

SessionLocaleResolver 从会话中检索可能与用户请求关联的 Locale 和 TimeZone。与 CookieLocaleResolver 相比，此策略将本地选择的区域设置存储在 Servlet 容器的 HttpSession 中。因此，这些设置对于每个会话都只是临时的，在每个会话终止时都会丢失。

注意：与 Spring Session 项目等外部会话管理机制没有直接关系。SessionLocaleResolver 将简单地根据当前的 HttpServletRequest 评估和修改相应的 HttpSession 属性。

5. Locale 拦截器

可以通过将 LocaleChangeInterceptor 添加到其中一个处理程序映射来启用区域设置的更改。它检测请求中的参数并更改语言环境；调用上下文中也存在的 LocaleResolver 上的 setLocale()。

以下示例显示调用包含名为 siteLanguage 参数的视图资源，并将更改语言环境。因此，当访问 http://www.sf.net/home.view?siteLanguage=nl 时，会将网站语言更改为荷兰语（Dutch）。

```
<bean id="localeChangeInterceptor"
        class="org.springframework.web.servlet.i18n.LocaleChangeInter-
ceptor">
<property name="paramName" value="siteLanguage"/>
</bean>
<bean id="localeResolver"
        class="org.springframework.web.servlet.i18n.CookieLocaleResolv-
er"/>
<bean id="urlMapping"
        class="org.springframework.web.servlet.handler.SimpleUrlHand-
lerMapping">
<property name="interceptors">
<list>
<ref bean="localeChangeInterceptor"/>
</list>
</property>
<property name="mappings">
<value>/**/*.view=someController</value>
</property>
</bean>
```

重点 11.2.10 Multipart 请求

org.springframework.web.multipart 包的 MultipartResolver 是用于解析包括文件上传在内的 multipart 请求的策略。其中一个基于 Commons FileUpload 的实现，另一个基于 Servlet 3.0 multipart 请求解析。

要启用 multipart 处理，需要在 DispatcherServlet Spring 配置中声明一个名为“multipartResolver”的 MultipartResolver bean。通过 DispatcherServlet 检测并将它应用于传入请求。当接收到内容类型为“multipart/form-data”的 POST 请求时，解析器解析内容并将当前 HttpServletRequest 包装为 MultipartHttpServletRequest，以便提供对已解析部分的访问，并将其公开为请求参数。

1. Apache FileUpload

要使用 Apache Commons FileUpload，只需将 CommonsMultipartResolver 类型的 bean 声明名称为“multipartResolver”即可，也可以将 commons-fileupload 作为类路径的依赖。

2. Servlet 3. 0

要使用 Servlet 3.0 multipart 支持，需要相应地注册 DispatcherServlet。在编程式的配置中，需在 Servlet 注册中设置 MultipartConfigElement。在 web.xml 配置中，添加一个 <multipart-config> 部分。由于 Servlet 3.0 API 无法让 MultipartResolver 执行此操作，因此需要在此级别应用最大容量或存储位置等配置。

一旦 Servlet 3.0 配置就绪后，只需添加一个名为“multipartResolver”的 StandardServletMultipartResolver 类型的 bean 即可。

11.3 过滤器

spring-web 模块提供了很多有用的过滤器。Spring 过滤器的实现依赖于 Servlet 容器。在实现上基于函数回调，可以对所有请求进行过滤，但缺点是一个过滤器实例只能在容器初始化时调用一次。

使用过滤器的目的是用来做一些过滤操作，获取想要获取的数据。例如，在过滤器中修改字符编码或是在过滤器中修改 HttpServletRequest 的一些参数（如过滤低俗文字、危险字符）等。

11.3.1 HTTP PUT 表单

浏览器只能通过 HTTP GET 或 HTTP POST 提交表单数据，而非浏览器客户端则可以使用 HTTP PUT 和 PATCH。Servlet API 要求 ServletRequest.getParameter*() 方法仅支持 HTTP POST 的表单字段访问。那么，如果用户使用 HTTP PUT 请求表单怎么办呢？可以通过 spring-web 模块提供的 HttpPutFormContentFilter 拦截内容类型为“application/x-www-form-urlencoded”的 HTTP PUT 和

PATCH 请求。从请求主体读取表单数据，并封装为 ServletRequest 以使表单数据可以通过 ServletRequest.getParameter*() 方法。

11.3.2 转发头

当请求经过负载平衡器等代理时，主机、端口等信息可能发生改变，这对于需要创建资源链接的应用程序提出了挑战，因为链接应反映原始请求的主机、端口等客户视角。

RFC 7239 规范[①]定义了代理如何来“Forwarded”（转发）HTTP 头，转发时需要提供有关原始请求的信息。还有其他一些非标准转发的使用，如“X-Forwarded-Host”“X-Forwarded-Port”和“X-Forwarded-Proto”等。

ForwardedHeaderFilter 检测、提取并使用来自“Forwarded”头或来自“X-Forwarded-Host”“X-Forwarded-Port”和“X-Forwarded-Proto”的信息。它包装请求以覆盖主机、端口，并“隐藏”转发的头以供后续处理。

需要注意的是，使用转发头时存在一定的安全隐患，因为在应用程序级别很难确定转发头是否可信。这就是为什么应该正确配置网络上尤其从外部过滤不可信的转发头。

没有代理并且不需要使用转发标头的应用程序可以配置 ForwardedHeaderFilter 以删除并忽略这些头。

11.3.3 ShallowEtagHeaderFilter

ShallowEtagHeaderFilter 是 Spring 提供的支持 ETag 的一个过滤器。ETag 是指被请求变量的实体值，是一个可以与 Web 资源关联的记号，而 Web 资源可以是一个 Web 页，也可以是 JSON 或 XML 文档，服务器单独负责判断记号是什么及其含义，并在 HTTP 响应头中将其传送到客户端、以下是服务器端返回的格式。

```
ETag:"D41D8CD98F00B204E9800998ECF8427E"
```

客户端的查询更新格式为：

```
If-None-Match:"D41D8CD98F00B204E9800998ECF8427E"
```

如果 ETag 无变化，则返回状态 304，这与 Last-Modified 一样。

ShallowEtagHeaderFilter 将 JSP 等的内容缓存，生成 MD5 的 key，然后在响应中作为头的 ETage 返回给客户端。下次客户端对相同的资源（或相同的 url）发出请求时，客户端将之前生成的 key 作为 If-None-Match 的值发送到服务器。Filter 将客户端传来的值和服务器上的做比较，如果相同，则返回 304；否则，将发送新的内容到客户端。

① 规范可见 https://tools.ietf.org/html/rfc7239。

11.3.4 CORS

Spring MVC 通过控制器上的注解为 CORS 配置提供细粒度的支持。但是，当与 Spring Security 一起使用时，建议依靠内置的 CorsFilter，它必须排在 Spring Security 的过滤器链之前。

11.4 控制器

11.4.1 控制器概述

@Controller 和 @RestController 是 Spring MVC 中实现控制器的常用注解。这些注解可以用来表示请求映射、请求输入及异常处理等。使用带注解的控制器具有灵活的方法签名，不需要扩展基类，也不需要实现特定的接口。

以下是一个使用 @Controller 注解的例子。

```
@Controller
public class HelloController {

    @GetMapping("/hello")
    public String handle(Model model) {
        model.addAttribute("message", "Hello World!");
        return "index";
    }
}
```

重点 11.4.2 声明控制器

开发者可以使用 Servlet 的 WebApplicationContext 中的标准 Spring bean 来定义控制器 bean。@Controller 的原型允许自动检测，可以被 Spring 自动注册。

如果要启用 @Controller bean 的自动检测，可以将组件扫描添加到 Java 配置中。

```
@Configuration
@ComponentScan("com.waylau.spring")
public class WebConfig {
    // ...
}
```

相当于以下基于 XML 的配置。

```
<?xml version="1.0" encoding="UTF-8"?>
```

```
<beans xmlns="http://www.springframework.org/schema/beans"
    xmlns:xsi="http://www.w3.org/2001/XMLSchema-instance"
    xmlns:p="http://www.springframework.org/schema/p"
    xmlns:context="http://www.springframework.org/schema/context"
    xsi:schemaLocation="
        http://www.springframework.org/schema/beans
        http://www.springframework.org/schema/beans/spring-beans.xsd
        http://www.springframework.org/schema/context
        http://www.springframework.org/schema/context/spring-context.
xsd">

    <context:component-scan base-package="com.waylau.spring"/>
    <!-- ... -->
</beans>
```

@RestController 相当于 @Controller 与 @ResponseBody 的组合，主要用于返回在 RESTful 应用常用的 JSON 格式数据。即

```
@RestController = @Controller + @ResponseBody
```

其中，@ResponseBody 注解指示方法返回值应绑定到 Web 响应的正文；@RestController 注解暗示用户，这是一个支持 REST 的控制器。

重点 11.4.3 请求映射

@RequestMapping 注解用于将请求映射到控制器方法上。它具有通过 URL、HTTP 方法、请求参数、头和媒体类型进行匹配的各种属性。它可以在类级使用来表示共享映射，或者在方法级使用，以缩小到特定的端点映射。

@RequestMapping 还有一些基于特定 HTTP 方法的快捷方式变体，包括 @GetMapping、@PostMapping、@PutMapping、@DeleteMapping 和 @PatchMapping。

在类级别仍需要 @RequestMapping 来表示共享映射。

以下是类级别和方法级别映射的示例。

```
@RestController
@RequestMapping("/persons")
class PersonController {

    @GetMapping("/{id}")
    public Person getPerson(@PathVariable Long id) {
        // ...
    }

    @PostMapping
    @ResponseStatus(HttpStatus.CREATED)
    public void add(@RequestBody Person person) {
```

```
        // ...
    }
}
```

1. URI 匹配模式

Spring 支持使用 glob 模式和通配符来映射请求。

① ?：匹配一个字符。

② *：匹配路径段中的零个或多个字符。

③ **：匹配零个或多个路径段。

开发者还可以声明 URI 变量并使用 @PathVariable 访问它们的值。例如：

```
@GetMapping("/owners/{ownerId}/pets/{petId}")
public Pet findPet(@PathVariable Long ownerId, @PathVariable Long petId) {
    // ...
}
```

URI 变量可以在类或方法级别上声明。例如：

```
@Controller
@RequestMapping("/owners/{ownerId}")
public class OwnerController {

    @GetMapping("/pets/{petId}")
    public Pet findPet(@PathVariable Long ownerId, @PathVariable Long
petId) {
        // ...
    }
}
```

可以显式地命名 URI 变量，如 @PathVariable("customId")，但如果名称相同，并且代码是使用调试信息编译的，或者使用 Java 8 上的 -parameters 编译器标志进行编译，则无须对 URI 变量命名。

可以使用正则表达式声明一个 URI 变量，其语法为 {varName:regex} 。例如，给定 URL “/spring-web-3.0.5.jar”，从下面的方法中提取名称、版本和文件扩展名。

```
@GetMapping("/{name:[a-z-]+}-{version:\\d\\.\\d\\.\\d}{ext:\\.[a-z]+}")
public void handle(@PathVariable String version, @PathVariable String
ext) {
    // ...
}
```

2. 后缀匹配和 RFD

RFD（Reflected File Download，反射文件下载）攻击类似于 XSS，因为它依赖于请求输入，如查询参数、URI 变量，被反映在响应中。但是，与其将 JavaScript 插入 HTML 中不同，RFD 攻击依赖于浏览器切换来执行下载，并在双击时将响应视为可执行脚本。

在 Spring MVC 中，@ResponseBody 和 ResponseEntity 方法面临风险，因为它们可以呈现不同的内容类型，客户端可以通过 URL 路径扩展来请求这些内容类型。禁用后缀模式匹配和使用路径扩展进行内容协商可降低风险，但不能防止 RFD 攻击。

为了防止 RFD 攻击，在呈现响应主体之前，Spring MVC 添加了一个 Content-Disposition:inline;filename=f.txt 头来安全下载文件。

3. 消费媒体类型

可以根据请求的内容类型缩小请求映射的范围。例如：

```
@PostMapping(path = "/pets", consumes = "application/json")
public void addPet(@RequestBody Pet pet) {
    // ...
}
```

consumes 属性也支持否定表达式，如“!text/plain”表示除“text/plain”以外的任何内容类型。MediaType 为常用的媒体类型提供常量，如 APPLICATION_JSON_VALUE 和 APPLICATION_JSON_UTF8_VALUE。

4. 生成媒体类型

可以根据 Accept 请求头和控制器方法生成的内容类型列表缩小请求映射的范围。例如：

```
@GetMapping(path = "/pets/{petId}", produces = "application/json;char-
set=UTF-8")
@ResponseBody
public Pet getPet(@PathVariable String petId) {
    // ...
}
```

媒体类型可以指定一个字符集。同时，也支持否定表达式，如“!text/plain”表示除“text/plain”以外的任何内容类型。可以在类级别声明共享 produces 属性，当在类级别使用时，方法级别的 produces 属性将覆盖类级别声明。MediaType 为常用的媒体类型提供常量，如 APPLICATION_JSON_VALUE 和 APPLICATION_JSON_UTF8_VALUE。

5. 参数和头

可以根据请求参数条件缩小请求映射。例如：

```
@GetMapping(path = "/pets/{petId}", params = "myParam=myValue")
public void findPet(@PathVariable String petId) {
    // ...
}
```

也可以对请求头条件使用相同的内容。例如：

```
@GetMapping(path = "/pets", headers = "myHeader=myValue")
public void findPet(@PathVariable String petId) {
    // ...
```

```
}
```

重点 11.4.4 处理器方法

1. 矩阵变量

矩阵变量可以出现在任何路径段中，每个变量用“；”分隔，多个值用“，”分隔，如“/cars;color=red,green;year=2018”。也可以通过重复的变量名称来指定多个值，如“color=red;color=green;color=blue”。

如果 URL 需要包含矩阵变量，则控制器方法的请求映射必须使用 URI 变量来屏蔽该变量内容，并确保可以成功匹配请求。例如：

```
// GET /pets/42;q=11;r=22
@GetMapping("/pets/{petId}")
public void findPet(@PathVariable String petId, @MatrixVariable int q) {
    // petId == 42
    // q == 11
}
```

矩阵变量可以给定默认值。例如：

```
// GET /pets/42
@GetMapping("/pets/{petId}")
public void findPet(@MatrixVariable(required=false, defaultValue="1")
int q) {
    // q == 1
}
```

若需要获得所有矩阵变量，可以使用 MultiValueMap。例如：

```
// GET /owners/42;q=11;r=12/pets/21;q=22;s=23
@GetMapping("/owners/{ownerId}/pets/{petId}")
public void findPet(
        @MatrixVariable MultiValueMap<String, String> matrixVars,
        @MatrixVariable(pathVar="petId"") MultiValueMap<String, String>
petMatrixVars) {
    // matrixVars: ["q": [11,22], "r": 12, "s": 23]
    // petMatrixVars: ["q": 22, "s": 23]
}
```

如果要启用矩阵变量，可以在 Java 配置中通过 Path Matching 设置一个带有 removeSemicolon-Content=false 的 UrlPathHelper。在 XML 命名空间中，使用 <mvc:annotation-driven enable-matrix-variables="true"/>。

2. @RequestParam

@RequestParam 将 Servlet 请求参数（查询参数或表单数据）绑定到控制器中的方法参数上。

以下代码片段显示了此用法。

```
@Controller
@RequestMapping("/pets")
public class EditPetForm {
    // ...
    @GetMapping
    public String setupForm(@RequestParam("petId") int petId, Model
model) {
        Pet pet = this.clinic.loadPet(petId);
        model.addAttribute("pet", pet);
        return "petForm";
    }
    // ...
}
```

3. @RequestHeader

@RequestHeader 将请求头绑定到控制器中的方法参数上。

以下是获取头上的 Accept-Encoding 和 Keep-Alive 的值。

```
@GetMapping("/demo")
public void handle(
        @RequestHeader("Accept-Encoding") String encoding,
        @RequestHeader("Keep-Alive") long keepAlive) {
    //...
}
```

4. @CookieValue

@CookieValue 将 HTTP cookie 的值绑定到控制器中的方法参数上。

以下示例演示了如何获取 cookie 值。

```
@GetMapping("/demo")
public void handle(@CookieValue("JSESSIONID") String cookie) {
    //...
}
```

如果目标方法参数类型不是字符串，则自动将应用类型转换为字符串。

5. @ModelAttribute

在方法参数上使用 @ModelAttribute 来访问模型中的属性，如果不存在，则将其实例化。模型属性还覆盖了来自 HTTP Servlet 请求参数的名称与字段名称匹配的值称为数据绑定，它不需处理解析和转换单个查询参数和表单字段。例如：

```
@PostMapping("/owners/{ownerId}/pets/{petId}/edit")
```

```
public String processSubmit(@ModelAttribute Pet pet) { }
```

6. @SessionAttributes

@SessionAttributes 用于在请求之间的 HTTP Servlet 会话中存储模型属性。通常列出模型属性的名称或模型属性的类型，这些属性应该透明地存储在会话中供随后的访问请求使用。

```
@Controller
@SessionAttributes("pet")
public class EditPetForm {
    // ...
}
```

7. @SessionAttribute

如果需要访问全局（在控制器之外）管理的预先存在的会话属性，并且可能存在，也可能不存在，应在方法参数上使用 @SessionAttribute。例如：

```
@RequestMapping("/")
public String handle(@SessionAttribute User user) {
    // ...
}
```

对于需要添加或删除会话属性的实例，可以将 org.springframework.web.context.request.WebRequest 或 javax.servlet.http.HttpSession 注入控制器方法。

为了将会话中的模型属性临时存储为控制器工作流的一部分，可以使用 @SessionAttributes。

8. @RequestAttribute

类似于 @SessionAttribute，可以使用 @RequestAttribute 注解来访问先前创建的请求属性，如通过 Servlet 过滤器或 HandlerInterceptor。

```
@GetMapping("/")
public String handle(@RequestAttribute Client client) {
    // ...
}
```

9. 重定向属性

默认情况下，所有模型属性都被视为在重定向 URL 中作为 URI 模板变量公开。例如：

```
@PostMapping("/files/{path}")
public String upload(...) {
    // ...
    return "redirect:files/{path}";
}
```

10. Multipart

在启用 MultipartResolver 后，具有“multipart/form-data”的 POST 请求内容将被解析并作为常规请求参数访问。在下面的例子中，将访问一个常规表单字段和一个上传的文件。

```
@Controller
public class FileUploadController {

    @PostMapping("/form")
    public String handleFormUpload(@RequestParam("name") String name,
            @RequestParam("file") MultipartFile file) {
        if (!file.isEmpty()) {
            byte[] bytes = file.getBytes();
            // 省略保存字节的逻辑
            return "redirect:uploadSuccess";
        }
        return "redirect:uploadFailure";
    }
}
```

Multipart 内容也可以用于数据绑定到命令对象的一部分。例如，上面的表单域和文件可能是表单对象上的字段。

```
class MyForm {
    private String name;
    private MultipartFile file;
    // ...
}

@Controller
public class FileUploadController {
    @PostMapping("/form")
    public String handleFormUpload(MyForm form, BindingResult errors) {
        if (!form.getFile().isEmpty()) {
            byte[] bytes = form.getFile().getBytes();
            // store the bytes somewhere
            return "redirect:uploadSuccess";
        }
        return "redirect:uploadFailure";
    }
}
```

11. @RequestBody

使用 @RequestBody 通过 HttpMessageConverter 将请求体读取并反序列化为一个 Object。下面是一个带有 @RequestBody 参数的例子。

```
@PostMapping("/accounts")
public void handle(@RequestBody Account account) {
    // ...
}
```

12. HttpEntity

HttpEntity 大部分与 @RequestBody 相同，只是基于容器对象来公开请求头和正文的。例如：

```
@PostMapping("/accounts")
public void handle(HttpEntity<Account> entity) {
    // ...
}
```

13. @ResponseBody

在一个方法上使用 @ResponseBody 注解，将通过 HttpMessageConverter 返回已经过序列化的响应主体。例如：

```
@GetMapping("/accounts/{id}")
@ResponseBody
public Account handle() {
    // ...
}
```

14. ResponseEntity

ResponseEntity 大部分与 @ResponseBody 相同，只是基于容器对象来指定请求头和正文的。例如：

```
@PostMapping("/something")
public ResponseEntity<String> handle() {
    // ...
    URI location = ...
    return new ResponseEntity.created(location).build();
}
```

15. Jackson JSON

Spring MVC 为 Jackson 的序列化视图提供了内置的支持。以下是在 @ResponseBody 或 ResponseEntity 控制器方法上，使用 Jackson 的 @JsonView 注解来激活序列化视图类的例子。

```
@RestController
public class UserController {
    @GetMapping("/user")
    @JsonView(User.WithoutPasswordView.class)
    public User getUser() {
        return new User("eric", "7!jd#h23");
    }
}

public class User {
    public interface WithoutPasswordView {};
    public interface WithPasswordView extends WithoutPasswordView {};
    private String username;
    private String password;
    public User() {
    }
    public User(String username, String password) {
        this.username = username;
        this.password = password;
```

```
    }

    @JsonView(WithoutPasswordView.class)
    public String getUsername() {
        return this.username;
    }

    @JsonView(WithPasswordView.class)
    public String getPassword() {
        return this.password;
    }
}
```

重点 11.4.5 模型方法

可以在 @RequestMapping 方法参数上使用 @ModelAttribute 来创建或访问模型中的 Object 并将其绑定到请求中。@ModelAttribute 也可以用于控制器的方法级注解，其目的不是处理请求，而是在请求处理之前添加常用模型属性。

控制器可以有任意数量的 @ModelAttribute 方法。所有这些方法在相同控制器中的 @RequestMapping 方法之前被调用。@ModelAttribute 方法也可以通过 @ControllerAdvice 在控制器之间共享。

@ModelAttribute 方法具有灵活的方法签名。除了 @ModelAttribute 本身或任何与请求主体相关的内容，它们支持许多与 @RequestMapping 方法相同的参数。

以下是使用 @ModelAttribute 方法的示例。

```
@ModelAttribute
public void populateModel(@RequestParam String number, Model model) {
    model.addAttribute(accountRepository.findAccount(number));
    // add more ...
}
```

11.4.6 绑定器方法

@Controller 或 @ControllerAdvice 类中的 @InitBinder 方法可用于自定义表示基于字符串的请求值（如请求参数、路径变量、头、cookie 等）的方法参数的类型转换。在将请求参数绑定到 @ModelAttribute 参数（命令对象）上时，也适用类型转换。

除了 @ModelAttribute (command object) 参数外，@InitBinder 方法支持许多与 @RequestMapping 方法相同的参数。例如：

```
@Controller
public class FormController {
    @InitBinder
```

```
    public void initBinder(WebDataBinder binder) {
        SimpleDateFormat dateFormat = new SimpleDateFormat("yyyy-MM-dd");
        dateFormat.setLenient(false);
        binder.registerCustomEditor(Date.class, new CustomDateEditor
(dateFormat, false));
    }
    // ...
}
```

11.5 URI 处理

11.5.1 URI 链接

UriComponents 与 java.net.URI 功能类似，但是 UriComponents 带有一个专用的 UriComponents-Builder 并支持 URI 模板变量。例如：

```
String uriTemplate = "http://example.com/hotels/{hotel}";

UriComponents uriComponents = UriComponentsBuilder.fromUriString
(uriTemplate)  // (1)
        .queryParam("q", "{q}")   // (2)
        .build();  // (3)

URI uri = uriComponents.expand("Westin", "123").encode().toUri();  // (4)
```

（1）带有 URI 模板的静态工厂方法。

（2）添加或替换 URI 组件。

（3）构建 UriComponents。

（4）展开 URI 变量、编码并获取 URI。

以上也可以采用方法链的形式，让整个调用过程看上去更加简洁。例如：

```
String uriTemplate = "http://example.com/hotels/{hotel}";
URI uri = UriComponentsBuilder.fromUriString(uriTemplate)
        .queryParam("q", "{q}")
        .buildAndExpand("Westin", "123")
        .encode()
        .toUri();
```

11.5.2 链接到控制器

UriComponentsBuilder 是 UriBuilder 的一个实现。UriBuilderFactory 和 UriBuilder 一起提供了可从 URI 模板中创建 URI 的可插入机制，以及共享公共属性（如基本 URI、编码策略等）的方法。

RestTemplate 和 WebClient 都可以使用 UriBuilderFactory 进行配置，以便自定义如何从 URI 模板中创建 URI。默认实现在内部依赖于 UriComponentsBuilder，并提供了配置通用基本 URI、替代编码模式策略等的选项。

以下是配置 RestTemplate 的一个例子。

```
String baseUrl = "http://example.com";
DefaultUriBuilderFactory factory = new DefaultUriBuilderFactory(baseUrl);
RestTemplate restTemplate = new RestTemplate();
restTemplate.setUriTemplateHandler(factory);
```

以下是配置 WebClient 3 种方式的例子。

```
String baseUrl = "http://example.com";
DefaultUriBuilderFactory factory = new DefaultUriBuilderFactory(baseUrl);

// 方式1 ：配置 UriBuilderFactory
WebClient client = WebClient.builder().uriBuilderFactory(factory).build();

// 方式2 ：使用 builder
WebClient client = WebClient.builder().baseUrl(baseUrl).build();

// 方式3 ：使用 create
WebClient client = WebClient.create(baseUrl);
```

11.5.3 视图中的链接

可以从视图（如 JSP、Thymeleaf、FreeMarker 等）中建立注解控制器的链接。可以使用 MvcUriComponentsBuilder 中的 fromMappingName 方法来完成，该方法引用按名称映射。

每个 @RequestMapping 都会根据类的大写字母和完整的方法名称分配一个默认名称。例如，类 FooController 中的方法 getFoo 被分配名称“FC # getFoo”。可以通过创建 HandlerMethodMappingNamingStrategy 实例并将其插入 RequestMappingHandlerMapping 中来替换或定制此策略。默认策略实现还将查看 @RequestMapping 上的名称属性，并使用它（如果存在）。这意味着如果分配的默认映射名称与另一个映射名称冲突（如重载方法），可以在 @RequestMapping 上明确指定名称。

Spring JSP 标记库提供了一个名为 mvcUrl 的函数，可根据此机制为控制器方法准备链接。例如：

```
@RequestMapping("/people/{id}/addresses")
public class PersonAddressController {
```

```
    @RequestMapping("/{country}")
    public HttpEntity getAddress(@PathVariable String country) { ... }
}
```

这样就可以按如下方式从 JSP 准备链接。

```
<%@ taglib uri="http://www.springframework.org/tags" prefix="s" %>
...
<a href="${s:mvcUrl('PAC#getAddress').arg(0,'US').buildAndExpand
('123')}">Get Address</a>
```

上面的例子依赖于 Spring 标记库中声明的 JSP 函数 mvcUrl。对于更高级的情况，可以很容易地定义自己的函数或使用自定义标记文件，以便使用具有自定义基本 URL 的特定的 MvcUriComponentsBuilder 实例。

11.6 异常处理

11.6.1 异常处理概述

如果在请求映射期间发生异常或从请求处理程序（如 @Controller）抛出异常，则 DispatcherServlet 将委托 HandlerExceptionResolver bean 链来解决异常并提供替代处理。这个处理通常是一个错误响应。

下面列出了可用的 HandlerExceptionResolver 实现。

① SimpleMappingExceptionResolver：处理异常类名称和错误视图名称之间的映射。用于在浏览器应用程序中呈现错误页面。

② DefaultHandlerExceptionResolver：用于解决 Spring MVC 引发的异常并将它们映射到 HTTP 状态代码。

③ ResponseStatusExceptionResolver：使用 @ResponseStatus 注解来解决异常，并根据注解中的值将它们映射到 HTTP 状态代码。

④ ExceptionHandlerExceptionResolver：通过在 @Controller 或 @ControllerAdvice 类中调用 @ExceptionHandler 方法来解决异常。详见 @ExceptionHandler 方法。

11.6.2 @ExceptionHandler

@Controller 和 @ControllerAdvice 类可以拥有 @ExceptionHandler 方法来处理来自控制器方法的异常。例如：

```
@Controller
public class SimpleController {
    // ...
    @ExceptionHandler
    public ResponseEntity<String> handle(IOException ex) {
        // ...
    }
}
```

@ExceptionHandler 注解可以列出要匹配的异常类型，或者简单地将目标异常声明为方法参数。当多个异常方法匹配时，根异常匹配通常优先于引发异常匹配。准确地说，ExceptionDepthComparator 根据抛出异常类型的深度对异常进行排序。

在 Spring MVC 中支持 @ExceptionHandler 方法建立在 DispatcherServlet 级别 HandlerException-Resolver 机制上。

11.6.3 框架异常处理

只需在 Spring 配置中声明多个 HandlerExceptionResolver bean 并根据需要设置它们的顺序属性，就可以形成一个异常解析链。order 属性越高，异常解析器定位得越靠后。

HandlerExceptionResolver 指定它可以返回：

①指向错误视图的 ModelAndView。

②如果在解析器中处理了异常，则为 Empty ModelAndView。

③如果异常未解决，则返回 null，供后续解析器尝试使用；如果异常仍然存在，则允许冒泡到 Servlet 容器。

MVC Config 内置了多种解析器，用于默认的 Spring MVC 异常声明、@ResponseStatus 注解的异常声明，以及 @ExceptionHandler 方法。也可以自定义这些解析器的列表或将其替换掉。

11.6.4 REST API 异常

REST 服务的一个常见要求是在响应正文中包含错误详细信息。Spring 框架不会自动执行此操作，因为响应正文中的错误详细信息表示是特定于应用程序的。但是，@RestController 可以使用带有 ResponseEntity 返回值的 @ExceptionHandler 方法来设置响应的状态和主体。这些方法也可以在 @ControllerAdvice 类中声明以全局应用它们。

如果想要实现自定义错误信息的全局异常处理，那么应用程序应该扩展 ResponseEntityExceptionHandler，它提供对 Spring MVC 引发的异常处理及钩子来定制响应主体。如果要使用它，需要创建一个 ResponseEntityExceptionHandler 的子类，使用 @ControllerAdvice 注解覆盖必要的方法，并将其声明为 Spring bean。

11.6.5 注解异常

带有 @ResponseStatus 注解的异常类会被 ResponseStatusExceptionResolver 解析。可以实现自定义的一些异常，同时在页面上进行显示。具体的使用方法如下。

定义一个异常类：

```
@ResponseStatus(value = HttpStatus.FORBIDDEN,reason = "用户名和密码不匹配
!")
public class UserNameNotMatchPasswordException extends RuntimeException{
}
```

抛出异常：

```
@RequestMapping("/testResponseStatusExceptionResolver")
public String testResponseStatusExceptionResolver(@RequestParam("i")
int i){
    if (i==13){
        throw new UserNameNotMatchPasswordException();
    }
    return "success";
}
```

11.6.6 容器错误页面

如果异常未被 HandlerExceptionResolver 处理，或者响应状态设置为错误状态（4xx、5xx），则 Servlet 容器可能会在 HTML 中呈现默认错误页面。默认错误页面可以在 web.xml 中声明。例如：

```
<error-page>
    <location>/error</location>
</error-page>
```

鉴于上述情况，当异常冒泡时或响应具有错误状态时，Servlet 在容器内将 ERROR 分派到配置的 URL（如“/error”）。然后由 DispatcherServlet 进行处理，可能将其映射到一个 @Controller，该实现可以通过模型返回错误视图名称或呈现 JSON 响应。例如：

```
@RestController
public class ErrorController {
    @RequestMapping(path = "/error")
    public Map<String, Object> handle(HttpServletRequest request) {
        Map<String, Object> map = new HashMap<String, Object>();
        map.put("status", request.getAttribute("javax.servlet.error.
status_code"));
        map.put("reason", request.getAttribute("javax.servlet.error.
message"));
        return map;
```

```
    }
}
```

注意：Servlet API 不提供在 Java 中创建错误页面映射的方法，所以需要同时使用 WebApplicationInitializer 和 web.xml 来实现。

11.7 异步请求

在 Servlet 3.0 之前，一个普通 Servlet 的主要工作流程大致如下。

① Servlet 接收到请求后，可能需要对请求携带的数据进行一些预处理。

②调用业务接口的某些方法，以完成业务处理。

③根据处理的结果提交响应，Servlet 线程结束。

其中，调用业务接口的某些方法的业务处理通常是最耗时的，这主要体现在数据库操作，以及其他跨网络调用等。在此过程中，Servlet 线程一直处于阻塞状态，直到业务方法执行完毕。在处理业务的过程中，Servlet 资源一直被占用而得不到释放，对于并发较大的应用，有可能造成性能的瓶颈。对此，在以前通常是采用私有解决方案来提前结束 Servlet 线程，并及时释放资源。Servlet 3.0 针对这个问题做了开创性的工作，现在通过使用 Servlet 3.0 的异步处理支持，可以将之前的 Servlet 处理流程调整如下。

① Servlet 接收到请求后，首先需要对请求携带的数据进行一些预处理（不变）。

② Servlet 线程将请求转交给一个异步线程来执行业务处理，线程本身返回容器。

③异步线程处理完业务后，可以直接生成响应数据（异步线程拥有 ServletRequest 和 ServletResponse 对象的引用），或者将请求继续转发给其他 Servlet。

如此一来， Servlet 线程不再是一直处于阻塞状态以等待业务逻辑的处理，而是启动异步线程后可以立即返回。

Spring MVC 对 Servlet 3.0 的异步请求处理做了更进一步的扩展。

①控制器方法中的 DeferredResult 和 Callable 返回值为单个异步返回值提供基本支持。

②控制器可以传输多个值，包括 SSE 和原始数据。

③控制器可以使用响应客户端并返回响应处理的类型。

难点 11.7.1 异步请求处理流程

一旦在 Servlet 容器中启用了异步请求处理功能，控制器方法就可以用 DeferredResult 包装任何受支持的控制器方法返回值。例如：

```
@GetMapping("/quotes")
@ResponseBody
public DeferredResult<String> quotes() {
    DeferredResult<String> deferredResult = new DeferredResult<String>();

    // 省略了保存deferredResult的逻辑
    return deferredResult;
}

// 从其他线程获取数据
deferredResult.setResult(data);
```

控制器可以从不同的线程异步生成返回值，如响应外部事件（JMS 消息）、计划任务或其他。

控制器也可以用 java.util.concurrent.Callable 包装任何支持的返回值。例如：

```
@PostMapping
public Callable<String> processUpload(final MultipartFile file) {
    return new Callable<String>() {
        public String call() throws Exception {
            // ...
            return "someView";
        }
    };

}
```

最后通过配置的 TaskExecutor 执行给定的任务来获取返回值。

11.7.2 异常处理

当使用 DeferredResult 时，可以选择是否在异常时调用 setResult 或 setErrorResult。在这两种情况下，Spring MVC 都会将请求分派回 Servlet 容器以完成处理。然后将它视为如同控制器方法返回给定值一样，或者如同它产生了给定的异常一样。最后异常可以通过常规异常处理机制处理，如调用 @ExceptionHandler 方法。

使用 Callable 时，也是类似的处理逻辑。主要区别在于结果是从 Callable 返回的，或者是由它引发的异常。

11.7.3 异步拦截器

HandlerInterceptor 和 AsyncHandlerInterceptor 用于在初始请求时接收 afterConcurrentHandlingStarted 以便进行异步处理，而不是使用 postHandle 和 afterCompletion。

HandlerInterceptor 还可以注册 CallableProcessingInterceptor 或 DeferredResultProcessingInterceptor 以便更深入地集成异步请求的生命周期，如处理超时事件。

DeferredResult 提供了 onTimeout(Runnable) 和 onCompletion(Runnable) 回调。Callable 可以替代 WebAsyncTask，它提供了超时和完成回调的附加方法。

难点 11.7.4 流式响应

DeferredResult 和 Callable 可用于单个异步返回值。如果要生成多个异步值并将其写入响应，可以返回对象。

ResponseBodyEmitter 返回值可用于生成对象流，其中每个发送的对象都使用 HttpMessageConverter 序列化并写入响应。例如：

```
@GetMapping("/events")
public ResponseBodyEmitter handle() {
    ResponseBodyEmitter emitter = new ResponseBodyEmitter();

    // 省略了保存emitter的逻辑
    return emitter;
}

// 在其他线程执行
emitter.send("Hello once");
emitter.send("Hello again");
emitter.complete();
```

ResponseBodyEmitter 也可以用于 ResponseEntity 中的主体，允许开发者自定义响应的状态和头。

重点 11.7.5 Server-Sent Events

SseEmitter 是 ResponseBodyEmitter 的一个子类，它支持 Server-Sent Events（SSE）。SSE 是服务器发送事件的 W3C 规范（见 https://www.w3.org/TR/eventsource/）。为了从控制器产生 SSE 流，只需返回 SseEmitter。例如：

```
@GetMapping(path="/events", produces=MediaType.TEXT_EVENT_STREAM_VALUE)
public SseEmitter handle() {
    SseEmitter emitter = new SseEmitter();

    // 省略了保存emitter的逻辑
    return emitter;
}
// 在其他线程执行
emitter.send("Hello once");
emitter.send("Hello again");
emitter.complete();
```

虽然 SSE 是主流浏览器的主要选项，但需注意的是，微软的 Internet Explorer 和 Edge 浏览器到目前为止还未支持 SSE。如果要使用 SSE，还需要考虑客户对于浏览器厂商的选择。开发者可以通过 https://caniuse.com/#search=Server-Sent%20Events 网址来查看各大浏览器对于 SSE 的最新支持情况。

11.7.6 发送原生数据

有时应用并不需要对消息进行转换，而是直接将流传输到响应 OutputStream，如文件下载。使用 StreamingResponseBody 返回值类型可以做到发送原生数据。例如：

```
@GetMapping("/download")
public StreamingResponseBody handle() {
    return new StreamingResponseBody() {
        @Override
        public void writeTo(OutputStream outputStream) throws IOException {
            // write...
        }
    };
}
```

StreamingResponseBody 可用于 ResponseEntity 中的主体，允许开发者自定义响应的状态和头。

新功能 11.7.7 响应式返回值

Spring MVC 支持在控制器中使用响应式客户端库，包括 spring-webflux 模块的 WebClient 和 Spring Data 响应式数据存储库等其他 WebClient。在这种情况下，从控制器方法返回响应式类型是很方便的。

响应式返回值的处理方式如下。

①单一值的场景：适用于类似使用 DeferredResult。例如，Mono (Reactor) 或 Single (RxJava)。

②具有诸如“application/stream+json”或“text/event-stream”的流媒体类型的多值流场景：适用于类似使用 ResponseBodyEmitter 或 SseEmitter。例如，Flux (Reactor) 或 Observable (RxJava)。应用程序也可以返回 Flux<ServerSentEvent> 或 Observable<ServerSentEvent>。

③具有诸如“application/json”或“text/event-stream”的流媒体类型的多值流场景：适用于类似使用 DeferredResult<List<?>>。

11.7.8 配置

异步请求处理功能必须在 Servlet 容器级别启用。MVC 配置也为异步请求提供了几个选项。

1. Servlet 容器

Filter 和 Servlet 声明 asyncSupported 且设置为 true 才能启用异步请求处理。

在 Java 配置中，当使用 AbstractAnnotationConfigDispatcherServletInitializer 初始化 Servlet 容器时，是自动完成的。

在 web.xml 配置中，向 DispatcherServlet 和 Filter 声明添加 <async-supported>true</async-supported>，并添加 <dispatcher>ASYNC</dispatcher> 以过滤映射。

2. Spring MVC

MVC 配置公开与异步请求处理相关的选项如下。

① Java 配置：在 WebMvcConfigurer 上使用 configureAsyncSupport 回调。

② XML 名称空间：使用 <mvc:annotation-driven> 下的 <async-support> 元素。

开发者还可以配置以下内容。

①异步请求的默认超时值（如果未设置）取决于底层的 Servlet 容器。

② AsyncTaskExecutor 用于在使用 Reactive 类型进行流式传输时阻止写入操作，还用于执行从控制器方法返回的 Callable 对象。

11.8 CORS 处理

重点 11.8.1 CORS 概述

出于安全原因，浏览器禁止对当前源以外的资源进行 AJAX 调用。CORS（Cross-Origin Resource Sharing，跨域资源共享）是一个 W3C 标准。它允许浏览器向跨源服务器发出 XMLHttpRequest 请求，从而克服了 AJAX 只能同源使用的限制。

Spring MVC HandlerMapping 提供了对 CORS 的内置支持。在成功将请求映射到处理程序后，HandlerMapping 会检查给定请求和处理程序的 CORS 配置并采取进一步的操作。预检请求被直接处理掉，而简单和实际的 CORS 请求会被拦截，验证是否需要设置 CORS 响应头。

为了实现跨域请求（Origin 头域存在且与请求的主机不同），需要有一些明确声明的 CORS 配置。如果找不到匹配的 CORS 配置，则会拒绝预检请求。如果没有将 CORS 头添加到简单和实际的 CORS 请求的响应，则会被浏览器拒绝。

每个 HandlerMapping 可以单独配置基于 URL 模式的 CorsConfiguration 映射。在大多数情况下，应用程序将使用 MVC 配置来实现全局映射。HandlerMapping 级别的全局 CORS 配置可以与更细粒度的处理器级 CORS 配置相结合。例如，带注解的控制器可以使用类级别或方法级别的 @CrossOrigin 注解。

重点 11.8.2 @CrossOrigin

@CrossOrigin 注解用于在带注解的控制器方法上启用跨域请求。例如：

```
@RestController
@RequestMapping("/account")
public class AccountController {

    @CrossOrigin
    @GetMapping("/{id}")
    public Account retrieve(@PathVariable Long id) {
        // ...
    }
    @DeleteMapping("/{id}")
    public void remove(@PathVariable Long id) {
        // ...
    }
}
```

默认 @CrossOrigin 允许以下功能。

①所有的源。

②所有头。

③控制器方法所映射到的所有 HTTP 方法。

④ allowCredentials 默认情况下未启用，因为它建立了一个信任级别，用于公开敏感的用户特定信息，如 Cookie 和 CSRF 令牌，并且只能在适当的情况下使用。

⑤ maxAge 默认设置为 30 分钟。

@CrossOrigin 也在类级别上得到支持，并由所有方法继承。例如：

```
@RestController
@RequestMapping("/account")
public class AccountController {

    @CrossOrigin
    @GetMapping("/{id}")
    public Account retrieve(@PathVariable Long id) {
        // ...
    }
    @DeleteMapping("/{id}")
    public void remove(@PathVariable Long id) {
        // ...
    }
}
```

@CrossOrigin 可以在类和方法级别使用。例如：

```
@CrossOrigin(maxAge = 3600)
```

```
@RestController
@RequestMapping("/account")
public class AccountController {

    @CrossOrigin("http://domain2.com")
    @GetMapping("/{id}")
    public Account retrieve(@PathVariable Long id) {
        // ...
    }
    @DeleteMapping("/{id}")
    public void remove(@PathVariable Long id) {
        // ...
    }
}
```

11.8.3 全局 CORS 配置

除了细粒度的控制器方法级配置外，还可能需要定义一些全局 CORS 配置。可以在任何 HandlerMapping 上分别设置基于 URL 的 CorsConfiguration 映射。但是，大多数应用程序将使用 MVC 的 Java 配置或 XML 配置来完成此操作。

默认情况下全局配置启用以下功能。

①所有的源。

②所有头。

③ GET、HEAD 和 POST 方法。

④ allowCredentials 默认情况下未启用，因为它建立了一个信任级别，用于公开敏感的用户特定信息，如 Cookie 和 CSRF 令牌，并且只能在适当的情况下使用。

⑤ maxAge 默认设置为 30 分钟。

11.8.4 自定义CORS

可以通过基于 Java 或 XML 的配置来自定义 CORS。

1. Java 配置

如果要在 MVC 的 Java 配置中启用 CORS，则使用 CorsRegistry 回调。例如：

```
@Configuration
@EnableWebMvc
public class WebConfig implements WebMvcConfigurer {

    @Override
    public void addCorsMappings(CorsRegistry registry) {
        registry.addMapping("/api/**")
```

```
            .allowedOrigins("http://domain2.com")
            .allowedMethods("PUT", "DELETE")
            .allowedHeaders("header1", "header2", "header3")
            .exposedHeaders("header1", "header2")
            .allowCredentials(true).maxAge(3600);
        // ...
    }
}
```

2. XML 配置

如果要在 XML 命名空间中启用 CORS，则使用 <mvc:cors> 元素。例如：

```
<mvc:cors>
    <mvc:mapping path="/api/**"
        allowed-origins="http://domain1.com, http://domain2.com"
        allowed-methods="GET, PUT"
        allowed-headers="header1, header2, header3"
        exposed-headers="header1, header2" allow-credentials="true"
        max-age="123" />

    <mvc:mapping path="/resources/**"
        allowed-origins="http://domain1.com" />

</mvc:cors>
```

11.8.5 CORS 过滤器

开发者可以通过内置的 CorsFilter 来应用 CORS 支持。

配置过滤器将 CorsConfigurationSource 传递给其构造函数。例如：

```
CorsConfiguration config = new CorsConfiguration();
Config.applyPermitDefaultValues()
config.setAllowCredentials(true);
config.addAllowedOrigin("http://domain1.com");
config.addAllowedHeader("");
config.addAllowedMethod("");

UrlBasedCorsConfigurationSource source = new UrlBasedCorsConfiguration-
Source();
source.registerCorsConfiguration("/**", config);

CorsFilter filter = new CorsFilter(source);
```

11.9 HTTP 缓存

一个好的 HTTP 缓存策略可以显著提高 Web 应用程序的性能和客户的体验。HTTP 响应头中的 Cache-Control、Last-Modified 和 ETag 文件主要负责缓存处理。

11.9.1 HTTP 缓存概述

Cache-Control 用于指定所有缓存机制在整个请求 / 响应链中必须服从的指令。这些指令指定用于阻止缓存对请求或响应造成不利干扰的行为，这些指令通常覆盖默认缓存算法。缓存指令是单向的，即请求中存在一个指令并不意味着响应中将存在同一个指令。

Last-Modified 实体头部字段值通常用于一个缓存验证器。简单来说，如果实体值在 Last-Modified 值之后没有被更改，则认为该缓存条目有效。

ETag 是一个 HTTP 响应头，由 HTTP/1.1 兼容的 Web 服务器返回，用于确定给定 URL 中内容是否已经更改。它可以被认为是 Last-Modified 头的更复杂的后继者。当服务器返回带有 ETag 头的表示时，客户端可以在随后的 GET 中的 If-None-Match 头中使用此头。如果内容未更改，则服务器返回“304: Not Modified”。

重点 11.9.2 缓存控制

Spring Web MVC 支持许多缓存的策略，并提供了为应用程序配置 Cache-Control 头的方法。

Spring Web MVC 在以下几个 API 中使用了一个配置约定 setCachePeriod(int seconds) 方法。

①值为 -1：不会生成 Cache-Control 响应头。

②值为 0：使用“Cache-Control: no-store”指令时，将阻止缓存。

③值 *n*>0：使用“Cache-Control: max-age=n”指令时，将给定响应缓存 *n* 秒。

CacheControl 构建器类简单地描述了可用的 Cache-Control 指令，并使构建自己的 HTTP 缓存策略变得更加容易。一旦构建完成，一个 CacheControl 实例可以被接收为 Spring Web MVC API 中的一个参数。

```
// 缓存一个小时 - "Cache-Control: max-age=3600"
CacheControl ccCacheOneHour = CacheControl.maxAge(1, TimeUnit.HOURS);

// 阻止缓存 - "Cache-Control: no-store"
CacheControl ccNoStore = CacheControl.noStore();

// 在公共和私人缓存中缓存十天，
// 公共缓存不应该转换响应
// "Cache-Control: max-age=864000, public, no-transform"
CacheControl ccCustom = CacheControl.maxAge(10, TimeUnit.DAYS)
```

```
                                    .noTransform().cachePublic();
```

重点 11.9.3 静态资源

应该为静态资源提供适当的 Cache-Control 和头以获得最佳性能。以下是一个配置示例。

```
@Configuration
@EnableWebMvc
public class WebConfig implements WebMvcConfigurer {

    @Override
    public void addResourceHandlers(ResourceHandlerRegistry registry) {
        registry.addResourceHandler("/resources/**")
                .addResourceLocations("/public-resources/")
                .setCacheControl(CacheControl.maxAge(1, TimeUnit.HOURS).
cachePublic());
    }
}
```

如果是基于 XML，则上述配置相当于：

```
<mvc:resources mapping="/resources/**" location="/public-resources/">
    <mvc:cache-control max-age="3600" cache-public="true"/>
</mvc:resources>
```

11.9.4 控制器缓存

Spring MVC 控制器可以支持 Cache-Control、ETag 和 If-Modified-Since 等 HTTP 请求。控制器可以使用 HttpEntity 类型与请求 / 响应进行交互，返回 ResponseEntity 的控制器可以包含 HTTP 缓存信息。例如：

```
@GetMapping("/book/{id}")
public ResponseEntity<Book> showBook(@PathVariable Long id) {
    Book book = findBook(id);
    String version = book.getVersion();
    return ResponseEntity
                .ok()
                .cacheControl(CacheControl.maxAge(30, TimeUnit.DAYS))
                .eTag(version)
                .body(book);
}
```

@RequestMapping 方法也可以支持相同的行为。其实现如下。

```
@RequestMapping
public String myHandleMethod(WebRequest webRequest, Model model) {
```

```
    long lastModified = // 1. 特定于应用程序的计算
    if (request.checkNotModified(lastModified)) {
        // 2. 快捷退出。不需要进一步处理
        return null;
    }
    // 3. 或者另外请求处理
    model.addAttribute(...);
    return "myViewName";
```

11.10 MVC 配置

Spring MVC 提供了基于 Java 和 XML 的配置，其默认的配置值可以满足大多数的应用场景。但是，Spring MVC 也提供了 API 以方便开发人员来自定义配置。

11.10.1 启用 MVC 配置

在基于 Java 的配置中，启用 MVC 配置是使用 @EnableWebMvc 注解。例如：

```
@Configuration
@EnableWebMvc
public class WebConfig {
}
```

如果是使用基于 XML 的配置，则需要使用 <mvc:annotation-driven> 元素。例如：

```
<?xml version="1.0" encoding="UTF-8"?>
<beans xmlns="http://www.springframework.org/schema/beans"
    xmlns:mvc="http://www.springframework.org/schema/mvc"
    xmlns:xsi="http://www.w3.org/2001/XMLSchema-instance"
    xsi:schemaLocation="
        http://www.springframework.org/schema/beans
        http://www.springframework.org/schema/beans/spring-beans.xsd
        http://www.springframework.org/schema/mvc
        http://www.springframework.org/schema/mvc/spring-mvc.xsd">
    <mvc:annotation-driven/>
</beans>
```

11.10.2 类型转换

默认情况下，Number 和 Date 类型的格式化程序已安装，包括支持 @NumberFormat 和 @DateTimeFormat 注解。如果 Joda 类库存在于类路径中，则还会安装对 Joda 时间格式库的全面支持。

在 Java 配置中，注册自定义格式化器和转换器实现如下。

```
@Configuration
@EnableWebMvc
public class WebConfig implements WebMvcConfigurer {

    @Override
    public void addFormatters(FormatterRegistry registry) {
        // ...
    }
}
```

如果是使用基于 XML 的配置，则用法如下。

```
<?xml version="1.0" encoding="UTF-8"?>
<beans xmlns="http://www.springframework.org/schema/beans"
    xmlns:mvc="http://www.springframework.org/schema/mvc"
    xmlns:xsi="http://www.w3.org/2001/XMLSchema-instance"
    xsi:schemaLocation="
        http://www.springframework.org/schema/beans
        http://www.springframework.org/schema/beans/spring-beans.xsd
        http://www.springframework.org/schema/mvc
        http://www.springframework.org/schema/mvc/spring-mvc.xsd">

    <mvc:annotation-driven conversion-service="conversionService"/>

    <bean id="conversionService"
            class="org.springframework.format.support.FormattingConver-
sionServiceFactoryBean">
        <property name="converters">
            <set>
                <bean class="org.example.MyConverter"/>
            </set>
        </property>
        <property name="formatters">
            <set>
                <bean class="org.example.MyFormatter"/>
                <bean class="org.example.MyAnnotationFormatterFactory"/>
</set>
        </property>
        <property name="formatterRegistrars">
            <set>
                <bean class="org.example.MyFormatterRegistrar"/>
            </set>
        </property>
    </bean>
</beans>
```

11.10.3 验证

默认情况下，如果 Bean 验证存在于类路径中，如 Hibernate Validator、LocalValidatorFactoryBean 被注册为全局验证器，则会用于加了 @Valid 和 Validated 的控制器方法参数的验证。

在 Java 配置中，可以自定义全局的 Validator 实例。例如：

```
@Configuration
@EnableWebMvc
public class WebConfig implements WebMvcConfigurer {

    @Override
    public Validator getValidator(); {
        // ...
    }
}
```

如果是使用基于 XML 的配置，则用法如下。

```
<?xml version="1.0" encoding="UTF-8"?>
<beans xmlns="http://www.springframework.org/schema/beans"
    xmlns:mvc="http://www.springframework.org/schema/mvc"
    xmlns:xsi="http://www.w3.org/2001/XMLSchema-instance"
    xsi:schemaLocation="
        http://www.springframework.org/schema/beans
        http://www.springframework.org/schema/beans/spring-beans.xsd
        http://www.springframework.org/schema/mvc
        http://www.springframework.org/schema/mvc/spring-mvc.xsd">
    <mvc:annotation-driven validator="globalValidator"/>
</beans>
```

重点 11.10.4 拦截器

在 Java 配置的应用中，注册拦截器用于传入请求。例如：

```
@Configuration
@EnableWebMvc
public class WebConfig implements WebMvcConfigurer {

    @Override
    public void addInterceptors(InterceptorRegistry registry) {
        registry.addInterceptor(new LocaleInterceptor());
        registry.addInterceptor(new ThemeInterceptor())
            .addPathPatterns("/**").excludePathPatterns("/admin/**");
        registry.addInterceptor(new SecurityInterceptor())
            .addPathPatterns("/secure/*");
    }
}
```

如果是使用基于 XML 的配置，则用法如下。

```
<mvc:interceptors>
    <bean class="org.springframework.web.servlet.i18n.LocaleChangeInter
ceptor"/>
    <mvc:interceptor>
        <mvc:mapping path="/**"/>
        <mvc:exclude-mapping path="/admin/**"/>
        <bean class="org.springframework.web.servlet.theme.ThemeChange
Interceptor"/>
    </mvc:interceptor>
    <mvc:interceptor>
        <mvc:mapping path="/secure/*"/>
        <bean class="org.example.SecurityInterceptor"/>
    </mvc:interceptor>
</mvc:interceptors>
```

11.10.5 内容类型

根据确定请求的媒体类型，可以配置 Spring MVC，如 Accept 头、URL 路径扩展、查询参数等。

默认情况下，首先根据类路径依赖关系将 json、xml、rss 和 atom 注册为已知扩展，检查 URL 路径扩展，然后检查 Accept 头。

如果将这些默认值仅更改为 Accept header，并且必须使用基于 URL 的内容类型解析，则需要考虑路径扩展中的查询参数策略。有关更多详细信息，请参见后缀匹配和 RFD。

在 Java 配置中，自定义请求的内容类型示例如下。

```
@Configuration
@EnableWebMvc
public class WebConfig implements WebMvcConfigurer {

    @Override
    public void configureContentNegotiation(ContentNegotiationConfigurer
 configurer) {
        configurer.mediaType("json", MediaType.APPLICATION_JSON);
    }
}
```

如果是使用基于 XML 的配置，则用法如下。

```
<mvc:annotation-driven content-negotiation-manager="contentNegotiation
Manager"/>

<bean id="contentNegotiationManager"
    class="org.springframework.web.accept.ContentNegotiationManager
FactoryBean">
    <property name="mediaTypes">
```

```
        <value>
            json=application/json
            xml=application/xml
        </value>
    </property>
</bean>
```

重点 11.10.6 消息转换器

自定义 HttpMessageConverter 可以在 Java 配置中通过覆盖 configureMessageConverters() 方法来实现，如果想要替换由 Spring MVC 创建的默认转换器，或者如果只想定制它们或将其他转换器添加到默认转换器，则可以重写 extendMessageConverters() 方法。

以下示例添加 Jackson JSON 和 XML 转换器的自定义 ObjectMapper。

```
@Configuration
@EnableWebMvc
public class WebConfiguration implements WebMvcConfigurer {

    @Override
    public void configureMessageConverters(List<HttpMessageConverter<?>>
converters) {
        Jackson2ObjectMapperBuilder builder = new Jackson2ObjectMapper-
Builder()
                .indentOutput(true)
                .dateFormat(new SimpleDateFormat("yyyy-MM-dd"))
                .modulesToInstall(new ParameterNamesModule());
        converters.add(new MappingJackson2HttpMessageConverter(builder.
build()));
        converters.add(new MappingJackson2XmlHttpMessageConverter(build-
er.xml().build()));
    }
}
```

如果是使用基于 XML 的配置，则用法如下。

```
<mvc:annotation-driven>
    <mvc:message-converters>
        <bean class="org.springframework.http.converter.json.Mapping
Jackson2HttpMessageConverter">
            <property name="objectMapper" ref="objectMapper"/>
        </bean>
        <bean class="org.springframework.http.converter.xml.Mapping
Jackson2XmlHttpMessageConverter">
            <property name="objectMapper" ref="xmlMapper"/>
        </bean>
    </mvc:message-converters>
</mvc:annotation-driven>
```

```
<bean id="objectMapper" class="org.springframework.http.converter.json.
Jackson2ObjectMapperFactoryBean"
      p:indentOutput="true"
      p:simpleDateFormat="yyyy-MM-dd"
      p:modulesToInstall="com.fasterxml.jackson.module.paramnames.
ParameterNamesModule"/>
<bean id="xmlMapper" parent="objectMapper" p:createXmlMapper="true"/>
```

重点 11.10.7 视图控制器

视图控制器是定义一个 ParameterizableViewController 的快捷方式，它可以在调用时立即转发到视图。如果在视图生成响应之前没有执行 Java 控制器逻辑，则在静态情况下使用。

以下是在 Java 中将“/”请求转发到名为“home”的视图的示例。

```
@Configuration
@EnableWebMvc
public class WebConfig implements WebMvcConfigurer {

    @Override
    public void addViewControllers(ViewControllerRegistry registry) {
        registry.addViewController("/").setViewName("home");
    }
}
```

如果是使用基于 XML 的配置，则用法如下。

```
<mvc:view-controller path="/" view-name="home"/>
```

重点 11.10.8 视图解析器

MVC 配置简化了视图解析器的注册。

以下是一个 Java 配置示例，它使用 FreeMarker HTML 模板和 Jackson 作为 JSON 呈现的视图解析器。

```
@Configuration
@EnableWebMvc
public class WebConfig implements WebMvcConfigurer {

    @Override
    public void configureViewResolvers(ViewResolverRegistry registry) {
        registry.enableContentNegotiation(new MappingJackson2JsonView());
        registry.jsp();
    }
}
```

如果是使用基于 XML 的配置，则用法如下。

```
<mvc:view-resolvers>
    <mvc:content-negotiation>
        <mvc:default-views>
            <bean class="org.springframework.web.servlet.view.json.
MappingJackson2JsonView"/>
        </mvc:default-views>
    </mvc:content-negotiation>
    <mvc:jsp/>
</mvc:view-resolvers>
```

重点 11.10.9 静态资源

静态资源选项提供了一种便捷的方式来从基于资源的位置列表中提供静态资源。

在下面的示例中，如果请求以“/resources”开头，则会使用相对路径查找并提供相对于 Web 应用程序根目录下的“/public”或“/static”下的类路径的静态资源，这些资源将在未来 1 年内到期，以确保最大限度地利用浏览器缓存并减少浏览器发出的 HTTP 请求。Last-Modified 头也被评估，如果存在，则返回 304 状态码。

```
@Configuration
@EnableWebMvc
public class WebConfig implements WebMvcConfigurer {

    @Override
    public void addResourceHandlers(ResourceHandlerRegistry registry) {
        registry.addResourceHandler("/resources/**")
            .addResourceLocations("/public", "classpath:/static/")
            .setCachePeriod(31556926);
    }
}
```

如果是使用基于 XML 的配置，则用法如下。

```
<mvc:resources mapping="/resources/**"
    location="/public, classpath:/static/"
    cache-period="31556926" />
```

11.10.10 DefaultServletHttpRequestHandler

DefaultServletHttpRequestHandler 允许将 DispatcherServlet 映射到“/”（从而覆盖容器默认 Servlet 的映射），同时仍允许静态资源请求由容器的默认 Servlet 处理。它使用“/**”的 URL 映射和相对于其他 URL 映射的最低优先级来配置 DefaultServletHttpRequestHandler。

该处理程序将把所有请求转发给默认的 Servlet。因此，重要的是，它保持最后的所有其他 URL HandlerMapping 的顺序。如果开发者使用 <mvc:annotation-driven>，或者要设置自定义 HandlerMapping 实例，则要确保将其顺序属性设置为低于 DefaultServletHttpRequestHandler 的值(Integer.MAX_VALUE)。

如果要启用该功能，则使用以下代码。

```
@Configuration
@EnableWebMvc
public class WebConfig implements WebMvcConfigurer {

    @Override
    public void configureDefaultServletHandling(DefaultServletHandler
Configurer configurer) {
        configurer.enable();
    }
}
```

如果是使用基于 XML 的配置，则用法如下。

```
<mvc:default-servlet-handler/>
```

难点 11.10.11 路径匹配

路径匹配允许自定义与 URL 匹配和 URL 处理相关的选项。

在 Java 配置中的示例如下。

```
@Configuration
@EnableWebMvc
public class WebConfig implements WebMvcConfigurer {
    @Override
    public void configurePathMatch(PathMatchConfigurer configurer) {
        configurer
            .setUseSuffixPatternMatch(true)
            .setUseTrailingSlashMatch(false)
            .setUseRegisteredSuffixPatternMatch(true)
            .setPathMatcher(antPathMatcher())
            .setUrlPathHelper(urlPathHelper());
    }
    @Bean
    public UrlPathHelper urlPathHelper() {
        //...
    }
    @Bean
    public PathMatcher antPathMatcher() {
        //...
    }
```

```
}
```

如果是使用基于 XML 的配置，则用法如下。

```
<mvc:annotation-driven>
    <mvc:path-matching
        suffix-pattern="true"
        trailing-slash="false"
        registered-suffixes-only="true"
        path-helper="pathHelper"
        path-matcher="pathMatcher"/>
</mvc:annotation-driven>

<bean id="pathHelper" class="org.example.app.MyPathHelper"/>
<bean id="pathMatcher" class="org.example.app.MyPathMatcher"/>
```

11.11 视图处理

Spring MVC 中的视图技术应用是可插拔的，所以无论是使用 Thymeleaf、Groovy 标记模板、JSP，还是使用其他视图技术，只要通过更改配置，就能实现相关视图的解析。本节将介绍与 Spring MVC 集成的常见视图技术。

重点 11.11.1 常用视图技术

在 Web 应用开发中，经常会涉及界面的开发，常用的界面视图技术有 Thymeleaf、Apache FreeMaker、Groovy 标记模板、JSP 和 JSTL 等。

1. Thymeleaf

Thymeleaf 是面向 Web 和独立环境的现代服务器端 Java 模板引擎，能够处理 HTML、XML、JavaScript、CSS 或纯文本。类似的产品还有 JSP 、Freemarker 等。

Thymeleaf 的主要目标是提供一种优雅和高度可维护的创建模板的方式。为了实现这一点，它建立在自然模板（Natural Templates）的概念上，将其逻辑注入模板文件中，不会影响模板被用于设计原型。这改善了设计的沟通，弥补了设计和开发团队之间的差距。因为 Thymeleaf 的设计从一开始就遵从 Web 标准，特别是 HTML 5，所以能创建完全符合验证的模板。

Thymeleaf 使用 OGNL（Object-Graph Navigation Language）简单、一致的表达式语法，可以存取对象的任意属性、调用对象的方法、遍历整个对象的结构图、实现字段类型转换等功能。OGNL 使用相同的表达式去存取对象的属性，可以更好地取得数据。由于 OGNL 与 SpringEL 在语法上极其类似，因此在与 Spring 应用集成过程中使用 SpringEL。

Thymeleaf 3 使用一个名为 AttoParser 2（http://www.attoparser.org）的新解析器。AttoParser 是一个新的、基于事件（不符合 SAX 标准）的解析器，由 Thymeleaf 的开发者开发，契合 Thymeleaf 的风格。

Thymeleaf 与 Spring MVC 的集成由 Thymeleaf 项目管理。该配置涉及一些 bean 声明，如 ServletContextTemplateResolver、SpringTemplateEngine 和 ThymeleafViewResolver 等。Thymeleaf 的更多内容，可以参阅笔者的开源书《Thymeleaf 教程》（https://github.com/waylau/thymeleaf-tutorial）。

2. Apache FreeMarker

Apache FreeMarker 是一种模板引擎，用于生成从 HTML 到电子邮件等任何类型的文本输出。Spring 框架内置了 Spring MVC 和 FreeMarker 模板的集成，配置如下。

```
@Configuration
@EnableWebMvc
public class WebConfig implements WebMvcConfigurer {

    @Override
    public void configureViewResolvers(ViewResolverRegistry registry) {
        registry.freemarker();
    }

    @Bean
    public FreeMarkerConfigurer freeMarkerConfigurer() {
        FreeMarkerConfigurer configurer = new FreeMarkerConfigurer();
        configurer.setTemplateLoaderPath("/WEB-INF/freemarker");
        return configurer;
    }
}
```

如果是使用基于 XML 的配置，则用法如下。

```
<mvc:annotation-driven/>

<mvc:view-resolvers>
    <mvc:freemarker/>
</mvc:view-resolvers>

<mvc:freemarker-configurer>
    <mvc:template-loader-path location="/WEB-INF/freemarker"/>
</mvc:freemarker-configurer>
```

3. Groovy 标记模板

Groovy 标记模板引擎主要用于生成类似 XML 的标记（如 XML、XHTML、HTML 5 等），但也可用于生成任何基于文本的内容。Spring 框架内置了 Spring MVC 和 Groovy 标记模板的集成功能，配置如下。

```
@Configuration
```

```
@EnableWebMvc
public class WebConfig implements WebMvcConfigurer {

    @Override
    public void configureViewResolvers(ViewResolverRegistry registry) {
        registry.groovy();
    }

    @Bean
    public GroovyMarkupConfigurer groovyMarkupConfigurer() {
        GroovyMarkupConfigurer configurer = new GroovyMarkupConfigurer();
        configurer.setResourceLoaderPath("/WEB-INF/");
        return configurer;
    }
}
```

如果是使用基于 XML 的配置，则用法如下。

```
<mvc:annotation-driven/>

<mvc:view-resolvers>
    <mvc:groovy/>
</mvc:view-resolvers>

<mvc:groovy-configurer resource-loader-path="/WEB-INF/"/>
```

4. JSP 和 JSTL

Spring 框架内置了 Spring MVC 和 JSP 及 JSTL 的集成。在使用 JSP 进行开发时，可以声明 ResourceBundleViewResolver bean 或 InternalResourceViewResolver。ResourceBundleViewResolver 依靠属性文件来定义映射到类和 URL 的视图名称。使用 ResourceBundleViewResolver，可以只使用一个解析器混合不同类型的视图。例如：

```
<bean id="viewResolver"
    class="org.springframework.web.servlet.view.ResourceBundleView-
Resolver">
    <property name="basename" value="views"/>
</bean>
```

配置内容文件如下。

```
welcome.(class)=org.springframework.web.servlet.view.JstlView
welcome.url=/WEB-INF/jsp/welcome.jsp
productList.(class)=org.springframework.web.servlet.view.JstlView
productList.url=/WEB-INF/jsp/productlist.jsp
```

InternalResourceViewResolver 也可用于 JSP。作为最佳做法，强烈建议将 JSP 文件放在 WEB-INF 目录下，这样客户端就不会直接访问它们。

```
<bean id="viewResolver"
    class="org.springframework.web.servlet.view.InternalResourceView
Resolver">
    <property name="viewClass" value="org.springframework.web.servlet.
view.JstlView"/>
    <property name="prefix" value="/WEB-INF/jsp/"/>
    <property name="suffix" value=".jsp"/>
</bean>
```

11.11.2 文档视图

用户查看模型输出的最佳方式并不是返回 HTML 页面，Spring 使得从模型数据动态生成 PDF 文档或 Excel 电子表格变得非常简单。这些文档从具有正确内容类型的服务器流式传输，使客户端 PC 能够运行 Excel 电子表格或 PDF 查看器应用程序作为响应。

为了使用 Excel 和 PDF 等文档视图，需要将 Apache POI 库添加到类路径中。

11.11.3 Feed 视图

AbstractAtomFeedView 和 AbstractRssFeedView 均从基类 AbstractFeedView 继承，并用于提供 Atom 和 RSS 类型的 Feed 视图。它们基于 java.net 的 ROME 项目，位于 org.springframework.web.servlet.view.feed 包中。

AbstractAtomFeedView 需要实现 buildFeedEntries() 方法，并可选地覆盖 buildFeedMetadata() 方法（默认实现为空）。例如：

```
public class SampleContentAtomView extends AbstractAtomFeedView {

    @Override
    protected void buildFeedMetadata(Map<String, Object> model,
            Feed feed, HttpServletRequest request) {
        // ...
    }

    @Override
    protected List<Entry> buildFeedEntries(Map<String, Object> model,
            HttpServletRequest request, HttpServletResponse response)
throws Exception {
        // ...
    }

}
```

AbstractRssFeedView 的用法与 AbstractAtomFeedView 类似：

```
public class SampleContentAtomView extends AbstractRssFeedView {
```

```
    @Override
    protected void buildFeedMetadata(Map<String, Object> model,
            Channel feed, HttpServletRequest request) {
        // ...
    }

    @Override
    protected List<Item> buildFeedItems(Map<String, Object> model,
            HttpServletRequest request, HttpServletResponse response)
throws Exception {
        // ...
    }
}
```

★新功能 11.12 HTTP/2

HTTP/2 是下一代超文本传输协议，在开放互联网上使用加密技术，以提供强有力的保护去遏制主动攻击。Servlet 4 容器可以支持 HTTP/2，并且 Spring 5 与 Servlet 4 API 能够很好地兼容。

11.12.1 TLS 的考虑

与现有的安全 HTTP/1.1 应用程序相比，HTTP/2 规范给浏览器带来了新的安全限制。

①要使用 TLS 1.2、SNI 和 ALPN，需要升级到 HTTP/2 协议。

② HTTP/2 通常具有强大的签名算法和密钥。

③ HTTP/2 规范支持所有的 TLS 要求。

11.12.2 容器配置

1. Apache Tomcat

从 Tomcat 8.5 版本开始，支持包含 JDK 8（使用 Tomcat Native）和 JDK 9（使用原生 JSSE）的 HTTP/2。从 Tomcat 9 开始支持 Servlet 4。

如果想使用原生绑定（Tomcat Native 和 OpenSSL），则要遵循 Tomcat 的安装说明或使用软件包管理器来安装这些库。使用时，要注意 Tomcat Native 和 OpenSSL 版本，确保它们能够兼容。

最后，还需要相应地配置 Tomcat 连接器（使用 Http11NioProtocol 和 JSSEImplementation）并将 HTTP/2 配置为升级协议。

2. Eclipse Jetty

Jetty 支持多种部署模式，提供不同的方式来支持 TLS 1.2 和 ALPN。

①通过使用引导类路径 jar 来补充 JDK 8 的 ALPN 实现。

②通过与 Conscrypt 使用原生绑定。

3. Undertow

如果使用 Undertow 1.3，开发人员需要使用 Jetty 的 ALPN 代理来运行 ALPN 支持的服务器。从 Undertow 1.4 开始，可以使用单个选项来启用 HTTP/2 支持。

实战 11.13 基于 Spring Web MVC 的 REST 接口

11.13.1 系统概述

开发人员将基于 Spring Web MVC 技术来实现 REST 接口，该应用命名为“s5-ch11-mvc-rest”。s5-ch11-mvc-rest 的作用是实现简单的 REST 样式的 API。

难点 11.13.2 接口设计

开发人员将在系统中实现以下两个接口。

① GET http://localhost:8080/hello。

② GET http://localhost:8080/hello/way。

其中，第一个接口“/hello”将会返回“Hello World!” 的字符串；而第二个接口“/hello/way”则会返回一个包含用户信息的 JSON 字符串。

重点 11.13.3 系统配置

需要在应用中添加如下依赖。

```
<properties>
    <spring.version>5.0.8.RELEASE</spring.version>
    <jetty.version>9.4.11.v20180605</jetty.version>
    <jackson.version>2.9.6</jackson.version>
</properties>
<dependencies>
    <dependency>
        <groupId>org.springframework</groupId>
        <artifactId>spring-webmvc</artifactId>
        <version>${spring.version}</version>
    </dependency>
    <dependency>
        <groupId>org.eclipse.jetty</groupId>
        <artifactId>jetty-servlet</artifactId>
```

```
        <version>${jetty.version}</version>
        <scope>provided</scope>
    </dependency>
    <dependency>
        <groupId>com.fasterxml.jackson.core</groupId>
        <artifactId>jackson-core</artifactId>
        <version>${jackson.version}</version>
    </dependency>
    <dependency>
        <groupId>com.fasterxml.jackson.core</groupId>
        <artifactId>jackson-databind</artifactId>
        <version>${jackson.version}</version>
    </dependency>
</dependencies>
```

其中，spring-webmvc 是为了使用 Spring MVC 的功能；jetty-servlet 是为了提供内嵌的 Servlet 容器，这样就无须依赖外部的容器，可以直接运行应用；jackson-core 和 jackson-databind 为应用提供 JSON 序列化的功能。

重点 11.13.4　后台编码实现

1. 领域模型

创建一个 User 类，代表用户信息。例如：

```
public class User {
    private String username;
    private Integer age;
    public User(String username, Integer age) {
        this.username = username;
        this.age = age;
    }
    public String getUsername() {
        return username;
    }
    public void setUsername(String username) {
        this.username = username;
    }
    public Integer getAge() {
        return age;
    }
    public void setAge(Integer age) {
        this.age = age;
    }
}
```

2. 控制器

创建 HelloController 用于处理用户的请求。例如：

```
@RestController
public class HelloController {

    @RequestMapping("/hello")
    public String hello() {
        return "Hello World! Welcome to visit waylau.com!";
    }

    @RequestMapping("/hello/way")
    public User helloWay() {
        return new User("Way Lau", 30);
    }
}
```

其中，映射到“/hello”的方法将会返回“Hello World!”的字符串；而映射到“/hello/way”则会返回一个包含用户信息的 JSON 字符串。

重点 11.13.5 应用配置

在本应用中，采用基于 Java 注解的配置。

AppConfiguration 主应用配置如下。

```
import org.springframework.context.annotation.ComponentScan;
import org.springframework.context.annotation.Configuration;
import org.springframework.context.annotation.Import;

@Configuration
@ComponentScan(basePackages = { "com.waylau.spring" })
@Import({ MvcConfiguration.class })
public class AppConfiguration {

}
```

上述配置中，AppConfiguration 会扫描“com.waylau.spring”包下的文件，并自动将相关的 bean 进行注册。

AppConfiguration 同时又引入了 MVC 的配置类 MvcConfiguration，配置如下。

```
@EnableWebMvc
@Configuration
public class MvcConfiguration implements WebMvcConfigurer {

    public void extendMessageConverters(List<HttpMessageConverter<?>>
converters) {
        converters.add(new MappingJackson2HttpMessageConverter());
    }
}
```

MvcConfiguration 配置类一方面启用了 MVC 的功能，另一方面添加了 Jackson JSON 的转换器。

最后，需要引入 Jetty 服务器 JettyServer，配置如下。

```
import org.eclipse.jetty.server.Server;
import org.eclipse.jetty.servlet.ServletContextHandler;
import org.eclipse.jetty.servlet.ServletHolder;
import org.springframework.web.context.ContextLoaderListener;
import org.springframework.web.context.WebApplicationContext;
import org.springframework.web.context.support.AnnotationConfigWeb-
ApplicationContext;
import org.springframework.web.servlet.DispatcherServlet;
import com.waylau.spring.mvc.configuration.AppConfiguration;

public class JettyServer {
    private static final int DEFAULT_PORT = 8080;
    private static final String CONTEXT_PATH = "/";
    private static final String MAPPING_URL = "/*";

    public void run() throws Exception {
        Server server = new Server(DEFAULT_PORT);
        server.setHandler(servletContextHandler(webApplicationContext()));
        server.start();
        server.join();
    }

    private ServletContextHandler servletContextHandler(WebApplication-
Context context) {
        ServletContextHandler handler = new ServletContextHandler();
        handler.setContextPath(CONTEXT_PATH);
        handler.addServlet(new ServletHolder(new DispatcherServlet
(context)), MAPPING_URL);
        handler.addEventListener(new ContextLoaderListener(context));
        return handler;
    }

    private WebApplicationContext webApplicationContext() {
        AnnotationConfigWebApplicationContext context = new Annotation-
ConfigWebApplicationContext();
        context.register(AppConfiguration.class);
        return context;
    }
}
```

JettyServer 将会在 Application 类中进行启动，代码如下。

```
public class Application {

    public static void main(String[] args) throws Exception {
        new JettyServer().run();;
```

```
    }
}
```

11.13.6 运行

在编辑器中，直接运行 Application 类即可。启动后，应能看到如下控制台信息。

```
2018-03-21 23:14:52.665:INFO::main: Logging initialized @203ms to org.
eclipse.jetty.util.log.StdErrLog
2018-03-21 23:14:52.868:INFO:oejs.Server:main: jetty-9.4.9.v20180320;
built: 2018-03-20T20:21:10+08:00; git: 1f8159b1e4a42d3f79997021ea1609f-
2fbac6de5; jvm 1.8.0_112-b15
2018-03-21 23:14:52.902:INFO:oejshC.ROOT:main: Initializing Spring root
WebApplicationContext
三月 21, 2018 11:14:52 下午 org.springframework.web.context.ContextLoader-
initWebApplicationContext
信息: Root WebApplicationContext: initialization started
三月 21, 2018 11:14:52 下午 org.springframework.context.support.Abstract-
ApplicationContext prepareRefresh
信息: Refreshing Root WebApplicationContext: startup date [Wed Mar 21
23:14:52 CST 2018]; root of context hierarchy
三月 21, 2018 11:14:52 下午 org.springframework.web.context.support.
AnnotationConfigWebApplicationContext loadBeanDefinitions
信息: Registering annotated classes: [class com.waylau.spring.mvc.configur -
ation.AppConfiguration]
三月 21, 2018 11:14:53 下午 org.springframework.web.servlet.handler.
AbstractHandlerMethodMapping$MappingRegistry register
信息: Mapped "{[/hello]}" onto public java.lang.String com.waylau.
spring.mvc.controller.HelloController.hello()
三月 21, 2018 11:14:53 下午 org.springframework.web.servlet.handler.
AbstractHandlerMethodMapping$MappingRegistry register
信息: Mapped "{[/hello/way]}" onto public com.waylau.spring.mvc.vo.User
com.waylau.spring.mvc.controller.HelloController.helloWay()
三月 21, 2018 11:14:53 下午 org.springframework.web.servlet.mvc.method.
annotation.RequestMappingHandlerAdapter initControllerAdviceCache
信息: Looking for @ControllerAdvice: Root WebApplicationContext: startup
date [Wed Mar 21 23:14:52 CST 2018]; root of context hierarchy
三月 21, 2018 11:14:53 下午 org.springframework.web.context.ContextLoader-
initWebApplicationContext
信息: Root WebApplicationContext: initialization completed in 983 ms
2018-03-21 23:14:53.893:INFO:oejshC.ROOT:main: Initializing Spring-
FrameworkServlet 'org.springframework.web.servlet.DispatcherServlet-
6aaa5eb0'
三月 21, 2018 11:14:53 下午 org.springframework.web.servlet.Framework-
Servlet initServletBean
信息: FrameworkServlet 'org.springframework.web.servlet.DispatcherServ-
let-6aaa5eb0': initialization started
```

```
三月 21, 2018 11:14:53 下午 org.springframework.web.servlet.Framework-
Servlet initServletBean
信息: FrameworkServlet 'org.springframework.web.servlet.DispatcherServ-
let-6aaa5eb0': initialization completed in 15 ms
2018-03-21 23:14:53.910:INFO:oejsh.ContextHandler:main: Started o.e.
j.s.ServletContextHandler@2796aeae{/,null,AVAILABLE}
2018-03-21 23:14:54.037:INFO:oejs.AbstractConnector:main: Started
ServerConnector@42054532{HTTP/1.1,[http/1.1]}{0.0.0.0:8080}
2018-03-21 23:14:54.038:INFO:oejs.Server:main: Started @1578ms
```

在浏览器中分别访问“http://localhost:8080/hello”和“http://localhost:8080/hello/way”地址进行测试，可以看到如图 11–2 和图 11–3 所示的响应效果。

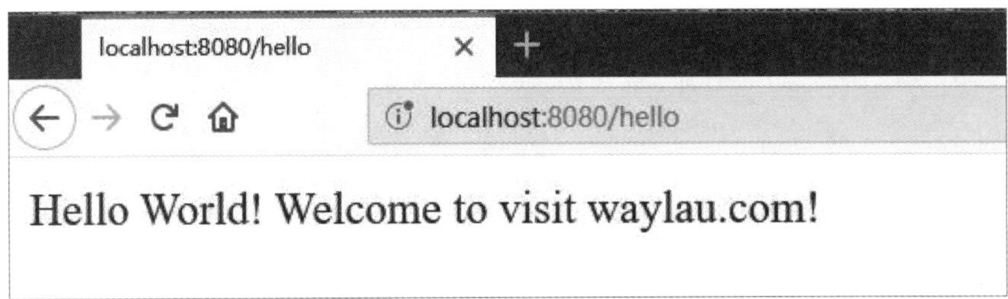

图11–2 “/hello”接口的返回内容

图11–3 “/hello/way”接口的返回内容

第12章

REST 客户端

12.1 RestTemplate

顾名思义，RestTemplate 就是 Spring 原生的 REST 客户端，用于执行 HTTP 请求，遵循类似于 Spring 框架中其他模板类的方法，如 JdbcTemplate、JmsTemplate 等。通过 RestTemplate，Spring 应用能够方便地使用 REST 资源。模板方法将过程中与特定实现相关的部分委托给接口，而这个接口的不同实现定义了接口的不同行为。RestTemplate 定义了 36 个与 REST 资源交互的方法，其中大多数都对应于 HTTP 的方法。其实，这里面只有 11 个独立的方法，其中有 10 个有 3 种重载形式，而第 11 个则重载了 6 次，这样一共形成了 36 个方法。

① delete()：在特定的 URL 上对资源执行 HTTP DELETE 操作。

② exchange()：在 URL 上执行特定的 HTTP 方法，返回包含对象的 ResponseEntity，这个对象是从响应体中映射得到的。

③ execute()：在 URL 上执行特定的 HTTP 方法，返回一个从响应体映射得到的对象。

④ getForEntity()：发送一个 HTTP GET 请求，返回的 ResponseEntity 包含了响应体所映射成的对象。

⑤ getForObject()：发送一个 HTTP GET 请求，返回的请求体将映射为一个对象。

⑥ postForEntity()：传送（POST）数据到一个 URL，返回包含一个对象的 ResponseEntity，这个对象是从响应体中映射得到的。

⑦ postForObject()：传送数据到一个 URL，返回根据响应体匹配形成的对象。

⑧ headForHeaders()：发送 HTTP HEAD 请求，返回包含特定资源 URL 的 HTTP 头。

⑨ optionsForAllow()：发送 HTTP OPTIONS 请求，返回对特定 URL 的 Allow 头信息。

⑩ postForLocation()：传送数据到一个 URL，返回新创建资源的 URL。

⑪put()：上传（PUT）资源到特定的 URL。

实际上，由于 POST 操作的非幂等性，它几乎可以代替其他的 CRUD 操作。以下是一个典型的 RestTemplate 用法示例。

```
String result = restTemplate.getForObject(
        "http://example.com/hotels/{hotel}/bookings/{booking}", String.
class,"42", "21");
```

RestTemplate 主要适用于同步的 API 调用的场景。这种调用往往是 I/O 阻塞的。而另一个 WebClient，则能够提供更为强大的响应式编程。

★新功能 12.2 WebClient

WebClient 是一种响应式客户端，它提供了比 RestTemplate 更为强大的功能。WebClient 公开了一个函数式的 API，并且是非阻塞 I/O 的，这样就能实现比 RestTemplate 更高效的、更高并发的 Web 请求。相比较 RestTemplate 而言，WebClient 非常适合流式场景。

以下是一个典型的 WebClient 用法示例。

```
WebClient client = WebClient.create("http://example.org");

Mono<Person> result = client.get()
        .uri("/persons/{id}", id).accept(MediaType.APPLICATION_JSON)
        .retrieve()
        .bodyToMono(Person.class);
```

更详细的内容，将会在“第 15 章 响应式编程中的 WebClient”中继续探讨。

实战 12.3 基于 RestTemplate 的天气预报服务

下面将基于 RestTemplate 技术来实现一个天气预报服务接口应用“s5-ch12-rest-template”。s5-ch12-rest-template 的作用是实现简单的天气预报功能，可以根据不同的城市，查询该城市的实时天气情况。

重点 12.3.1 系统配置

为了能实现天气预报的应用，需要添加如下依赖。

```
<properties>
    <spring.version>5.0.8.RELEASE</spring.version>
    <jetty.version>9.4.11.v20180605</jetty.version>
    <jackson.version>2.9.6</jackson.version>
    <httpclient.version>4.5.5</httpclient.version>
</properties>
<dependencies>
    <dependency>
        <groupId>org.springframework</groupId>
        <artifactId>spring-webmvc</artifactId>
        <version>${spring.version}</version>
    </dependency>
    <dependency>
        <groupId>org.eclipse.jetty</groupId>
        <artifactId>jetty-servlet</artifactId>
        <version>${jetty.version}</version>
        <scope>provided</scope>
    </dependency>
    <dependency>
```

```
        <groupId>com.fasterxml.jackson.core</groupId>
        <artifactId>jackson-core</artifactId>
        <version>${jackson.version}</version>
    </dependency>
    <dependency>
        <groupId>com.fasterxml.jackson.core</groupId>
        <artifactId>jackson-databind</artifactId>
        <version>${jackson.version}</version>
    </dependency>
    <dependency>
        <groupId>org.apache.httpcomponents</groupId>
        <artifactId>httpclient</artifactId>
        <version>${httpclient.version}</version>
    </dependency>
</dependencies>
```

其中，添加 Apache HttpClient 的依赖来作为 Web 请求的 REST 客户端；使用 Jackson 来处理 JSON 的解析；Jetty 是内嵌的 Web 服务器。

重点 12.3.2 后台编码实现

下面创建能够表达天气数据的对象类。

1. 值对象

Forecast 类表示未来天气预报信息。例如：

```
public class Forecast implements Serializable {
    private static final long serialVersionUID = 1L;
    private String date;
    private String high;
    private String fengxiang;
    private String low;
    private String fengli;
    private String type;
    // 省略 getter/setter 方法
}
```

Yesterday 类表示昨天天气预报信息。例如：

```
public class Yesterday implements Serializable {
    private static final long serialVersionUID = 1L;
    private String date;
    private String high;
    private String fx;
    private String low;
    private String fl;
    private String type;
    public Yesterday() {
```

```
    }
    // 省略 getter/setter 方法
}
```

Weather 类表示天气信息。例如：

```
public class Weather implements Serializable {
    private static final long serialVersionUID = 1L;
    private String city;
    private String aqi;
    private String wendu;
    private String ganmao;
    private Yesterday yesterday;
    private List<Forecast> forecast;
    // 省略 getter/setter 方法
}
```

WeatherResponse 类表示返回消息对象。例如：

```
public class WeatherResponse implements Serializable {
    private static final long serialVersionUID = 1L;
    private Weather data; // 消息数据
    private String status; // 消息状态
    private String desc; // 消息描述
    // 省略 getter/setter 方法
}
```

2. 服务接口及实现

定义 WeatherDataService 服务接口。例如：

```
public interface WeatherDataService {

    /**
     * 根据城市ID查询天气数据
     * @param cityId
     * @return
     */
    WeatherResponse getDataByCityId(String cityId);

    /**
     * 根据城市名称查询天气数据
     * @param cityId
     * @return
     */
    WeatherResponse getDataByCityName(String cityName);
}
```

服务的实现类 WeatherDataServiceImpl。例如：

```
import java.io.IOException;
```

```
import org.springframework.beans.factory.annotation.Autowired;
import org.springframework.http.ResponseEntity;
import org.springframework.stereotype.Service;
import org.springframework.web.client.RestTemplate;
import com.fasterxml.jackson.databind.ObjectMapper;
import com.waylau.spring.mvc.util.StringUtil;
import com.waylau.spring.mvc.vo.WeatherResponse;

@Service
public class WeatherDataServiceImpl implements WeatherDataService {

    @Autowired
    private RestTemplate restTemplate;

    private final String WEATHER_API = "http://wthrcdn.etouch.cn/weather_
mini";

    @Override
    public WeatherResponse getDataByCityId(String cityId) {
        String uri = WEATHER_API + "?citykey=" + cityId;
        return this.doGetWeatherData(uri);
    }

    @Override
    public WeatherResponse getDataByCityName(String cityName) {
        String uri = WEATHER_API + "?city=" + cityName;
        return this.doGetWeatherData(uri);
    }

    private WeatherResponse doGetWeatherData(String uri) {

        ResponseEntity<String> response = restTemplate.getForEntity(uri,
String.class);
        String strBody = null;

        if (response.getStatusCodeValue() == 200) {
            try {
                strBody = StringUtil.conventFromGzip(response.getBody());
            } catch (IOException e) {
                e.printStackTrace();
            }
        }

        ObjectMapper mapper = new ObjectMapper();
        WeatherResponse weather = null;

        try {
            weather = mapper.readValue(strBody, WeatherResponse.class);
        } catch (IOException e) {
```

```
            e.printStackTrace();
        }
        return weather;
    }
}
```

其中，在网上找了一个免费、可用的第三方天气数据接口，并使用 RestTemplate 进行调用；由于该接口返回的数据是 Gzip，因此需要 StringUtil.conventFromGzip 方法解压；返回的天气信息采用了 Jackson 来进行反序列化为 WeatherResponse 对象。

StringUtil 工具类实现如下。

```
import java.io.ByteArrayInputStream;
import java.io.ByteArrayOutputStream;
import java.io.IOException;
import java.util.zip.GZIPInputStream;
public class StringUtil {

    /**
     * 处理 Gzip 压缩的数据
     *
     * @param str
     * @return
     * @throws IOException
     */
    public static String conventFromGzip(String str) throws IOException
{
        ByteArrayOutputStream out = new ByteArrayOutputStream();
        ByteArrayInputStream in;
        GZIPInputStream gunzip = null;

        in = new ByteArrayInputStream(str.getBytes("ISO-8859-1"));
        gunzip = new GZIPInputStream(in);
        byte[] buffer = new byte[256];
        int n;
        while ((n = gunzip.read(buffer)) >= 0) {
            out.write(buffer, 0, n);
        }

        return out.toString();
    }
}
```

3. 控制器

天气预报接口暴露为 REST API，通过以下天气预报控制器来实现。

```
import org.springframework.beans.factory.annotation.Autowired;
import org.springframework.web.bind.annotation.GetMapping;
import org.springframework.web.bind.annotation.PathVariable;
```

```
import org.springframework.web.bind.annotation.RequestMapping;
import org.springframework.web.bind.annotation.RestController;
import com.waylau.spring.mvc.service.WeatherDataService;
import com.waylau.spring.mvc.vo.WeatherResponse;

@RestController
@RequestMapping("/weather")
public class WeatherController {

    @Autowired
    private WeatherDataService weatherDataService;

    @GetMapping("/cityId/{cityId}")
    public WeatherResponse getReportByCityId(@PathVariable("cityId")
String cityId) {
        return weatherDataService.getDataByCityId(cityId);
    }

    @GetMapping("/cityName/{cityName}")
    public WeatherResponse getReportByCityName(@PathVariable("cityName")
String cityName) {
        return weatherDataService.getDataByCityName(cityName);
    }
}
```

4. 应用配置

下面采用 Java Config 的方法来进行 Spring 应用的配置。

AppConfiguration 主应用配置如下。

```
import org.springframework.context.annotation.ComponentScan;
import org.springframework.context.annotation.Configuration;
import org.springframework.context.annotation.Import;

@Configuration
@ComponentScan(basePackages = { "com.waylau.spring" })
@Import({ MvcConfiguration.class, RestConfiguration.class })
public class AppConfiguration {

}
```

AppConfiguration 类导入了 MvcConfiguration 类。例如：

```
import org.springframework.context.annotation.Configuration;
import org.springframework.web.servlet.config.annotation.EnableWebMvc;
import org.springframework.web.servlet.config.annotation.WebMvcConfigurer;

@EnableWebMvc
@Configuration
public class MvcConfiguration implements WebMvcConfigurer {
```

```
}
```

AppConfiguration 类导入了 RestConfiguration 类。例如：

```
import org.springframework.context.annotation.Bean;
import org.springframework.context.annotation.Configuration;
import org.springframework.web.client.RestTemplate;

@Configuration
public class RestConfiguration {

    @Bean
    public RestTemplate restTemplate() {
        RestTemplate restTemplate = new RestTemplate();
        return restTemplate;
    }

}
```

12.3.3 运行

在本应用中，同样采用 Jetty 来作为内嵌的 Web 服务器。例如：

```
import org.eclipse.jetty.server.Server;
import org.eclipse.jetty.servlet.ServletContextHandler;
import org.eclipse.jetty.servlet.ServletHolder;
import org.springframework.web.context.ContextLoaderListener;
import org.springframework.web.context.WebApplicationContext;
import org.springframework.web.context.support.AnnotationConfigWeb-
ApplicationContext;
import org.springframework.web.servlet.DispatcherServlet;
import com.waylau.spring.mvc.configuration.AppConfiguration;

public class JettyServer {
    private static final int DEFAULT_PORT = 8080;
    private static final String CONTEXT_PATH = "/";
    private static final String MAPPING_URL = "/*";
    public void run() throws Exception {
        Server server = new Server(DEFAULT_PORT);
        server.setHandler(servletContextHandler(webApplicationContext ()
));
        server.start();
        server.join();
    }

    private ServletContextHandler servletContextHandler(WebApplication-
Context context) {
```

```
        ServletContextHandler handler = new ServletContextHandler();
        handler.setContextPath(CONTEXT_PATH);
        handler.addServlet(new ServletHolder(new DispatcherServlet
(context)), MAPPING_URL);
        handler.addEventListener(new ContextLoaderListener(context));
        return handler;
    }

    private WebApplicationContext webApplicationContext() {
        AnnotationConfigWebApplicationContext context = new Annotation-
ConfigWebApplicationContext();
        context.register(AppConfiguration.class);
        return context;
    }
}
```

因此，启用应用将会非常简单，运行 Application 类即可。

```
public class Application {

    public static void main(String[] args) throws Exception {
        new JettyServer().run();
    }

}
```

在浏览器中访问 http://localhost:8080/weather/cityId/101280601，可以看到如图 12-1 所示的 JSON 天气数据。

图12-1　JSON 天气数据

第13章

WebSocket

13.1 WebSocket 概述

随着 Web 的发展，用户对于 Web 的实时要求也越来越高，如工业运行监控、Web 在线通信、即时报价系统、在线游戏等，都需要将后台发生的变化主动地、实时地传送到浏览器端，而不需要用户手动地刷新页面。

WebSocket 协议提供了真正的全双工连接。发起者是一个客户端，发送一个带特殊 HTTP 头的请求到服务端，通知服务器 HTTP 连接可能 “Upgrade（升级）” 到一个全双工的 TCP/IP WebSocket 连接。如果服务端支持 WebSocket，那么它可能会选择升级到 WebSocket。一旦建立 WebSocket 连接，就可用于客户端和服务器之间的双向通信。客户端和服务器可以随意向对方发送数据。此时，新的 WebSocket 连接上的交互不再是基于 HTTP 了。WebSocket 可以用于需要快速在两个方向上交换小块数据的在线游戏或任何其他应用程序。

WebSocket 协议的完整内容，可以参阅 RFC 6455 规范（https://tools.ietf.org/html/rfc6455）。

13.1.1 HTTP和WebSocket

在标准的 HTTP 请求—响应的情况下，客户端打开一个连接，发送一个 HTTP 请求到服务端，然后接收到 HTTP 返回的响应，一旦这个响应完全被发送或接收，服务端就关闭连接。所以请求数据通常是由一个客户端发起的。

WebSocket 的交互同样也是以 HTTP 请求开始，HTTP 请求使用 HTTP “Upgrade（升级）” 头进行升级，从而切换到 WebSocket 协议。例如：

```
GET /spring-websocket-portfolio/portfolio HTTP/1.1
Host: localhost:8080
Upgrade: websocket
Connection: Upgrade
Sec-WebSocket-Key: Uc919TMkWGbHFD2qnFHltg==
Sec-WebSocket-Protocol: v10.stomp, v11.stomp
Sec-WebSocket-Version: 13
Origin: http://localhost:8080
```

与通常的 200 状态代码不同，具有 WebSocket 支持的服务器将返回以下信息。

```
HTTP/1.1 101 Switching Protocols
Upgrade: websocket
Connection: Upgrade
Sec-WebSocket-Accept: 1qVdfYHU9hPOl4JYYNXF623Gzn0=
Sec-WebSocket-Protocol: v10.stomp
```

握手成功后，HTTP 升级请求的 TCP 套接字将保持打开状态，以便客户端和服务器继续发送和接收消息。

尽管 WebSocket 被设计为与 HTTP 兼容并以 HTTP 请求开始，但了解这两种协议不同的体系结构和应用程序编程模型是很重要的。

在 HTTP 和 REST 中，应用程序被建模为尽可能多的 URL，要与应用程序客户端交互访问这些 URL。服务器根据 HTTP URL、方法和头将请求路由到适当的处理程序。

相比之下，在 WebSocket 中，初始连接通常只有一个 URL，然后所有应用程序消息都会在同一个 TCP 连接上流动。这指向一个完全不同的异步、事件驱动的消息体系结构。WebSocket 是一种低级传输协议，它不像 HTTP 那样规定消息内容的任何语义。也就是说客户端和服务器在消息语义上达成一致，才能路由或处理消息。WebSocket 客户端和服务器可以通过 HTTP 握手请求中的“Sec-WebSocket-Protocol”头部来协商使用更高级别的消息传递协议（如 STOMP），或者采用自定义的协议格式。

重点 13.1.2 理解 WebSocket 使用场景

任何技术都有其适用的场景。WebSocket 主要是为了弥补传统 HTTP 请求中实时性不高的缺点。WebSocket 是 HTML 5 规定的新协议，可以被大多数浏览器所支持，能够建立真正的全双工，对于需要与服务器频繁交互的场景来说，性能要高很多。因为，HTTP 请求只能通过不断地轮询来获取服务器最新的数据，而 WebSocket 协议无须主动去查询，服务器只要有数据变化就能推送给客户端，这极大地节省了很多请求处理所带来的性能开销。

在许多情况下，传统的 Ajax 和 HTTP 的组合也可以提供简单而有效的解决方案。例如，新闻、邮件和社交推送的信息需要动态更新，只需要每隔几分钟去轮询即可，因为这类应用并不需要非常的实时。

WebSocket 的缺点是实现相对复杂。相对于 HTTP 的处理而言，WebSocket 的学习需要一定的学习成本。Spring 框架简化了 WebSocket 的开发，有效降低了学习成本。本章将带领读者快速掌握 WebSocket 的开发技能。

13.2 WebSocket 常用 API

重点 13.2.1 WebSocketHandler

使用 Spring 创建 WebSocket 服务器非常简单，只需要实现 WebSocketHandler 或扩展 TextWebSocketHandler、BinaryWebSocketHandler 即可。

```
import org.springframework.web.socket.WebSocketHandler;
import org.springframework.web.socket.WebSocketSession;
```

```
import org.springframework.web.socket.TextMessage;

public class MyHandler extends TextWebSocketHandler {

@Override
public void handleTextMessage(WebSocketSession session, TextMessage
message) {
// ...
    }
}
```

Spring 支持基于 Java Config 和 XML 方式来配置 WebSocket。

以下是基于 Java Config 来配置 WebSocket 的示例。

```
import org.springframework.web.socket.config.annotation.EnableWebSocket;
import org.springframework.web.socket.config.annotation.WebSocketConfigurer;
import org.springframework.web.socket.config.annotation.WebSocketHandler-
Registry;

@Configuration
@EnableWebSocket
public class WebSocketConfig implements WebSocketConfigurer {

@Override
public void registerWebSocketHandlers(WebSocketHandlerRegistry registry)
{
        registry.addHandler(myHandler(), "/myHandler");
    }

@Bean
public WebSocketHandler myHandler() {
return newMyHandler();
    }
}
```

上述配置等价于以下基于 XML 的配置。

```
<beans xmlns="http://www.springframework.org/schema/beans"
    xmlns:xsi="http://www.w3.org/2001/XMLSchema-instance"
    xmlns:websocket="http://www.springframework.org/schema/websocket"
    xsi:schemaLocation="
        http://www.springframework.org/schema/beans
        http://www.springframework.org/schema/beans/spring-beans.xsd
        http://www.springframework.org/schema/websocket
        http://www.springframework.org/schema/websocket/spring-web
socket.xsd">

<websocket:handlers>
<websocket:mapping path="/myHandler" handler="myHandler"/>
```

```
</websocket:handlers>

<bean id="myHandler" class="com.waylau.spring.MyHandler"/>
</beans>
```

以上内容适用于 Spring MVC 应用程序并应包含在 DispatcherServlet 的配置中。但是，Spring WebSocket 支持不依赖于 Spring MVC。通过 WebSocketHttpRequestHandler 可以简化将 WebSocketHandler 集成到其他 HTTP 服务环境中。

13.2.2 WebSocket 握手

初始化 HTTP WebSocket 握手请求的最简单方法是通过 HandshakeInterceptor 拦截器。此拦截器可以用来阻止握手或使用 WebSocketSession 的任何属性。例如，有一个用于将 HTTP 会话属性传递给 WebSocket 会话的内置拦截器。

```
@Configuration
@EnableWebSocket
public class WebSocketConfig implements WebSocketConfigurer {

@Override
public void registerWebSocketHandlers(WebSocketHandlerRegistry registry)
{
        registry.addHandler(newMyHandler(), "/myHandler")
            .addInterceptors(newHttpSessionHandshakeInterceptor());
    }

}
```

上述配置等价于以下基于 XML 的配置。

```
<beans xmlns="http://www.springframework.org/schema/beans"
    xmlns:xsi="http://www.w3.org/2001/XMLSchema-instance"
    xmlns:websocket="http://www.springframework.org/schema/websocket"
    xsi:schemaLocation="
        http://www.springframework.org/schema/beans
        http://www.springframework.org/schema/beans/spring-beans.xsd
        http://www.springframework.org/schema/websocket
        http://www.springframework.org/schema/websocket/spring-web-
socket.xsd">

<websocket:handlers>
<websocket:mapping path="/myHandler" handler="myHandler"/>
<websocket:handshake-interceptors>
<bean class="org.springframework.web.socket.server.support.HttpSession-
HandshakeInterceptor"/>
</websocket:handshake-interceptors>
</websocket:handlers>
```

```
<bean id="myHandler" class="org.springframework.samples.MyHandler"/>
</beans>
```

13.2.3 部署

Spring WebSocket API 可以很容易地集成到 Spring MVC 应用程序中，其中 DispatcherServlet 同时提供 HTTP WebSocket 握手及处理其他 HTTP 请求。通过调用 WebSocketHttpRequestHandler，也可以很容易地将其集成到其他 HTTP 处理场景中。

Java WebSocket API（JSR-356）提供了两种部署机制：一个是涉及启动时的 Servlet 容器类路径扫描（Servlet 3 功能），另一个是在 Servlet 容器初始化时使用注册 API。这些机制都有一些限制，都无法为所有 HTTP 处理（包括 WebSocket 握手和处理所有其他 HTTP 请求）使用单个“前端控制器（Front Controller）”。

首先，这是 JSR-356 运行时的一个重要限制，但 Spring 的 WebSocket 通过 RequestUpgradeStrategy 弥补了该缺陷。Tomcat、Jetty、GlassFish、WebLogic、WebSphere 和 Undertow 目前也都已经提供了这样的策略。

其次，具有 JSR-356 支持的 Servlet 容器需要执行 ServletContainerInitializer（SCI）扫描，在某些情况下会显著降低应用程序的启动速度。应该通过使用 web.xml 中的 <absolute-ordering /> 元素来选择性地启用或禁用该功能。例如：

```
<web-app xmlns="http://java.sun.com/xml/ns/javaee"
    xmlns:xsi="http://www.w3.org/2001/XMLSchema-instance"
    xsi:schemaLocation="
        http://java.sun.com/xml/ns/javaee
        http://java.sun.com/xml/ns/javaee/web-app_3_0.xsd"
    version="3.0">

<absolute-ordering/>

</web-app>
```

最后，可以选择性地按名称启用 web 片段，如 Spring 的 SpringServletContainerInitializer。例如：

```
<web-app xmlns="http://java.sun.com/xml/ns/javaee"
    xmlns:xsi="http://www.w3.org/2001/XMLSchema-instance"
    xsi:schemaLocation="
        http://java.sun.com/xml/ns/javaee
        http://java.sun.com/xml/ns/javaee/web-app_3_0.xsd"
    version="3.0">

<absolute-ordering>
<name>spring_web</name>
```

```
</absolute-ordering>

</web-app>
```

重点 13.2.4 配置

每个底层 WebSocket 引擎都公开了控制运行时特性的配置属性，如消息缓冲区大小、空闲超时等。

对于 Tomcat、WildFly 和 GlassFish 而言，可以参考以下示例将 ServletServerContainerFactory-Bean 添加到 WebSocket Java 配置中。

```
@Configuration
@EnableWebSocket
public class WebSocketConfig implements WebSocketConfigurer {

@Bean
public ServletServerContainerFactoryBean createWebSocketContainer() {
        ServletServerContainerFactoryBean container = newServletServer-
ContainerFactoryBean();
        container.setMaxTextMessageBufferSize(8192);
        container.setMaxBinaryMessageBufferSize(8192);
return container;
    }

}
```

上述配置等价于以下基于 XML 的配置。

```
<beans xmlns="http://www.springframework.org/schema/beans"
    xmlns:xsi="http://www.w3.org/2001/XMLSchema-instance"
    xmlns:websocket="http://www.springframework.org/schema/websocket"
    xsi:schemaLocation="
        http://www.springframework.org/schema/beans
        http://www.springframework.org/schema/beans/spring-beans.xsd
        http://www.springframework.org/schema/websocket
        http://www.springframework.org/schema/websocket/spring-web
socket.xsd">

<bean class="org.springframework...ServletServerContainerFactoryBean">
<property name="maxTextMessageBufferSize" value="8192"/>
<property name="maxBinaryMessageBufferSize" value="8192"/>
</bean>

</beans>
```

对于 Jetty 而言，需要提供预配置的 Jetty WebSocketServerFactory，并通过 WebSocket Java 配置将其插入 Spring 的 DefaultHandshakeHandler 中。例如：

```
@Configuration
@EnableWebSocket
public class WebSocketConfig implements WebSocketConfigurer {

@Override
public void registerWebSocketHandlers(WebSocketHandlerRegistry registry)
{
        registry.addHandler(echoWebSocketHandler(),
"/echo").setHandshakeHandler(handshakeHandler());
    }

@Bean
public DefaultHandshakeHandler handshakeHandler() {

        WebSocketPolicy policy = newWebSocketPolicy(WebSocketBehavior.
SERVER);
        policy.setInputBufferSize(8192);
        policy.setIdleTimeout(600000);

return newDefaultHandshakeHandler(
newJettyRequestUpgradeStrategy(newWebSocketServerFactory(policy)));
    }
}
```

上述配置等价于以下基于 XML 的配置。

```
<beans xmlns="http://www.springframework.org/schema/beans"
    xmlns:xsi="http://www.w3.org/2001/XMLSchema-instance"
    xmlns:websocket="http://www.springframework.org/schema/websocket"
    xsi:schemaLocation="
        http://www.springframework.org/schema/beans
        http://www.springframework.org/schema/beans/spring-beans.xsd
        http://www.springframework.org/schema/websocket
        http://www.springframework.org/schema/websocket/spring-web
socket.xsd">

<websocket:handlers>
<websocket:mapping path="/echo" handler="echoHandler"/>
<websocket:handshake-handler ref="handshakeHandler"/>
</websocket:handlers>

<bean id="handshakeHandler" class="org.springframework...DefaultHand
shakeHandler">
<constructor-arg ref="upgradeStrategy"/>
</bean>

<bean id="upgradeStrategy" class="org.springframework...JettyRequest
UpgradeStrategy">
<constructor-arg ref="serverFactory"/>
</bean>
```

```
<bean id="serverFactory" class="org.eclipse.jetty...WebSocketServer
Factory">
<constructor-arg>
<bean class="org.eclipse.jetty...WebSocketPolicy">
<constructor-arg value="SERVER"/>
<property name="inputBufferSize" value="8092"/>
<property name="idleTimeout" value="600000"/>
</bean>
</constructor-arg>
</bean>

</beans>
```

13.2.5 跨域处理

从 Spring 4.1.5 框架版本开始，WebSocket 和 SockJS 的默认配置只接收相同的源请求。也可以更改配置，以支持跨域请求。

对于源的处理，主要有以下 3 种行为。

①仅允许相同的源请求（默认）：在此模式下，启用 SockJS 时，Iframe HTTP 响应头“X-Frame-Options”将被设置为“SAMEORIGIN”，并禁用 JSONP 传输，因为它不允许检查请求的来源。所以启用此模式时不支持 IE 6 和 IE 7。

②允许指定的源列表：每个允许的源必须以“http://”或“https://”开头。在此模式下，启用 SockJS 时，禁用基于 Iframe 和 JSONP 的传输。因此，启用此模式时不支持 IE 6 和 IE 9。

③允许所有的源：要启用此模式，应该提供“*”作为允许的源的值。在此模式下，所有传输都可用。

WebSocket 和 SockJS 设置允许的源可以按以下示例进行配置。

```
import org.springframework.web.socket.config.annotation.EnableWebSocket;
import org.springframework.web.socket.config.annotation.WebSocketConfigurer;
import org.springframework.web.socket.config.annotation.WebSocketHandler-
Registry;

@Configuration
@EnableWebSocket
public class WebSocketConfig implements WebSocketConfigurer {

@Override
public void registerWebSocketHandlers(WebSocketHandlerRegistry registry)
{
        registry.addHandler(myHandler(), "/myHandler").setAllowedOrigins
("http://mydomain.com");
    }
```

```
@Bean
public WebSocketHandler myHandler() {
return newMyHandler();
    }
}
```

上述配置等价于以下基于 XML 的配置。

```
<beans xmlns="http://www.springframework.org/schema/beans"
    xmlns:xsi="http://www.w3.org/2001/XMLSchema-instance"
    xmlns:websocket="http://www.springframework.org/schema/websocket"
    xsi:schemaLocation="
        http://www.springframework.org/schema/beans
        http://www.springframework.org/schema/beans/spring-beans.xsd
        http://www.springframework.org/schema/websocket
        http://www.springframework.org/schema/websocket/spring-web-
socket.xsd">

<websocket:handlers allowed-origins="http://mydomain.com">
<websocket:mapping path="/myHandler" handler="myHandler"/>
</websocket:handlers>

<bean id="myHandler" class="org.springframework.samples.MyHandler"/>

</beans>
```

13.3 SockJS

在公共互联网上，某些服务代理可能会阻止 WebSocket 交互，因为它们未配置为传递 Upgrade 头，或者它们关闭了空闲的长连接。WebSocket 仿真可以解决该类问题，即先尝试使用 WebSocket，如果不支持，则会使用模拟的 WebSocket 来进行交互。

在 Servlet 技术栈上，Spring 框架为 SockJS 协议提供服务器及客户端的支持。

13.3.1 SockJS 概述

SockJS 的目标是让应用程序能够使用 WebSocket API，并且在运行时可以返回到非 WebSocket 的替代方案上，而无须修改应用程序代码。

SockJS 包括了以下内容。

① SockJS 协议。

② SockJS JavaScript 客户端：用于浏览器的客户端库。

③ SockJS 服务器实现：包括 Spring 框架中的 spring-websocket 模块。

④ SockJS Java 客户端：spring-websocket 模块也提供了一个 SockJS Java 客户端。

SockJS 用于浏览器，SockJS 客户端首先发送“GET /info”请求从服务器获取基本信息。然后，决定使用什么传输形式。如果有信息，则使用 WebSocket，如果没有信息，则使用 HTTP（长）轮询。

所有传输请求都具有以下 URL 结构。

```
http://host:port/myApp/myEndpoint/{server-id}/{session-id}/{transport}
```

① {server-id}：用于在群集中路由请求。

② {session-id}：关联属于 SockJS 会话的 HTTP 请求。

③ {transport}：表示传输类型，如“websocket”“xhr-streaming”等。

WebSocket 传输只需要一个 HTTP 请求来执行 WebSocket 握手，之后的所有消息都在该套接字上交换。

HTTP 传输需要更多的请求。例如，Ajax/XHR 流依赖于一个长时间运行的服务器到客户端消息请求和对客户端到服务器消息的额外 HTTP POST 请求。除了在每个服务器到客户端发送之后结束当前请求外，长查询与其相似。

SockJS 增加了最小的消息框架。例如，发送字母“o”代表“打开”（Open）帧；字母“h”代表“心跳”（Heartbeat）帧，如果没有消息流，默认 25s，后发送“心跳”；字母“c”代表“关闭”（Close）会话。

13.3.2 启用 SockJS

以下是使用 Java Config 的配置方式。

```
@Configuration
@EnableWebSocket
public class WebSocketConfig implements WebSocketConfigurer {

    @Override
    public void registerWebSocketHandlers(WebSocketHandlerRegistry 
registry) {
        registry.addHandler(myHandler(), "/myHandler").withSockJS();
    }

    @Bean
    public WebSocketHandler myHandler() {
        return new MyHandler();
    }

}
```

以下是使用 XML 的配置方式。

```
<beans xmlns="http://www.springframework.org/schema/beans"
    xmlns:xsi="http://www.w3.org/2001/XMLSchema-instance"
    xmlns:websocket="http://www.springframework.org/schema/websocket"
    xsi:schemaLocation="
        http://www.springframework.org/schema/beans
        http://www.springframework.org/schema/beans/spring-beans.xsd
        http://www.springframework.org/schema/websocket
        http://www.springframework.org/schema/websocket/spring-web
socket.xsd">

    <websocket:handlers>
        <websocket:mapping path="/myHandler" handler="myHandler"/>
        <websocket:sockjs/>
    </websocket:handlers>

    <bean id="myHandler" class="com.waylau.spring.MyHandler"/>

</beans>
```

以上内容适用于 Spring MVC 应用程序，并应包含在 DispatcherServlet 的配置中。 但是，Spring 的 WebSocket 和 SockJS 支持并不依赖于 Spring MVC。在 SockJsHttpRequestHandler 的帮助下集成到其他 HTTP 服务环境中相对简单。

13.3.3 心跳

SockJS 协议要求服务器发送心跳消息以阻止代理挂断连接。Spring SockJS 配置有一个名为 heartbeatTime 的属性，可用于定制频率。默认情况下，假设没有其他消息在该连接上发送，则在 25s 后发送“心跳”。其中，这个 25s 的值是由 IETF 指定的。

13.3.4 客户端断开连接

HTTP 流和 HTTP 长轮询 SockJS 传输需要保持比平常更长的连接时间。在 Servlet 容器中，是通过 Servlet 3 异步支持来完成的，该异步支持允许退出 Servlet 容器线程处理请求并继续写入来自另一个线程的响应。

一个特定的问题是 Servlet API 不会为已经消失的客户端提供通知，但是，在尝试写入响应时，Servlet 容器会引发异常。由于 Spring 的 SockJS 服务支持服务器发送“心跳”（默认间隔时间为 25s），因此，如果在更短的时间内发送消息，通常会在该时间段或更早的时间内检测到客户端断开连接。

13.3.5 CORS 处理

如果允许跨域请求，则 SockJS 协议使用 CORS 在 XHR 流传输和轮询传输中支持跨域。因此 CORS 头会被自动添加，除非检测到响应中存在 CORS 头。如果一个应用程序已经被配置为提供 CORS 支持（如通过一个 Servlet 过滤器），那么 Spring 的 SockJsService 将跳过这一部分。

也可以通过 Spring 的 SockJsService 中的 suppressCors 属性来禁用这些 CORS 头。

以下是 SockJS 预期的头和值。

① Access-Control-Allow-Origin：从“Origin”请求头的值来进行初始化。

② Access-Control-Allow-Credentials：始终设置为 true。

③ Access-Control-Request-Headers：根据等价请求头中的值初始化。

④ Access-Control-Allow-Methods：传输支持的 HTTP 方法。

⑤ Access-Control-Max-Age：设置为 31536000s（1 年）。

13.3.6 SockJsClient

提供 SockJS Java 客户端，以便在不使用浏览器的情况下连接到远程 SockJS 端点。当需要通过公共网络在两个服务器之间进行双向通信时，即网络代理可能排除使用 WebSocket 协议时，SockJsClient 可能特别有用。SockJS Java 客户端对于测试目的也非常有用，如模拟大量的并发用户。

SockJS Java 客户端支持“websocket”“xhr-streaming”和“xhr-polling”等传输协议。

WebSocketTransport 可以配置如下内容。

① JSR-356 运行时中的 StandardWebSocketClient。

②使用 Jetty 9+ 本机 WebSocket API 的 JettyWebSocketClient。

③ Spring 的 WebSocketClient 的任何实现。

根据定义，XhrTransport 支持“xhr-streaming”和“xhr-polling”，因为从客户角度来看，除了用于连接服务器的 URL 外，没有任何区别。目前有以下两种实现方式。

① RestTemplateXhrTransport：使用 Spring 的 RestTemplate 进行 HTTP 请求。

② JettyXhrTransport：使用 Jetty 的 HttpClient 进行 HTTP 请 求。

下面的示例显示了如何创建 SockJS 客户端并连接到 SockJS 端点。

```
List<Transport> transports = new ArrayList<>(2);
transports.add(new WebSocketTransport(new StandardWebSocketClient()));
transports.add(new RestTemplateXhrTransport());
SockJsClient sockJsClient = new SockJsClient(transports);
sockJsClient.doHandshake(new MyWebSocketHandler(), "ws://waylau.com:
8080/sockjs");
```

SockJS 使用 JSON 格式的数组来处理消息。默认情况下，使用 Jackson JSON 并且需要 jar 包位于类路径中，或者可以配置 SockJsMessageCodec 的自定义实现，并在 SockJsClient 上进行配置。

如果要使用 SockJsClient 模拟大量的并发用户，需要配置底层 HTTP 客户端，以允许足够数量的连接和线程。以 Jetty 为例，配置如下。

```
HttpClient jettyHttpClient = new HttpClient();
jettyHttpClient.setMaxConnectionsPerDestination(1000);
jettyHttpClient.setExecutor(new QueuedThreadPool(1000));
```

可以按照下面示例来自定义服务器端 SockJS 的相关属性。

```
@Configuration
public class WebSocketConfig extends WebSocketMessageBrokerConfiguration
Support {

    @Override
    public void registerStompEndpoints(StompEndpointRegistry registry)
{
        registry.addEndpoint("/sockjs").withSockJS()
            .setStreamBytesLimit(512 * 1024)
            .setHttpMessageCacheSize(1000)
            .setDisconnectDelay(30 * 1000);
    }
    // ...
}
```

13.4 STOMP

WebSocket 协议定义了两种类型的消息，即文本和二进制，但其未对内容做出具体的定义。这样，业界就衍生出了很多针对内容定义的自协议，STOMP 就是其中的一种。

13.4.1 STOMP 概述

STOMP〔Simple (or Streaming) Text Oriented Message Protocol〕是一种在客户端与中转服务端之间进行异步消息传输的简单通用协议，它定义了服务端与客户端之间的格式化文本传输方式。详细的协议内容可以参见 http://stomp.github.io/stomp-specification-1.2.html。

STOMP 是一种简单的面向文本的消息传递协议，最初是为脚本语言（如 Ruby、Python 和 Perl）创建的，用于连接企业消息 broker。它旨在解决常用消息传递模式的最小子集。STOMP 可用于任何可靠的双向流媒体网络协议，如 TCP 和 WebSocket。尽管 STOMP 是一种面向文本的协议，但消息负载可以是文本或二进制。

STOMP 是一个基于帧的协议，其帧在 HTTP 上建模。 STOMP 消息结构如下。

```
COMMAND
header1:value1
header2:value2

Body^@
```

客户端可以使用 SEND 或 SUBSCRIBE 命令发送或订阅消息、描述消息的内容，以及由谁来接收消息的“destination”头。这使得一个简单的发布—订阅机制可以通过 broker 将消息发送到其他连接的客户端，或者将消息发送到服务器以请求执行一些工作。

在使用 Spring 的 STOMP 支持时，Spring WebSocket 应用程序充当客户端的 STOMP broker。消息被路由到 @Controller 消息处理方法或一个简单的内存 broker，用于跟踪订阅并向订阅用户广播消息。还可以将 Spring 配置与专用的 STOMP broker（如 RabbitMQ、ActiveMQ 等）一起使用，以用于消息的实际广播。在这种情况下，Spring 维护与 broker 的 TCP 连接，将消息转发给它，并将消息再从它传递到连接的 WebSocket 客户端。因此，Spring Web 应用程序可以依靠统一的、基于 HTTP 的、安全的及熟悉的编程模型进行消息处理工作。

以下是一个 SimpMessagingTemplate 将消息发送给 broker 的例子。

```
SUBSCRIBE
id:sub-1
destination:/topic/price.stock.*

^@
```

以下是客户端发送请求的示例，服务器可以通过 @MessageMapping 方法处理，执行后向客户端广播确认消息和详细信息。

```
SEND
destination:/queue/trade
content-type:application/json
content-length:44

{"action":"BUY","ticker":"MMM","shares",44}^@
```

destination 的含义在 STOMP 规范中有意不透明。它可以是任何字符串，完全取决于 STOMP 服务器来定义它们所支持的 destination 的语义和语法。在业界，经常用“/topic/..”类似路径的字符串来表示发布—订阅（一对多），以及用“/queue/”代表点对点（一对一）的消息交换。

STOMP 服务器可以使用 MESSAGE 命令向所有用户广播消息。以下是向订阅客户端发送股票报价的服务器示例。

```
MESSAGE
message-id:nxahklf6-1
```

```
subscription:sub-1
destination:/topic/price.stock.MMM

{"ticker":"MMM","price":129.45}^@
```

注意：服务器不能发送未经请求的消息给客户端。也就是说，所有来自服务器的消息都必须响应特定的客户端订阅，并且服务器消息的“subscription-id”头必须与客户端订阅的“id”头相匹配。

相比于使用原始的 WebSocket，使用 STOMP 能够带来以下好处。

①使 Spring 框架和 Spring Security 能够提供更丰富的编程模型。

②不需要自定义消息协议和消息格式。

③有可用的 STOMP 客户端，包括 Spring 框架中的 Java 客户端。

④现有的消息 broker（如 RabbitMQ、ActiveMQ 等）可以用于管理订阅和广播消息。

⑤应用程序逻辑可以组织在任何数量的 @Controller 中，并根据 STOMP 的 destination 头路由到它们的消息，而无须为给定的连接定义 WebSocketHandler。

⑥可以使用 Spring Security 来保护基于 STOMP 的目标和消息类型的消息。

13.4.2 启用 STOMP

为了使用 STOMP，应用中需要引入 spring-messaging 和 spring-websocket 模块，这样就能暴露 STOMP 端点。

```
import org.springframework.web.socket.config.annotation.EnableWebSocket
MessageBroker;
import org.springframework.web.socket.config.annotation.StompEndpoint
Registry;

@Configuration
@EnableWebSocketMessageBroker
public class WebSocketConfig implements WebSocketMessageBrokerConfigurer {

    @Override
    public void registerStompEndpoints(StompEndpointRegistry registry)
{
        registry.addEndpoint("/portfolio").withSockJS();
    }

    @Override
    public void configureMessageBroker(MessageBrokerRegistry config) {
        config.setApplicationDestinationPrefixes("/app");
        config.enableSimpleBroker("/topic", "/queue");
    }
}
```

其中，“/portfolio”是 WebSocket（或 SockJS）客户端需要连接到 WebSocket 握手的端点的 HTTP URL；以“/app”开头的 destination 头的 STOMP 消息将被路由到 @Controller 类中的 @MessageMapping 方法；使用内置的消息 broker 进行订阅和广播，将 destination 头以“/topic”或“/queue”开头的消息路由到 broker。

如果使用基于 XML 的配置方式，则上述配置等于：

```
<beans xmlns="http://www.springframework.org/schema/beans"
    xmlns:xsi="http://www.w3.org/2001/XMLSchema-instance"
    xmlns:websocket="http://www.springframework.org/schema/websocket"
    xsi:schemaLocation="
        http://www.springframework.org/schema/beans
        http://www.springframework.org/schema/beans/spring-beans.xsd
        http://www.springframework.org/schema/websocket
        http://www.springframework.org/schema/websocket/spring-web
socket.xsd">

    <websocket:message-broker application-destination-prefix="/app">
        <websocket:stomp-endpoint path="/portfolio">
            <websocket:sockjs/>
        </websocket:stomp-endpoint>
        <websocket:simple-broker prefix="/topic, /queue"/>
    </websocket:message-broker>

</beans>
```

如果是浏览器作为客户端，则可以使用 SockJS 客户端，如 sockjs-client（项目地址为 https://github.com/sockjs/sockjs-client），或者是使用 STOMP 客户端，如 stomp.js（项目地址为 https://github.com/jmesnil/stomp-websocket）或 webstomp-client（项目地址为 https://github.com/JSteunou/webstomp-client）。

下面的示例代码基于 webstomp-client。

```
var socket = new SockJS("/spring-websocket-portfolio/portfolio");
var stompClient = webstomp.over(socket);
stompClient.connect({}, function(frame) {
}
```

还可以使用原生的 WebSocket。例如：

```
var socket = new WebSocket("/spring-websocket-portfolio/portfolio");
var stompClient = Stomp.over(socket);
stompClient.connect({}, function(frame) {
}
```

重点 13.4.3 消息流程

一旦暴露了 STOMP 端点，Spring 应用程序将成为连接客户端的 STOMP broker。本小节将关注服务器端的消息流处理。

spring-messaging 模块包含源自 Spring 消息集成的基础设施支持，后来被提取并整合到 Spring 框架中，以便在许多 Spring 项目和应用程序场景中广泛使用。以下是一些可用的消息抽象。

① Message：包含头和有效载荷消息的简单表示。

② MessageHandler：用于处理消息。

③ MessageChannel：用于发送消息，使生产者和消费者之间实现松耦合。

④ SubscribableChannel：带 MessageHandler 订阅者的 MessageChannel。

⑤ ExecutorSubscribableChannel：使用 Executor 传递消息的 SubscribableChannel。

可以使用 Java Config（@EnableWebSocketMessageBroker）或 XML 的配置（<websocket:message-broker>）来使用上述组件组装消息工作流。图 13–1 所示为启用简单的内置消息 broker 时使用的组件。

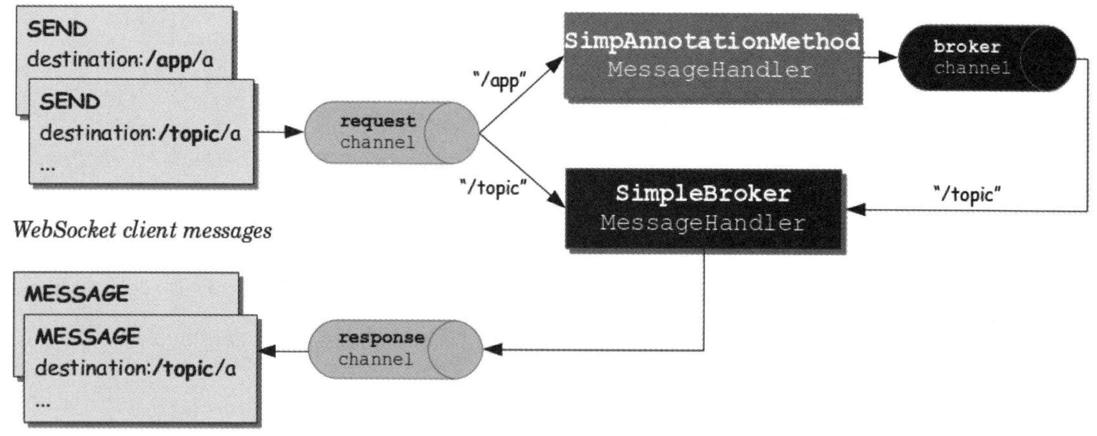

图13–1 STOMP 消息处理流程

图 13–1 中的 3 个消息通道如下。

① clientInboundChannel：用于传递从 WebSocket 客户端接收到的消息。

② clientOutboundChannel：用于向 WebSocket 客户端发送服务器消息。

③ brokerChannel：用于从服务器端应用程序代码向消息 broker 发送消息。

图 13–2 所示为外部 broker（如 RabbitMQ）配置为管理订阅和广播消息时使用的组件。

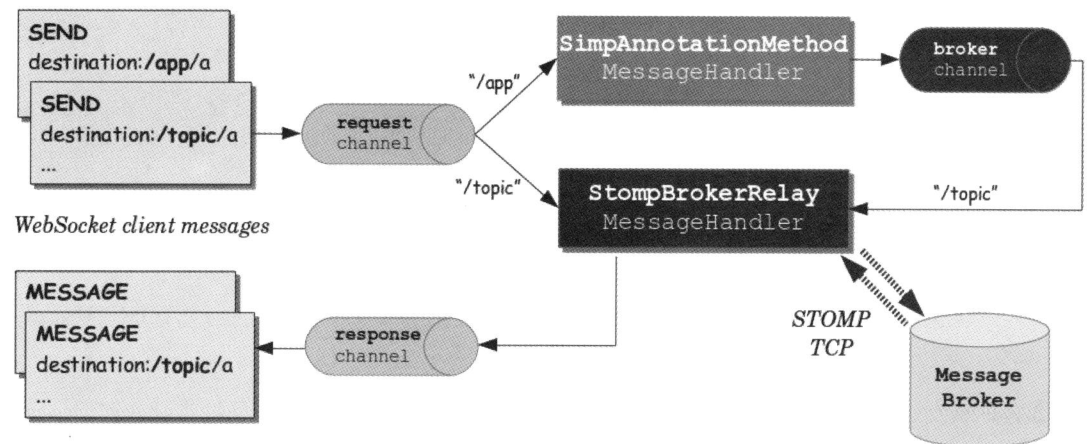

图13-2　使用broker的消息处理流程

上述两个处理流程的重要区别在于是否使用了外部 STOMP 消息 broker。

当从连接着的 WebSocket 接收到消息时，它们被解码为 STOMP 帧，然后变成 Spring 消息，并发送到“clientInboundChannel”以供进一步处理。例如，其 destination 头以“/app”开头的 STOMP 消息可以路由到控制器中的 @MessageMapping 方法，而“/topic”和“/queue”开头的消息可以直接路由到 broker。

带有 @Controller 注解的控制器可以用来处理来自客户端的 STOMP 消息，并可以通过“brokerChannel”向 broker 发送消息，并且 broker 通过“clientOutboundChannel”将消息广播给匹配的订阅者。相同的控制器也可以响应 HTTP 请求做同样的事情，所以客户端可以执行 HTTP POST，然后 @PostMapping 方法可以向 broker 发送消息以广播到订阅的客户端。

下面是一个简单的示例，来演示整个消息处理流程。

```
@Configuration
@EnableWebSocketMessageBroker
public class WebSocketConfig implements WebSocketMessageBrokerConfigurer {

    @Override
    public void registerStompEndpoints(StompEndpointRegistry registry)
{
        registry.addEndpoint("/portfolio");
    }

    @Override
    public void configureMessageBroker(MessageBrokerRegistry registry) {
        registry.setApplicationDestinationPrefixes("/app");
        registry.enableSimpleBroker("/topic");
    }
}

@Controller
```

```
public class GreetingController {

    @MessageMapping("/greeting") {
    public String handle(String greeting) {
        return "[" + getTimestamp() + ": " + greeting;
    }
}
```

上述示例整个处理流程如下。

①客户端连接到 http://localhost:8080/portfolio，一旦建立了 WebSocket 连接，STOMP 帧就开始流动。

②客户端发送 destination 头为“/topic/greeting”的 SUBSCRIBE 帧。一旦接收到并解码，该消息将被发送到“clientInboundChannel”，然后路由到存储客户端订阅的消息 broker。

③客户端将发送帧发送到“/app/greeting”。“/app”前缀有利于将其路由到注解的控制器。在“/app”前缀被剥离后，destination 剩余“/greeting”部分被映射到 GreetingController 中的 @MessageMapping 方法。

④从 GreetingController 返回的值和值为“/topic/greeting”的 destination 头，将被转换为 Spring 消息。消息结果被发送到“brokerChannel”并由消息 broker 处理。

⑤消息 broker 找到所有匹配的订阅者，并通过“clientOutboundChannel”向其中的每个消息发送 MESSAGE 帧，消息被编码为 STOMP 帧并通过 WebSocket 连接发送。

13.4.4 处理器方法

在 @Controller 类上的带有 @MessageMapping 注解的方法，可以用于将方法映射到消息目标上，也可以与类级别的 @MessageMapping 结合使用，以表达控制器内所有注解方法的共享类级别注解的映射。

@MessageMapping 注解的方法支持以下方法参数。

① Message 方法参数可以访问正在处理的完整消息。

② @Payload 注解参数，用于访问消息的有效内容，并使用 org.springframework.messaging.converter.MessageConverter 进行转换。

③ @Header 注解参数，用于访问特定的头值，并使用 org.springframework.core.convert.converter.Converter 进行类型转换（可选）。

④ @Headers 注解参数，分配给 java.util.Map 以访问消息中的所有头。

⑤ MessageHeaders 方法参数，用于访问所有头的 map。

⑥ MessageHeaderAccessor、SimpMessageHeaderAccessor 或 StompHeaderAccessor 通过类型化访问器方法来访问头。

⑦ @DestinationVariable 注解参数，用于访问从消息 destination 中提取的模板变量。必要时，将值转换为声明的方法参数类型。

⑧ java.security.Principal 方法参数，反映用户在 WebSocket HTTP 握手时的登录。

@MessageMapping 方法的返回值将使用 org.springframework.messaging.converter.MessageConverter 进行转换，并作为新消息的主体，默认情况下将其作为新消息的主体发送到与目标位置相同的“brokerChannel”客户端消息，其默认使用的前缀为“/topic”。可以使用 @SendTo 注解来指定任何其他目标，也可以在类级别上进行设置，以共享一个共同的目的地。

响应消息也可以通过 ListenableFuture、CompletableFuture 或 CompletionStage 以异步方式返回结果。

@SubscribeMapping 注解可用于将订阅请求映射到 @Controller 方法。它可以用在方法级别上，也可以与类级别的 @MessageMapping 注解结合使用，以声明同一控制器内的所有消息处理方法的共享映射。默认情况下，@SubscribeMapping 方法的返回值作为消息直接发送回连接的客户端，并且不通过 broker，这对实现请求—响应的消息交互模式很有用，如在应用程序 UI 初始化时获取应用程序数据，或者使用 @SendTo 对 @SubscribeMapping 方法进行注解，以声明将使用指定的目标，并将结果消息发送到“brokerChannel”。

重点 13.4.5 发送消息

任何应用程序组件都可以将消息发送到“brokerChannel”。最简单的方法是注入一个 SimpMessagingTemplate，并使用它来发送消息，用法如下。

```
@Controller
public class GreetingController {

    private SimpMessagingTemplate template;

    @Autowired
    public GreetingController(SimpMessagingTemplate template) {
        this.template = template;
    }

    @RequestMapping(path="/greetings", method=POST)
    public void greet(String greeting) {
        String text = "[" + getTimestamp() + "]:" + greeting;
        this.template.convertAndSend("/topic/greetings", text);
    }

}
```

13.4.6 内嵌 Broker和外部 Broker

1. 内嵌 Broker

内置的简单消息 Broker 处理来自客户端的订阅请求，将它们存储在内存中，并将消息广播到具有匹配目标的连接客户端。

2. 外部 Broker

内置的简单消息 Broker 非常适合入门，但仅支持 STOMP 命令的一个子集，如没有 acks、receipts 等，依赖于简单的消息发送循环，并且不适用于集群。作为替代，应用程序可以升级到使用全功能外部消息 Broker。

以下是启用全功能外部 Broker 的示例配置。

```
@Configuration
@EnableWebSocketMessageBroker
public class WebSocketConfig implements WebSocketMessageBrokerConfigurer {

    @Override
    public void registerStompEndpoints(StompEndpointRegistry registry) {
        registry.addEndpoint("/portfolio").withSockJS();
    }

    @Override
    public void configureMessageBroker(MessageBrokerRegistry registry)  {

        registry.enableStompBrokerRelay("/topic", "/queue");
        registry.setApplicationDestinationPrefixes("/app");
    }

}
```

上述配置等同于以下基于 XML 的配置。

```
<beans xmlns="http://www.springframework.org/schema/beans"
    xmlns:xsi="http://www.w3.org/2001/XMLSchema-instance"
    xmlns:websocket="http://www.springframework.org/schema/websocket"
    xsi:schemaLocation="
        http://www.springframework.org/schema/beans
        http://www.springframework.org/schema/beans/spring-beans.xsd
        http://www.springframework.org/schema/websocket
        http://www.springframework.org/schema/websocket/spring-websock-
et.xsd">

    <websocket:message-broker application-destination-prefix="/app">
        <websocket:stomp-endpoint path="/portfolio" />
            <websocket:sockjs/>
        </websocket:stomp-endpoint>
        <websocket:stomp-broker-relay prefix="/topic,/queue" />
```

```
    </websocket:message-broker>

</beans>
```

重点 13.4.7 连接到 Broker

STOMP broker 的中继维护了与 broker 的 TCP 连接，此连接仅用于源自服务器端应用程序的消息，不用于接收消息。可以为此连接配置 STOMP 凭证，即 STOMP 帧的 login 和 passcod。然后在作为 systemLogin/systemPasscode 属性的默认值为 guest/guest 中的 XML 配置文件或在 Java Config 中公开。

STOMP broker 中继还为每个连接的 WebSocket 客户端创建了一个单独的 TCP 连接，可以配置 STOMP 凭证以用于代表客户端创建的所有 TCP 连接。然后作为 clientLogin/clientPasscode 属性的默认值为 guest/guest 中的 XML 配置文件或在 Java Config 中公开。

STOMP broker 中继还通过 TCP 连接向消息 broker 发送和接收“心跳”，可以配置发送和接收“心跳”（每个默认为 10s）的时间间隔。如果与 broker 的连接丢失，broker 中继将继续尝试每 5s 重新连接一次，直至成功。

STOMP broker 中继也可以使用 virtualHost 属性进行配置，此属性的值将设置为每个 CONNECT 帧的主机头。

13.4.8 认证

Web 应用程序已经具有用于保护 HTTP 请求的身份验证和授权机制。通常，用户使用 Spring Security 等框架来实现。经过身份验证的用户的安全上下文将保存在 HTTP 会话中，并与基于相同的 cookie 会话中的后续请求相关联。因此，对于 WebSocket 握手或 SockJS HTTP 传输请求中，通常都会有一个能够通过 HttpServletRequest#getUserPrincipal() 方法访问到的经过身份验证的用户。Spring 会自动将该用户与为其创建的 WebSocket 或 SockJS 会话相关联，并通过该用户头在该会话中传输所有的 STOMP 消息。

简言之，典型的 Web 应用程序不需要做任何特殊的事情。用户在 HTTP 请求级别进行身份验证，并通过基于 cookie 的 HTTP 会话维护安全上下文，然后将该会话与为该用户创建的 WebSocket 或 SockJS 会话相关联，就能实现每条消息的认证。

注意: STOMP 协议在 CONNECT 帧上有 login 和 passcod 头，用于基于 TCP 上的 STOMP。但是，对于默认情况下的 WebSocket 上的 STOMP，Spring 将忽略 STOMP 级别的授权头，并假定用户已在 HTTP 传输级别进行身份验证，而且期望 WebSocket 或 SockJS 会话包含经过身份验证的用户。

在某些客户端（如浏览器），基于 cookie 的会话并不是最好的解决方案，特别是在那些无状态的应用中，那么此时 JSON Web Token（JWT）可能就是一种非常好的替代方案。Spring Security OAuth 可以提供基于 token 的认证。

重点 13.4.9 用户目的地

应用程序可以发送消息给特定用户，Spring 的 STOMP 用“/user/”前缀实现该功能。例如，客户端可能会订阅目标“/user/queue/position-updates”，该目的地将由 UserDestinationMessageHandler 处理，并转换成用户会话唯一的目的地，如“/queue/position-updates-user123”。这样就不会与订阅相同目的地的其他用户之间产生冲突。在发送端，可以将消息发送到诸如“/user/{username}/queue/position-updates”等的目的地，然后由 UserDestinationMessageHandler 将其转换为一个或多个目的地。因此允许应用程序内的任何组件发送消息给特定的用户，也可以通过注解和消息传递模板来得到支持。

消息处理方法可以将消息发送给与正在通过 @SendToUser 注解处理的消息相关的用户。例如：

```
@Controller
public class PortfolioController {

    @MessageMapping("/trade")
    @SendToUser("/queue/position-updates")
    public TradeResult executeTrade(Trade trade, Principal principal) {
        // ...
        return tradeResult;
    }
}
```

使用 SimpMessagingTemplate 也可以从任意应用程序组件发送消息到用户目标。例如：

```
@Service
public class TradeServiceImpl implements TradeService {
    private final SimpMessagingTemplate messagingTemplate;

    @Autowired
    public TradeServiceImpl(SimpMessagingTemplate messagingTemplate) {
        this.messagingTemplate = messagingTemplate;
    }
    // ...
    public void afterTradeExecuted(Trade trade) {
        this.messagingTemplate.convertAndSendToUser(
                trade.getUserName(), "/queue/position-updates", trade.
getResult());
    }
}
```

13.4.10 事件和拦截

下面列出的 ApplicationContext 事件可以通过实现 Spring 的 ApplicationListener 接口来接收。

① BrokerAvailabilityEvent：指示 broker 什么时候可用 / 不可用。尽管简单 broker 在启动时立即可用，并且在应用程序运行时仍保持这种状态，但是 STOMP broker 中继可能会失去与全功能 broker 的连接，如 broker 重新启动。broker 中继具有重新连接逻辑，并在 broker 恢复时重新建立与 broker 的连接，因此，只要状态从连接切换到断开连接，就会发布此事件，反之亦然。使用 SimpMessagingTemplate 的组件应订阅此事件，并避免在 broker 不可用时发送消息。

② SessionConnectEvent：接收到新的 STOMP CONNECT 时发布，指示新客户端会话的开始。该事件包含代表连接的消息，包括会话 ID、用户信息（如果有）及客户端可能发送的任何自定义头。因此，对于跟踪客户端会话很有用。订阅此事件的组件可以使用 SimpMessageHeaderAccessor 或 StompMessageHeaderAccessor 包装所包含的消息。

③ SessionConnectedEvent：在 broker 发送 STOMP CONNECTED 帧后，且在 SessionConnectEvent 发布后不久发布该事件。此时，连接才真正建立。

④ SessionSubscribeEvent：在接收到新的 STOMP SUBSCRIBE 时发布。

⑤ SessionUnsubscribeEvent：在接收到新的 STOMP UNSUBSCRIBE 时发布。

⑥ SessionDisconnectEvent：在 STOMP 会话结束时发布。DISCONNECT 可能已从客户端发送，或者也可能在 WebSocket 会话关闭时自动生成。在某些情况下，此事件可能会在每个会话中多次发布。对于多个断开连接事件，组件应该是幂等的。

此外，应用程序可以通过在相应的消息通道上注册 ChannelInterceptor 来直接拦截每个传入和传出的消息。例如，拦截入站消息的代码如下。

```
@Configuration
@EnableWebSocketMessageBroker
public class WebSocketConfig implements WebSocketMessageBrokerConfigurer {

    @Override
    public void configureClientInboundChannel(ChannelRegistration
registration) {
        registration.setInterceptors(new MyChannelInterceptor());
    }
}
```

也可以基于 ChannelInterceptorAdapter 自定义 ChannelInterceptor。例如：

```
public class MyChannelInterceptor extends ChannelInterceptorAdapter {

    @Override
    public Message<?> preSend(Message<?> message, MessageChannel channel)
{
        StompHeaderAccessor accessor = StompHeaderAccessor.wrap(message);
```

```
        StompCommand command = accessor.getStompCommand();
        // ...
        return message;
    }
}
```

13.4.11　STOMP 客户端

Spring 提供基于 WebSocket 的 STOMP 客户端和基于 TCP 的 STOMP 客户端。

以下是开始创建并配置 WebSocketStompClient 的例子。

```
WebSocketClient webSocketClient = new StandardWebSocketClient();
WebSocketStompClient stompClient = new WebSocketStompClient(webSocket
Client);
stompClient.setMessageConverter(new StringMessageConverter());
stompClient.setTaskScheduler(taskScheduler); // 用于"心跳"
```

在上面的示例中，StandardWebSocketClient 可以替换为 SockJsClient，因为它也是 WebSocket-Client 的实现。SockJsClient 可以使用 WebSocket 或基于 HTTP 的传输作为后备。

下面建立一个连接并为 STOMP 会话提供一个处理程序。

```
String url = "ws://127.0.0.1:8080/endpoint";
StompSessionHandler sessionHandler = new MyStompSessionHandler();
stompClient.connect(url, sessionHandler);
```

当会话准备使用时，会通知处理程序，代码如下。

```
public class MyStompSessionHandler extends StompSessionHandlerAdapter {

    @Override
    public void afterConnected(StompSession session, StompHeaders
connectedHeaders) {
        // ...
    }
}
```

一旦会话建立，任何有效载荷都可以被发送，并且将被配置的 MessageConverter 序列化。

```
session.send("/topic/foo", "payload");
```

13.4.12　WebSocket Scope

每个 WebSocket 会话都有一个属性 map。该 map 作为头附加到入站客户端消息中，并可以通过控制器方法访问。例如：

```
@Controller
```

```
public class MyController {

    @MessageMapping("/action")
    public void handle(SimpMessageHeaderAccessor headerAccessor) {
        Map<String, Object> attrs = headerAccessor.getSessionAttributes();
        // ...
    }
}
```

也可以为 bean 声明 scopeName 为“websocket”，该 scope 的 bean 可以注入控制器，以及在“clientInboundChannel”上注册的任何通道拦截器。

```
@Component
@Scope(scopeName = "websocket", proxyMode = ScopedProxyMode.TARGET_
CLASS)
public class MyBean {

    @PostConstruct
    public void init() {
        // ...
    }
    // ...
    @PreDestroy
    public void destroy() {
        // ...
    }
}

@Controller
public class MyController {

    private final MyBean myBean;

    @Autowired
    public MyController(MyBean myBean) {
        this.myBean = myBean;
    }

    @MessageMapping("/action")
    public void handle() {
        // ...
    }
}
```

难点 13.4.13 性能优化

在性能方面没有“银弹”。影响它的因素很多，包括消息的大小、卷的大小、应用程序的方法是否执行了阻塞的工作，以及网络速度等外部因素。性能往往需要基于当时的测试数据进行有针对性的优化。配置支持 clientInboundChannel 和 clientOutboundChannel 的线程池。默认情况下，这两个配置都是可用处理器数量的两倍。如果处理注解方法中的消息主要是计算密集型的，那么 clientInboundChannel 的线程数应该接近处理器的数量。如果它们所做的工作有更多的 I/O 限制，并且需要阻塞（或等待）数据库或其他外部系统，那么线程池的大小将需要增加。在 clientOutboundChannel 方面，它全部是关于发送消息给 WebSocket 客户端的。如果客户端在快速网络上，那么线程的数量应该接近可用处理器的数量；如果速度较慢或带宽较低，则消耗消息需要更长的时间，并且会给线程池造成负担，因此增加线程池的大小将是必要的。

虽然 clientInboundChannel 的工作负载可以预测，但如何配置 clientOutboundChannel 将更难，因为它基于超出应用程序控制的因素。所以有两个与发送消息相关的附加属性“sendTimeLimit”和“sendBufferSizeLimit”，这些属性用于配置允许发送多长时间及向客户端发送消息时可以缓冲多少数据。

总体思路是，在任何时候，只有一个线程可以用于发送消息给客户端。所有其他消息同时得到缓冲，可以使用这些属性来决定允许发送消息需要多长时间，同时可以缓冲多少数据。

以下是配置示例。

```
@Configuration
@EnableWebSocketMessageBroker
public class WebSocketConfig implements WebSocketMessageBrokerConfigurer {

    @Override
    public void configureWebSocketTransport(WebSocketTransportRegistration
registration) {
        registration.setSendTimeLimit(15 * 1000).setSendBufferSizeLimit
(512 * 1024);
    }
    // ...
}
```

上述配置等价于以下基于 XML 的配置。

```
<beans xmlns="http://www.springframework.org/schema/beans"
    xmlns:xsi="http://www.w3.org/2001/XMLSchema-instance"
    xmlns:websocket="http://www.springframework.org/schema/websocket"
    xsi:schemaLocation="
        http://www.springframework.org/schema/beans
        http://www.springframework.org/schema/beans/spring-beans.xsd
        http://www.springframework.org/schema/websocket
        http://www.springframework.org/schema/websocket/spring-websock-
et.xsd">

    <websocket:message-broker>
        <websocket:transport send-timeout="15000" send-buffer-size=
```

```
"524288" />
        <!-- ... -->
    </websocket:message-broker>

</beans>
```

上面显示的 WebSocket 传输配置也可用于配置传入 STOMP 消息的允许最大容量。虽然理论上 WebSocket 消息的大小几乎是无限的，但实际上 WebSocket 服务器会施加限制，如 Tomcat 上的 8KB 和 Jetty 上的 64KB。因此，STOMP 客户端（如 JavaScript webstomp-client 等）在 16KB 边界处分割较大的 STOMP 消息，并将它们作为多个 WebSocket 消息发送，需要服务器进行缓冲和重新组装。

Spring 的 STOMP 支持 WebSocket，因此应用程序可以为 STOMP 消息配置最大容量，而不考虑 WebSocket 服务器特定的消息大小。

注意：WebSocket 消息大小将根据需要自动调整，以确保它们可以至少携带 16KB 的 WebSocket 消息。

以下是配置示例。

```
@Configuration
@EnableWebSocketMessageBroker
public class WebSocketConfig implements WebSocketMessageBrokerConfigurer {

    @Override
    public void configureWebSocketTransport(WebSocketTransportRegistration
registration) {
        registration.setMessageSizeLimit(128 * 1024);
    }
    // ...
}
```

上述配置等价于以下基于 XML 的配置。

```
<beans xmlns="http://www.springframework.org/schema/beans"
    xmlns:xsi="http://www.w3.org/2001/XMLSchema-instance"
    xmlns:websocket="http://www.springframework.org/schema/websocket"
    xsi:schemaLocation="
        http://www.springframework.org/schema/beans
        http://www.springframework.org/schema/beans/spring-beans.xsd
        http://www.springframework.org/schema/websocket
        http://www.springframework.org/schema/websocket/spring-websock-
et.xsd">

    <websocket:message-broker>
        <websocket:transport message-size="131072" />
        <!-- ... -->
    </websocket:message-broker>

</beans>
```

实战 13.5 基于 STOMP 的聊天室

本节将基于 STOMP 来实现一个多人聊天室项目，该项目能够支持多个用户同时在线群聊。

13.5.1 聊天室项目的概述

下面将新建一个示例应用（s5-ch13-websocket-stomp）演示如何基于 STOMP 来实现一个多人聊天室。该聊天室应用能够支持多个用户同时在线群聊，并支持登录、退出等功能。

该应用包含如下依赖。

```
<properties>
    <spring.version>5.0.8.RELEASE</spring.version>
    <jetty.version>9.4.11.v20180605</jetty.version>
    <jackson.version>2.9.6</jackson.version>
</properties>
<dependencies>
    <dependency>
        <groupId>org.springframework</groupId>
        <artifactId>spring-webmvc</artifactId>
        <version>${spring.version}</version>
    </dependency>
    <dependency>
        <groupId>org.springframework</groupId>
        <artifactId>spring-websocket</artifactId>
        <version>${spring.version}</version>
    </dependency>
    <dependency>
        <groupId>org.springframework</groupId>
        <artifactId>spring-messaging</artifactId>
        <version>${spring.version}</version>
    </dependency>
    <dependency>
        <groupId>org.eclipse.jetty</groupId>
        <artifactId>jetty-servlet</artifactId>
        <version>${jetty.version}</version>
        <scope>provided</scope>
    </dependency>
    <dependency>
    <groupId>org.eclipse.jetty.websocket</groupId>
        <artifactId>websocket-server</artifactId>
        <version>${jetty.version}</version>
    </dependency>
    <dependency>
        <groupId>com.fasterxml.jackson.core</groupId>
        <artifactId>jackson-core</artifactId>
        <version>${jackson.version}</version>
```

```
    </dependency>
    <dependency>
        <groupId>com.fasterxml.jackson.core</groupId>
        <artifactId>jackson-databind</artifactId>
        <version>${jackson.version}</version>
    </dependency>
</dependencies>
```

这里主要使用了 Jetty WebSocket 来实现后台 WebSocket 服务器。

重点 13.5.2 设置 Broker

WebSocketMessageConfig 类主要用于配置消息的 Broker。例如：

```
package com.waylau.spring.websocket.configuration;
import org.springframework.web.socket.config.annotation.WebSocketMessage-
BrokerConfigurer;
import org.springframework.context.annotation.Configuration;
import org.springframework.messaging.simp.config.MessageBrokerRegistry;
import org.springframework.web.socket.config.annotation.EnableWebSocket-
MessageBroker;
import org.springframework.web.socket.config.annotation.StompEndpoint-
Registry;

@Configuration
@EnableWebSocketMessageBroker
public class WebSocketMessageConfig implements WebSocketMessageBroker-
Configurer {

    @Override
    public void registerStompEndpoints(StompEndpointRegistry registry)
{
        registry.addEndpoint("/ws").withSockJS(); // 当浏览器不支持web
socket时，使用SockJS
    }

    @Override
    public void configureMessageBroker(MessageBrokerRegistry config) {
        config.setApplicationDestinationPrefixes("/app");
        config.enableSimpleBroker("/topic");
    }
}
```

其中，@EnableWebSocketMessageBroker 用于启用 WebSocket 服务器，实现了 WebSocketMessageBrokerConfigurer 接口并为其中一些方法提供了实现来配置 WebSocket 连接。

在第一个方法中，注册了一个 WebSocket 端点，客户端将使用它来连接到 WebSocket 服务器。需要注意的是，这里使用了 withSockJS() 配置，SockJS 用于为不支持 WebSocket 的浏览器启用后备选项。

在第二种方法中，配置一个消息代理，用于将消息从一个客户端路由到另一个客户端。其中，第一行定义目标以“/app”开头的消息应该被路由到消息处理方法；第二行定义目标以“/topic”开头的消息应该被路由到消息代理。消息代理将消息广播到订阅特定主题的所有连接客户端。

在上面的例子中，只是启用了一个简单的内存消息代理。但在真实的生产环境中，可以自由使用任何其他全功能的消息代理，如 RabbitMQ 或 ActiveMQ 等。

重点 13.5.3 服务端编码

1. 定义模型

ChatMessage 类是用于定义聊天消息的数据结构。其中，消息的类型用了一个枚举类，定义了 CHAT（聊天）、JOIN（加入聊天）、LEAVE（离开聊天）3 种类型。例如：

```
package com.waylau.spring.websocket.handler.vo;
public class ChatMessage {
    private MessageType type;
    private String content;
    private String sender;
    public enum MessageType {
        CHAT,
        JOIN,
        LEAVE;
    }
    public MessageType getType() {
        return type;
    }
    public void setType(MessageType type) {
        this.type = type;
    }
    public String getContent() {
        return content;
    }
    public void setContent(String content) {
        this.content = content;
    }
    public String getSender() {
        return sender;
    }
    public void setSender(String sender) {
        this.sender = sender;
    }
}
```

2. 定义事件监听器

WebSocketEventListener 是一个事件监听器，用于监听会话的连接和断开。例如：

```
package com.waylau.spring.websocket.listener;
import org.springframework.beans.factory.annotation.Autowired;
import org.springframework.context.event.EventListener;
import org.springframework.messaging.simp.SimpMessageSendingOperations;
import org.springframework.messaging.simp.stomp.StompHeaderAccessor;
import org.springframework.stereotype.Component;
import org.springframework.web.socket.messaging.SessionConnectedEvent;
import org.springframework.web.socket.messaging.SessionDisconnectEvent;
import com.waylau.spring.websocket.handler.vo.ChatMessage;

@Component
public class WebSocketEventListener {

    @Autowired
    private SimpMessageSendingOperations messagingTemplate;

    @EventListener
    public void handleWebSocketConnectListener(SessionConnectedEvent-
event) {
        System.out.println("Received a new WebSocket connection");
    }

    @EventListener
    public void handleWebSocketDisconnectListener(SessionDisconnectEvent-
event) {
        StompHeaderAccessor headerAccessor = StompHeaderAccessor.
wrap(event.getMessage());

        String username = (String) headerAccessor.getSessionAttributes().
get("username");
        if(username != null) {
            System.out.println("User Disconnected: " + username);

            ChatMessage chatMessage = new ChatMessage();
            chatMessage.setType(ChatMessage.MessageType.LEAVE);
            chatMessage.setSender(username);

            messagingTemplate.convertAndSend("/topic/public", chatMessage);
        }
    }
}
```

3. 定义控制器

ChatController 是一个聊天控制器，用于处理前端发送的事件、请求。例如：

```
package com.waylau.spring.websocket.controller;
import org.springframework.messaging.handler.annotation.MessageMapping;
import org.springframework.messaging.handler.annotation.Payload;
import org.springframework.messaging.handler.annotation.SendTo;
```

```
import org.springframework.messaging.simp.SimpMessageHeaderAccessor;
import org.springframework.stereotype.Controller;
import org.springframework.web.bind.annotation.GetMapping;
import com.waylau.spring.websocket.handler.vo.ChatMessage;

@Controller
public class ChatController {

    @GetMapping("/")
    public String index() {
        return "index";
    }

    @MessageMapping("/chat.sendMessage")
    @SendTo("/topic/public")
    public ChatMessage sendMessage(@Payload ChatMessage chatMessage) {
        return chatMessage;
    }

    @MessageMapping("/chat.addUser")
    @SendTo("/topic/public")
    public ChatMessage addUser(@Payload ChatMessage chatMessage,
                                    SimpMessageHeaderAccessor headerAccessor) {
        // 添加 username到 WebSocket session
        headerAccessor.getSessionAttributes().put("username", chatMessage.
getSender());
        return chatMessage;
    }
}
```

其中，index 方法将响应主页面的请求；sendMessage 方法用于发送聊天消息；addUser 方法用于将登录的用户信息，添加到会话中。

重点 13.5.4 客户端编码

1. 定义主界面

以下是 index.html 页面。

```
<!DOCTYPE html>
<html>
<head>
<meta charset="UTF-8">
<meta name="viewport"
    content="width=device-width, initial-scale=1.0, minimum-scale=1.0">
<title>基于 STOMP 的聊天室</title>
<link rel="stylesheet" href="../static/css/main.css" />
</head>
```

```
<body>

    <div id="username-page">
        <div class="username-page-container">
            <h1 class="title">输入用户名</h1>
            <form id="usernameForm" name="usernameForm">
                <div class="form-group">
                    <input type="text" id="name" placeholder="Username"
                        autocomplete="off" class="form-control" />
                </div>
                <div class="form-group">
                    <button type="submit" class="accent username-
submit">开聊</button>
                </div>
            </form>
        </div>
    </div>

    <div id="chat-page" class="hidden">
        <div class="chat-container">
            <div class="chat-header">
                <h2>基于 STOMP 的聊天室</h2>
            </div>
            <div class="connecting">连接中...</div>
            <ul id="messageArea">

            </ul>
            <form id="messageForm" name="messageForm" nameForm=
"messageForm">
                <div class="form-group">
                    <div class="input-group clearfix">
                        <input type="text" id="message" placeholder=
"输入信息..."
                            autocomplete="off" class="form-control" />
                        <button type="submit" class="primary">发送</
button>
                    </div>
                </div>
            </form>
        </div>
    </div>

    <script
        src="https://cdnjs.cloudflare.com/ajax/libs/sockjs-client/1.1.4/
sockjs.min.js"></script>
    <script
        src="https://cdnjs.cloudflare.com/ajax/libs/stomp.js/2.3.3/stomp.
min.js"></script>
    <script src="../static/js/main.js"></script>
```

```
</body>
</html>
```

在页面中，引用了 sockjs-client 和 stomp.js 的依赖。

2. 定义核心处理逻辑

以下是主页面所引用的 main.js 的核心逻辑。

```
'use strict';

var usernamePage = document.querySelector('#username-page');
var chatPage = document.querySelector('#chat-page');
var usernameForm = document.querySelector('#usernameForm');
var messageForm = document.querySelector('#messageForm');
var messageInput = document.querySelector('#message');
var messageArea = document.querySelector('#messageArea');
var connectingElement = document.querySelector('.connecting');
var stompClient = null;
var username = null;
var colors = [ '#2196F3', '#32c787', '#00BCD4', '#ff5652', '#ffc107',
        '#ff85af', '#FF9800', '#39bbb0' ];

function connect(event) {
    username = document.querySelector('#name').value.trim();

    if (username) {
        usernamePage.classList.add('hidden');
        chatPage.classList.remove('hidden');

        var socket = new SockJS('/ws');
        stompClient = Stomp.over(socket);

        stompClient.connect({}, onConnected, onError);
    }
    event.preventDefault();
}

function onConnected() {
    // 订阅 Public Topic
    stompClient.subscribe('/topic/public', onMessageReceived);

    // 将用户名发送给服务器
    stompClient.send("/app/chat.addUser", {}, JSON.stringify({
        sender: username,
        type: 'JOIN'
    }))

    connectingElement.classList.add('hidden');
}
```

```
function onError(error) {
    connectingElement.textContent = '不能连接到WebSocket服务器，请重试!';
    connectingElement.style.color = 'red';
}

function sendMessage(event) {
    var messageContent = messageInput.value.trim();

    if (messageContent && stompClient) {
        var chatMessage = {
            sender: username,
            content: messageInput.value,
            type: 'CHAT'
        };

        stompClient.send("/app/chat.sendMessage", {}, JSON
                .stringify(chatMessage));
        messageInput.value = '';
    }
    event.preventDefault();
}

function onMessageReceived(payload) {
    var message = JSON.parse(payload.body);
    var messageElement = document.createElement('li');

    if (message.type === 'JOIN') {
        messageElement.classList.add('event-message');
        message.content = message.sender + ' joined!';
    } else if (message.type === 'LEAVE') {
        messageElement.classList.add('event-message');
        message.content = message.sender + ' left!';
    } else {
        messageElement.classList.add('chat-message');

        var avatarElement = document.createElement('i');
        var avatarText = document.createTextNode(message.sender[0]);
        avatarElement.appendChild(avatarText);
        avatarElement.style['background-color'] = getAvatarColor
(message.sender);

        messageElement.appendChild(avatarElement);

        var usernameElement = document.createElement('span');
        var usernameText = document.createTextNode(message.sender);
        usernameElement.appendChild(usernameText);
        messageElement.appendChild(usernameElement);
    }
```

```
    var textElement = document.createElement('p');
    var messageText = document.createTextNode(message.content);
    textElement.appendChild(messageText);

    messageElement.appendChild(textElement);

    messageArea.appendChild(messageElement);
    messageArea.scrollTop = messageArea.scrollHeight;
}

function getAvatarColor(messageSender) {
    var hash = 0;
    for (var i = 0; i < messageSender.length; i++) {
        hash = 31 * hash + messageSender.charCodeAt(i);
    }

    var index = Math.abs(hash % colors.length);
    return colors[index];
}

usernameForm.addEventListener('submit', connect, true)
messageForm.addEventListener('submit', sendMessage, true)
```

13.5.5 运行

与第 12 章的天气预报服务接口应用（s5-ch12-rest-template）类似，运行 Application 类即可启动“s5-ch13-websocket-stomp”应用。应用正常启动后，在浏览器中访问 http://localhost:8080/，可以查看如图 13–3 和图 13–4 所示的聊天室的效果。

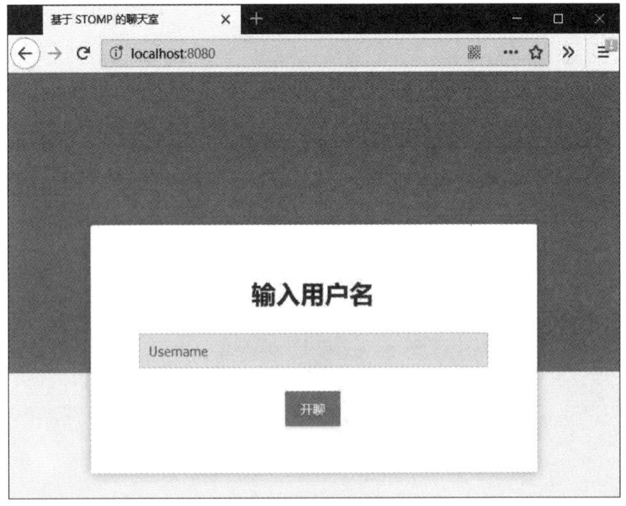

图13–3　用户登录界面

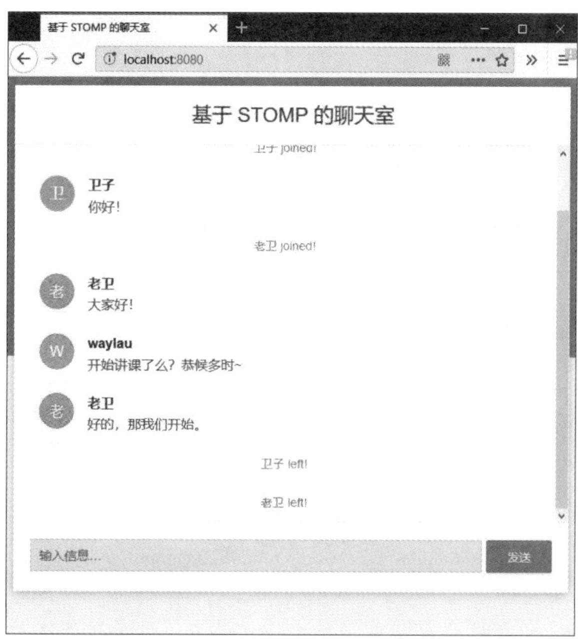
基于 STOMP 的聊天室
localhost:8080
基于 STOMP 的聊天室
卫子 joined!
卫子
你好！
老卫 joined!
老卫
大家好！
waylau
开始讲课了么？恭候多时~
老卫
好的，那我们开始。
卫子 left!
老卫 left!
输入信息...
发送

图13-4 多人聊天界面

第14章 Spring WebFlux

★新功能 14.1 响应式编程概述

14.1.1 响应式编程简述

在高性能网络编程中，经常会听到“非阻塞”（Non-Blocking）和“函数式编程”（Functional Programming）等字眼，这些是构成高性能、高并发的关键。

使用非阻塞的 Web 栈能够用少量线程就可以提供应用程序的并发性，并占用较少的硬件资源就能实现扩展。同时，Java 8 中添加 lambda 表达式，为在 Java 中实现函数式编程创造了机会。

那么，什么是“响应式编程”（Reactive Programming）呢?

术语“响应式”是指围绕对变化做出响应而建立的编程模型，如网络组件对 I/O 事件做出反应，UI 控制器对鼠标事件做出响应等。从这个意义上讲，非阻塞是响应式的，因为不是被阻塞，而是处于对操作完成或数据可用的通知做出响应的模式。

在同步的、命令式的代码中，阻塞调用是一种自然形式的背压，迫使调用方等待。而在非阻塞代码中，则完全相反，无须等待结果，结果执行完成后会通知调用方。

Reactive Streams 是 Java 9 中的一个小规范，它定义了异步组件与背压之间的交互。例如，数据存储库（作为发布服务器）可以生成数据，以便作为订阅服务器的 HTTP 服务器可以写入响应。Reactive Streams 的主要目的是允许用户控制发布者产生数据的速度。

自 Spring 5 开始，框架支持响应式编程。

重点 14.1.2 Spring WebFlux 与 Spring MVC 的区别

包含在 Spring 框架中的 Web 框架 Spring Web MVC 专门用于基于 Servlet API 和 Servlet 容器构建 Web 服务。随着响应式编程的流行，Spring 5 增加了响应式编程技术栈——Spring WebFlux。Spring WebFlux 是完全无阻塞的，可以支持 Reactive Streams 背压，并且可以在诸如 Netty、Undertow 和 Servlet 3.1+ 容器的服务器上运行。

Spring WebFlux 与 Spring MVC 这两个 Web 框架分别位于 spring-webflux 和 spring-webmvc 模块中，两者处于同等的地位，且相互间是独立的，不存在相互依赖关系。应用程序可以使用其中的一个或多个模块。

图 14−1 展示了 Spring WebFlux 与 Spring MVC 技术栈的区别。

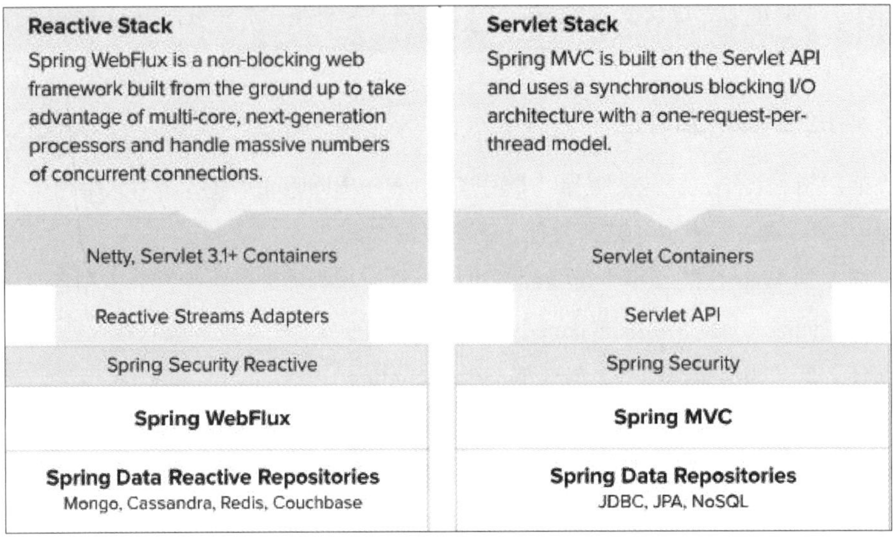

Reactive Stack	Servlet Stack
Spring WebFlux is a non-blocking web framework built from the ground up to take advantage of multi-core, next-generation processors and handle massive numbers of concurrent connections.	Spring MVC is built on the Servlet API and uses a synchronous blocking I/O architecture with a one-request-per-thread model.
Netty, Servlet 3.1+ Containers	Servlet Containers
Reactive Streams Adapters	Servlet API
Spring Security Reactive	Spring Security
Spring WebFlux	**Spring MVC**
Spring Data Reactive Repositories Mongo, Cassandra, Redis, Couchbase	**Spring Data Repositories** JDBC, JPA, NoSQL

图14–1　Spring 响应式编程与 Servlet 编程技术栈的区别

重点 14.1.3　响应式 API

Reactive Streams 在互操作性方面发挥着重要作用，但由于它的 API 太偏于底层，适用于基础设施组件，而非应用程序 API。因此，Spring 希望提供一个更高层次的 API，类似于 Java 8 Stream API，但不仅仅是适用于集合，而是能够支持响应式编程。

Reactor（项目地址为 https://github.com/reactor/reactor）是 Spring WebFlux 所基于的响应式库。Reactor 是一个 Reactive Streams 库，因此它的所有操作都支持非阻塞反压。它提供了 Mono 和 Flux API 类型，通过与 ReactiveX 操作符词汇[①]对齐的一组丰富的操作符来处理 0..1 和 0..N 的数据序列。

WebFlux 需要 Reactor 作为核心依赖项，但它可以通过 Reactive Streams 与其他响应式库进行互操作。作为一般规则，WebFlux API 接受一个普通的 Publisher 作为输入，在内部将它调整为 Reactor 类型，使用它们，然后返回 Flux 或 Mono 作为输出。因此，开发人员可以通过任何发布服务器作为输入，并且可以对输出进行操作。WebFlux 可以透明地适应 RxJava 或其他响应式库的使用。

难点 14.1.4　响应式编程模型

spring-web 模块包含 Spring WebFlux 的基础组件，这些基础组件包括 HTTP 抽象、受支持服务器的 Reactive Streams 适配器、编码器和解码器，以及可与 Servlet API 相媲美但遵循非阻塞协议的核心 WebHandler API 等。

在此基础上，Spring WebFlux 提供了两种编程模型的选择。

① 完整的 ReactiveX 操作符词汇可见 http://reactivex.io/documentation/operators.html。

①带注解的控制器：与 Spring MVC 所使用的注解一样，都是基于 spring-web 模块中的相同注解。Spring MVC 和 WebFlux 控制器都支持响应式返回类型，因此很难区分它们。一个显著的区别是 WebFlux 支持响应式的 @RequestBody 参数。

②函数式端点：基于 lambda 的轻量级函数式编程模型。把它想象成一个小型库或应用程序可以用来路由和处理请求的一组程序。与注解控制器的最大区别在于，应用程序负责从头到尾的请求处理，通过注解声明意图并被回调。

那么应该何时选择使用响应式编程呢？Spring MVC 和 WebFlux 又该如何抉择呢？实际上 Spring MVC 和 WebFlux 可以一起工作。图 14–2 显示了这两者之间的关系，包括它们具有的共同之处，以及各自独特的支持。

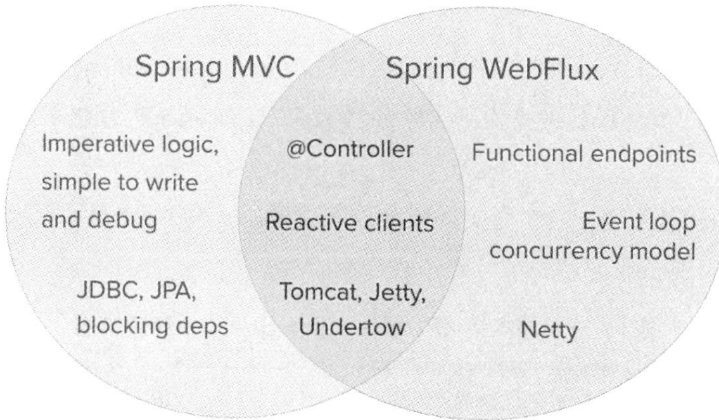

图14–2 Spring MVC 和 WebFlux 的关系

以下是在做技术选型时，需要考虑的一些具体要点。

①如果开发人员有一个可以正常工作的 Spring MVC 应用程序，则不需要做任何改变。传统的命令式编程是编写、理解和调试代码最简单的方法。而且，在市面上有很多类库提供支持。

②如果项目中已经有了非阻塞 Web 栈，那么 Spring WebFlux 提供了与此类似的执行模型优势，除此之外还提供了多种服务器选项（如 Netty、Tomcat、Jetty、Undertow、Servlet 3.1+ 容器等），带注解的控制器和函数式网络端点的编程模型，以及响应式库的选择（Reactor、RxJava 等）。

③如果开发人员对用于 Java 8 lambda 或 Kotlin 的轻量级函数式 Web 框架感兴趣，那么可以选用 Spring WebFlux 函数式 Web 端点。

④在微服务体系结构中，可以将应用程序与 Spring MVC、Spring WebFlux 控制器或 Spring WebFlux 函数式端点混合使用。在两个框架中支持相同的基于注解的编程模型使得重用知识变得更加容易。

⑤如果开发人员有一个调用远程服务的 Spring MVC 应用程序，请尝试使用被动 WebClient。

⑥技术团队在向非阻塞、函数式和声明式编程转变时，该过程是遵循一定的陡峭学习曲线的。所以在选用技术类型前，先评估自己的团队是否具备学习新技术的能力及能否承受一定的成本。

★新功能 14.2 Spring 中的响应式编程

Spring-web 模块提供底层基础设施和 HTTP 抽象（客户端和服务器），以构建响应式 Web 应用程序。所有的公共 API 都是围绕 Reactive Streams（以 Reactor 作为核心）来实现的。

服务器支持分为两层。

① HttpHandler 和服务器适配器：用于处理带有 Reactive Streams 背压的 HTTP 请求的最基本的通用 API。

② WebHandler API：稍高级别但仍具有过滤器链式处理功能的通用服务器 Web API。

重点 14.2.1 HttpHandler

每个 HTTP 服务器都有一些用于 HTTP 请求处理的 API。HttpHandler 是一种处理请求和响应的简单契约。它非常小，其主要目的是为不同服务器上的 HTTP 请求处理提供基于 Reactive Streams 的通用 API。

spring-web 模块包含适用于每个受支持服务器的适配器。表 14–1 显示了所使用的服务器 API 及 Reactive Streams 支持的来源。

表14–1 服务器API及Reactive Streams支持情况

服务器名称	服务器 API	Reactive Streams 支持情况
Netty	Netty API	Reactor Netty
Undertow	Undertow API	spring-web：Undertow 到 Reactive Streams 桥接
Tomcat	Servlet 3.1 非阻塞 I/O；Tomcat API	spring-web：Servlet 3.1 非阻塞 I/O 到 Reactive Streams 桥接
Jetty	Servlet 3.1 非阻塞 I/O；Jetty API	spring-web：Servlet 3.1 非阻塞 I/O 到 Reactive Streams 桥接
Servlet 3.1 容器	Servlet 3.1 非阻塞 I/O	spring-web：Servlet 3.1 非阻塞 I/O 到 Reactive Streams 桥接

表 14–2 所示的是每个服务器所需的依赖项和受支持的版本。

表14–2 服务器所需的依赖项和受支持的版本

服务器名称	Group ID	Artifact Name
Reactor Netty	io.projectreactor.ipc	reactor-netty
Undertow	io.undertow	undertow-core

续表

服务器名称	Group ID	Artifact Name
Tomcat	org.apache.tomcat.embed	tomcat-embed-core
Jetty	org.eclipse.jetty	jetty-server，jetty-servlet

以下是各个服务器初始化 HttpHandler 的用法。

Reactor Netty：

```
HttpHandler handler = ...
ReactorHttpHandlerAdapter adapter = newReactorHttpHandlerAdapter
(handler);
HttpServer.create(host, port).newHandler(adapter).block();
```

Undertow：

```
HttpHandler handler = ...
UndertowHttpHandlerAdapter adapter = newUndertowHttpHandlerAdapter
(handler);
Undertow server = Undertow.builder().addHttpListener(port, host).
setHandler(adapter).build();
server.start();
```

Tomcat：

```
HttpHandler handler = ...
Servlet servlet = newTomcatHttpHandlerAdapter(handler);
Tomcat server = newTomcat();
File base = newFile(System.getProperty("java.io.tmpdir"));
Context rootContext = server.addContext("", base.getAbsolutePath());
Tomcat.addServlet(rootContext, "main", servlet);
rootContext.addServletMappingDecoded("/", "main");
server.setHost(host);
server.setPort(port);
server.start();
```

Jetty：

```
HttpHandler handler = ...
Servlet servlet = newJettyHttpHandlerAdapter(handler);
Server server = newServer();
ServletContextHandler contextHandler = newServletContextHandler(server,
"");
contextHandler.addServlet(newServletHolder(servlet), "/");
contextHandler.start();
ServerConnector connector = newServerConnector(server);
connector.setHost(host);
connector.setPort(port);
server.addConnector(connector);
server.start();
```

重点 14.2.2 WebHandler API

WebHandler API 是一个通用的服务器 Web API，用于通过一系列 WebExceptionHandler、WebFilter 和一个目标 WebHandler 来处理请求。链可以与 WebHttpHandlerBuilder 进行组装，或者通过向构建器添加组件或通过从 Spring ApplicationContext 中检测它们来组装。构建器返回一个 HttpHandler，然后可以用它在任何受支持的服务器上运行。

虽然 HttpHandler 旨在成为跨 HTTP 服务器最小的契约，但 WebHandler API 提供了常用于构建 Web 应用程序的基本功能。例如，WebHandler API 组件可用的 ServerWebExchange 不仅可以访问请求和响应，还可以访问请求和会话属性、访问解析的表单数据及 Multipart 数据等。

1. 特殊的 Bean 类型

表 14–3 列出了 WebHttpHandlerBuilder 检测到的组件。

表14–3 WebHttpHandlerBuilder检测到的组件

Bean 名称	Bean 类型	数量	描述
<any>	WebExceptionHandler	0..N	提供对WebFilter和目标WebHandler链中异常的处理
<any>	WebFilter	0..N	其他过滤器链和目标WebHandler之前和之后应用拦截逻辑
webHandler	WebHandler	1	请求处理器
webSessionManager	WebSessionManager	0..1	通过ServerWebExchange上的方法公开WebSession 的管理器，默认是DefaultWebSessionManager
serverCodecConfigurer	ServerCodecConfigurer	0..1	访问HttpMessageReader来解析表单数据和Multipart 数据，然后通过ServerWebExchange 上的方法公开。默认情况下使用ServerCodecConfigurer.create() 方法
localeContextResolver	LocaleContextResolver	0..1	LocaleContext的解析器，通过ServerWebExchange 上的方法公开。默认情况下使用 AcceptHeaderLocaleContextResolver

2. Form 表单数据

ServerWebExchange 公开了以下访问表单数据的方法。

```
Mono<MultiValueMap<String, String>>getFormData();
```

DefaultServerWebExchange 使用配置的 HttpMessageReader 将表单数据（application/x-www-form-urlencoded）解析为 MultiValueMap。默认情况下，FormHttpMessageReader 被配置为通过 Server-

CodecConfigurer bean 启用。

3. Multipart 数据

ServerWebExchange 公开了以下访问 Multipart 数据的方法。

```
Mono<MultiValueMap<String, Part>>getMultipartData();
```

DefaultServerWebExchange 使用配置的 HttpMessageReader<MultiValueMap<String, Part>> 将 multipart/form-data 内容解析为 MultiValueMap。目前 Synchronoss NIO Multipart 是唯一支持的用于非阻塞解析 Multipart 请求的第三方库（项目地址为 https://github.com/synchronoss/nio-multipart）。它通过 ServerCodecConfigurer bean 启用。

要以流方式解析大多部分数据，请使用从 HttpMessageReader<Part> 返回的 Flux<Part>。例如，在注解控制器中，使用 @RequestPart 意味着按名称对各个部分进行类似 Map 的访问，因此需要完整地解析 Multipart 数据。相比之下，@RequestBody 可用于将内容解码到 Flux<Part>，而不会收集到 MultiValueMap。

14.2.3 编码器和解码器

spring-web 模块定义了 HttpMessageReader 和 HttpMessageWriter，通过 Rective Streams 的 Publisher 对 HTTP 请求和响应的主体进行编码和解码。

spring-core 模块定义了独立于 HTTP 的编码器和解码器，并依赖于不同字节缓冲区（如 NettyByteBuf 和 java.nio.ByteBuffer）。编码器可以用 EncoderHttpMessageWriter 打包以用作 HttpMessageWriter，而解码器可以用 DecoderHttpMessageReader 打包以用作 HttpMessageReader。

spring-core 模块包含 byte[]、ByteBuffer、DataBuffer、Resource 和 String 的基本编码器和解码器实现。spring-web 模块为 Jackson JSON、Jackson Smile 和 JAXB2 增加了编码器和解码器。spring-web 模块还包含一些针对服务器发送事件、表单数据和 Multipart 请求的特定于 Web 的读取器和编写器。

若需要在应用程序中配置或自定义读写器，通常会使用 ClientCodecConfigurer 或 ServerCodecConfigurer。

1. Jackson

解码器依靠 Jackson 的非阻塞字节数组解析器将字节块流解析为 TokenBuffer 流，然后可以将其转换为 Jackson 的 ObjectMapper 对象。目前支持 JSON 和 Smile（二进制 JSON）数据格式。

编码器按如下流程来处理 Publisher<?>。

①如果 Publisher 是 Mono（单个值），则该值在可用时被编码。

②如果媒体类型为 JSON 的“application/stream+json”或 Smile 的“application/stream+x-jackson-smile”，则 Publisher 生成的每个值都是单独编码的。

③否则将使用 Flux#collectToList() 收集 Publisher 中的所有项目，并将生成的集合编码为数组。

作为上述规则的一个特例，ServerSentEventHttpMessageWriter 将从其输入 Publisher 发出的项单独作为 Mono<?> 提供给 Jackson2JsonEncoder。

2. HTTP 流媒体

当多值响应类型（如 Flux）用于响应呈现时，它可能会被收集到一个 List 并呈现为一个整体（如 JSON 数组），或者它可能被视为无限流，每个项目立即刷新。可以基于内容协商及所选媒体类型，来判断是否为流格式，如“text/event-stream”“application/stream+json”是流格式，而“application/json”则不是。

★新功能 14.3 DispatcherHandler

像 Spring MVC 一样，Spring WebFlux 围绕前端控制器模式进行设计，中央 WebHandler（DispatcherHandler）为请求处理提供共享算法，而实际工作由可配置的委托组件执行。该模型非常灵活，支持多种工作流程。

DispatcherHandler 通过 Spring 配置发现它需要的委托组件。它也被设计成是一个 Spring bean，并且实现了 ApplicationContextAware 来访问它所运行的上下文。如果 DispatcherHandler 是用“webHandler”名称声明的 bean，则它又被 WebHttpHandlerBuilder 发现，并将按如下所述的请求处理链放在一起。

①具有 bean 名称为“webHandler”的 DispatcherHandler。

② WebFilter 和 WebExceptionHandler bean。

③ DispatcherHandler 特殊的 bean。

④其他。

重点 14.3.1 Spring WebFlux 常用 bean

DispatcherHandler 委托特殊的 bean 来处理请求并呈现相应的响应。这些“特殊的 bean”是指实现 WebFlux 框架协议的 Spring 管理的对象实例。

以下是 DispatcherHandler 检测到的特殊 bean。

① HandlerMapping：将请求映射到处理程序。该映射基于一些标准，其细节因 HandlerMapping 实现而不同，例如带注解的控制器、简单的 URL 模式映射等。HandlerMapping 的主要实现是用于 @RequestMapping 注解方法的 RequestMappingHandlerMapping、用于函数式端点路由的 RouterFunctionMapping，以及用于显式注册 URI 路径模式和 WebHandler 的 SimpleUrlHandlerMapping。

② HandlerAdapter：帮助 DispatcherHandler 调用映射到所请求的处理程序上。HandlerAdapter 的主要目的是屏蔽 DispatcherHandler 的细节。

③ HandlerResultHandler：处理来自程序调用的结果及最终确定的响应。

14.3.2 配置

应用程序可以声明处理请求所需的 Web 处理程序 API 和 DispatcherHandler 下列出的基础架构 Bean。但是在大多数情况下，WebFlux 配置是最好的起点。它声明所需的 Bean 并提供更高级别的配置回调 API 来定制它。

Spring Boot 依靠 WebFlux 配置来配置 Spring WebFlux，并且还提供了许多额外的方便选项。

14.3.3 执行

DispatcherHandler 按如下流程进行请求处理。

①每个 HandlerMapping 被要求找到一个匹配的处理程序，并使用第一个匹配项。

②如果找到一个处理程序，它将通过一个适当的 HandlerAdapter 执行，该 HandlerAdapter 将执行的返回值用作 HandlerResult 公开。

③ HandlerResult 被赋给一个合适的 HandlerResultHandler，通过直接写入响应或使用视图来渲染，以便最终完成处理。

通过 HandlerAdapter 调用一个处理程序的返回值被包装为 HandlerResult 和一些额外的上下文，并传递给支持它的第一个 HandlerResultHandler。在 WebFlux 配置中可用 HandlerResultHandler 实现有 ResponseEntityResultHandler、ServerResponseResultHandler、ResponseBodyResultHandler、ViewResolutionResultHandler 等。

★新功能 14.4 控制器

重点 14.4.1 @Controller

Spring WebFlux 提供了一种基于注解的编程模型，其中 @Controller 和 @RestController 组件使用注解来表示请求映射、请求输入、异常处理等。带注解的控制器具有灵活的方法签名，不必扩展基类，也不需要实现特定的接口。

以下是一个基本的示例。

```
@RestController
```

```
public class HelloController {

    @GetMapping("/hello")
    public String handle() {
        return "Hello WebFlux";
    }
}
```

从该示例可以直观看到，注解的用法与 Spring MVC 的用法完全一致。

重点 14.4.2 请求映射

@RequestMapping 注解用于将请求映射到控制器方法上。它具有通过 URL、HTTP 方法、请求参数、头和媒体类型进行匹配的各种属性。它可以在类级使用来表示共享映射，或者在方法级使用，以缩小到特定的端点映射。

@RequestMapping 还有一些基于特定 HTTP 方法的快捷方式变体。

- @GetMapping。
- @PostMapping。
- @PutMapping。
- @DeleteMapping。
- @PatchMapping。

在类级别仍需要 @RequestMapping 来表示共享映射。

以下是类级别和方法级别映射的示例。

```
@RestController
@RequestMapping("/persons")
class PersonController {

    @GetMapping("/{id}")
    public Person getPerson(@PathVariable Long id) {
        // ...
    }

    @PostMapping
    @ResponseStatus(HttpStatus.CREATED)
    public void add(@RequestBody Person person) {
        // ...
    }
}
```

从该示例可以直观看到，请求映射的用法与 Spring MVC 的用法完全一致。

重点 14.4.3 处理器方法

Spring WebFlux 请求映射的用法与 Spring MVC 的用法完全一致，具体用法读者可以回顾 Spring MVC 章节的内容。

以下示例是使用 @RequestParam 将请求参数绑定到控制器中的方法参数上。

```
@Controller
@RequestMapping("/pets")
public class EditPetForm {
    // ...
    @GetMapping
    public String setupForm(@RequestParam("petId") int petId, Model
model) {
        Pet pet = this.clinic.loadPet(petId);
        model.addAttribute("pet", pet);
        return "petForm";
    }
    // ...
}
```

★新功能 14.5 常用函数

Spring WebFlux 包含了一个轻量级的函数式编程模型，其中函数用于路由和处理请求，并且契约是为了不可变性而设计的。它是基于注解的编程模型的一种替代方案，但是可以在同一个响应式 Spring Web 基础上运行。

重点 14.5.1 HandlerFunction

ServerRequest 和 ServerResponse 是不可变的接口，它提供了 JDK 8 对 HTTP 带 Reactive Streams 背压的请求和响应的友好访问。请求主体由 Reactor Flux 或 Mono 表示。

1. ServerRequest

ServerRequest 提供了对于 HTTP 方法、URI、头及查询参数的访问。

以下示例演示了将请求主体提取到 Mono<String>。

```
Mono<String> string = request.bodyToMono(String.class);
```

要将主体提取到 Flux<Person>，其中 Person 对象可以从某些序列化表单（如 JSON 或 XML）解码。

```
Flux<Person> people = request.bodyToFlux(Person.class);
```

上述方式也可以使用以下 ServerRequest.body(BodyExtractor) 快捷方法来表示。

```
Mono<String> string = request.body(BodyExtractors.toMono(String.class));
Flux<Person> people = request.body(BodyExtractors.toFlux(Person.class))
```

访问 form 表单数据。例如：

```
Mono<MultiValueMap<String, String> map = request.body(BodyExtractors.
toFormData());
```

访问 multipart 数据。例如：

```
Mono<MultiValueMap<String, Part> map = request.body(BodyExtractors.
toMultipartData());
```

以流式访问 multipart 数据。例如：

```
Flux<Part> parts = request.body(BodyExtractos.toParts());
```

2. ServerResponse

ServerResponse 提供对 HTTP 响应的访问，由于它是不可变的，因此可以使用一个构建器来创建它。构建器可用于设置响应状态、添加响应头或提供主体。以下是带有 JSON 内容的 200（OK）响应示例。

```
Mono<Person> person = ...
ServerResponse.ok().contentType(MediaType.APPLICATION_JSON).body(person);
```

以下是建立一个 201（CREATED）响应与“Location”头。

```
URI location = ...
ServerResponse.created(location).build();
```

3. 处理程序类

可以编写一个处理函数作为 lambda 表达式。例如：

```
HandlerFunction<ServerResponse> helloWorld =
  request -> ServerResponse.ok().body(fromObject("Hello World"));
```

这很方便，但在一个应用程序中往往需要多个函数，并且将相关的处理函数组合到一个处理程序（如 @Controller）中。例如，下面是一个响应式 Person 存储库的类。

```
import static org.springframework.http.MediaType.APPLICATION_JSON;
import static org.springframework.web.reactive.function.ServerResponse.
ok;
import static org.springframework.web.reactive.function.BodyInserters.
fromObject;
```

```
public class PersonHandler {
    private final PersonRepository repository;
    public PersonHandler(PersonRepository repository) {
        this.repository = repository;
    }

    public Mono<ServerResponse> listPeople(ServerRequest request) {
        Flux<Person> people = repository.allPeople();
        return ok().contentType(APPLICATION_JSON).body(people, Person.
class);
    }

    public Mono<ServerResponse> createPerson(ServerRequest request) {
        Mono<Person> person = request.bodyToMono(Person.class);
        return ok().build(repository.savePerson(person));
    }

    public Mono<ServerResponse> getPerson(ServerRequest request) {
        int personId = Integer.valueOf(request.pathVariable("id"));
        return repository.getPerson(personId)
            .flatMap(person -> ok().contentType(APPLICATION_JSON).body
(fromObject(person)))
            .switchIfEmpty(ServerResponse.notFound().build());
    }
}
```

① listPeople 是一个处理函数，它将存储库中找到的所有 Person 对象返回为 JSON。

② createPerson 是一个处理函数，用于存储包含在请求正文中的新 Person。需要注意的是，PersonRepository.savePerson(person) 返回 Mono，一个空的 Mono，当 Person 对象从请求中读取并存储时会发出完成信号。因此，使用 build(Publisher) 方法在接收到完成信号时发送响应，即当 Person 已保存时。

③ getPerson 是一个处理函数，返回一个 Person 对象，并通过路径变量 id 进行标识。通过存储库检索该 Person，如果发现它，则创建一个 JSON 响应；如果找不到，则使用 switchIfEmpty(Mono) 返回一个 404（Not Found）响应。

重点 14.5.2 RouterFunction

RouterFunction 用于将请求路由到 HandlerFunction。通常，不要自己编写路由器功能，而是使用 RouterFunctions.route(RequestPredicate, HandlerFunction) 方法。这样，如果路由成功，请求就会被路由到给定的 HandlerFunction，否则不执行路由，并响应 404（Not Found）。

1. RequestPredicate

可以编写自己的 RequestPredicate，但 RequestPredicates 工具类已经提供了常用的实现，直接使用即可。例如：

```
RouterFunction<ServerResponse> route =
    RouterFunctions.route(RequestPredicates.path("/hello-world"),
    request -> Response.ok().body(fromObject("Hello World")));
```

可以通过以下方式组合多个请求。

① RequestPredicate.and(RequestPredicate)：两者都必须匹配。

② RequestPredicate.or(RequestPredicate)：只要匹配其中之一即可。

RequestPredicates 的很多方法都是由它们组成的。例如 RequestPredicates.GET(String) 由 RequestPredicates.method(HttpMethod) 和 RequestPredicates.path(String) 组成。

2. 路由

可以通过以下方式组合多个路由功能。

① RouterFunction.and(RouterFunction)。

② RouterFunction.andRoute(RequestPredicate, HandlerFunction)：是 RouterFunction.and() 与 RouterFunctions.route() 的快捷方式。

以下是一个示例。

```
import static org.springframework.http.MediaType.APPLICATION_JSON;
import static org.springframework.web.reactive.function.server.Request-
Predicates.*;

PersonRepository repository = ...
PersonHandler handler = new PersonHandler(repository);

RouterFunction<ServerResponse> personRoute =
    route(GET("/person/{id}").and(accept(APPLICATION_JSON)), handler::
getPerson)
        .andRoute(GET("/person").and(accept(APPLICATION_JSON)), handler::
listPeople)
        .andRoute(POST("/person"), handler::createPerson);
```

14.5.3 运行服务器

在 HTTP 服务器上运行路由器功能，可以使用以下方法之一将路由器功能转换为 HttpHandler。

① RouterFunctions.toHttpHandler(RouterFunction)。

② RouterFunctions.toHttpHandler(RouterFunction, HandlerStrategies)。

然后，通过遵循 HttpHandler 获取特定于服务器的指令，可以将返回的 HttpHandler 与多个服务器适配器一起使用。

更高级的选项是使用基于 DispatcherHandler 的程序启动通过 WebFlux 配置来运行。WebFlux 基于 Java Config 声明以下基础结构组件以支持函数式端点。

① RouterFunctionMapping：在 Spring 配置中检测一个或多个 RouterFunction<?> bean，通过 RouterFunction.andOther 将它们组合起来，并将请求路由到最终组成的 RouterFunction。

② HandlerFunctionAdapter：简单适配器，它允许 DispatcherHandler 调用映射到请求的 HandlerFunction。

③ ServerResponseResultHandler：通过调用 ServerResponse 的 writeTo() 方法来处理调用 HandlerFunction 的结果。

以下是 WebFlux 基于 Java Config 的示例。

```
@Configuration
@EnableWebFlux
public class WebConfig implements WebFluxConfigurer {

    @Bean
    public RouterFunction<?> routerFunctionA() {
        // ...
    }
    @Bean
    public RouterFunction<?> routerFunctionB() {
        // ...
    }
    // ...
    @Override
    public void configureHttpMessageCodecs(ServerCodecConfigurer
configurer) {
        ...// 配置消息转换器
    }

    @Override
    default void addCorsMappings(CorsRegistry registry) {
        ...// 配置 CORS
    }

    @Override
    public void configureViewResolvers(ViewResolverRegistry registry) {
        ...// 配置视图
    }
}
```

14.5.4 HandlerFilterFunction

由路由器函数映射的路由可以通过调用 RouterFunction.filter(HandlerFilterFunction) 进行过滤。其中，HandlerFilterFunction 本质上是一个接收 ServerRequest 和 HandlerFunction 的函数，并返回 ServerResponse。处理函数参数表示链中的下一个元素，这通常是路由到的 HandlerFunction，但如果应用多个过滤器，则也可以是另一个 FilterFunction。通过注解，使用 @ControllerAdvice 或 ServletFilter 可以实现类似的功能。

在下面例子中，路由中添加了一个简单的安全过滤器，其中 SecurityManager 用来判断是否允许特定路径。

```
import static org.springframework.http.HttpStatus.UNAUTHORIZED;
SecurityManager securityManager = ...
RouterFunction<ServerResponse> route = ...
RouterFunction<ServerResponse> filteredRoute =
    route.filter((request, next) -> {
        if (securityManager.allowAccessTo(request.path())) {
            return next.handle(request);
        }
        else {
            return ServerResponse.status(UNAUTHORIZED).build();
        }
  });
```

在这个例子中可以看到调用 next.handle(ServerRequest) 是可选的。只允许在访问时执行处理函数。

★新功能 14.6 WebFlux 相关配置

重点 14.6.1 启用 WebFlux

启用 WebFlux 非常简单，只需要在 Java Config 上添加 @EnableWebFlux 注解即可。以下是一个示例。

```
@Configuration
@EnableWebFlux
public class WebConfig {
}
```

难点 14.6.2 配置 WebFlux

WebFlux 的配置类通常需要实现 WebFluxConfigurer 接口。例如：

```
@Configuration
@EnableWebFlux
public class WebConfig implements WebFluxConfigurer {
    // ...
}
```

重点 14.6.3 数据转换

默认情况下，已经内置了 Number 和 Date 类型的格式化程序，包括支持 @NumberFormat 和 @DateTimeFormat 注解。如果 Joda-Time 存在于类路径中，则还会安装对 Joda-Time 格式化的支持。

可以按需注册自定义格式化器和转换器。例如：

```
@Configuration
@EnableWebFlux
public class WebConfig implements WebFluxConfigurer {

    @Override
    public void addFormatters(FormatterRegistry registry) {
        // ...
    }
}
```

重点 14.6.4 数据验证

默认情况下，如果 Bean 验证的实现存在类路径下，如 Hibernate Validator，那么 LocalValidatorFactoryBean 将会被注册作为全局的 Validator，并在 @Controller 上的 @Valid 注解起效。

以下是自定义全局 Validator 的示例。

```
@Configuration
@EnableWebFlux
public class WebConfig implements WebFluxConfigurer {

    @Override
    public Validator getValidator(); {
        // ...
    }
}
```

也可以注册本地的 Validator。例如：

```
@Controller
public class MyController {
```

```
    @InitBinder
    protected void initBinder(WebDataBinder binder) {
        binder.addValidators(new FooValidator());
    }
}
```

重点 14.6.5 内容类型解析器

以下是自定义内容类型解析器的示例。

```
@Configuration
@EnableWebFlux
public class WebConfig implements WebFluxConfigurer {

    @Override
    public void configureContentTypeResolver(RequestedContentType
ResolverBuilder builder) {
        // ...
    }
}
```

重点 14.6.6 HTTP 消息编码器和解码器

以下是自定义读取、写入请求和响应的主体的示例。

```
@Configuration
@EnableWebFlux
public class WebConfig implements WebFluxConfigurer {

    @Override
    public void configureHttpMessageCodecs(ServerCodecConfigurer configurer) {
        // ...
    }
}
```

ServerCodecConfigurer 提供了一组默认的写入器和读取器，可以使用它来添加更多的写入器和读取器，也可以自定义或完全替换默认的。

对于 Jackson JSON 和 XML，可以考虑使用 Jackson2ObjectMapperBuilder 来定制 Jackson 的默认属性及下列属性。

① DeserializationFeature.FAIL_ON_UNKNOWN_PROPERTIES 已禁用。

② MapperFeature.DEFAULT_VIEW_INCLUSION 已禁用。

如果在类路径中检测到它们，它还会自动注册下列已知模块。

① jackson-datatype-jdk7：支持 Java 7 类型，如 java.nio.file.Path。

② jackson-datatype-joda：支持 Joda-Time 类型。

③ jackson-datatype-jsr310：支持 Java 8 日期和时间 API 类型。

④ jackson-datatype-jdk8：支持其他 Java 8 类型，如 Optional 类型。

重点 14.6.7 视图解析器

以下是自定义视图解析器的示例。

```
@Configuration
@EnableWebFlux
public class WebConfig implements WebFluxConfigurer {

    @Override
    public void configureViewResolvers(ViewResolverRegistry registry) {
        // ...
    }
}
```

ViewResolverRegistry 是 Spring 框架集成的视图技术快捷方式。以下是一个 FreeMarker 的例子，它需要配置底层的 FreeMarker 视图技术。

```
@Configuration
@EnableWebFlux
public class WebConfig implements WebFluxConfigurer {
    @Override
    public void configureViewResolvers(ViewResolverRegistry registry) {
        registry.freeMarker();
    }
    ...// 配置 Freemarker
    @Bean
    public FreeMarkerConfigurer freeMarkerConfigurer() {
        FreeMarkerConfigurer configurer = new FreeMarkerConfigurer();
        configurer.setTemplateLoaderPath("classpath:/templates");
        return configurer;
    }
}
```

还可以插入任何 ViewResolver 实现。例如：

```
@Configuration
@EnableWebFlux
public class WebConfig implements WebFluxConfigurer {
    @Override
    public void configureViewResolvers(ViewResolverRegistry registry) {
        ViewResolver resolver = ... ;
        registry.viewResolver(resolver);
    }
}
```

要通过视图解析支持内容协商和呈现其他格式，除了 HTML 外，还可以基于 HttpMessage-WriterView 实现配置一个或多个默认视图，该实现可以接收来自 spring-web 的任何可用消息编码器和解码器。例如：

```
@Configuration
@EnableWebFlux
public class WebConfig implements WebFluxConfigurer {
    @Override
    public void configureViewResolvers(ViewResolverRegistry registry) {
        registry.freeMarker();

        Jackson2JsonEncoder encoder = new Jackson2JsonEncoder();
        registry.defaultViews(new HttpMessageWriterView(encoder));
    }
    // ...
}
```

重点 14.6.8 静态资源

在下面的示例中，给定以“/resources”开头的请求，相对路径用于查找和提供相对于类路径中的“/static”的静态资源。资源将在未来 1 年内到期，以确保最大限度地利用浏览器缓存并减少浏览器发出的 HTTP 请求。Last-Modified 头也被评估，如果存在，则返回 304 状态码。

```
@Configuration
@EnableWebFlux
public class WebConfig implements WebFluxConfigurer {

    @Override
    public void addResourceHandlers(ResourceHandlerRegistry registry) {
        registry.addResourceHandler("/resources/**")
            .addResourceLocations("/public", "classpath:/static/")
            .setCachePeriod(31556926);
    }
}
```

重点 14.6.9 路径匹配

Spring WebFlux 的路径匹配需使用路径模式（PathPattern）的解析表示及传入的请求路径（RequestPath）。Spring WebFlux 不支持后缀模式匹配，因此只有两个次要选项可用于与路径匹配相关的自定义：是否匹配尾随斜线（默认为 true）及匹配是否区分大小写（默认为 false）。

以下是自定义这些选项的例子。

```
@Configuration
```

```
@EnableWebFlux
public class WebConfig implements WebFluxConfigurer {

    @Override
    public void configurePathMatch(PathMatchConfigurer configurer) {
        // ...
    }
}
```

★新功能 14.7 CORS 处理

重点 14.7.1 CORS 概述

CORS 是一个 W3C 规范，全称是“跨域资源共享”（Cross-Origin Resource Sharing），允许指定哪种类型的跨域请求被授权，从而克服了 AJAX 只能同源使用的限制。

Spring WebFlux HandlerMapping 提供了对 CORS 的内置支持。在成功将请求映射到处理程序后，HandlerMapping 会检查给定请求和处理程序的 CORS 配置并采取进一步的操作。预检（Preflight）请求被直接处理，而简单（Simple）和实际（Actual）的 CORS 请求将被拦截，以便进一步验证并设置 CORS 响应头。每个 HandlerMapping 可以单独配置基于 URL 模式的 CorsConfiguration 映射。在大多数情况下，应用程序将使用 WebFlux Java Config 来声明这种映射，这会导致将单个全局映射传递给所有 HadlerMappping。HandlerMapping 级别的全局 CORS 配置可以与更细粒度的处理器级的 CORS 配置相结合。例如，带注解的控制器可以使用类或方法级的 @CrossOrigin 注解（其他处理程序可以实现 CorsConfigurationSource）。全局和本地配置相结合的规则通常是相累加的。对于那些只能接受单个值的属性，如 allowCredentials 和 maxAge，则本地配置将覆盖全局配置值。

重点 14.7.2 @CrossOrigin

@CrossOrigin 注解在带注解的控制器方法上启用了跨域请求。例如：

```
@RestController
@RequestMapping("/account")
public class AccountController {

    @CrossOrigin
    @GetMapping("/{id}")
    public Mono<Account> retrieve(@PathVariable Long id) {
        // ...
    }
```

```
    @DeleteMapping("/{id}")
    public Mono<Void> remove(@PathVariable Long id) {
        // ...
    }
}
```

@CrossOrigin 注解可以用于类级别或方法级别。例如：

```
@CrossOrigin(maxAge = 3600)
@RestController
@RequestMapping("/account")
public class AccountController {

    @CrossOrigin("http://domain2.com")
    @GetMapping("/{id}")
    public Mono<Account> retrieve(@PathVariable Long id) {
        // ...
    }

    @DeleteMapping("/{id}")
    public Mono<Void> remove(@PathVariable Long id) {
        // ...
    }
}
```

14.7.3 全局CORS 配置

除了细粒度的控制器方法级配置外，还可能需要定义一些全局 CORS 配置。可以在任何 HandlerMapping 上分别设置基于 URL 的 CorsConfiguration 映射。大多数应用程序将使用 WebFlux Java Config 来实现这一点。

默认情况下，全局配置启用以下功能。

①允许所有的源。

②允许所有的头。

③允许 GET、HEAD 和 POST 方法。

④ allowCredentials 默认情况下未启用，因为它建立了一个信任级别，用于公开敏感的用户特定信息，如 Cookie 和 CSRF 令牌，并且只能在适当的情况下使用。

⑤ maxAge 默认设置为 30min。

14.7.4 自定义CORS

如果需要自定义 CORS 配置，则使用 CorsRegistry 回调。例如：

```
@Configuration
```

```
@EnableWebFlux
public class WebConfig implements WebFluxConfigurer {

    @Override
    public void addCorsMappings(CorsRegistry registry) {
        registry.addMapping("/api/**")
            .allowedOrigins("http://domain2.com")
            .allowedMethods("PUT", "DELETE")
            .allowedHeaders("header1", "header2", "header3")
            .exposedHeaders("header1", "header2")
            .allowCredentials(true).maxAge(3600);
        // ...
    }
}
```

14.7.5 CORS 过滤器

可以通过内置的 CorsWebFilter 来应用 CORS 支持，这非常适合函数式端点。

要配置过滤器，可以声明一个 CorsWebFilter bean，并将 CorsConfigurationSource 传递给其构造函数。例如：

```
@Bean
CorsWebFilter corsFilter() {
    CorsConfiguration config = new CorsConfiguration();
    // ...
    // config.applyPermitDefaultValues()
    config.setAllowCredentials(true);
    config.addAllowedOrigin("http://domain1.com");
    config.addAllowedHeader("");
    config.addAllowedMethod("");

    UrlBasedCorsConfigurationSource source = new UrlBasedCorsConfiguration-
Source();
    source.registerCorsConfiguration("/**", config);
    return new CorsWebFilter(source);
}
```

第15章

响应式编程中的 WebClient

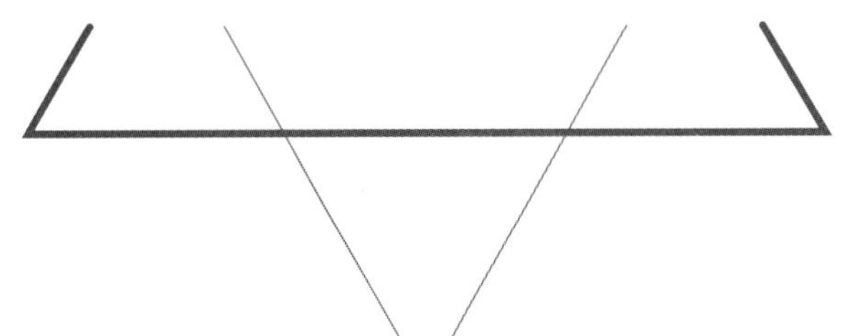

★新功能 重点 15.1 retrieve() 方法

spring-webflux 模块包括一个响应式、非阻塞客户端 WebClient，用于 HTTP 请求，以及具有函数式 API 客户端和响应流支持。WebClient 依赖较低级别的 HTTP 客户端库来执行请求，并且该支持是可插拔的。

WebClient 与 WebFlux 服务器应用程序具有相同的编码器和解码器，并与服务器函数式 Web 框架共享一个通用基本包、一些通用 API 和基础架构。该 API 公开了 Reactor Flux 和 Mono 类型。

与 RestTemplate 相比，WebClient 具有以下特性。

①非阻塞、响应式，并支持更高的并发性和占用更少的硬件资源。

②提供了一个可以利用 Java 8 lambda 的函数式 API。

③支持同步和异步场景。

④支持从服务器上传或下传。

RestTemplate 不适合用于非阻塞应用程序，因此 Spring WebFlux 应用程序应始终使用 WebClient。在大多数高并发情况下，WebClient 在 Spring MVC 中也应该是首选，并且可以组成一系列远程、相互依赖的调用。

retrieve() 方法是 WebClient 用于获取响应主体并对其进行解码的最简单方法。例如：

```
WebClient client = WebClient.create("https://waylau.com");

Mono<Person> result = client.get()
        .uri("/person/{id}", id).accept(MediaType.APPLICATION_JSON)
        .retrieve()
        .bodyToMono(Person.class);
```

还可以获取从响应中解码的对象流。例如：

```
Flux<Quote> result = client.get()
            .uri("/quotes").accept(MediaType.TEXT_EVENT_STREAM)
            .retrieve()
            .bodyToFlux(Quote.class);
```

默认情况下，使用 4xx 或 5xx 状态码的响应会导致 WebClientResponseException 类型的错误，当然也可以自定义。例如：

```
Mono<Person> result = client.get()
            .uri("/persons/{id}", id).accept(MediaType.APPLICATION_JSON)

            .retrieve()
            .onStatus(HttpStatus::is4xxServerError, response -> ...)
            .onStatus(HttpStatus::is5xxServerError, response -> ...)
            .bodyToMono(Person.class);
```

★新功能 重点 15.2 exchange() 方法

exchange() 方法提供了更多的控制。下面的例子等价于使用 retrieve() 方法，但同时也提供对 ClientResponse 的访问。

```
Mono<Person> result = client.get()
            .uri("/persons/{id}", id).accept(MediaType.APPLICATION_JSON)
            .exchange()
            .flatMap(response -> response.bodyToMono(Person.class));
```

在这个级别也可以创建一个完整的 ResponseEntity。例如：

```
Mono<ResponseEntity<Person>> result = client.get()
            .uri("/persons/{id}", id).accept(MediaType.APPLICATION_JSON)

            .exchange()
            .flatMap(response -> response.toEntity(Person.class));
```

注意：与 retrieve() 方法不同，在 exchange() 方法中没有针对 4xx 和 5xx 响应进行自动错误转换。用户必须自行检查状态码并决定如何处理。

★新功能 15.3 请求主体

请求主体可以从对象中进行编码。例如：

```
Mono<Person> personMono = ... ;
Mono<Void> result = client.post()
        .uri("/persons/{id}", id)
        .contentType(MediaType.APPLICATION_JSON)
        .body(personMono, Person.class)
        .retrieve()
        .bodyToMono(Void.class);
```

还可以编码一个对象流。例如：

```
Flux<Person> personFlux = ... ;
Mono<Void> result = client.post()
        .uri("/persons/{id}", id)
        .contentType(MediaType.APPLICATION_STREAM_JSON)
        .body(personFlux, Person.class)
        .retrieve()
        .bodyToMono(Void.class);
```

或者，如果具有实际值，还可以使用 syncBody 快捷方式。例如：

```
Person person = ... ;
Mono<Void> result = client.post()
        .uri("/persons/{id}", id)
        .contentType(MediaType.APPLICATION_JSON)
        .syncBody(person)
        .retrieve()
        .bodyToMono(Void.class);
```

重点 15.3.1　处理 Form 表单数据

要发送表单数据，需提供一个 MultiValueMap<String, String> 作为主体。要注意的是，FormHttpMessageWriter 将内容自动设置为“application/x-www-form-urlencode”。例如：

```
MultiValueMap<String, String> formData = ... ;
Mono<Void> result = client.post()
        .uri("/path", id)
        .syncBody(formData)
        .retrieve()
        .bodyToMono(Void.class);
```

还可以通过 BodyInserters 内部方法提供表单数据。例如：

```
import static org.springframework.web.reactive.function.BodyInserters.*;
Mono<Void> result = client.post()
            .uri("/path", id)
            .body(fromFormData("k1", "v1").with("k2", "v2"))
            .retrieve()
            .bodyToMono(Void.class);
```

重点 15.3.2　处理文件上传数据

要发送 multipart 数据，需要提供一个 MultiValueMap<String, ?>，其值可以是表示内容部分的对象，也可以是表示内容和头的 HttpEntity。MultipartBodyBuilder 提供了一个方便的 API 来准备 multipart 请求。例如：

```
MultipartBodyBuilder builder = new MultipartBodyBuilder();
builder.part("fieldPart", "fieldValue");
builder.part("filePart", new FileSystemResource("...logo.png"));
builder.part("jsonPart", new Person("Jason"));
MultiValueMap<String, HttpEntity<?>> parts = builder.build();
```

在大多数情况下，不必为每个部分指定 Content-Type。内容类型是根据所选择序列化的 HttpMessageWriter 自动确定的，或者是基于文件扩展名的 Resource 来确定。

一旦准备好了 MultiValueMap，最简单的方法就是通过 syncBody 方法将它传递给 WebClient。例如：

```
MultipartBodyBuilder builder = ...;
Mono<Void> result = client.post()
        .uri("/path", id)
        .syncBody(builder.build())
        .retrieve()
        .bodyToMono(Void.class);
```

如果 MultiValueMap 至少包含一个非字符串值（也可能表示常规表单数据，如“application/x-www-form-urlencoded”），则不必将 Content-Type 设置为“multipart/form-data”。使用 MultipartBody-Builder 时，HttpEntity 的包装情况也是如此。

作为 MultipartBodyBuilder 的替代方案，还可以通过内置的 BodyInserters 提供内联风格的 multipart 内容。例如：

```
import static org.springframework.web.reactive.function.BodyInserters.*;
Mono<Void> result = client.post()
        .uri("/path", id)
        .body(fromMultipartData("fieldPart", "value").with("filePart",
resource))
        .retrieve()
        .bodyToMono(Void.class);
```

★新功能 15.4 生成器

创建 WebClient 的一个简单方法是通过静态工厂方法 create() 和 create(String) 为所有请求提供基本 URL。

自定义底层 HTTP 客户端的示例如下。

```
SslContext sslContext = ...
ClientHttpConnector connector = new ReactorClientHttpConnector(
        builder -> builder.sslContext(sslContext));
WebClient webClient = WebClient.builder()
        .clientConnector(connector)
        .build();
```

自定义 HTTP 消息编码器和解码器示例如下。

```
ExchangeStrategies strategies = ExchangeStrategies.builder()
        .codecs(configurer -> {
            // ...
        })
        .build();
WebClient webClient = WebClient.builder()
        .exchangeStrategies(strategies)
```

```
        .build();
```

构建器可以用来插入过滤器。WebClient 构建完成后，始终可以从中获取新的构建器，以便基于此构建新的 WebClient，但不会影响当前实例。例如：

```
WebClient modifiedClient = client.mutate()
        // ...
        .build();
```

★新功能 15.5 过滤器

WebClient 支持拦截器式的请求过滤。例如：

```
WebClient client = WebClient.builder()
        .filter((request, next) -> {
            ClientRequest filtered = ClientRequest.from(request)
                    .header("foo", "bar")
                    .build();
            return next.exchange(filtered);
        })
        .build();
```

ExchangeFilterFunctions 为基本认证提供了一个过滤器。例如：

```
WebClient client = WebClient.builder()
        .filter(basicAuthentication("user", "pwd"))
        .build();
```

上述方法需要静态导入 ExchangeFilterFunctions.basicAuthentication。

也可以改变现有的 WebClient 实例而不影响原始的。例如：

```
WebClient filteredClient = client.mutate()
        .filter(basicAuthentication("user", "pwd")
        .build();
```

★新功能 实战 15.6 基于 WebClient 的文件上传、下载

15.6.1　应用的概述

首先创建一个示例应用（s5-ch15-webclient-file），用于演示基于 WebClient 来实现文件的上传和下载。

该应用需要依赖如下模块。

```
<properties>
    <spring.version>5.0.8.RELEASE</spring.version>
    <reactor.netty.version>0.7.6.RELEASE</reactor.netty.version>
</properties>
<dependencies>
    <dependency>
        <groupId>org.springframework</groupId>
        <artifactId>spring-webflux</artifactId>
        <version>${spring.version}</version>
    </dependency>
    <dependency>
        <groupId>io.projectreactor.ipc</groupId>
        <artifactId>reactor-netty</artifactId>
        <version>${reactor.netty.version}</version>
        <scope>provided</scope>
    </dependency>
</dependencies>
```

其中，响应式应用服务器使用的是 Reactive Streams Netty Driver。

重点 15.6.2 文件上传的编码实现

为了能正常演示文件的上传，需要有一个文件服务器来接收文件上传的请求。这里选用了 MongoDB File Server 作为文件服务器。

MongoDB File Server（项目地址为 https://github.com/waylau/mongodb-file-server）是笔者开源的一款基于 MongoDB 的文件服务器。MongoDB File Server 致力于小型文件的存储，如博客中的图片、普通文档等。由于 MongoDB 支持多种数据格式的存储，对于二进制的存储自然也是没有问题的，因此可以很方便地用于存储文件。MongoDB File Server 支持内嵌 MongoDB 的方式，可以更快地启动，方便测试。内嵌方式的 MongoDB File Server 重启后数据就会清空。

以下是文件上传的编码实现。

```
// 上传图片
HttpHeaders headers = new HttpHeaders();
headers.setContentType(MediaType.IMAGE_JPEG);
HttpEntity<ClassPathResource> entity
    = new HttpEntity<>(new ClassPathResource("waylau_181_181.jpg"),
headers);

MultiValueMap<String, Object> parts = new LinkedMultiValueMap<>();
parts.add("file", entity);

Mono<String> resp = WebClient.create().post().uri("http://localhost:
8081/upload")
```

```
        .contentType(MediaType.MULTIPART_FORM_DATA)
        .body(BodyInserters.fromMultipartData(parts)).retrieve()
        .bodyToMono(String.class);

System.out.println("Result:" + resp.block());
```

其中，“http://localhost:8081/upload”是执行上传的文件服务器的 API 地址。

重点 15.6.3　文件下载的编码实现

以下是文件下载的编码实现。

```
// 下载文件
Mono<ClientResponse> resp2 = WebClient.create().get()
        .uri("https://waylau.com/images/waylau_181_181.jpg")
        .accept(MediaType.APPLICATION_OCTET_STREAM).exchange();
ClientResponse response = resp2.block();
Resource resource = response.bodyToMono(Resource.class).block();
String destination = "d:/test.jpg"; // 文件下载后保存的路径

InputStream input = resource.getInputStream();
int index;
byte[] bytes = new byte[1024];
FileOutputStream downloadFile = new FileOutputStream(destination);
while ((index = input.read(bytes)) != -1) {
    downloadFile.write(bytes, 0, index);
    downloadFile.flush();
}
downloadFile.close();
input.close();
```

其中，“d:/test.jpg”是执行下载后文件所保存的路径。

15.6.4　运行

1. 启动文件服务器

启动文件服务器 MongoDB File Server 只需要两步。

①获取源码。执行 git clone https://github.com/waylau/mongodb-file-server.git。

②运行。执行 gradlew bootRun。

2. 执行应用

运行 Application 类即可。

文件上传成功后，能够在文件服务器中看到如图 15-1 所示的上传文件。

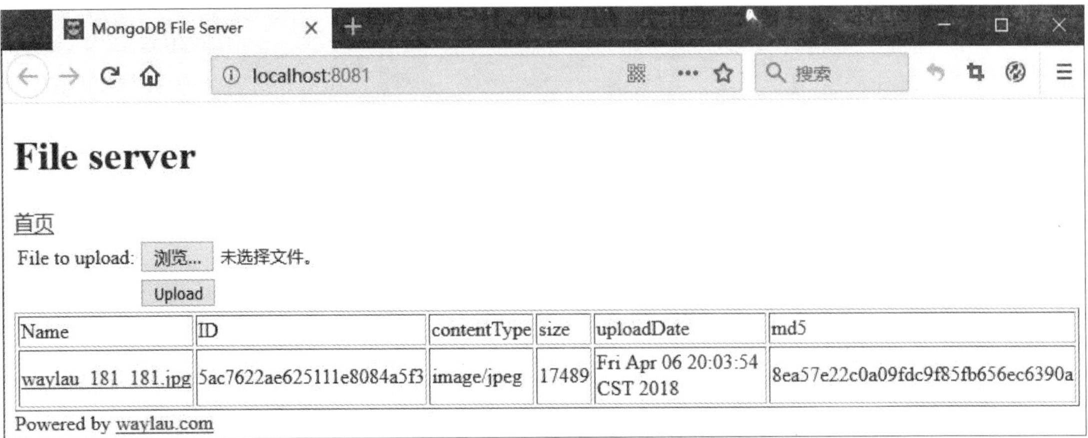

图15–1　文件上传界面

文件下载成功后，能够在本地目录看到如图 15–2 所示的下载文件。

图15–2　文件下载界面

第16章

响应式编程中的 WebSocket

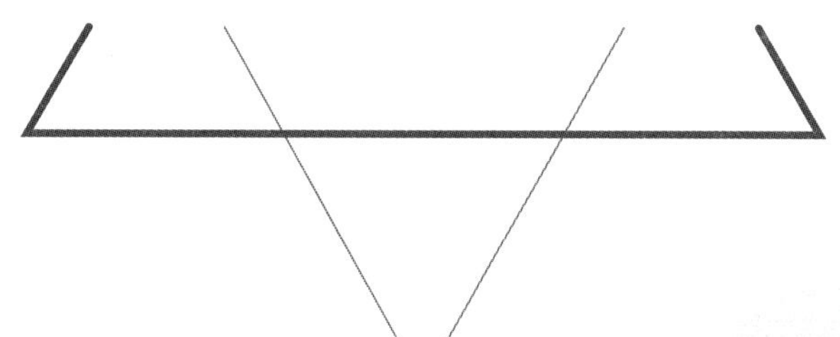

16.1 WebSocket 概述

有关 WebSocket 的协议内容在“第 13 章 WebSocket”中做了详细的描述。本章主要关注响应式编程中的 WebSocket。

Spring 5 支持基于 WebSocket 的响应式编程。Spring 框架提供了 WebSocket API，可用于编写处理 WebSocket 消息的客户端和服务器端应用程序。

16.2 WebSocket 常用 API

重点 16.2.1 WebSocketHandler

实现 WebSocketHandler 接口，具体代码如下。

```
import org.springframework.web.reactive.socket.WebSocketHandler;
import org.springframework.web.reactive.socket.WebSocketSession;
public class MyWebSocketHandler implements WebSocketHandler {
    @Override
    public Mono<Void> handle(WebSocketSession session) {
        // ...
    }
}
```

Spring WebFlux 提供了一个 WebSocketHandlerAdapter，它可以适配 WebSocket 请求并使用上述处理程序来处理生成的 WebSocket 会话。将适配器注册为一个 bean 后，可以将请求映射到具体的处理程序。以下是使用 SimpleUrlHandlerMapping 的示例。

```
@Configuration
static class WebConfig {

    @Bean
    public HandlerMapping handlerMapping() {
        Map<String, WebSocketHandler> map = new HashMap<>();
        map.put("/path", new MyWebSocketHandler());
        SimpleUrlHandlerMapping mapping = new SimpleUrlHandlerMapping();
        mapping.setUrlMap(map);
        mapping.setOrder(-1); // 在注解控制器之前
        return mapping;
    }
    @Bean
    public WebSocketHandlerAdapter handlerAdapter() {
        return new WebSocketHandlerAdapter();
    }
```

```
}
```

16.2.2 WebSocket 握手

WebSocketHandlerAdapter 本身不执行 WebSocket 握手。相反，它委托给 WebSocketService 的一个实现。默认的 WebSocketService 实现是 HandshakeWebSocketService。

HandshakeWebSocketService 对 WebSocket 请求执行基本检查，并委托给特定于服务器的 RequestUpgradeStrategy，如 Reactor Netty、Tomcat、Jetty 和 Undertow 等都提供相应的 RequestUpgradeStrategy。

重点 16.2.3 配置

服务器的 RequestUpgradeStrategy 用于公开可用于底层 WebSocket 引擎及其相关的配置选项。以下是在 Tomcat 上运行时设置 WebSocket 选项的示例。

```
@Configuration
static class WebConfig {
    @Bean
    public WebSocketHandlerAdapter handlerAdapter() {
        return new WebSocketHandlerAdapter(webSocketService());
    }
    @Bean
    public WebSocketService webSocketService() {
        TomcatRequestUpgradeStrategy strategy = new TomcatRequestUpgrade -
Strategy();
        strategy.setMaxSessionIdleTimeout(0L);
        return new HandshakeWebSocketService(strategy);
    }
}
```

16.2.4 跨域处理

配置 CORS 和限制对 WebSocket 端点访问的最简单方法是让 WebSocketHandler 实现 CorsConfigurationSource 并返回带有允许的源、头等信息的 CorsConfiguraiton。也可以设置 corsConfigurations 属性，在 SimpleUrlHandler 上通过 URL 模式指定 CORS 设置。如果两者都指定，则它们会通过 CorsConfiguration 上的组合方法来进行组合。

★新功能 16.3 WebSocketClient

Spring WebFlux 为 Reactor Netty、Tomcat、Jetty、Undertow 和 Java 规范（JSR-356）提供了 WebSocketClient 抽象。要启动 WebSocket 会话，请创建客户端实例并使用其执行方法。例如：

```
WebSocketClient client = new ReactorNettyWebSocketClient();

URI url = new URI("ws://localhost:8080/path");
client.execute(url, session ->
        session.receive()
                .doOnNext(System.out::println)
                .then());
```

第17章

常用集成模式

17.1 Spring 集成模式概述

大型企业级项目中很少是单应用的。应用与应用之间需要通过集成来相互发生联系。举例来说，一个最为简单的 Web 项目需要涉及客户端（浏览器）、后台服务器、数据库等软件组件，这些组件都是独立的应用，它们通过集成来组成一个完整的项目。

Spring 为企业级应用开发提供了常用的与 Java EE 技术相关的集成。其中包括以下几个。

① RMI：通过使用 RmiProxyFactoryBean 和 RmiServiceExporter，Spring 可以支持传统的 RMI（使用 java.rmi.Remote 和 java.rmi.RemoteException）及透明的远程处理（使用任意的 Java 接口）。

② Spring HTTP 调用器：Spring 提供了一种特殊的远程策略，允许通过 HTTP 进行 Java 序列化，支持任意的 Java 接口（就如同 RMI 调用者一样）。相应的支持类为 HttpInvokerProxyFactoryBean 和 HttpInvokerServiceExporter。

③ Hessian：通过使用 Spring 的 HessianProxyFactoryBean 和 HessianServiceExporter，可以使用 Caucho 提供的轻量级基于 HTTP 的协议来透明地公开自己的服务。

④ JAX-WS：Spring 通过 JAX-WS 为 Web 服务提供了远程支持。

⑤ JMS：通过 JmsInvokerServiceExporter 和 JmsInvokerProxyFactoryBean 类支持使用 JMS 作为基础协议的远程处理。

⑥ AMQP：Spring AMQP 项目支持使用 AMQP 作为底层协议进行远程处理。

17.2 使用 RMI

RMI（Remote Method Invocation，远程方法调用）能够让在某个 Java 虚拟机上的对象像调用本地对象一样调用另一个 Java 虚拟机中对象上的方法。

通过使用 Spring 对 RMI 的支持，可以通过 RMI 基础架构透明地公开服务。

重点 17.2.1 使用 RmiServiceExporter 暴露服务

使用 RmiServiceExporter，可以将 AccountService 对象的接口公开为 RMI 对象。在传统 RMI 服务的情况下，可以使用 RmiProxyFactoryBean 或通过普通 RMI 访问该接口。RmiServiceExporter 明确支持通过 RMI 调用者公开任何非 RMI 服务。

当然，首先必须在 Spring 容器中设置服务。例如：

```
<bean id="accountService" class="com.waylau.AccountServiceImpl">
</bean>
```

接着就能使用 RmiServiceExporter 来公开服务。例如：

```
<bean class="org.springframework.remoting.rmi.RmiServiceExporter">
    <property name="serviceName" value="AccountService"/>
    <property name="service" ref="accountService"/>
    <property name="serviceInterface" value="com.waylau.AccountService"/>
    <property name="registryPort" value="1199"/>
</bean>
```

这样，服务将被绑定在“rmi://HOST:1199/AccountService”地址上，能够使用客户端来访问该服务。

重点 17.2.2　客户端访问服务

以下是一个客户端示例。

```
public class SimpleObject {
    private AccountService accountService;
    public void setAccountService(AccountService accountService) {
        this.accountService = accountService;
    }
    // ...
}
```

以下是配置。

```
<bean class="com.waylau.SimpleObject">
    <property name="accountService" ref="accountService"/>
</bean>

<bean id="accountService" class="org.springframework.remoting.rmi.
RmiProxyFactoryBean">
    <property name="serviceUrl" value="rmi://HOST:1199/AccountService"/>
    <property name="serviceInterface" value="com.waylau.AccountService"/>
</bean>
```

Spring 将透明地创建一个调用者并通过 RmiServiceExporter 来远程启用服务。在客户端，我们使用 RmiProxyFactoryBean 来链接这个服务。

17.3 使用 Hessian

Hessian 提供了一个基于 HTTP 的远程协议。该协议是由 Caucho 开发的。

重点 17.3.1 编写 DispatcherServlet

Hessian 是基于 HTTP 通信的，所以可以通过自定义 Servlet 来使用。这里使用 Spring 的 DispatcherServlet 来统一分发 Hessian 的 Servlet 请求。web.xml 配置示例如下。

```
<servlet>
    <servlet-name>remoting</servlet-name>
    <servlet-class>org.springframework.web.servlet.DispatcherServlet</
servlet-class>
    <load-on-startup>1</load-on-startup>
</servlet>

<servlet-mapping>
    <servlet-name>remoting</servlet-name>
    <url-pattern>/remoting/*</url-pattern>
</servlet-mapping>
```

重点 17.3.2 使用 HessianServiceExporter 暴露 bean

使用 HessianServiceExporter 来公开服务。例如：

```
<bean id="accountService" class="com.waylau.AccountServiceImpl">
</bean>

<bean name="/AccountService"
    class="org.springframework.remoting.caucho.HessianServiceExporter">
    <property name="service" ref="accountService"/>
    <property name="serviceInterface" value="com.waylau.AccountService"/>
</bean>
```

在没有指定明确的处理程序映射时，将使用 BeanNameUrlHandlerMapping。服务将在包含 DispatcherServlet 映射（如上定义）的通过其 bean 名称推导出 URL 地址“http://HOST:8080/remoting/AccountService”。

重点 17.3.3 客户端访问服务

使用 HessianProxyFactoryBean 可以作为链接到服务的客户端。例如：

```
<bean class="com.waylau.SimpleObject">
    <property name="accountService" ref="accountService"/>
</bean>

<bean id="accountService"
    class="org.springframework.remoting.caucho.HessianProxyFactoryBean">
    <property name="serviceUrl"
        value="http://remotehost:8080/remoting/AccountService"/>
```

```
    <property name="serviceInterface"
        value="com.waylau.AccountService"/>
</bean>
```

17.3.4 在 Hessian 中使用基本认证

Hessian 的一个优点是可以轻松应用 HTTP 基本认证。例如：

```
<bean class="org.springframework.web.servlet.handler.BeanNameUrlHandler-
 Mapping">
    <property name="interceptors" ref="authorizationInterceptor"/>
</bean>

<bean id="authorizationInterceptor"
        class="org.springframework.web.servlet.handler.UserRoleAuthori-
zationInterceptor">
    <property name="authorizedRoles" value="administrator,operator"/>
</bean>
```

17.4 使用 HTTP

Hessian 使用自定义的轻量级序列化机制协议来公开 HTTP 服务，而 Spring HTTP 调用器则是使用标准的 Java 序列化机制。对于参数和返回类型复杂的场景，则不能使用 Hessian 进行序列化。此时，使用 Spring HTTP 调用器就发挥了巨大的优势。

在底层，Spring 使用由 JDK 或 Apache HttpComponents（项目地址见 https://hc.apache.org/httpcomponents-client-ga/）提供的标准工具来执行 HTTP 调用。相比较而言，Apache HttpComponents 比 JDK 提供的工具要更先进和更易于使用。

重点 17.4.1 暴露服务

类似于使用 Hessian 时的 HessianServiceExporter，Spring 提供了 org.springframework.remoting.httpinvoker.HttpInvokerServiceExporter 来通过 HTTP 调用器公开服务。示例如下。

```
<bean name="/AccountService"
    class="org.springframework.remoting.httpinvoker.HttpInvokerService-
Exporter">
    <property name="service" ref="accountService"/>
    <property name="serviceInterface" value="com.waylau.AccountService"/>
</bean>
```

同时，需要在 web.xml 文件中配置。例如：

```
<bean name="/AccountService"
    class="org.springframework.remoting.httpinvoker.HttpInvokerService-
Exporter">
    <property name="service" ref="accountService"/>
    <property name="serviceInterface" value="com.waylau.AccountService"/>
</bean>
```

重点 17.4.2 客户端访问服务

客户端访问服务的示例如下。

```
<bean id="httpInvokerProxy"
    class="org.springframework.remoting.httpinvoker.HttpInvokerProxy-
FactoryBean">
    <property name="serviceUrl"
        value="http://remotehost:8080/remoting/AccountService"/>
    <property name="serviceInterface" value="com.waylau.AccountService"/>
</bean>
```

默认情况下，HttpInvokerProxy 使用 JDK 的 HTTP 功能，但开发者也可以通过设置 httpInvoker-RequestExecutor 属性来使用 Apache HttpComponents 客户端。

```
<property name="httpInvokerRequestExecutor">
    <bean class="org.springframework.remoting.httpinvoker.HttpCompo-
nentsHttpInvokerRequestExecutor"/>
</property>
```

17.5 Web 服务

Spring 提供对标准 Java Web 服务 API 的全面支持，既可以使用 JAX-WS 来公开 Web 服务，也可以使用 JAX-WS 访问 Web 服务。

重点 17.5.1 暴露基于 JAX-WS 的 Web 服务

暴露基于 JAX-WS 的 Web 服务主要有两种场景。

1. 基于 Servlet 的 Web 服务

Spring 为 JAX-WS servlet 端点实现提供了一个方便的基类 SpringBeanAutowiringSupport。为了

公开 AccountService，扩展 Spring 的 SpringBeanAutowiringSupport 类并在这里实现业务逻辑，通常将调用委托给业务层。下面简单地使用 Spring 的 @Autowired 注解来表示 Spring 管理的 bean 的这种依赖关系。

```
import org.springframework.web.context.support.SpringBeanAutowiringSupport;
@WebService(serviceName="AccountService")
public class AccountServiceEndpoint extends SpringBeanAutowiringSupport {

    @Autowired
    private AccountService biz;

    @WebMethod
    public void insertAccount(Account acc) {
        biz.insertAccount(acc);
    }

    @WebMethod
    public Account[] getAccounts(String name) {
        return biz.getAccounts(name);
    }
}
```

2. 独立的 Web 服务

Oracle JDK 附带的内置 JAX-WS 提供程序支持使用 JDK 中包含的内置 HTTP 服务器来公开 Web 服务。Spring 的 SimpleJaxWsServiceExporter 在 Spring 应用程序上下文中检测所有带有 @WebService 注解的 bean，并通过默认的 JAX-WS 服务器（JDK HTTP 服务器）公开它们。

在这种情况下，端点实例被定义和管理为 Spring bean。它们将被注册到 JAX-WS 引擎，但它们的生命周期将取决于 Spring 应用程序上下文。这意味着像显式依赖注入这样的 Spring 功能可以应用于端点实例。当然，通过 @Autowired 进行注解驱动注入也是可以的。

```
<bean class="org.springframework.remoting.jaxws.SimpleJaxWsService-
Exporter">
    <property name="baseAddress" value="http://localhost:8080/"/>
</bean>

<bean id="accountServiceEndpoint" class="com.waylau.AccountServiceEnd-
point">
    ...
</bean>
```

AccountServiceEndpoint 可能来自 Spring 的 SpringBeanAutowiringSupport，但不一定要这样做，因为这里的端点是完全由 Spring 管理的 bean。这意味着端点实现可能如下所示，无须声明任何超类。

```
@WebService(serviceName="AccountService")
public class AccountServiceEndpoint {
```

```
    @Autowired
    private AccountService biz;

    @WebMethod
    public void insertAccount(Account acc) {
        biz.insertAccount(acc);
    }

    @WebMethod
    public List<Account> getAccounts(String name) {
        return biz.getAccounts(name);
    }
}
```

重点 17.5.2 访问服务

Spring 提供了两个工厂 bean 来创建 JAX-WS Web 服务代理，即 LocalJaxWsServiceFactoryBean 和 JaxWsPortProxyFactoryBean。前者只能返回一个 JAX-WS 服务类供程序开发者使用；后者是可以返回实现业务服务接口的代理的完整版本。在以下例子中，使用后者为 AccountService 端点创建一个代理。

```
<bean id="accountWebService"
    class="org.springframework.remoting.jaxws.JaxWsPortProxyFactoryBean">
    <property name="serviceInterface" value="com.waylau.AccountService"/>
    <property name="wsdlDocumentUrl"
        value="http://localhost:8888/AccountServiceEndpoint?WSDL"/>
    <property name="namespaceUri" value="http://example/"/>
    <property name="serviceName" value="AccountService"/>
    <property name="portName" value="AccountServiceEndpointPort"/>
</bean>
```

其中，serviceInterface 是业务接口，客户端将会使用它；wsdlDocumentUrl 是 .wsdl 文件的 URL，Spring 需要这个 URL 启动时间来创建 JAX-WS 服务；namespaceUri 对应于 .wsdl 文件中的 targetNamespace；serviceName 对应于 .wsdl 文件中的服务名称；portName 对应于 .wsdl 文件中的端口名称。

访问 Web 服务非常简单，因为有一个 bean 工厂，它将服务公开为 AccountService 接口。可以在 Spring 中将它连接起来。

```
<bean id="client" class="com.waylau.AccountClientImpl">
    ...
    <property name="service" ref="accountWebService"/>
</bean>
```

从客户端代码中可以访问 Web 服务，就如同它是一个普通的类一样。例如：

```
public class AccountClientImpl {
    private AccountService service;
    public void setService(AccountService service) {
        this.service = service;
    }

    public void foo() {
        service.insertAccount(...);
    }
}
```

17.6 JMS

17.6.1 JMS 概述

JMS（Java Message Service，Java 消息服务）应用程序接口是一个 Java 平台中关于面向消息中间件（MOM）的 API，用于在两个应用程序之间或分布式系统中发送消息，进行异步通信。Java 消息服务是一个与具体平台无关的 API，绝大多数 MOM 提供商都对 JMS 提供支持。

Spring 支持使用 JMS 作为底层通信协议来透明地公开服务。

下面是一个示例，服务器和客户端都将使用以下接口。

```
package com.foo;
public interface CheckingAccountService {
    public void cancelAccount(Long accountId);
}
```

以下是服务器端对于该接口的实现。

```
package com.foo;
public class SimpleCheckingAccountService implements CheckingAccount
Service {
    public void cancelAccount(Long accountId) {
        System.out.println("Cancelling account [" + accountId + "]");
    }
}
```

此配置文件包含在客户端和服务器上共享的 JMS 基础架构 Bean。例如：

```
<?xml version="1.0" encoding="UTF-8"?>
<beans xmlns="http://www.springframework.org/schema/beans"
    xmlns:xsi="http://www.w3.org/2001/XMLSchema-instance"
    xsi:schemaLocation="http://www.springframework.org/schema/beans
        http://www.springframework.org/schema/beans/spring-beans.xsd">
```

```
    <bean id="connectionFactory" class="org.apache.activemq.ActiveMQ
ConnectionFactory">
        <property name="brokerURL" value="tcp://ep-t43:61616"/>
    </bean>

    <bean id="queue" class="org.apache.activemq.command.ActiveMQQueue">
        <constructor-arg value="mmm"/>
    </bean>

</beans>
```

重点 17.6.2 服务端配置

服务端通过 JmsInvokerServiceExporter 来公开服务。

```
<?xml version="1.0" encoding="UTF-8"?>
<beans xmlns="http://www.springframework.org/schema/beans"
    xmlns:xsi="http://www.w3.org/2001/XMLSchema-instance"
    xsi:schemaLocation="http://www.springframework.org/schema/beans
        http://www.springframework.org/schema/beans/spring-beans.xsd">

    <bean id="checkingAccountService"
            class="org.springframework.jms.remoting.JmsInvokerService-
Exporter">
        <property name="serviceInterface" value="com.foo.CheckingAccount-
Service"/>
        <property name="service">
            <bean class="com.foo.SimpleCheckingAccountService"/>
        </property>
    </bean>

    <bean class="org.springframework.jms.listener.SimpleMessageListener-
Container">
        <property name="connectionFactory" ref="connectionFactory"/>
        <property name="destination" ref="queue"/>
        <property name="concurrentConsumers" value="3"/>
        <property name="messageListener" ref="checkingAccountService"/>
    </bean>

</beans>
package com.foo;
import org.springframework.context.support.ClassPathXmlApplicationContext;
public class Server {
    public static void main(String[] args) throws Exception {
        new ClassPathXmlApplicationContext(
            new String[]{"com/foo/server.xml", "com/foo/jms.xml"});
    }
}
```

重点 17.6.3 客户端配置

以下是客户端配置示例。

```
<?xml version="1.0" encoding="UTF-8"?>
<beans xmlns="http://www.springframework.org/schema/beans"
    xmlns:xsi="http://www.w3.org/2001/XMLSchema-instance"
    xsi:schemaLocation="http://www.springframework.org/schema/beans
        http://www.springframework.org/schema/beans/spring-beans.xsd">

    <bean id="checkingAccountService"
            class="org.springframework.jms.remoting.JmsInvokerProxy-
FactoryBean">
        <property name="serviceInterface" value="com.foo.Checking-
AccountService"/>
        <property name="connectionFactory" ref="connectionFactory"/>
        <property name="queue" ref="queue"/>
    </bean>

</beans>
package com.foo;
import org.springframework.context.ApplicationContext;
import org.springframework.context.support.ClassPathXmlApplicationContext;
public class Client {
    public static void main(String[] args) throws Exception {
        ApplicationContext ctx = new ClassPathXmlApplicationContext(
                new String[] {"com/foo/client.xml", "com/foo/jms.xml"});
        CheckingAccountService service = (CheckingAccountService) ctx.
getBean("checkingAccountService");
        service.cancelAccount(new Long(10));
    }
}
```

17.7 REST 服务

Spring 提供了两种访问 REST 服务的客户端 RestTemplate 和 WebClient。

① RestTemplate：最初的 Spring REST 客户端具有类似 Spring 中的其他模板类，如 JdbcTemplate、JmsTemplate 等。RestTemplate 具有同步 API 并依赖于阻塞 I/O，这对于低并发性的客户端方案来说，是非常适用的。

② WebClient：通过 spring-webflux 模块提供功能强大、流式 API。它依赖于非阻塞 I/O，比 RestTemplate 能够更加高效地支持高并发，且只占用少量线程。WebClient 非常适合流式场景。

重点 17.7.1 RestTemplate

RestTemplate 默认的构造函数使用 java.net.HttpURLConnection 来执行请求。可以使用 ClientHttpRequestFactory 的实现来切换到其他 HTTP 库。Spring 支持如下 HTTP 库。

- Apache HttpComponents。
- Netty。
- OkHttp。

以下是使用 RestTemplate 切换到 Apache HttpComponents 的示例。

```
RestTemplate template = new RestTemplate(
    new HttpComponentsClientHttpRequestFactory());
```

以下是调用 REST 服务的示例。

```
Person person = restTemplate.getForObject("http://example.com/people/
{id}",
    Person.class, 42);
```

17.7.2 HTTP 消息转换器

Spring 内置了多种消息转换器。其中 spring-web 模块包含了 HttpMessageConverter，用于通过 InputStream 写入和 OutputStream 读取 HTTP 请求和响应的主体。HttpMessageConverter 既可以在客户端使用（如 RestTemplate），也可以在服务器端（Spring MVC REST 控制器）使用。

常用的 HTTP 消息转换器实现有以下几种。

① StringHttpMessageConverter：可以从 HTTP 请求和响应读取和写入 String。默认情况下，此转换器支持所有文本媒体类型（text/*），并使用 Content-Type 为 text/plain 进行写入。

② FormHttpMessageConverter：可以从 HTTP 请求和响应读取和写入表单数据。默认情况下，该转换器读取和写入媒体类型为 application/x-www-form-urlencoded。表单数据从 MultiValueMap 中读取和写入。

③ ByteArrayHttpMessageConverter：可以从 HTTP 请求和响应读取和写入字节数组。默认情况下，此转换器支持所有媒体类型（/），并使用 Content-Type 为 application/octet-stream 进行写入。

④ MarshallingHttpMessageConverter：可以使用来自 org.springframework.oxm 包的 Spring 的 Marshaller 和 Unmarshaller 抽象来读取和写入 XML。该转换器需要使用 Marshaller 和 Unmarshaller 才能使用。该转换器默认支持 text/xml 和 application/xml。

⑤ MappingJackson2HttpMessageConverter：可以使用 Jackson 的 ObjectMapper 读取和写入 JSON。通过使用 Jackson 提供的注解，根据需要定制 JSON 映射。默认情况下，该转换器支持 application/json。

⑥ MappingJackson2XmlHttpMessageConverter：可以使用 Jackson XML 扩展的 XmlMapper 读取和写入 XML。通过使用 JAXB 或 Jackson 提供的注解，可以根据需要定制 XML 映射。该转换器默认支持 application/xml。

⑦ SourceHttpMessageConverter：可以从 HTTP 请求和响应读取和写入 javax.xml.transform.Source，仅支持 DOMSource、SAXSource 和 StreamSource。默认情况下，此转换器支持 text/xml 和 application/xml。

⑧ BufferedImageHttpMessageConverter：可以从 HTTP 请求和响应读取和写入 java.awt.image.BufferedImage。该转换器读取和写入 Java I/O API 支持的媒体类型。

第18章

EJB 集成

18.1 EJB 集成概述

本书的开篇就介绍了 Spring 诞生的大部分原因是当时的 EJB 被诟病太多，Spring 提供了一种更为轻量的方式来实现企业级应用开发。

同时，也要看到 Java EE 标准在不断进化的事实。特别是 EJB 3 以来，该版本规范的重要目标就是简化 EJB 的开发，提供一个容器管理的轻量级组件方案。EJB 仍有市场和存在的理由，特别是在分布式事务处理、容器监控等方面，EJB 相比较 Spring 框架而言，提供的是“一站式”服务。所以 Spring 可以胜任 90% 的应用场景，但并非全部。EJB 和 Spring 之间也不是非此即彼的关系；恰恰相反，Spring 对 EJB 的集成提供了技术上的支持。

18.2 EJB 集成的实现

为了能够调用 EJB 对象上的方法，客户端往往需要通过 JNDI（Java Naming and Directory Interface，Java 命名和目录接口）来查找本地或远程的 EJB 对象，但这种方式对于开发人员来说过于底层，操作起来也相当烦琐。而 Spring 则简化了这一切。

18.2.1 访问本地 SLSB

假设有一个需要使用本地 EJB 的 Web 控制器，并调用了接口 MyComponent。例如：

```
public interface MyComponent {
    ...
}
```

在 Web 控制器中引用接口 MyComponent。例如：

```
private MyComponent myComponent;
public void setMyComponent(MyComponent myComponent) {
    this.myComponent = myComponent;
}
```

随后可以在控制器中的任何业务方法中使用此实例变量。现在假设正在从 Spring 容器中获取控制器对象，可以（在同一个上下文中）配置一个 LocalStatelessSessionProxyFactoryBean 实例，它将成为 EJB 代理对象。代理的配置和控制器的 myComponent 属性的设置如下。

```
<bean id="myComponent"
        class="org.springframework.ejb.access.LocalStatelessSessionProxy
FactoryBean">
    <property name="jndiName" value="ejb/myBean"/>
```

```
    <property name="businessInterface" value="com.mycom.MyComponent"/>
</bean>

<bean id="myController" class="com.mycom.myController">
    <property name="myComponent" ref="myComponent"/>
</bean>
```

上述配置等同于以下使用 Spring 的 <jee:local-slsb> 命名空间。

```
<jee:local-slsb id="myComponent" jndi-name="ejb/myBean"
        business-interface="com.mycom.MyComponent"/>

<bean id="myController" class="com.mycom.myController">
    <property name="myComponent" ref="myComponent"/>
</bean>
```

这种 EJB 访问机制大大简化了应用程序代码。Web 层代码（或其他 EJB 客户端代码）不依赖于 EJB 特定的接口。如果想用 POJO、mock 对象或其他测试 stub 来替换这个 EJB 引用，可以简单地更改 myComponent bean 定义而不用更改一行 Java 代码。另外，不必编写一行 JNDI 查找或其他 EJB 特定代码来作为应用程序的一部分。

18.2.2　访问远程 SLSB

与访问本地 SLSB 相比，访问远程 SLSB 并无多大差异，只需要使用 SimpleRemoteStatelessSessionProxyFactoryBean 或 <jee:remote-slsb> 配置元素即可。

与非 Spring 方法相比，Spring 的 EJB 客户端支持又增加了一个优势。通常，EJB 客户端代码可以在本地或远程调用 EJB 之间切换。这是因为远程接口方法必须声明它们抛出 RemoteException，并且客户端代码必须处理此问题，而本地接口方法则不需要。而通过 Spring 远程 EJB 代理，客户端代码不必处理已检查的 RemoteException 类。在 EJB 调用期间抛出的任何实际的 RemoteException 将作为未检查的 RemoteAccessException 类重新抛出，该类是 Spring 定义的 RuntimeException 的一个子类。

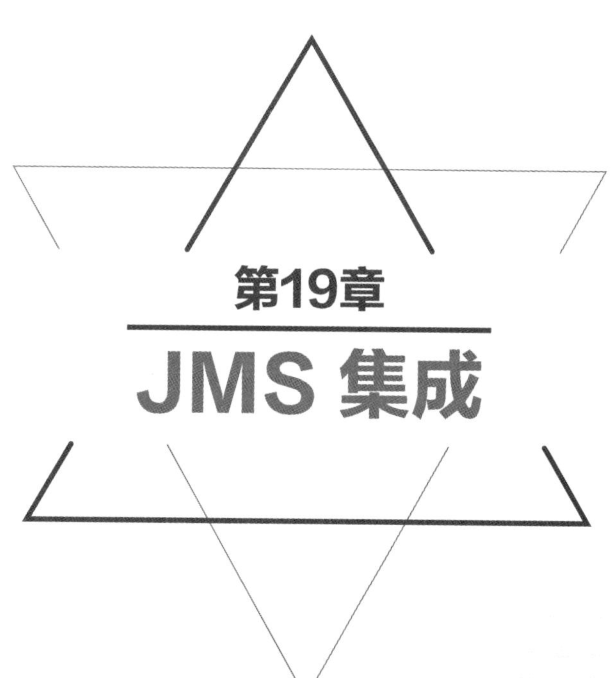

第19章

JMS 集成

19.1 JMS 集成概述

JMS 最大的优势在于集成系统双方实现了解耦。JMS 允许应用程序组件基于 Java EE 平台创建、发送、接收和读取消息，它使分布式通信耦合度更低，消息服务更加具有可靠性及异步性。

JMS 的消息模型主要分为两种。

①点对点（P2P）模型。

②发布 / 订阅（Pub/Sub）模型。

图 19–1 和图 19–2 展示了两种模型的差异。

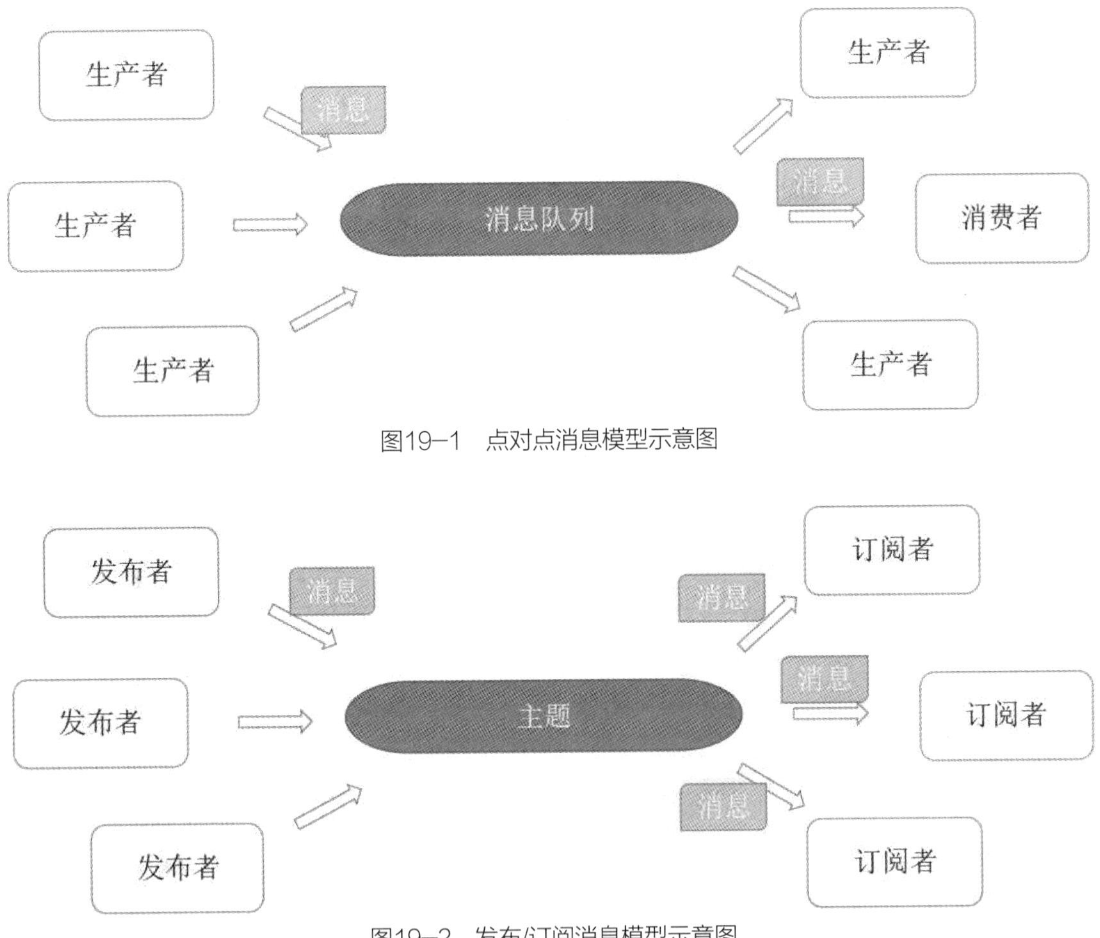

图19–1　点对点消息模型示意图

图19–2　发布/订阅消息模型示意图

很多流行的开源消息框架都支持上述模型，如 Apache ActiveMQ、RabbitMQ、Apache RocketMQ、Apache Kafka 等。有关这些框架的详细介绍，可以参阅笔者所著的《分布式系统常用技术及案例分析》。

19.2 Spring JMS

重点 19.2.1 JmsTemplate

JmsTemplate 类是 JMS 核心包中的中心类。它简化了 JMS 的使用，因为它在发送或同步接收消息时处理资源的创建和释放。

JmsTemplate 类的实例一旦配置就是线程安全的。这意味着可以配置 JmsTemplate 的单个实例，然后将此引用安全地注入共享给多个协作者。虽然 JmsTemplate 是有状态的，因为它保持对 ConnectionFactory 的引用，但是这种状态不是会话状态。

从 Spring 4.1 开始，JmsMessagingTemplate 建立在 JmsTemplate 之上，并提供与消息抽象的集成，即 org.springframework.messaging.Message，这使得开发者可以创建以通用方式发送的消息。

重点 19.2.2 连接管理

JmsTemplate 需要对 ConnectionFactory 引用。ConnectionFactory 是 JMS 规范的一部分，并作为使用 JMS 的入口点。客户端应用程序将其用作工厂来创建与 JMS 提供程序的连接，并封装各种配置参数，其中许多配置参数是供应商特定的，如 SSL 配置选项。

在 EJB 内部使用 JMS 时，供应商提供了 JMS 接口的实现，以便参与声明式事务管理并执行连接和会话池。为了使用此实现，Java EE 容器通常要求在 EJB 或 Servlet 部署描述符内声明 JMS 连接工厂作为 resource-ref。为确保在 EJB 中使用 JmsTemplate 的这些功能，客户端应用程序应确保它引用了 ConnectionFactory 的托管实现。

JMS API 涉及创建许多中间对象。要发送消息，需要执行以下流程。

```
ConnectionFactory->Connection->Session->MessageProducer->send
```

在 ConnectionFactory 和 Send 操作之间，有 3 个中间对象被创建和销毁。为了优化资源使用并提高性能，提供了两个 ConnectionFactory 实现 SingleConnectionFactory 和 CachingConnectionFactory。

1. SingleConnectionFactory

SingleConnectionFactory 将在所有 createConnection() 调用上返回相同的 Connection，并忽略对 close() 的调用。这对于测试和独立环境非常有用，因此可以将同一连接用于可能跨越任意数量事务的多个 JmsTemplate 调用。SingleConnectionFactory 引用通常来自 JNDI 的标准 ConnectionFactory。

2. CachingConnectionFactory

CachingConnectionFactory 扩展了 SingleConnectionFactory 的功能并添加了 Sessions、MessageProducers 和 MessageConsumers 的缓存。初始缓存大小设置为 1，并可以使用属性 sessionCacheSize 来增加缓存会话的数量。需要注意的是，实际高速缓存会话的数量将超过该数量，因为会话是基于其确认模式进行高速缓存的，所以当 sessionCacheSize 设置为 1 时，最多可以有 4 个高速缓存会话实例。

重点 19.2.3　目的地管理

与 ConnectionFactories 类似，目的地是可以在 JNDI 中存储和检索的 JMS 管理对象。在配置 Spring 应用程序上下文时，可以使用 JNDI 工厂类 JndiObjectFactoryBean 或者 <jee:jndi-lookup> 来实现对 JMS 目标的引用执行依赖注入。但是，如果应用程序中有大量目的地，或者 JMS 提供程序具有唯一的高级目标管理功能，则此策略通常很麻烦。这种高级目的地管理的例子是创建动态目的地或支持目的地的分层名称空间。JmsTemplate 将目的地名称的解析委托给 JMS 目的地对象，以实现接口 DestinationResolver。DynamicDestinationResolver 是 JmsTemplate 使用的默认实现，并适用于解析动态目的地。此外，还为 JMSTemplate 提供了一个 JndiDestinationResolver，它充当 JNDI 中包含的目的地的服务定位器，并可选择回退到 DynamicDestinationResolver 中包含的行为。

通常，JMS 应用程序中使用的目的地仅在运行时才知道，因此在部署应用程序时无法通过管理方式创建。尽管动态目的地的创建不属于 JMS 规范的一部分，但大多数供应商都提供了此功能。动态目的地是由用户定义的名称创建的，它将它们与临时目的地区分开来，并且通常不会在 JNDI 中注册。用于创建动态目的地的 API 因提供者而异，因为与目的地相关的属性是供应商特定的。

还可以通过属性 defaultDestination 为 JmsTemplate 配置默认目的地。发送和接收操作将使用默认目的地，这些操作不涉及特定的目的地。

19.2.4　消息监听器容器

在 EJB 规范中，JMS 消息最常见的用途之一是驱动消息驱动的 bean（MDB）。Spring 提供的解决方案是以一种不将用户绑定到 EJB 容器的方式创建消息驱动的 POJO（MDP）。从 Spring 4.1 开始，可以使用 @JmsListener 来简单标注端点。

消息监听器容器用于接收来自 JMS 消息队列的消息并驱动注入其中的 MessageListener。监听器容器负责所有线程的消息接收和分派到监听器。消息监听器容器是 MDP 和消息传递提供者之间的中介，负责注册接收消息、参与事务处理、资源获取和释放及异常转换等。

Spring 提供了两个标准 JMS 消息监听器容器 SimpleMessageListenerContainer 和 DefaultMessageListenerContainer。

1. SimpleMessageListenerContainer

SimpleMessageListenerContainer 消息监听器容器是两种标准风格中较为简单的一种。它在启动时创建固定数量的 JMS 会话和使用者，使用标准 JMS MessageConsumer.setMessageListener() 方法来注册监听器，并将其留给 JMS 提供者以执行监听器回调。此变体不允许动态适应运行时需求或参与外部管理的事务。

2. DefaultMessageListenerContainer

DefaultMessageListenerContainer 消息监听器容器是大多数情况下使用的容器。与 SimpleMessageListenerContainer 相比，此容器变体允许动态适应运行时需求，并且能够参与外部管理的事务。每个接收到的消息在使用 JtaTransactionManager 进行配置时都会向 XA 事务注册，所以处理可能会利用 XA 事务语义。此监听器容器在 JMS 提供程序的低要求，诸如参与外部管理事务的高级功能及与 Java EE 环境的兼容性之间达到了良好的平衡。

重点 19.2.5 事务管理

Spring 提供了一个 JmsTransactionManager 来管理单个 JMS ConnectionFactory 的事务。这允许 JMS 应用程序利用 Spring 来管理事务。JmsTransactionManager 执行本地资源事务，将 JMS 连接 / 会话对从指定的 ConnectionFactory 绑定到线程。JmsTemplate 自动检测这些事务资源并相应地对其进行操作。

在 Java EE 环境中，ConnectionFactory 会将连接和会话池连接起来，因此这些资源可以在事务中高效地重用。在独立环境中，使用 Spring 的 SingleConnectionFactory 将产生共享 JMS 连接，每个事务都有自己独立的 Session。或者，考虑使用特定于提供者的池适配器，如 ActiveMQ 的 PooledConnectionFactory 类。

JmsTemplate 还可以与 JtaTransactionManager 和支持 XA 的 JMS ConnectionFactory 一起使用，以执行分布式事务。

19.3 发送消息

JmsTemplate 包含许多便捷方法来发送消息。有一些发送方法使用 javax.jms.Destination 对象指定目的地，而有一些 JNDI 查找中使用的发送方法使用字符串来指定目的地。不带目的的参数的 send 方法使用默认目的地。

以下是一个发送消息的示例。

```
import javax.jms.ConnectionFactory;
import javax.jms.JMSException;
import javax.jms.Message;
import javax.jms.Queue;
import javax.jms.Session;
import org.springframework.jms.core.MessageCreator;
import org.springframework.jms.core.JmsTemplate;
public class JmsQueueSender {
    private JmsTemplate jmsTemplate;
```

```
    private Queue queue;
    public void setConnectionFactory(ConnectionFactory cf) {
        this.jmsTemplate = new JmsTemplate(cf);
    }

    public void setQueue(Queue queue) {
        this.queue = queue;
    }

    public void simpleSend() {
        this.jmsTemplate.send(this.queue, new MessageCreator() {
            public Message createMessage(Session session) throws JMS
Exception {
                return session.createTextMessage("hello queue world");
            }
        });
    }
}
```

19.3.1 使用消息转换器

为了便于发送域模型对象，JmsTemplate 具有各种发送方法。JmsTemplate 中的重载方法 convertAndSend() 和 receiveAndConvert() 将转换过程委托给 MessageConverter 接口的一个实例。该接口定义了一个在 Java 对象和 JMS 消息之间进行转换的简单契约。默认的实现 SimpleMessageConverter 可以支持 String 和 TextMessage，byte[] 和 BytesMesssage，java.util.Map 和 MapMessage 的转换。通过使用转换器，开发者可以专注于通过 JMS 发送或接收的业务对象，而不必关心它是如何表示为 JMS 消息的细节。

以下是一个使用消息转换器的示例。

```
public void sendWithConversion() {
    Map map = new HashMap();
    map.put("Name", "Mark");
    map.put("Age", new Integer(47));
    jmsTemplate.convertAndSend("testQueue", map, new MessagePostProces
sor() {
        public Message postProcessMessage(Message message) throws JMS
Exception {
            message.setIntProperty("AccountID", 1234);
            message.setJMSCorrelationID("123-00001");
            return message;
        }
    });
}
```

19.3.2　回调

尽管发送操作已涵盖了许多常见的使用场景，但有些情况下开发者可能希望在 JMS 会话或 MessageProducer 上执行多个操作。SessionCallback 和 ProducerCallback 分别公开了 JMS 会话和 Session/MessageProducer 对。JmsTemplate 上的 execute() 方法执行这些回调方法。

19.4 接收消息

19.4.1　同步接收

虽然 JMS 通常与异步处理相关联，但可以同步使用消息。重载的 receive(..) 方法提供了这个功能。在同步接收期间，调用线程将阻塞，直到消息变为可用。这可能是一个危险的操作，因为调用线程可能无限期地被阻塞。receiveTimeout 属性指定接收器在放弃等待消息之前应该等待的时间。

重点 19.4.2　异步接收

以下是一个接收消息的示例。采用了基于消息驱动的 POJO 的方式。

```
import javax.jms.JMSException;
import javax.jms.Message;
import javax.jms.MessageListener;
import javax.jms.TextMessage;
public class ExampleListener implements MessageListener {
    public void onMessage(Message message) {
        if (message instanceof TextMessage) {
            try {
                System.out.println(((TextMessage) message).getText());
            }
            catch (JMSException ex) {
                throw new RuntimeException(ex);
            }
        }
        else {
            throw new IllegalArgumentException("Message must be of type
TextMessage");
        }
    }
}
```

以下是在 Spring 中的配置。

```
<bean id="messageListener" class="jmsexample.ExampleListener" />
```

```
<bean id="jmsContainer"
    class="org.springframework.jms.listener.DefaultMessageListener-
Container">
    <property name="connectionFactory" ref="connectionFactory"/>
    <property name="destination" ref="destination"/>
    <property name="messageListener" ref="messageListener" />
</bean>
```

19.4.3 SessionAwareMessageListener

SessionAwareMessageListener 接口是 Spring 特定的接口，它提供了与 JMS MessageListener 接口类似的协定，但也为消息处理方法提供了对从中接收消息的 JMS 会话的访问。

```
package org.springframework.jms.listener;
public interface SessionAwareMessageListener {
    void onMessage(Message message, Session session) throws JMSException;
}
```

如果希望 MDP 能够响应接收到的任何消息，则可以使用 onMessage(Message message, Session session) 方法中提供的会话。

19.4.4 MessageListenerAdapter

MessageListenerAdapter 类是 Spring 异步消息传递支持中的最后一个组件。简言之，它允许将几乎任何类作为 MDP 公开（当然有一些限制）。

考虑下面的接口定义。

注意：虽然该接口既不扩展 MessageListener，也不扩展 SessionAwareMessageListener 接口，但它仍然可以通过使用 MessageListenerAdapter 类用作 MDP。

```
public interface MessageDelegate {
    void handleMessage(String message);
    void handleMessage(Map message);
    void handleMessage(byte[] message);
    void handleMessage(Serializable message);
}
```

```
public class DefaultMessageDelegate implements MessageDelegate {
    // ...
}
```

MessageDelegate 接口的上述实现 DefaultMessageDelegate 完全没有 JMS 依赖关系。它确实是一个 POJO，开发人员可以通过以下配置将其制作成 MDP。

```
<bean id="messageListener"
    class="org.springframework.jms.listener.adapter.MessageListener-
Adapter">
    <constructor-arg>
        <bean class="jmsexample.DefaultMessageDelegate"/>
    </constructor-arg>
</bean>

<bean id="jmsContainer"
    class="org.springframework.jms.listener.DefaultMessageListener-
Container">
    <property name="connectionFactory" ref="connectionFactory"/>
    <property name="destination" ref="destination"/>
    <property name="messageListener" ref="messageListener" />
</bean>
```

以下是另一个只能处理接收 JMS TextMessage 消息的 MDP 的示例。

```
public interface TextMessageDelegate {
    void receive(TextMessage message);
}
public class DefaultTextMessageDelegate implements TextMessageDelegate
{
    // ...
}
```

MessageListenerAdapter 的配置如下。

```
<bean id="messageListener"
    class="org.springframework.jms.listener.adapter.MessageListener-
Adapter">
    <constructor-arg>
        <bean class="jmsexample.DefaultTextMessageDelegate"/>
    </constructor-arg>
    <property name="defaultListenerMethod" value="receive"/>

    <property name="messageConverter">
        <null/>
    </property>
</bean>
```

重点 19.4.5　处理事务

本地资源事务可以简单地通过监听器容器定义上的 sessionTransacted 标志来激活。然后每个消息监听器调用将在活动的 JMS 事务中运行，并在监听器执行失败的情况下回滚消息接收。通过 SessionAwareMessageListener 发送响应消息将成为同一本地事务的一部分，但任何其他资源操作（如数据库访问）都将独立运行。这通常需要监听器实现中的重复消息检测，其中包括数据库处理已提交但消息处理未能提交的情况。

```
<bean id="jmsContainer" class="org.springframework.jms.listener.Default-
MessageListenerContainer">
    <property name="connectionFactory" ref="connectionFactory"/>
    <property name="destination" ref="destination"/>
    <property name="messageListener" ref="messageListener"/>
    <property name="sessionTransacted" value="true"/>
</bean>
```

要为 XA 事务参与配置消息监听器容器，需要配置一个 JtaTransactionManager。需要注意的是，底层的 JMS ConnectionFactory 需要具有 XA 功能，并能够正确注册到 JTA 事务协调器。这允许消息接收及数据库访问成为同一事务的一部分，其好处在于使用了统一的提交语义，但代价是 XA 事务日志开销。

```
<bean id="transactionManager"
    class="org.springframework.transaction.jta.JtaTransactionManager"/>
<bean id="jmsContainer"
    class="org.springframework.jms.listener.DefaultMessageListener-
Container">
    <property name="connectionFactory" ref="connectionFactory"/>
    <property name="destination" ref="destination"/>
    <property name="messageListener" ref="messageListener"/>
    <property name="transactionManager" ref="transactionManager"/>
</bean>
```

19.5 JCA 消息端点

从 Spring 2.5 开始，Spring 还提供对基于 JCA 的 MessageListener 容器的支持。JmsMessageEndpointManager 将尝试从提供者的 ResourceAdapter 类名称中自动确定 ActivationSpec 类名。因此，通常只需提供 Spring 的通用 JmsActivationSpecConfig 即可，如以下示例。

```
<bean class="org.springframework.jms.listener.endpoint.JmsMessage
EndpointManager">
    <property name="resourceAdapter" ref="resourceAdapter"/>
    <property name="activationSpecConfig">
        <bean class="org.springframework.jms.listener.endpoint.Jms
ActivationSpecConfig">
            <property name="destinationName" value="myQueue"/>
        </bean>
    </property>
    <property name="messageListener" ref="myMessageListener"/>
</bean>
```

同时，可以使用给定的 ActivationSpec 对象来设置 JmsMessageEndpointManager。Activation-Spec 对象也可能来自 JNDI 查找（如使用 <jee:jndi-lookup>）。

```
<bean class="org.springframework.jms.listener.endpoint.JmsMessage-
EndpointManager">
    <property name="resourceAdapter" ref="resourceAdapter"/>
    <property name="activationSpec">
        <bean class="org.apache.activemq.ra.ActiveMQActivationSpec">
            <property name="destination" value="myQueue"/>
            <property name="destinationType" value="javax.jms.Queue"/>
        </bean>
    </property>
    <property name="messageListener" ref="myMessageListener"/>
</bean>
```

使用 Spring 的 ResourceAdapterFactoryBean 可以在本地配置目标 ResourceAdapter，如以下示例。

```
<bean id="resourceAdapter"
    class="org.springframework.jca.support.ResourceAdapterFactoryBean">
    <property name="resourceAdapter">
        <bean class="org.apache.activemq.ra.ActiveMQResourceAdapter">
            <property name="serverUrl" value="tcp://localhost:61616"/>
        </bean>
    </property>
    <property name="workManager">
        <bean class="org.springframework.jca.work.SimpleTaskWorkManager"/>
    </property>
</bean>
```

19.6 基于注解的监听器

19.6.1 启用基于注解的监听器

异步接收消息的最简单方法是使用带注解的监听器端点。简言之，它允许将托管 bean 的方法公开为 JMS 监听器端点。

```
@Component
public class MyService {
    @JmsListener(destination = "myDestination")
    public void processOrder(String data) { ... }
}
```

这样，无论何时在 javax.jms.Destination “myDestination” 上提供消息，都会相应调用 proces-sOrder 方法。

JmsListenerContainerFactory 为每个带注解的方法在后台创建一个消息监听器容器。要启用对 @JmsListener 注解的支持，将 @EnableJms 添加到 @Configuration 类中。例如：

```
@Configuration
@EnableJms
public class AppConfig {
    @Bean
    public DefaultJmsListenerContainerFactory jmsListenerContainer-
Factory() {
        DefaultJmsListenerContainerFactory factory = new DefaultJms-
ListenerContainerFactory();
        factory.setConnectionFactory(connectionFactory());
        factory.setDestinationResolver(destinationResolver());
        factory.setSessionTransacted(true);
        factory.setConcurrency("3-10");
        return factory;
    }
}
```

默认情况下，会查找名为“jmsListenerContainerFactory”的 bean 作为工厂用于创建消息监听器容器的源。在这种情况下，如果忽略 JMS 的设置，则在调用 processOrder 方法时，默认可以使用 3 个线程的核心轮询大小和 10 个线程的最大池大小。

可以自定义每个注解使用的监听器容器工厂，或者可以通过实现 JmsListenerConfigurer 接口来配置。如果是使用 XML 配置，使用 <jms:annotation-driven> 元素。例如：

```
<jms:annotation-driven/>
<bean id="jmsListenerContainerFactory"
        class="org.springframework.jms.config.DefaultJmsListenerContainer
Factory">
    <property name="connectionFactory" ref="connectionFactory"/>
    <property name="destinationResolver" ref="destinationResolver"/>
    <property name="sessionTransacted" value="true"/>
    <property name="concurrency" value="3-10"/>
</bean>
```

重点 19.6.2 编程式端点注册

JmsListenerEndpoint 提供了 JMS 端点的模型，并负责为该模型配置容器。可以以编程方式配置端点及由 JmsListener 注解检测到的端点。例如：

```
@Configuration
@EnableJms
public class AppConfig implements JmsListenerConfigurer {

    @Override
    public void configureJmsListeners(JmsListenerEndpointRegistrar-
```

```
registrar) {
        SimpleJmsListenerEndpoint endpoint = new SimpleJmsListener-
Endpoint();
        endpoint.setId("myJmsEndpoint");
        endpoint.setDestination("anotherQueue");
        endpoint.setMessageListener(message -> {
            // ...
        });
        registrar.registerEndpoint(endpoint);
    }
}
```

重点 19.6.3 基于注解的端点方法签名

到目前为止，一直在端点注入一个简单的 String，但它实际上可以有一个非常灵活的方法签名。示例如下。

```
@Component
public class MyService {

    @JmsListener(destination = "myDestination")
    public void processOrder(Order order, @Header("order_type") String
orderType) {
        // ...
    }
}
```

以下是可以在 JMS 监听器端点注入的主要元素。

①原始的 javax.jms.Message 或其任何子类。

②用于可选访问本机 JMS API 的 javax.jms.Session。

③表示传入的 JMS 消息的 org.springframework.messaging.Message。

④ @Header 注解方法参数来提取特定的头值，包括标准的 JMS 头。

⑤ @Headers 注解参数必须可分配给 java.util.Map 以访问所有头。

⑥不支持的类型（Message 和 Session）被用作有效载荷时。可以通过使用 @Payload 注解参数来明确，也可以通过添加额外的 @Valid 来打开验证。

19.6.4 响应管理

MessageListenerAdapter 中的现有支持已允许方法具有非空的返回类型。在这种情况下，调用的结果将封装在发送到原始消息的 JMSReplyTo 头中指定的目的地，或者在监听器上配置的默认目的地中的 javax.jms.Message 中。可以使用消息抽象的 @SendTo 注解来设置该默认目的地。

假设 processOrder 方法现在应该返回一个 OrderStatus，可以按照以下方式编写代码以自动发送响应。

```
@JmsListener(destination = "myDestination")
@SendTo("status")
public OrderStatus processOrder(Order order) {
    // ...
    return status;
}
```

19.7 JMS 命名空间

Spring 提供了一个用于简化 JMS 配置的 XML 名称空间。要使用 JMS 命名空间元素，需要引用 JMS 模式。例如：

```
<?xml version="1.0" encoding="UTF-8"?>
<beans xmlns="http://www.springframework.org/schema/beans"
        xmlns:xsi="http://www.w3.org/2001/XMLSchema-instance"
        xmlns:jms="http://www.springframework.org/schema/jms"
        xsi:schemaLocation="
            http://www.springframework.org/schema/beans
            http://www.springframework.org/schema/beans/spring-beans.xsd
            http://www.springframework.org/schema/jms
            http://www.springframework.org/schema/jms/spring-jms.xsd">
</beans>
```

名称空间由 3 个顶级元素组成：<annotation-driven /> <listener-container /> 和 <jca-listener-container />。其中，<annotation-driven /> 能够启用注解驱动的监听器端点；<listener-container /> 和 <jca-listener-container /> 定义共享监听器容器配置，并可能包含 <listener /> 子元素。以下是配置多个监听器的基本配置示例。

```
<jms:listener-container>
    <jms:listener destination="queue.orders" ref="orderService" method=
"placeOrder"/>
    <jms:listener destination="queue.confirmations" ref="confirmationLogger "
method="log"/>
</jms:listener-container>
```

配置基于 JCA 的监听器容器与使用 jms 模式非常相似。

```
<jms:jca-listener-container resource-adapter="myResourceAdapter"
        destination-resolver="myDestinationResolver"
        transaction-manager="myTransactionManager"
        concurrency="10">
```

```
    <jms:listener destination="queue.orders" ref="myMessageListener"/>
</jms:jca-listener-container>
```

难点 19.8 基于 JMS 的消息发送、接收

下面将基于 JMS 来实现消息发送和接收功能。

19.8.1　项目概述

首先创建一个名为“s5-ch19-rms-msg”的应用。在该应用中，模拟了生产者、消费者、队列、订阅等用法。

为了能够正常运行该应用，需要在应用中添加如下依赖。

```
<properties>
    <project.build.sourceEncoding>UTF-8</project.build.sourceEncoding>
    <spring.version>5.0.8.RELEASE</spring.version>
    <junit.version>4.12</junit.version>
    <activemq.version>5.15.3</activemq.version>
</properties>

<dependencies>
    <dependency>
        <groupId>junit</groupId>
        <artifactId>junit</artifactId>
        <version>${junit.version}</version>
        <scope>test</scope>
    </dependency>
    <dependency>
        <groupId>org.apache.activemq</groupId>
        <artifactId>activemq-all</artifactId>
        <version>${activemq.version}</version>
    </dependency>
    <dependency>
        <groupId>org.springframework</groupId>
        <artifactId>spring-core</artifactId>
        <version>${spring.version}</version>
    </dependency>
    <dependency>
        <groupId>org.springframework</groupId>
        <artifactId>spring-aop</artifactId>
        <version>${spring.version}</version>
    </dependency>
    <dependency>
```

```
        <groupId>org.springframework</groupId>
        <artifactId>spring-jms</artifactId>
        <version>${spring.version}</version>
    </dependency>
    <dependency>
        <groupId>org.springframework</groupId>
        <artifactId>spring-test</artifactId>
        <version>${spring.version}</version>
    </dependency>
</dependencies>
```

其中，JMS 的实现使用了 Apache ActiveMQ。ActiveMQ 的安装包可以在 http://activemq.apache.org/download.html 进行下载。

19.8.2 配置

以下是 Spring 基于 XML 的核心配置内容。

```
<!-- 配置JMS连接工厂 -->
<bean id="connectionFactory"
    class="org.apache.activemq.ActiveMQConnectionFactory">
    <property name="brokerURL" value="failover:(tcp://localhost:61616)"
/>
</bean>

<!-- 定义消息队列（Queue） -->
<bean id="queueDestination"
    class="org.apache.activemq.command.ActiveMQQueue">
    <!-- 设置消息队列的名称 -->
    <constructor-arg>
        <value>queue1</value>
    </constructor-arg>
</bean>

<!-- 配置JMS模板（Queue），Spring提供的JMS工具类，它发送、接收消息 -->
<bean id="jmsTemplate" class="org.springframework.jms.core.JmsTemplate">

    <property name="connectionFactory" ref="connectionFactory" />
    <property name="defaultDestination" ref="queueDestination" />
    <property name="receiveTimeout" value="10000" />
</bean>

<!--queue消息生产者 -->
<bean id="producerService"
    class="com.waylau.spring.jms.queue.ProducerServiceImpl">
    <property name="jmsTemplate" ref="jmsTemplate"></property>
</bean>
```

```
<!--queue消息消费者 -->
<bean id="consumerService"
    class="com.waylau.spring.jms.queue.ConsumerServiceImpl">
    <property name="jmsTemplate" ref="jmsTemplate"></property>
</bean>

<!-- 定义消息队列（Queue） -->
<bean id="queueDestination2"
    class="org.apache.activemq.command.ActiveMQQueue">
    <!-- 设置消息队列的名称 -->
    <constructor-arg>
        <value>queue2</value>
    </constructor-arg>
</bean>

<!-- 消息队列监听者（Queue） -->
<bean id="queueMessageListener"
    class="com.waylau.spring.jms.queue.QueueMessageListener" />

<!-- 消息监听容器（Queue） -->
<bean id="jmsContainer"
    class="org.springframework.jms.listener.DefaultMessageListener
Container">
    <property name="connectionFactory" ref="connectionFactory" />
    <property name="destination" ref="queueDestination2" />
    <property name="messageListener" ref="queueMessageListener" />
</bean>

<!-- 定义消息主题（Topic） -->
<bean id="topicDestination" class="org.apache.activemq.command.Active
MQTopic">
    <constructor-arg>
        <value>guo_topic</value>
    </constructor-arg>
</bean>

<!-- 配置JMS模板（Topic） -->
<bean id="topicJmsTemplate" class="org.springframework.jms.core.Jms
Template">
    <property name="connectionFactory" ref="connectionFactory" />
    <property name="defaultDestination" ref="topicDestination" />
    <property name="pubSubDomain" value="true" />
    <property name="receiveTimeout" value="10000" />
</bean>

<!--topic消息发布者 -->
<bean id="topicProvider" class="com.waylau.spring.jms.topic.TopicProvider">
    <property name="topicJmsTemplate" ref="topicJmsTemplate"></property>
</bean>
```

```
<!-- 消息主题监听者(Topic) -->
<bean id="topicMessageListener"
    class="com.waylau.spring.jms.topic.TopicMessageListener" />

<!-- 消息主题监听者2(Topic) -->
<bean id="topicMessageListener2"
    class="com.waylau.spring.jms.topic.TopicMessageListener2" />

<!-- 主题监听容器 (Topic) -->
<bean id="topicJmsContainer"
    class="org.springframework.jms.listener.DefaultMessageListenerContainer">
    <property name="connectionFactory" ref="connectionFactory" />
    <property name="destination" ref="topicDestination" />
    <property name="messageListener" ref="topicMessageListener" />
</bean>

<!-- 主题监听容器2(Topic) -->
<bean id="topicJmsContainer2"
    class="org.springframework.jms.listener.DefaultMessageListenerContainer">
    <property name="connectionFactory" ref="connectionFactory" />
    <property name="destination" ref="topicDestination" />
    <property name="messageListener" ref="topicMessageListener2" />
</bean>

<!--这个是sessionAwareQueue目的地 -->
<bean id="sessionAwareQueue" class="org.apache.activemq.command.Active
MQQueue">
    <constructor-arg>
        <value>sessionAwareQueue</value>
    </constructor-arg>
</bean>

<!-- 可以获取session的MessageListener -->
<bean id="consumerSessionAwareMessageListener"
    class="com.waylau.spring.jms.queue.ConsumerSessionAwareMessage
Listener">
    <property name="destination" ref="queueDestination" />
</bean>

<!-- 监听sessionAwareQueue队列的消息，把回复消息写入 queueDestination指向队列，
即queue1 -->
<bean id="sessionAwareListenerContainer"
    class="org.springframework.jms.listener.DefaultMessageListener
Container">
    <property name="connectionFactory" ref="connectionFactory" />
    <property name="destination" ref="sessionAwareQueue" />
    <property name="messageListener" ref="consumerSessionAwareMessage
Listener" />
```

```
</bean>

<!--这个是adapterQueue目的地 -->
<bean id="adapterQueue" class="org.apache.activemq.command.Active
MQQueue">
    <constructor-arg>
        <value>adapterQueue</value>
    </constructor-arg>
</bean>

<!-- 消息监听适配器 -->
<bean id="messageListenerAdapter"
    class="org.springframework.jms.listener.adapter.MessageListener
Adapter">
    <property name="delegate">
        <bean class="com.waylau.spring.jms.queue.ConsumerListener" />
    </property>
    <property name="defaultListenerMethod" value="receiveMessage" />
</bean>

<!-- 消息监听适配器对应的监听容器 -->
<bean id="messageListenerAdapterContainer"
    class="org.springframework.jms.listener.DefaultMessageListener
Container">
    <property name="connectionFactory" ref="connectionFactory" />
    <property name="destination" ref="adapterQueue" />
    <!-- 使用MessageListenerAdapter来作为消息监听器 -->
    <property name="messageListener" ref="messageListenerAdapter" />
</bean>
```

19.8.3　编码实现

生产者服务 ProducerServiceImpl 的实现如下。

```
package com.waylau.spring.jms.queue;
import javax.jms.Destination;
import javax.jms.JMSException;
import javax.jms.Message;
import javax.jms.Session;
import javax.jms.TextMessage;
import org.springframework.jms.core.JmsTemplate;
import org.springframework.jms.core.MessageCreator;
public class ProducerServiceImpl implements ProducerService {

    private JmsTemplate jmsTemplate;

    /**
     * 向指定队列发送消息
```

```
     */
    public void sendMessage(Destination destination, final String msg)  {

        System.out.println("ProducerService向队列"
                + destination.toString() + "发送了消息：\t" + msg);
        jmsTemplate.send(destination, new MessageCreator() {
            public Message createMessage(Session session) throws
JMSException {
                return session.createTextMessage(msg);
            }
        });
    }

    /**
     * 向默认队列发送消息
     */
    public void sendMessage(final String msg) {
        String destination = jmsTemplate.getDefaultDestination().
toString();
        System.out.println("ProducerService向队列"
                + destination + "发送了消息：\t" + msg);
        jmsTemplate.send(new MessageCreator() {
            public Message createMessage(Session session) throws JMS
Exception {
                return session.createTextMessage(msg);
            }
        });
    }

    public void sendMessage(Destination destination,
                final String msg, final Destination response) {
        System.out.println("ProducerService向队列"
                + destination + "发送了消息：\t" + msg);
        jmsTemplate.send(destination, new MessageCreator() {
            public Message createMessage(Session session) throws JMS
Exception {
                TextMessage textMessage = session.createTextMessage (msg);
                textMessage.setJMSReplyTo(response);
                return textMessage;
            }
        });
    }

    public void setJmsTemplate(JmsTemplate jmsTemplate) {
        this.jmsTemplate = jmsTemplate;
    }
}
```

消费者服务 ConsumerServiceImpl 的实现如下。

```
package com.waylau.spring.jms.queue;
import javax.jms.Destination;
import javax.jms.JMSException;
import javax.jms.TextMessage;
import org.springframework.jms.core.JmsTemplate;
public class ConsumerServiceImpl implements ConsumerService {
    private JmsTemplate jmsTemplate;

    /**
     * 接收消息
     */
    public void receive(Destination destination) {
        TextMessage tm = (TextMessage) jmsTemplate.receive(destination);

        try {
            System.out.println("ConsumerService从队列"
                    + destination.toString() + "收到了消息：\t" + tm.
getText());
        } catch (JMSException e) {
            e.printStackTrace();
        }
    }

    public void setJmsTemplate(JmsTemplate jmsTemplate) {
        this.jmsTemplate = jmsTemplate;
    }
}
```

在应用中也定义了多种监听器。

例如，消费者监听器：

```
public class ConsumerListener {
  public String receiveMessage(String message) {
    System.out.println("ConsumerListener接收到一个Text消息：\t" + message);
    return "I am ConsumerListener response";
  }
}
```

消息队列监听器：

```
public class QueueMessageListener implements MessageListener {
    public void onMessage(Message message) {
        TextMessage tm = (TextMessage) message;
        try {
            System.out.println("ConsumerMessageListener收到了文本消息：\t"
+ tm.getText());
        } catch (JMSException e) {
            e.printStackTrace();
        }
```

```
    }
}
```

会话感知监听器:

```
package com.waylau.spring.jms.queue;
import javax.jms.Destination;
import javax.jms.JMSException;
import javax.jms.MessageProducer;
import javax.jms.Session;
import javax.jms.TextMessage;
import org.springframework.jms.listener.SessionAwareMessageListener;
public class ConsumerSessionAwareMessageListener
        implements SessionAwareMessageListener<TextMessage> {
    private Destination destination;
    public void onMessage(TextMessage message, Session session) throws
JMSException {
        // 接收消息
        System.out.println("SessionAwareMessageListener收到一条消息: \t" +
message.getText());

        // 发送消息
        MessageProducer producer = session.createProducer(destination);
        TextMessage tm =session.createTextMessage("I am ConsumerSession-
AwareMessageListener");
        producer.send(tm);
    }
    public void setDestination(Destination destination) {
        this.destination = destination;
    }
}
```

为了演示订阅功能，还定义了主题提供者及主题监听器。

主题提供者如下。

```
package com.waylau.spring.jms.topic;
import javax.jms.Destination;
import javax.jms.JMSException;
import javax.jms.Message;
import javax.jms.Session;
import org.springframework.jms.core.JmsTemplate;
import org.springframework.jms.core.MessageCreator;
public class TopicProvider {
    private JmsTemplate topicJmsTemplate;

    /**
     * 向指定的topic发布消息
     *
     * @param topic
```

```
     * @param msg
     */
    public void publish(final Destination topic, final String msg) {

        topicJmsTemplate.send(topic, new MessageCreator() {
            public Message createMessage(Session session) throws JMS
Exception {
                System.out.println("TopicProvider 发布了主题: \t"
                        + topic.toString() + ", 发布消息内容为:\t" + msg);
                return session.createTextMessage(msg);
            }
        });
    }

    public void setTopicJmsTemplate(JmsTemplate topicJmsTemplate) {
        this.topicJmsTemplate = topicJmsTemplate;
    }
}
```

主题监听器 1 如下。

```
package com.waylau.spring.jms.topic;

import javax.jms.JMSException;
import javax.jms.Message;
import javax.jms.MessageListener;
import javax.jms.TextMessage;

public class TopicMessageListener implements MessageListener {

    public void onMessage(Message message) {
        TextMessage tm = (TextMessage) message;
        try {
            System.out.println("TopicMessageListener 监听到消息: \t" +
tm.getText());
        } catch (JMSException e) {
            e.printStackTrace();
        }
    }

}
```

主题监听器 2 如下。

```
package com.waylau.spring.jms.topic;
import javax.jms.JMSException;
import javax.jms.Message;
import javax.jms.MessageListener;
import javax.jms.TextMessage;
public class TopicMessageListener2 implements MessageListener {
```

```
    public void onMessage(Message message) {
        TextMessage tm = (TextMessage) message;
        try {
            System.out.println("TopicMessageListener2监听到消息：\t" +
tm.getText());
        } catch (JMSException e) {
            e.printStackTrace();
        }
    }
}
```

19.8.4 运行

为了方便测试，编写了如下测试用例。

```
package com.waylau.spring.jms;
import javax.jms.Destination;
import org.junit.Test;
import org.junit.runner.RunWith;
import org.springframework.beans.factory.annotation.Autowired;
import org.springframework.beans.factory.annotation.Qualifier;
import org.springframework.test.context.ContextConfiguration;
import org.springframework.test.context.junit4.SpringJUnit4ClassRunner;
import com.waylau.spring.jms.queue.ConsumerService;
import com.waylau.spring.jms.queue.ProducerService;
import com.waylau.spring.jms.topic.TopicProvider;

@RunWith(SpringJUnit4ClassRunner.class)
@ContextConfiguration("/spring.xml")
public class SpringJmsTest {

    /**
     * 队列名queue1
     */
    @Autowired
    private Destination queueDestination;

    /**
     * 队列名queue2
     */
    @Autowired
    private Destination queueDestination2;

    /**
     * 队列名sessionAwareQueue
     */
    @Autowired
    private Destination sessionAwareQueue;
```

```
/**
 * 队列名adapterQueue
 */
@Autowired
private Destination adapterQueue;

/**
 * 主题 guo_topic
 */
@Autowired
@Qualifier("topicDestination")
private Destination topic;

/**
 * 主题消息发布者
 */
@Autowired
private TopicProvider topicProvider;

/**
 * 队列消息生产者
 */
@Autowired
@Qualifier("producerService")
private ProducerService producer;

/**
 * 队列消息消费者
 */
@Autowired
@Qualifier("consumerService")
private ConsumerService consumer;

/**
 * 测试生产者向queue1发送消息
 */
@Test
public void testProduce() {
    String msg = "Hello world!";
    producer.sendMessage(msg);
}

/**
 * 测试消费者从queue1接收消息
 */
@Test
public void testConsume() {
    consumer.receive(queueDestination);
}

/**
```

```
     * 测试消息监听
     * 1.生产者向队列queue2发送消息
     * 2.ConsumerMessageListener监听队列，并消费消息
     */
    @Test
    public void testSend() {
        producer.sendMessage(queueDestination2, "Hello R2");
    }

    /**
     * 测试主题监听
     * 1.生产者向主题发布消息
     * 2.ConsumerMessageListener监听主题，并消费消息
     */
    @Test
    public void testTopic() {
        topicProvider.publish(topic, "Hello Topic!");
    }

    /**
     * 测试SessionAwareMessageListener
     * 1. 生产者向队列sessionAwareQueue发送消息
     * 2. SessionAwareMessageListener接收消息，并向queue1队列发送回复消息
     * 3. 消费者从queue1消费消息
     *
     */
    @Test
    public void testAware() {
        producer.sendMessage(sessionAwareQueue, "Hello sessionAware");
        consumer.receive(queueDestination);
    }

    /**
     * 测试MessageListenerAdapter
     * 1. 生产者向队列adapterQueue发送消息
     * 2. MessageListenerAdapter使ConsumerListener接收消息，并向queue1队列
发送回复消息
     * 3. 消费者从queue1消费消息
     *
     */
    @Test
    public void testAdapter() {
        producer.sendMessage(adapterQueue, "Hello adapterQueue",
queueDestination);
        consumer.receive(queueDestination);
    }

}
```

先启动 ActiveMQ 服务，再执行该测试用例。可以在控制台中看到如下输出信息。

```
 INFO | Successfully connected to tcp://localhost:61616
 INFO | Successfully connected to tcp://localhost:61616
 INFO | Successfully connected to tcp://localhost:61616
 INFO | Successfully connected to tcp://localhost:61616
 INFO | Successfully connected to tcp://localhost:61616
ProducerService向队列queue://adapterQueue发送了消息：    Hello adapterQueue

 INFO | Successfully connected to tcp://localhost:61616
ConsumerListener接收到一个Text消息：    Hello adapterQueue
 INFO | Successfully connected to tcp://localhost:61616
ConsumerService从队列queue://queue1收到了消息：   I am ConsumerListener
response
ProducerService向队列queue://sessionAwareQueue发送了消息：    Hello session
Aware
 INFO | Successfully connected to tcp://localhost:61616
SessionAwareMessageListener收到一条消息：   Hello sessionAware
 INFO | Successfully connected to tcp://localhost:61616
ConsumerService从队列queue://queue1收到了消息：   I am ConsumerSessionAware
MessageListener
 INFO | Successfully connected to tcp://localhost:61616
TopicProvider 发布了主题：     topic://guo_topic，发布消息内容为：  Hello
Topic!
TopicMessageListener2监听到消息：  Hello Topic!
TopicMessageListener 监听到消息：  Hello Topic!
ProducerService向队列queue://queue2发送了消息：   Hello R2
 INFO | Successfully connected to tcp://localhost:61616
ConsumerMessageListener收到了文本消息：  Hello R2
ProducerService向队列queue://queue1发送了消息：   Hello world!
 INFO | Successfully connected to tcp://localhost:61616
 INFO | Successfully connected to tcp://localhost:61616
ConsumerService从队列queue://queue1收到了消息：   Hello world!
```

第20章 JMX 集成

20.1 JMX 集成概述

JMX（Java Management Extensions，Java 管理扩展）是一个为应用程序、设备、系统等植入管理功能的框架。JMX 可以跨越一系列异构操作系统平台、系统体系结构和网络传输协议，灵活地开发无缝集成的系统、网络和服务管理应用。

Spring 中的 JMX 支持可以为开发者提供简单且透明地将 Spring 应用程序集成到 JMX 基础设施中的功能。

具体而言，Spring JMX 支持提供了以下 4 个核心功能。

①将任何 Spring bean 自动注册为 JMX MBean。

②提供灵活的机制，用于控制管理 bean 的接口。

③通过远程 JSR-160 连接器声明式暴露 MBean。

④本地和远程 MBean 资源的简单代理。

这些功能被设计为无须强制将应用程序组件连接到 Spring 或 JMX 特定的接口（或类）上即可工作。实际上，在大多数情况下，为了充分利用 Spring JMX 的特性，应用程序类无须感知到 Spring 或 JMX 存在。

20.2 bean 转为 JMX

Spring JMX 框架中的核心类是 MBeanExporter。这个类负责把 Spring bean 注册到 JMX MBean-Server。观察如下示例。

```
package org.springframework.jmx;
public class JmxTestBean implements IJmxTestBean {
    private String name;
    private int age;
    private boolean isSuperman;
    public int getAge() {
        return age;
    }
    public void setAge(int age) {
        this.age = age;
    }
    public void setName(String name) {
        this.name = name;
    }
    public String getName() {
        return name;
    }
```

```
    public int add(int x, int y) {
        return x + y;
    }
    public void dontExposeMe() {
        throw new RuntimeException();
    }
}
```

为了将该 Bean 的属性和方法作为 MBean 的属性和操作公开，只需在配置文件中配置 MBean-Exporter 类的实例。配置如下。

```
<beans>
    <bean id="exporter"
        class="org.springframework.jmx.export.MBeanExporter"
        lazy-init="false">
        <property name="beans">
            <map>
                <entry key="bean:name=testBean1" value-ref="testBean"/>
            </map>
        </property>
    </bean>
    <bean id="testBean" class="org.springframework.jmx.JmxTestBean">
        <property name="name" value="TEST"/>
        <property name="age" value="100"/>
    </bean>
</beans>
```

重点 20.2.1 创建 MBeanServer

上面的配置假定应用程序正运行在一个且只有一个 MBeanServer。在这种情况下，Spring 将尝试找到正在运行的 MBeanServer 并将该 Bean 注册到该服务器中。当应用程序在容器（如 Tomcat 或具有自己的 MBeanServer 的 IBM WebSphere）内运行时，此行为很有用。

但是，此方法在独立环境中或在不提供 MBeanServer 的容器内运行时没有用处。要解决这个问题，可以通过将 org.springframework.jmx.support.MBeanServerFactoryBean 类的实例添加到配置中来以声明方式创建 MBeanServer 实例；还可以通过将 MBeanExporter 的服务器属性值设置为由 MBeanServerFactoryBean 返回的 MBeanServer 值来确保使用特定的 MBeanServer。例如：

```
<beans>
    <bean id="mbeanServer"
        class="org.springframework.jmx.support.MBeanServerFactoryBean"/>
    <bean id="exporter"
        class="org.springframework.jmx.export.MBeanExporter">
        <property name="beans">
            <map>
                <entry key="bean:name=testBean1" value-ref="testBean"/>
```

```
            </map>
        </property>
        <property name="server" ref="mbeanServer"/>
    </bean>

    <bean id="testBean" class="org.springframework.jmx.JmxTestBean">
        <property name="name" value="TEST"/>
        <property name="age" value="100"/>
    </bean>
</beans>
```

20.2.2 重用 MBeanServer

如果未指定服务器，则 MBeanExporter 将尝试自动检测正在运行的 MBeanServer。这适用于只使用一个 MBeanServer 实例的大多数环境中，但是当存在多个实例时，导出器可能会选择错误的服务器。在这种情况下，应该使用 MBeanServer agentId 来指示要使用哪个实例。

```
<beans>
    <bean id="mbeanServer"
        class="org.springframework.jmx.support.MBeanServerFactoryBean">
        <property name="locateExistingServerIfPossible" value="true"/>
        <property name="agentId" value="MBeanServer_instance_agentId>"/>
</bean>
    <bean id="exporter" class="org.springframework.jmx.export.MBean-
Exporter">
        <property name="server" ref="mbeanServer"/>
        ...
    </bean>
</beans>
```

如果 agentId 是动态的，应使用 factory-method。

```
<beans>
    <bean id="exporter"
        class="org.springframework.jmx.export.MBeanExporter">
        <property name="server">
            <bean class="platform.package.MBeanServerLocator"
            factory-method="locateMBeanServer"/>
        </property>
    </bean>
</beans>
```

20.2.3 延迟实例化 MBean

如果配置为延迟初始化的 MBeanExporter，则它会向 MBeanServer 注册一个代理，并将推迟从容器中获取 bean，直到第一次调用代理为止。

20.2.4 MBean 自动注册

任何通过 MBeanExporter 导出且已为有效的 MBean 的 bean 都是按照 MBeanServer 注册的，无须 Spring 进一步干预。通过将 autodetect 属性设置为 true，MBean 可以被 MBeanExporter 自动检测到。

```
<bean id="exporter" class="org.springframework.jmx.export.MBeanExporter">
    <property name="autodetect" value="true"/>
</bean>

<bean name="spring:mbean=true"
    class="org.springframework.jmx.export.TestDynamicMBean"/>
```

重点 20.2.5 控制注册行为

可以控制在向 MBeanServer 注册 MBean 时发生的行为。Spring JMX 支持允许 3 种不同的注册行为来控制注册过程。

① REGISTRATION_FAIL_ON_EXISTING：这是默认的注册行为。如果一个 MBean 实例已经在同一个 ObjectName 下注册，那么正在注册的 MBean 将不会被注册，并且会抛出一个 InstanceAlreadyExistsException 异常。现有的 MBean 不受影响。

② REGISTRATION_IGNORE_EXISTING：如果一个 MBean 实例已经在同一个 ObjectName 下注册，那么正在注册的 MBean 将不会被注册。现有的 MBean 不受影响，并且不会抛出异常。这在多个应用程序想要在共享 MBeanServer 中共享公共 MBean 的设置中非常有用。

③ REGISTRATION_REPLACE_EXISTING：如果一个 MBean 实例已经在同一个 ObjectName 下注册，那么先前注册的现有 MBean 将被取消注册，并且新的 MBean 将被注册到它的位置（新的 MBean 将有效地替换先前的实例）。

设置方式如下。

```
<beans>
    <bean id="exporter"
        class="org.springframework.jmx.export.MBeanExporter">
        <property name="beans">
            <map>
                <entry key="bean:name=testBean1" value-ref="testBean"/>
            </map>
        </property>
        <property name="registrationBehaviorName"
            value="REGISTRATION_REPLACE_EXISTING"/>
    </bean>

    <bean id="testBean" class="org.springframework.jmx.JmxTestBean">
        <property name="name" value="TEST"/>
        <property name="age" value="100"/>
```

```
    </bean>
</beans>
```

20.3 bean 的控制管理

在前面的例子中，每个导出的 bean 的所有公共属性和方法都分别公开为 JMX 属性和操作。如果想要更精确地控制导出 bean 的属性和方法作为 JMX 属性和操作来公开，Spring JMX 提供了一个全面的可扩展机制来控制 bean 的管理接口。

20.3.1 MBeanInfoAssembler

在幕后，MBeanExporter 委派了一个 org.springframework.jmx.export.assembler.MBeanInfoAssembler 接口的实现，该接口负责定义每个正在被暴露的 bean 的管理接口。默认实现 org.springframework.jmx.export.assembler.SimpleReflectiveMBeanInfoAssembler 只是简单地定义了一个管理接口，它公开了所有的公共属性和方法。Spring 提供了两个额外的 MBeanInfoAssembler 接口实现，可以控制生成的管理接口。

重点 20.3.2 注解

使用 MetadataMBeanInfoAssembler，可以使用源级别元数据为 bean 定义管理接口。元数据的读取由 org.springframework.jmx.export.metadata.JmxAttributeSource 接口封装。Spring JMX 提供了一个使用 Java 注释的默认实现，即 org.springframework.jmx.export.annotation.AnnotationJmxAttributeSource。MetadataMBeanInfoAssembler 必须配置 JmxAttributeSource 接口的实现实例才能正常运行。

要将 bean 导出为 JMX，应使用 ManagedResource 注解在 Bean 类。希望作为操作公开的每种方法都必须标有 ManagedOperation 注解，并且希望公开的每个属性都必须标注为 ManagedAttribute 注解。标记属性时，可以省略 getter 或 setter 的注解，分别创建只写属性或只读属性。以下是一个示例。

```
package org.springframework.jmx;
import org.springframework.jmx.export.annotation.ManagedResource;
import org.springframework.jmx.export.annotation.ManagedOperation;
import org.springframework.jmx.export.annotation.ManagedAttribute;

@ManagedResource(
        objectName="bean:name=testBean4",
        description="My Managed Bean",
        log=true,
        logFile="jmx.log",
```

```
        currencyTimeLimit=15,
        persistPolicy="OnUpdate",
        persistPeriod=200,
        persistLocation="foo",
        persistName="bar")
public class AnnotationTestBean implements IJmxTestBean {
    private String name;
    private int age;

    @ManagedAttribute(description="The Age Attribute", currencyTime-
Limit=15)
    public int getAge() {
        return age;
    }
    public void setAge(int age) {
        this.age = age;
    }

    @ManagedAttribute(description="The Name Attribute",
            currencyTimeLimit=20,
            defaultValue="bar",
            persistPolicy="OnUpdate")
    public void setName(String name) {
        this.name = name;
    }

    @ManagedAttribute(defaultValue="foo", persistPeriod=300)
    public String getName() {
        return name;
    }
    @ManagedOperation(description="Add two numbers")
    @ManagedOperationParameters({
        @ManagedOperationParameter(name = "x", description = "The first
number"),
        @ManagedOperationParameter(name = "y", description = "The second
number")})
    public int add(int x, int y) {
        return x + y;
    }
    public void dontExposeMe() {
        throw new RuntimeException();
    }
}
<beans>
    <bean id="exporter" class="org.springframework.jmx.export.MBean-
Exporter">
        <property name="assembler" ref="assembler"/>
        <property name="namingStrategy" ref="namingStrategy"/>
        <property name="autodetect" value="true"/>
```

```
    </bean>
    <bean id="jmxAttributeSource"
            class="org.springframework.jmx.export.annotation.Annotation-
JmxAttributeSource"/>

    <bean id="assembler"
            class="org.springframework.jmx.export.assembler.Metadata-
MBeanInfoAssembler">
        <property name="attributeSource" ref="jmxAttributeSource"/>
    </bean>

    <bean id="namingStrategy"
            class="org.springframework.jmx.export.naming.MetadataNaming-
Strategy">
        <property name="attributeSource" ref="jmxAttributeSource"/>
    </bean>

    <bean id="testBean" class="org.springframework.jmx.AnnotationTest-
Bean">
        <property name="name" value="TEST"/>
        <property name="age" value="100"/>
    </bean>
</beans>
```

20.3.3 AutodetectCapableMBeanInfoAssembler

为了进一步简化配置，Spring 引入了 AutodetectCapableMBeanInfoAssembler 接口，该接口扩展了 MBeanInfoAssembler 接口以添加对 MBean 资源自动检测的支持。

AutodetectCapableMBeanInfo 接口的唯一实现是 MetadataMBeanInfoAssembler。使用方式如下。

```
<beans>
    <bean id="exporter" class="org.springframework.jmx.export.MBean
Exporter">
        <property name="autodetect" value="true"/>
        <property name="assembler" ref="assembler"/>
    </bean>

    <bean id="testBean" class="org.springframework.jmx.JmxTestBean">
        <property name="name" value="TEST"/>
        <property name="age" value="100"/>
    </bean>

    <bean id="assembler"
        class="org.springframework.jmx.export.assembler.MetadataMBean
InfoAssembler">
        <property name="attributeSource">
            <bean class="org.springframework.jmx.export.annotation.
```

```
AnnotationJmxAttributeSource"/>
        </property>
    </bean>
</beans>
```

重点 20.3.4 定义管理接口

除了 MetadataMBeanInfoAssembler 外，Spring 还包含了 InterfaceBasedMBeanInfoAssembler，它允许根据接口集合中定义的一组方法限制公开的方法和属性。

虽然暴露 MBean 的标准机制是使用接口和简单的命名方案，但 InterfaceBasedMBeanInfoAssembler 通过消除命名约定的需要来扩展此功能，从而允许开发人员使用多个接口且不再需要 bean 来实现 MBean 接口。以下是一个示例。

```
public interface IJmxTestBean {
    public int add(int x, int y);
    public long myOperation();
    public int getAge();
    public void setAge(int age);
    public void setName(String name);
    public String getName();
}
```

此接口定义将作为 JMX MBean 上的操作和属性公开的方法和属性。下面的代码显示了如何配置 Spring JMX 以使用此接口作为管理接口的定义。

```
<beans>
    <bean id="exporter" class="org.springframework.jmx.export.MBean-
Exporter">
        <property name="beans">
            <map>
                <entry key="bean:name=testBean5" value-ref="testBean"/>
            </map>
        </property>
        <property name="assembler">
            <bean class="org.springframework.jmx.export.assembler.
InterfaceBasedMBeanInfoAssembler">
                <property name="managedInterfaces">
                    <value>org.springframework.jmx.IJmxTestBean</value>
                </property>
            </bean>
        </property>
    </bean>

    <bean id="testBean" class="org.springframework.jmx.JmxTestBean">
        <property name="name" value="TEST"/>
        <property name="age" value="100"/>
```

```
    </bean>
</beans>
```

20.3.5 MethodNameBasedMBeanInfoAssembler

MethodNameBasedMBeanInfoAssembler 允许开发人员指定将作为属性和操作公开给 JMX 的方法名称列表。以下是配置示例。

```
<bean id="exporter" class="org.springframework.jmx.export.MBeanExporter">
    <property name="beans">
        <map>
            <entry key="bean:name=testBean5" value-ref="testBean"/>
        </map>
    </property>
    <property name="assembler">
        <bean class="org.springframework.jmx.export.assembler.Method
NameBasedMBeanInfoAssembler">
            <property name="managedMethods">
                <value>add,myOperation,getName,setName,getAge</value>
            </property>
        </bean>
    </property>
</bean>
```

20.4 通知

Spring JMX 支持 JMX 的通知。本节将介绍注册监听器和发布通知。

20.4.1 注册监听器

Spring JMX 使得 MBean（包括由 Spring 的 MBeanExporter 导出的 MBean 和通过其他一些机制注册的 MBean）注册任意数量的 NotificationListener 变得非常容易。以下是一个示例。

```
package com.example;
import javax.management.AttributeChangeNotification;
import javax.management.Notification;
import javax.management.NotificationFilter;
import javax.management.NotificationListener;

public class ConsoleLoggingNotificationListener
        implements NotificationListener, NotificationFilter {
```

```
    public void handleNotification(Notification notification, Object
handback) {
        System.out.println(notification);
        System.out.println(handback);
    }
    public boolean isNotificationEnabled(Notification notification) {
        return AttributeChangeNotification.class.isAssignableFrom
(notification.getClass());
    }
}
<beans>
    <bean id="exporter" class="org.springframework.jmx.export.MBean-
Exporter">
        <property name="beans">
            <map>
                <entry key="bean:name=testBean1" value-ref="testBean"/>
            </map>
        </property>
        <property name="notificationListenerMappings">
            <map>
                <entry key="bean:name=testBean1">
                    <bean class="com.waylau.ConsoleLoggingNotification-
Listener"/>
                </entry>
            </map>
        </property>
    </bean>

    <bean id="testBean" class="org.springframework.jmx.JmxTestBean">
        <property name="name" value="TEST"/>
        <property name="age" value="100"/>
    </bean>
</beans>
```

20.4.2 发布通知

Spring 也支持注册发布 Notification。Spring JMX 通知发布支持中的关键接口是 NotificationPublisher 接口（在 org.springframework.jmx.export.notification 包中定义）。任何要通过 MBeanExporter 实例导出为 MBean 的 bean 都可以实现相关的 NotificationPublisherAware 接口，以访问 NotificationPublisher 实例。NotificationPublisherAware 接口通过一个简单的 setter 方法向实现 bean 提供一个 NotificationPublisher 的实例，然后 bean 可以用它来发布 Notification。以下是一个示例。

```
package org.springframework.jmx;
import org.springframework.jmx.export.notification.NotificationPublisher-
Aware;
import org.springframework.jmx.export.notification.NotificationPublisher;
```

```
import javax.management.Notification;

public class JmxTestBean implements IJmxTestBean, NotificationPublisher-
Aware {
    private String name;
    private int age;
    private boolean isSuperman;
    private NotificationPublisher publisher;
    // 省略 getter/setter 方法
    public int add(int x, int y) {
        int answer = x + y;
        this.publisher.sendNotification(new Notification("add", this, 0));
        return answer;
    }
    public void dontExposeMe() {
        throw new RuntimeException();
    }
    public void setNotificationPublisher(NotificationPublisher notification-
Publisher) {
        this.publisher = notificationPublisher;
    }
}
```

第21章 JCA CCI 集成

21.1 JCA CCI 集成概述

JCA（Java EE Connector Architecture，Java EE 连接器体系结构）是 Java EE 提供的标准化对企业信息系统（EIS）访问的规范。该规范分为以下两个部分。

①连接器提供商必须实现的 SPI（服务提供者接口）。这些接口构成可以部署在 Java EE 应用程序服务器上的资源适配器上。在这种情况下，服务器管理着连接池、事务和安全（托管模式）。应用程序服务器还负责管理配置，该配置位于客户端应用程序之外。连接器也可以在没有应用服务器的情况下使用。在这种情况下，应用程序必须直接配置它（非托管模式）。

② CCI（Common Client Interface，通用客户端接口）。应用程序可以使用它与连接器进行交互，从而与 EIS 进行通信。此外，还提供了用于本地事务划分的 API。Spring CCI 支持以典型的 Spring 风格访问 CCI 连接器，并可以利用 Spring 框架的资源和事务管理工具。

21.2 配置 CCI

21.2.1 连接器配置

使用 JCA CCI 的基本资源是 ConnectionFactory 接口。使用的连接器必须提供此接口的实现。要使用连接器，可以将其部署到应用程序服务器上，并从服务器的 JNDI 环境（托管模式）中获取 ConnectionFactory。连接器必须打包为 RAR 文件并包含 ra.xml 文件以描述其部署特征。资源的实际名称在部署时指定。要在 Spring 中访问它，只需使用 Spring 的 JndiObjectFactoryBean 或 <jee:jndi-lookup> 通过 JNDI 名称获取工厂。

使用连接器的另一种方式是将其嵌入到应用程序（非托管模式）中，而不是使用应用程序服务器来部署和配置它。Spring 提供了通过提供的 FactoryBean（LocalConnectionFactoryBean）将连接器配置为 bean 的可能性。以这种方式，只需要类路径中存在连接器即可，不需要 RAR 文件和 ra.xml 文件。必要时，从连接器的 RAR 文件中来提取库。

一旦有权访问 ConnectionFactory 实例，可以将它注入自己的组件中。这些组件可以用简单的 CCI API 编码或利用 Spring 的 CCI 访问支持类（如 CciTemplate）。

21.2.2 ConnectionFactory 配置

为了连接到 EIS，如果处于托管模式，则需要从应用程序服务器获取 ConnectionFactory。如果处于非托管模式，则需要从 Spring 直接获取 ConnectionFactory。

在托管模式下，可以从 JNDI 访问 ConnectionFactory。其属性将在应用程序服务器中配置。

```
<jee:jndi-lookup id="eciConnectionFactory" jndi-name="eis/cicseci"/>
```

在非托管模式下，必须将 Spring 配置中要使用的 ConnectionFactory 配置为 JavaBean。LocalConnectionFactoryBean 类提供此设置样式，传入连接器的 ManagedConnectionFactory 实现，从而暴露应用程序级 CCI ConnectionFactory。

```
<bean id="eciManagedConnectionFactory"
    class="com.ibm.connector2.cics.ECIManagedConnectionFactory">
    <property name="serverName" value="TXSERIES"/>
    <property name="connectionURL" value="tcp://localhost/"/>
    <property name="portNumber" value="2006"/>
</bean>
<bean id="eciConnectionFactory"
    class="org.springframework.jca.support.LocalConnectionFactoryBean">
    <property name="managedConnectionFactory" ref="eciManagedConnection-
Factory"/>
</bean>
```

21.2.3 配置连接

JCA CCI 允许开发人员使用 ConnectionSpec 实现连接器来配置与 EIS 的连接。为了配置其属性，需要使用专用适配器 ConnectionSpecConnectionFactoryAdapter 来封装目标连接工厂。因此，可以使用属性 connectionSpec（作为内部 bean）来配置专用 ConnectionSpec。

此属性不是必需的，因为 CCI ConnectionFactory 接口定义了两种不同的方法来获取 CCI 连接。某些 connectionSpec 属性通常可以在应用程序服务器（托管模式下）或相应的本地 ManagedConnectionFactory 实现中进行配置。

```
public interface ConnectionFactory implements Serializable, Referenceable {
    ...
    Connection getConnection() throws ResourceException;
    Connection getConnection(ConnectionSpec connectionSpec) throws
ResourceException;
    ...
}
```

Spring 提供了一个 ConnectionSpecConnectionFactoryAdapter，它允许指定一个 ConnectionSpec 实例用于指定工厂的所有操作。如果指定了适配器的 connectionSpec 属性，则适配器使用带有 ConnectionSpec 参数的 getConnection，否则使用不带参数的 getConnection。

```
<bean id="managedConnectionFactory"
        class="com.sun.connector.cciblackbox.CciLocalTxManagedConnection
Factory">
    <property name="connectionURL" value="jdbc:hsqldb:hsql://localhost:
9001"/>
```

```
    <property name="driverName" value="org.hsqldb.jdbcDriver"/>
</bean>

<bean id="targetConnectionFactory"
        class="org.springframework.jca.support.LocalConnectionFactory-
Bean">
    <property name="managedConnectionFactory" ref="managedConnection-
Factory"/>
</bean>

<bean id="connectionFactory"
        class="org.springframework.jca.cci.connection.ConnectionSpec-
ConnectionFactoryAdapter">
    <property name="targetConnectionFactory" ref="targetConnection-
Factory"/>
    <property name="connectionSpec">
        <bean class="com.sun.connector.cciblackbox.CciConnectionSpec">
            <property name="user" value="sa"/>
            <property name="password" value=""/>
        </bean>
    </property>
</bean>
```

21.3 使用 CCI 进行访问

21.3.1 记录转换

JCA CCI 支持的目标之一是为操纵 CCI 记录提供便利的设施。开发人员可以指定策略来创建记录并从记录中提取数据，以便与 Spring 的 CciTemplate 一起使用。如果不想直接在应用程序中使用记录，以下接口将配置策略以使用输入和输出记录。

为了创建输入记录，开发人员可以使用 RecordCreator 接口的专用实现。例如：

```
public interface RecordCreator {
    Record createRecord(RecordFactory recordFactory) throws Resource
Exception, DataAccessException;
}
```

上述代码中 createRecord(..) 方法接收一个 RecordFactory 实例作为参数，该实例对应所使用的 ConnectionFactory 的 RecordFactory。这个引用可以用来创建 IndexedRecord 或 MappedRecord 实例。以下示例显示如何使用 RecordCreator 接口和索引 / 映射 Record。

```
public class MyRecordCreator implements RecordCreator {
    public Record createRecord(RecordFactory recordFactory) throws
```

```
ResourceException {
        IndexedRecord input = recordFactory.createIndexedRecord("input");
        input.add(new Integer(id));
        return input;
    }
}
```

输出 Record 可用于从 EIS 接收数据。因此，RecordExtractor 接口的具体实现可以传递给 Spring 的 CciTemplate，以便从输出 Record 中提取数据。

```
public interface RecordExtractor {
    Object extractData(Record record) throws ResourceException, SQL-
Exception, DataAccessException;
}
```

以下是使用 RecordExtractor 接口的示例。

```
public class MyRecordExtractor implements RecordExtractor {
    public Object extractData(Record record) throws ResourceException {
        CommAreaRecord commAreaRecord = (CommAreaRecord) record;
        String str = new String(commAreaRecord.toByteArray());
        String field1 = string.substring(0,6);
        String field2 = string.substring(6,1);
        return new OutputObject(Long.parseLong(field1), field2);
    }
}
```

重点 21.3.2 CciTemplate

CciTemplate 是核心 CCI 支持包（org.springframework.jca.cci.core）的中心类，它简化了 CCI 的使用，因为它处理资源的创建和释放。这有助于避免常见错误，如忘记关闭连接。它关心连接和交互对象的生命周期，让应用程序代码专注于从应用程序数据生成输入记录，并从输出记录中提取应用程序数据。

JCA CCI 规范定义了两种不同的方法来调用 EIS 上的操作。CCI 的 Interaction 提供了以下两种 execute 方法签名。

```
public interface javax.resource.cci.Interaction {
    ...
    boolean execute(InteractionSpec spec, Record input, Record output)
throws ResourceException;

    Record execute(InteractionSpec spec, Record input) throws Resource-
Exception;
    ...
}
```

根据所调用模板方法的不同，CciTemplate 将知道调用哪个执行方法进行交互。CciTemplate.execute(..) 可以有两种使用方式。

①使用 Record 参数。在这种情况下，只需传入 CCI 输入记录，并将返回的对象作为相应的 CCI 输出记录。

②使用记录映射。在这种情况下，需要提供相应的 RecordCreator 和 RecordExtractor 实例。

采用第一种方法时，将使用以下模板方法。

```
public class CciTemplate implements CciOperations {

    public Record execute(InteractionSpec spec, Record inputRecord)
            throws DataAccessException { ... }

    public void execute(InteractionSpec spec, Record inputRecord, Record
outputRecord)
            throws DataAccessException { ... }
}
```

采用第二种方法时，需要将记录创建和记录提取策略指定为参数。相应的 CciTemplate 方法如下。

```
public class CciTemplate implements CciOperations {
    public Record execute(InteractionSpec spec,
            RecordCreator inputCreator) throws DataAccessException {
        // ...
    }
    public Object execute(InteractionSpec spec, Record inputRecord,
            RecordExtractor outputExtractor) throws DataAccessException
{
        // ...
    }
    public Object execute(InteractionSpec spec, RecordCreator creator,
            RecordExtractor extractor) throws DataAccessException {
        // ...
    }
}
```

21.3.3 DAO

Spring CCI 为 DAO 提供了一个抽象类，支持注入一个 ConnectionFactory 或一个 CciTemplate 实例。该类的名称是 CciDaoSupport，它提供了简单的 setConnectionFactory 和 setCciTemplate 方法。在内部，这个类将为传入的 ConnectionFactory 创建一个 CciTemplate 实例，并将其展示给子类中的具体数据访问实现。

```
public abstract class CciDaoSupport {
    public void setConnectionFactory(ConnectionFactory connectionFactory) {
        // ...
```

```
    }
    public ConnectionFactory getConnectionFactory() {
        // ...
    }
    public void setCciTemplate(CciTemplate cciTemplate) {
        // ...
    }
    public CciTemplate getCciTemplate() {
        // ...
    }
}
```

21.3.4 自动输出记录生成

如果所使用的连接器仅支持将输入和输出记录作为参数的 Interaction.execute(..) 方法（也就是说，它需要传入所需的输出记录，而不是返回适当的输出记录），则可以设置 CciTemplate 的 outputRecordCreator 属性来自动生成一个由 JCA 连接器填充的输出记录。该记录将被返回给模板的调用者。

这个属性只是保存了 RecordCreator 接口的一个实现。outputRecordCreator 属性必须在 CciTemplate 上直接指定。示例代码如下。

```
cciTemplate.setOutputRecordCreator(new EciOutputRecordCreator());
```

或者在 Spring 配置中将 CciTemplate 配置为 bean 实例。例如：

```
<bean id="eciOutputRecordCreator" class="eci.EciOutputRecordCreator"/>

<bean id="cciTemplate"
    class="org.springframework.jca.cci.core.CciTemplate">
    <property name="connectionFactory" ref="eciConnectionFactory"/>
    <property name="outputRecordCreator" ref="eciOutputRecordCreator"/>
</bean>
```

21.4 CCI 访问对象建模

org.springframework.jca.cci.object 包中包含的支持类允许开发人员以不同的风格访问 EIS。

21.4.1 MappingRecordOperation

MappingRecordOperation 本质上与 CciTemplate 执行相同的操作，但将特定的预配置操作表示为对象。它提供了以下两种模板方法。

① createInputRecord(..)：指定如何将输入对象转换为输入记录。

② extractOutputData(..)：指定如何从输出记录中提取输出对象。

以下是这些方法的签名。

```
public abstract class MappingRecordOperation extends EisOperation {
    ...
    protected abstract Record createInputRecord(RecordFactory record-
Factory,Object inputObject) throws ResourceException, DataAccess Exception {
        // ...
    }
    protected abstract Object extractOutputData(Record outputRecord)
            throws ResourceException, SQLException, DataAccessException
{
        // ...
    }
    ...
}
```

此后，为了执行 EIS 操作，需要使用单个执行方法传入应用程序级别的输入对象并接收应用程序级别的输出对象作为结果。

```
public abstract class MappingRecordOperation extends EisOperation {
    ...
    public Object execute(Object inputObject) throws DataAccessException {
    }
    ...
}
```

与 CciTemplate 类相反，此处 execute(..) 方法没有使用 InteractionSpec 作为参数。Interaction-Spec 在操作上是全局性的，必须使用以下构造函数来实例化具有特定 InteractionSpec 的操作对象。

```
InteractionSpec spec = ...;
MyMappingRecordOperation eisOperation =
    new MyMappingRecordOperation(getConnectionFactory(), spec);
...
```

21.4.2 MappingCommAreaOperation

某些连接器使用基于 COMMAREA 的记录，该 COMMAREA 表示包含传送给 EIS 的参数的字节数组及其返回的数据。Spring 提供了一个特殊的操作类，用于直接在 COMMAREA（而不是在记录）上工作。MappingCommAreaOperation 类扩展了 MappingRecordOperation 类以提供这种特殊的 COMMAREA 支持。它隐式使用 CommAreaRecord 类作为输入和输出记录类型，并提供两种新方法将输入对象转换为输入 COMMAREA，并将输出 COMMAREA 转换为输出对象。

```
public abstract class MappingCommAreaOperation extends MappingRecord-
Operation {
    ...
    protected abstract byte[] objectToBytes(Object inObject)
            throws IOException, DataAccessException;
    protected abstract Object bytesToObject(byte[] bytes)
        throws IOException, DataAccessException;
    ...
}
```

21.5 CCI 中的事务处理

JCA 为资源适配器指定了多个级别的事务支持。资源适配器支持的事务类型在其 ra.xml 文件中指定。基本上有无事务（如使用 CICS EPI 连接器）、本地事务（如使用 CICS ECI 连接器）及全局事务（例如使用 IMS 连接器）3 种选择。

```
<connector>
    <resourceadapter>
        <!-- <transaction-support>NoTransaction</transaction-support>      -->
<!-- <transaction-support>LocalTransaction</transaction-support> -->
        <transaction-support>XATransaction</transaction-support>
    <resourceadapter>
<connector>
```

对于全局事务，可以使用 Spring 的通用事务基础结构来划分事务，并将 JtaTransactionManager 作为后端（委托给下面的 Java EE 服务器的分布式事务协调器）。

对于单个 CCI ConnectionFactory 上的本地事务，Spring 为 CCI 提供了一个特定的事务管理策略，类似于 DataSourceTransactionManager for JDBC。CCI API 定义了一个本地事务对象和相应的本地事务分界方法。Spring 的 CciLocalTransactionManager 执行这样的本地 CCI 事务，完全符合 Spring 的通用 PlatformTransactionManager 抽象原则。

```
<jee:jndi-lookup id="eciConnectionFactory" jndi-name="eis/cicseci"/>

<bean id="eciTransactionManager"
      class="org.springframework.jca.cci.connection.CciLocalTransaction-
Manager">
    <property name="connectionFactory" ref="eciConnectionFactory"/>
</bean>
```

这两种事务策略都可以用于 Spring 的任何事务分界工具，无论是声明式的还是编程式的。这是 Spring 泛型 PlatformTransactionManager 抽象的一个结果，它将事务划分与实际执行策略分离开来。根据需要，简单地在 JtaTransactionManager 和 CciLocalTransactionManager 之间切换，保持当前的事务划分。

第22章

使用 E-mail

22.1 使用 E-mail 概述

Spring 框架提供了发送电子邮件的工具，这类工具可以有效屏蔽底层邮件系统开发的复杂性。

org.springframework.mail 包是 Spring 电子邮件支持的根级包。发送邮件的中心接口是 MailSender。SimpleMailMessage 类是一个封装简单邮件属性的简单值对象，如 From 和 To 等。此软件包还包含一个检查异常的层次结构，该异常对较低级别的邮件系统异常提供较高级别的抽象，而根异常是 MailException。

org.springframework.mail.javamail.JavaMailSender 接口向 MailSender 接口中添加了专门的 JavaMail 功能，如 MIME 消息的支持。JavaMailSender 还提供了一个用于准备"MimeMessage"的回调接口，称为 org.springframework.mail.javamail.MimeMessagePreparator。

22.2 实现发送 E-mail

重点 22.2.1 MailSender 和 SimpleMailMessage 的基本用法

假设有一个名为 OrderManager 的业务接口：

```
public interface OrderManager {
    void placeOrder(Order order);
}
```

以下是该接口的实现。

```
import org.springframework.mail.MailException;
import org.springframework.mail.MailSender;
import org.springframework.mail.SimpleMailMessage;

public class SimpleOrderManager implements OrderManager {
    private MailSender mailSender;
    private SimpleMailMessage templateMessage;
    public void setMailSender(MailSender mailSender) {
        this.mailSender = mailSender;
    }
    public void setTemplateMessage(SimpleMailMessage templateMessage) {
        this.templateMessage = templateMessage;
    }
    public void placeOrder(Order order) {
        // ...
        SimpleMailMessage msg = new SimpleMailMessage(this.template-
Message);
        msg.setTo(order.getCustomer().getEmailAddress());
```

```
        msg.setText(
            "Dear " + order.getCustomer().getFirstName()
                + order.getCustomer().getLastName()
                + ", thank you for placing order. Your order number is "
                + order.getOrderNumber());
        try{
            this.mailSender.send(msg);
        }
        catch (MailException ex) {
            System.err.println(ex.getMessage());
        }
    }
}
```

以下是配置。

```
<bean id="mailSender"
    class="org.springframework.mail.javamail.JavaMailSenderImpl">
    <property name="host" value="mail.mycompany.com"/>
</bean>

<bean id="templateMessage"
    class="org.springframework.mail.SimpleMailMessage">
    <property name="from" value="customerservice@mycompany.com"/>
    <property name="subject" value="Your order"/>
</bean>

<bean id="orderManager"
    class="com.mycompany.businessapp.support.SimpleOrderManager">
    <property name="mailSender" ref="mailSender"/>
    <property name="templateMessage" ref="templateMessage"/>
</bean>
```

重点 22.2.2 JavaMailSender 和 MimeMessagePreparator 的用法

以下是使用 MimeMessagePreparator 回调接口的 OrderManager 的另一个实现。

注意：在这种情况下，mailSender 属性被设置为 JavaMailSender 类型，因此可以使用 JavaMail 的 MimeMessage 类。

```
import javax.mail.Message;
import javax.mail.MessagingException;
import javax.mail.internet.InternetAddress;
import javax.mail.internet.MimeMessage;
import javax.mail.internet.MimeMessage;
import org.springframework.mail.MailException;
import org.springframework.mail.javamail.JavaMailSender;
import org.springframework.mail.javamail.MimeMessagePreparator;
```

```
public class SimpleOrderManager implements OrderManager {
    private JavaMailSender mailSender;
    public void setMailSender(JavaMailSender mailSender) {
        this.mailSender = mailSender;
    }

    public void placeOrder(final Order order) {
        // ...

        MimeMessagePreparator preparator = new MimeMessagePreparator()
{
            public void prepare(MimeMessage mimeMessage) throws Exception {
                mimeMessage.setRecipient(Message.RecipientType.TO,
                        new InternetAddress(order.getCustomer().get-
EmailAddress()));
                mimeMessage.setFrom(new InternetAddress("mail@mycom-
pany.com"));
                mimeMessage.setText("Dear " + order.getCustomer().
getFirstName() + " " +order.getCustomer().getLastName() + ", thanks for
your order. " + "Your order number is " + order.getOrderNumber() + ".");

            }
        };

        try {
            this.mailSender.send(preparator);
        }
        catch (MailException ex) {
            System.err.println(ex.getMessage());
        }
    }
}
```

22.3 使用 MimeMessageHelper

处理 JavaMail 消息时非常方便的类是 org.springframework.mail.javamail.MimeMessageHelper 类，它避免了使用详细的 JavaMail API。使用 MimeMessageHelper 创建 MimeMessage 非常简单。例如：

```
JavaMailSenderImpl sender = new JavaMailSenderImpl();
sender.setHost("mail.host.com");
MimeMessage message = sender.createMimeMessage();
MimeMessageHelper helper = new MimeMessageHelper(message);
```

```
helper.setTo("test@host.com");
helper.setText("Thank you for ordering!");
sender.send(message);
```

难点 22.3.1　发送附件和内联资源

以下示例显示如何使用 MimeMessageHelper 发送电子邮件及单个 JPEG 图像附件。

```
JavaMailSenderImpl sender = new JavaMailSenderImpl();
sender.setHost("mail.host.com");
MimeMessage message = sender.createMimeMessage();
MimeMessageHelper helper = new MimeMessageHelper(message, true);
helper.setTo("test@host.com");
helper.setText("Check out this image!");
FileSystemResource file =
    new FileSystemResource(new File("c:/Sample.jpg"));
helper.addAttachment("CoolImage.jpg", file);
sender.send(message);
```

以下示例显示如何使用 MimeMessageHelper 发送电子邮件及内联图像附件。

```
JavaMailSenderImpl sender = new JavaMailSenderImpl();
sender.setHost("mail.host.com");
MimeMessage message = sender.createMimeMessage();
MimeMessageHelper helper = new MimeMessageHelper(message, true);
helper.setTo("test@host.com");
helper.setText("<html><body><img src='cid:identifier1234'></body></
html>",true);
FileSystemResource res =
    new FileSystemResource(new File("c:/Sample.jpg"));
helper.addInline("identifier1234", res);
sender.send(message);
```

重点 22.3.2　使用模板创建 E-mail 内容

前面示例代码中使用诸如 message.setText(..) 等的方法创建了电子邮件消息的内容。这对于简单的情况来说，很适用。但是，在典型企业应用程序中由于多种原因，开发人员不会选择使用上述方法创建电子邮件的内容。主要原因如下。

①在 Java 代码中创建基于 HTML 的电子邮件内容是单调乏味且容易出错的。

②显示逻辑和业务逻辑没有明确地被分离。

③更改电子邮件内容的显示结构需要编写 Java 代码、重新编译、重新部署等。

所以通常会使用诸如 FreeMarker 等的模板库来定义电子邮件内容的显示结构。应用程序代码只负责创建要在电子邮件模板中呈现并发送电子邮件的数据。

实战 22.4 实现 E-mail 服务器

下面将基于 Spring E-mail 功能，实现 E-mail 服务器。

22.4.1 项目概述

首先创建一个名为“s5-ch22-java-mail”的应用。在该应用中将演示多种邮件的发送方式，包括普通的文本邮件、带附件的邮件及富文本内容的邮件。

为了能够正常运行该应用，需要在应用中添加如下依赖。

```
<properties>
    <project.build.sourceEncoding>UTF-8</project.build.sourceEncoding>
    <spring.version>5.0.8.RELEASE</spring.version>
    <junit.version>4.12</junit.version>
    <mail.version>1.6.1</mail.version>
</properties>

<dependencies>
    <dependency>
        <groupId>junit</groupId>
        <artifactId>junit</artifactId>
        <version>${junit.version}</version>
        <scope>test</scope>
    </dependency>
    <dependency>
        <groupId>com.sun.mail</groupId>
        <artifactId>javax.mail</artifactId>
        <version>${mail.version}</version>
    </dependency>
    <dependency>
        <groupId>org.springframework</groupId>
        <artifactId>spring-context-support</artifactId>
        <version>${spring.version}</version>
    </dependency>
    <dependency>
        <groupId>org.springframework</groupId>
        <artifactId>spring-test</artifactId>
        <version>${spring.version}</version>
    </dependency>
</dependencies>
```

其中，发送邮件需要依赖 JavaMail。Spring 对于 E-mail 的支持，是在 spring-context-support 模块中。

22.4.2 E-mail 服务器编码实现

以下是 Spring 基于 Java Config 的配置内容。

```
package com.waylau.spring.mail.config;
import org.springframework.context.annotation.Bean;
import org.springframework.context.annotation.ComponentScan;
import org.springframework.context.annotation.Configuration;
import org.springframework.mail.MailSender;
import org.springframework.mail.javamail.JavaMailSenderImpl;

@Configuration
@ComponentScan(basePackages = { "com.waylau.spring" })
public class AppConfig {
    /**
     * 配置邮件发送器
     * @return
     */
    @Bean
    public MailSender mailSender() {
        JavaMailSenderImpl mailSender = new JavaMailSenderImpl();
        mailSender.setHost("smtp.163.com");//指定用来发送E-mail的邮件服务器
主机名
        mailSender.setPort(25);//默认端口，标准的SMTP端口
        mailSender.setUsername("waylau521@163.com");//用户名
        mailSender.setPassword("password");//密码
        return mailSender;
    }

}
```

为了演示发送邮件的功能，创建了以下测试类。

```
package com.waylau.spring.mail;
import java.io.File;
import javax.mail.MessagingException;
import javax.mail.internet.MimeMessage;
import org.junit.Test;
import org.junit.runner.RunWith;
import org.springframework.beans.factory.annotation.Autowired;
import org.springframework.core.io.FileSystemResource;
import org.springframework.mail.SimpleMailMessage;
import org.springframework.mail.javamail.JavaMailSender;
import org.springframework.mail.javamail.MimeMessageHelper;
import org.springframework.test.context.ContextConfiguration;
import org.springframework.test.context.junit4.SpringJUnit4ClassRunner;
import com.waylau.spring.mail.config.AppConfig;

@RunWith(SpringJUnit4ClassRunner.class)
@ContextConfiguration(classes = { AppConfig.class })
public class SpringMailTest {
    private static final String FROM = "waylau521@163.com";
    private static final String TO = "778907484@qq.com";
    private static final String SUBJECT = "Spring Email Test";
    private static final String TEXT = "Hello World! Welcome to waylau.
com!";
    private static final String FILE_PATH = "D:\\waylau_181_181.jpg";
```

```
    @Autowired
    private JavaMailSender mailSender;

    /**
     * 发送文本邮件
     */
    @Test
    public void sendSimpleEmail() {
        SimpleMailMessage message = new SimpleMailMessage();// 消息构造器
        message.setFrom(FROM);// 发件人
        message.setTo(TO);// 收件人
        message.setSubject(SUBJECT);// 主题
        message.setText(TEXT);// 正文
        mailSender.send(message);
        System.out.println("邮件发送完毕");
    }

}
```

该测试方法 sendSimpleEmail () 实现了发送简单文本邮件的功能。

22.4.3 格式化 E-mail 内容

为了演示更加复杂的邮件内容，在测试类中添加以下方法。

```
/**
    * 发送带有附件的E-mail
    *
    * @throws MessagingException
    */
@Test
public void sendEmailWithAttachment() throws MessagingException {
    MimeMessage message = mailSender.createMimeMessage();
    MimeMessageHelper helper = new MimeMessageHelper(message, true);
    helper.setFrom(FROM);// 发件人
    helper.setTo(TO);// 收件人
    helper.setSubject(SUBJECT);// 主题
    helper.setText(TEXT);// 正文

    // 添加附件
    FileSystemResource image = new FileSystemResource(new File(FILE_
PATH));
    System.out.println(image.exists());

    // 添加附件，第一个参数为添加到E-mail中附件的名称，第二个参数为图片资源
    helper.addAttachment("waylau_181_181.jpg", image);
    mailSender.send(message);
    System.out.println("邮件发送完毕");
}

/**
    * 发送带文本内容的E-mail
```

```
     *
     * @throws MessagingException
     */
@Test
public void sendRichEmail() throws MessagingException {
    MimeMessage message = mailSender.createMimeMessage();
    MimeMessageHelper helper = new MimeMessageHelper(message, true);
    helper.setFrom(FROM);// 发件人
    helper.setTo(TO);// 收件人
    helper.setSubject(SUBJECT);// 主题
    helper.setText("<html><body><h4>Hello World!</h4>"
            + "Welcome to <a href='https://waylau.com'>waylau.com!</a>
</body></html>", true);

    // 添加附件
    FileSystemResource image = new FileSystemResource(new File(FILE_
PATH));
    System.out.println(image.exists());

    // 添加附件，第一个参数为添加到E-mail中附件的名称，第二个参数为图片资源
    helper.addAttachment("waylau_181_181.jpg", image);
    mailSender.send(message);
    System.out.println("邮件发送完毕");
}
```

其中，sendEmailWithAttachment() 方法演示带附件内容的邮件发送功能；sendRichEmail() 方法演示带文本内容的邮件发送功能。

22.4.4　运行

运行测试类，成功执行后，就能在收件人的邮箱中看到如图 22−1~ 图 22−3 所示的三封邮件。

图22−1　简单文本邮件内容

图22-2　带附件的邮件内容

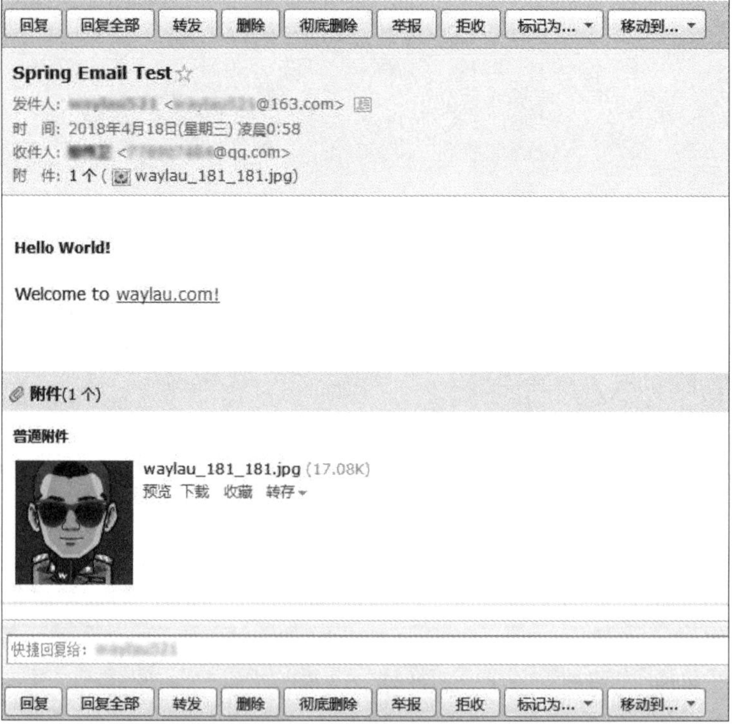

图22-3　带文本的邮件内容

第23章 任务执行与调度

23.1 任务执行与调度概述

企业级应用中往往少不了定时任务。例如，做数据迁移或数据备份的任务往往会选择系统负荷最小的凌晨来执行。可靠的任务调度系统是保障定时任务能够成功执行的关键。

JDK 中提供的 Timer 类及 ScheduledThreadPoolExecutor 类都能实现简单的定时任务。如果想要应付复杂的应用场景，则可以选择 Quartz Scheduler（项目地址为 http://www.quartz-scheduler.org）进行调度。

上述所提到的类及框架都提供了集成类。Spring 框架还提供了 TaskExecutor 和 TaskScheduler 接口用于异步执行和任务调度的抽象。

23.2 TaskExecutor

Spring 的 TaskExecutor 接口与 java.util.concurrent.Executor 接口相同。该接口只有一个方法 execute(Runnable task)，参数是基于线程池的语义和配置执行的任务。

TaskExecutor 最初是为了在需要时让其他 Spring 组件为线程池提供抽象。诸如 ApplicationEventMulticaster，JMS 的 AbstractMessageListenerContainer 和 Quartz 集成等组件都使用 TaskExecutor 抽象来汇集线程。但是，如果 bean 需要线程池化行为，则可以根据自己的需要使用此抽象。

23.2.1 TaskExecutor 类型

Spring 内置了许多 TaskExecutor 的实现，基本上可以满足各种应用场景。

① SimpleAsyncTaskExecutor：该实现不重用任何线程，而是为每个调用启动一个新线程。同时，也支持并发限制，该限制将阻止任何超出限制的调用，直到某个线程被释放为止。

② SyncTaskExecutor：同步执行调用（每个调用发生在调用线程中）。它主要用于不需要多线程的情况下，如简单的测试用例。

③ ConcurrentTaskExecutor：该实现是 java.util.concurrent.Executor 对象的适配器。还有一个替代方法是 ThreadPoolTaskExecutor，它将 Executor 配置参数公开为 bean 属性。很少需要使用 ConcurrentTaskExecutor，但如果 ThreadPoolTaskExecutor 在实现上不够灵活时，则可以使用 ConcurrentTaskExecutor。

④ SimpleThreadPoolTaskExecutor：该实现实际上是 Quartz 的 SimpleThreadPool 的一个子类，它监听 Spring 的生命周期回调。当有可能需要 Quartz 和非 Quartz 组件共享的线程池时，通常会使用它。

⑤ ThreadPoolTaskExecutor：该实现是最常用的一个。它公开用于配置 java.util.concurrent.ThreadPoolExecutor 的 bean 属性并将其包装在 TaskExecutor 中。如果需要适应不同类型的 java.util.concurrent.Executor，建议改用 ConcurrentTaskExecutor。

⑥ WorkManagerTaskExecutor：该实现使用 CommonJ WorkManager 作为其后台实现，并且是在 Spring 上下文中设置 CommonJ WorkManager 引用的中央类。类似于 SimpleThreadPoolTaskExecutor，这个类实现了 WorkManager 接口，因此也可以直接用作 WorkManager。

23.2.2 使用 TaskExecutor

在下面的例子中定义了一个使用 ThreadPoolTaskExecutor 异步打印出一组消息的 bean。

```
import org.springframework.core.task.TaskExecutor;
public class TaskExecutorExample {
    private class MessagePrinterTask implements Runnable {
        private String message;
        public MessagePrinterTask(String message) {
            this.message = message;
        }
        public void run() {
            System.out.println(message);
        }
    }
    private TaskExecutor taskExecutor;
    public TaskExecutorExample(TaskExecutor taskExecutor) {
        this.taskExecutor = taskExecutor;
    }
    public void printMessages() {
        for(int i = 0; i < 25; i++) {
            taskExecutor.execute(new MessagePrinterTask("Message" + i));
}
    }
}
```

以下是配置 TaskExecutor 的示例。

```
<bean id="taskExecutor"
    class="org.springframework.scheduling.concurrent.ThreadPoolTask-
Executor">
    <property name="corePoolSize" value="5" />
    <property name="maxPoolSize" value="10" />
    <property name="queueCapacity" value="25" />
</bean>

<bean id="taskExecutorExample" class="TaskExecutorExample">
    <constructor-arg ref="taskExecutor" />
</bean>
```

23.3 TaskScheduler

Spring 3.0 版本中引入了 TaskScheduler，用来调度未来某个时刻运行的任务。

以下是 TaskScheduler 的接口所定义的方法。

```
public interface TaskScheduler {
    ScheduledFuture schedule(Runnable task, Trigger trigger);
    ScheduledFuture schedule(Runnable task, Date startTime);
    ScheduledFuture scheduleAtFixedRate(Runnable task, Date startTime,
long period);
    ScheduledFuture scheduleAtFixedRate(Runnable task, long period);
    ScheduledFuture scheduleWithFixedDelay(Runnable task, Date start-
Time, long delay);
    ScheduledFuture scheduleWithFixedDelay(Runnable task, long delay);
}
```

23.3.1 Trigger 接口

Trigger 的基本思想是执行时间可以根据过去的执行结果，甚至任意条件来确定。如果考虑到了前面执行的结果，那么该信息在 TriggerContext 中可用。Trigger 接口本身非常简单。例如：

```
public interface Trigger {
    Date nextExecutionTime(TriggerContext triggerContext);
}
```

TriggerContext 封装了所有相关数据，并在必要时可以进行扩展。TriggerContext 是一个接口（默认实现是 SimpleTriggerContext），其定义的方法如下。

```
public interface TriggerContext {
    Date lastScheduledExecutionTime();
    Date lastActualExecutionTime();
    Date lastCompletionTime();
}
```

23.3.2 实现

Spring 提供了两个 Trigger 接口的实现 CronTrigger 和 PeriodicTrigger。

1. CronTrigger

CronTrigger 支持基于 cron 表达式的任务调度。例如，以下任务计划在每个小时过后 15 分钟运行，但仅在工作日的 9 点至 17 点内运行。

```
scheduler.schedule(task, new CronTrigger("0 15 9-17 * * MON-FRI"));
```

2. PeriodicTrigger

PeriodicTrigger 接收一个固定的周期、一个可选的初始延迟值和一个布尔值，以指示该周期是否应该被解释为固定速率或固定延迟。由于 TaskScheduler 接口已经定义了以固定速率或固定延迟来调度任务的方法，因此应尽可能直接使用这些方法。

PeriodicTrigger 实现的价值在于，它可以在依赖于触发器抽象的组件中使用，例如，周期性触发器、基于 cron 的触发器，甚至是自定义触发器实现。在这些触发器中，可以互换使用，而且会很方便。这样的组件可以利用依赖注入的优势，这样这些触发器可以在外部进行配置，因此可以很容易地修改或扩展。

23.4 任务调度及异步执行

Spring 为任务调度和异步方法执行提供了注解支持。

23.4.1 启用调度注解

要启用对 @Scheduled 和 @Async 注解的支持，将 @EnableScheduling 和 @EnableAsync 添加到 @Configuration 类中。例如：

```
@Configuration
@EnableAsync
@EnableScheduling
public class AppConfig {
}
```

如果是基于 XML 配置的，使用 <task:annotation-driven> 元素。例如：

```
<task:annotation-driven executor="myExecutor" scheduler="myScheduler"/>
<task:executor id="myExecutor" pool-size="5"/>
<task:scheduler id="myScheduler" pool-size="10"/>
```

重点 23.4.2 @Scheduled

@Scheduled 注解可以与触发器元数据一起添加到方法中。以下示例是以固定的延迟每 5s 调用一次方法。该周期将从每次前面调用的完成时间开始测量。

```
@Scheduled(fixedDelay=5000)
public void doSomething() {
    // ...
}
```

如果需要执行固定速率，只需更改注解中指定的属性名称即可。以下示例将在每次调用的连续开始时间之间测量，每 5s 执行一次。

```
@Scheduled(fixedRate=5000)
public void doSomething() {
    // ...
}
```

对于固定延迟和固定速率任务，可以指定一个初始延迟，指示在第一次执行方法之前要等待的毫秒数。

```
@Scheduled(initialDelay=1000, fixedRate=5000)
public void doSomething() {
    // ...
}
```

如果简单的周期性调度没有足够的表达能力，那么可以提供一个 cron 表达式。 例如，以下示例只会在工作日执行。

```
@Scheduled(cron="*/5 * * * * MON-FRI")
public void doSomething() {
    // ...
}
```

重点 23.4.3 @Async

@Async 注解可以在方法上提供，指明该方法的调用是异步的。换句话说，调用者将在调用时立即返回，并且方法的实际执行将发生在已提交给 Spring TaskExecutor 的任务中。在最简单的情况下，注解可以应用于返回 void 的方法。例如：

```
@Async
void doSomething() {
    // ...
}
```

与 @Scheduled 不同的是，@Async 注解的方法可以携带参数。例如：

```
@Async
void doSomething(String s) {
    // ...
}
```

甚至可以异步调用返回值的方法。但是，这些方法需要具有 Future 类型的返回值。这仍然体现了异步执行的好处，以便调用者可以在调用 get() 之前执行其他任务。

```
@Async
```

```
Future<String> returnSomething(int i) {
    // ...
}
```

@Async 不能与生命周期回调（如 @PostConstruct）结合使用。要异步初始化 Spring bean，目前必须使用单独的初始化 Spring bean，然后在目标上调用 @Async 注解的方法。

```
public class SampleBeanImpl implements SampleBean {

    @Async
    void doSomething() {
        // ...
    }
}

public class SampleBeanInitializer {
    private final SampleBean bean;
    public SampleBeanInitializer(SampleBean bean) {
        this.bean = bean;
    }

    @PostConstruct
    public void initialize() {
        bean.doSomething();
    }
}
```

23.4.4 @Async 的异常处理

当 @Async 方法具有 Future 类型的返回值，在方法执行过程中抛出异常时，很容易在 get Future 的结果时进行异常处理。但是，如果使用 void 返回类型，则异常将被取消且无法传递。对于这些情况，可以使用 AsyncUncaughtExceptionHandler 来处理这些异常。

```
public class MyAsyncUncaughtExceptionHandler implements AsyncUncaught
ExceptionHandler {

    @Override
    public void handleUncaughtException(Throwable ex, Method method,
Object... params) {
        // 处理异常
    }
}
```

23.4.5 命名空间

从 Spring 3.0 开始，提供了用于配置 TaskExecutor 和 TaskScheduler 实例的 XML 名称空间。它

还提供了一种便捷的方式来配置要使用触发器进行调度的任务。

1. scheduler 元素

以下元素将创建具有指定线程池大小的 ThreadPoolTaskScheduler 实例。

```
<task:scheduler id="scheduler" pool-size="10"/>
```

id 属性提供的值将用作池中线程名称的前缀。scheduler 元素相对简单，如果没有提供 pool-size（池大小）属性，则默认线程池将只有一个线程。调度程序没有其他配置选项。

2. executor 元素

以下元素将创建 ThreadPoolTaskExecutor 实例。

```
<task:executor id="executor" pool-size="10"/>
```

与上面的调度程序一样，id 属性提供的值将用作池中线程名称的前缀。就池大小而言，executor 元素支持比 scheduler 元素拥有更多的配置选项。首先，ThreadPoolTaskExecutor 的线程池本身更具可配置性。执行程序的线程池可能具有不同的核心线程数和最大线程数。如果提供单个值，那么执行程序将具有固定大小的线程池（核心线程数和最大线程数相同）。然而，executor 元素的 pool-size 属性也接受“最小值 - 最大值”形式的范围。

```
<task:executor
        id="executorWithPoolSizeRange"
        pool-size="5-25"
        queue-capacity="100"/>
```

3. scheduled-tasks 元素

scheduled-tasks 元素中 ref 属性可以指向任何 Spring 管理的对象；method 属性提供了要在该对象上调用的方法的名称。以下是一个简单的例子。

```
<task:scheduled-tasks scheduler="myScheduler">
    <task:scheduled ref="beanA" method="methodA" fixed-delay="5000"/>
</task:scheduled-tasks>

<task:scheduler id="myScheduler" pool-size="10"/>
```

如上所示，调度器由外部元素引用，每个单独的任务都包含其触发器元数据的配置。在前面的示例中，该元数据定义了一个具有固定延迟的周期性触发器，指示每个任务执行完成后要等待的毫秒数。

为了更加灵活地控制，还可以引入 cron 属性来定义 cron 表达式的调度器。以下是演示这些选项的示例。

```
<task:scheduled-tasks scheduler="myScheduler">
    <task:scheduled ref="beanA" method="methodA"
            fixed-delay="5000" initial-delay="1000"/>
```

```
    <task:scheduled ref="beanB" method="methodB"
            fixed-rate="5000"/>
    <task:scheduled ref="beanC" method="methodC"
            cron="*/5 * * * * MON-FRI"/>
</task:scheduled-tasks>

<task:scheduler id="myScheduler" pool-size="10"/>
```

23.5 使用 Quartz Scheduler

Quartz Scheduler 是流行的用 Java 编写的开源企业级作业调度框架。Quartz Scheduler 使用 Trigger、Job 和 JobDetail 对象来实现各种作业的调度。为了方便，Spring 提供了几个类来简化基于 Spring 的应用程序中 Quartz 的使用。

23.5.1 使用 JobDetailFactoryBean

Quartz JobDetail 对象包含运行作业所需的所有信息。Spring 提供了一个 JobDetailFactoryBean，它为 XML 配置提供了 bean 风格的属性。下面是一个例子。

```
<bean name="exampleJob"
    class="org.springframework.scheduling.quartz.JobDetailFactoryBean">
    <property name="jobClass" value="com.waylau.ExampleJob"/>
    <property name="jobDataAsMap">
        <map>
            <entry key="timeout" value="5"/>
        </map>
    </property>
</bean>

package example;
public class ExampleJob extends QuartzJobBean {
    private int timeout;
    public void setTimeout(int timeout) {
        this.timeout = timeout;
    }

    protected void executeInternal(JobExecutionContext ctx) throws
JobExecutionException {
        // ...
    }
}
```

23.5.2 使用 MethodInvokingJobDetailFactoryBean

如果要调用特定对象的方法，则可以使用 MethodInvokingJobDetailFactoryBean。例如：

```
<bean id="jobDetail"
    class="org.springframework.scheduling.quartz.MethodInvokingJob
DetailFactoryBean">
    <property name="targetObject" ref="exampleBusinessObject"/>
    <property name="targetMethod" value="doIt"/>
</bean>
public class ExampleBusinessObject {
    // ...
    public void doIt() {
        // ...
    }
}
<bean id="exampleBusinessObject" class="examples.ExampleBusinessObject"/>
```

实战 23.6 基于 Quartz Scheduler 的天气预报系统

在前面实现了基于 RestTemplate 的天气预报服务“s5-ch12-rest-template”，该应用能够通过城市 ID 来查询该城市的天气预报数据。

本节将基于 s5-ch12-rest-template 进行进一步的改造，利用 Quartz Scheduler 来实现自动更新天气数据。

23.6.1 项目概述

基于 s5-ch12-rest-template 创建应用“s5-ch23-quartz-scheduler”，所需依赖如下。

```
<properties>
    <spring.version>5.0.8.RELEASE</spring.version>
    <jetty.version>9.4.11.v20180605</jetty.version>
    <jackson.version>2.9.6</jackson.version>
    <httpclient.version>4.5.5</httpclient.version>
    <quartz.version>2.3.0</quartz.version>
    <logback.version>1.2.3</logback.version>
</properties>
<dependencies>
    <dependency>
        <groupId>org.springframework</groupId>
        <artifactId>spring-webmvc</artifactId>
        <version>${spring.version}</version>
    </dependency>
```

```
    <dependency>
        <groupId>org.springframework</groupId>
        <artifactId>spring-context-support</artifactId>
        <version>${spring.version}</version>
    </dependency>
    <dependency>
        <groupId>org.springframework</groupId>
        <artifactId>spring-tx</artifactId>
        <version>${spring.version}</version>
    </dependency>
    <dependency>
        <groupId>org.eclipse.jetty</groupId>
        <artifactId>jetty-servlet</artifactId>
        <version>${jetty.version}</version>
        <scope>provided</scope>
    </dependency>
    <dependency>
        <groupId>com.fasterxml.jackson.core</groupId>
        <artifactId>jackson-core</artifactId>
        <version>${jackson.version}</version>
    </dependency>
    <dependency>
        <groupId>com.fasterxml.jackson.core</groupId>
        <artifactId>jackson-databind</artifactId>
        <version>${jackson.version}</version>
    </dependency>
    <dependency>
        <groupId>org.apache.httpcomponents</groupId>
        <artifactId>httpclient</artifactId>
        <version>${httpclient.version}</version>
    </dependency>
    <dependency>
        <groupId>org.quartz-scheduler</groupId>
        <artifactId>quartz</artifactId>
        <version>${quartz.version}</version>
    </dependency>
    <dependency>
        <groupId>ch.qos.logback</groupId>
        <artifactId>logback-classic</artifactId>
        <version>${logback.version}</version>
    </dependency>
</dependencies>
```

这里需要注意的是，使用 Quartz 需要添加 spring-context-support 的支持。

23.6.2 后台编码实现

使用 Quartz Scheduler 主要分为两个步骤：一个是创建任务，另一个是将这个任务进行配置。

1. 创建任务

创建 WeatherDataSyncJob，用于定义同步天气数据的定时任务，具体如下。该类继承自 org.

springframework.scheduling.quartz.QuartzJobBean，并重写了 executeInternal 方法。

```
package com.waylau.spring.quartz.job;
import org.quartz.JobExecutionContext;
import org.quartz.JobExecutionException;
import org.slf4j.Logger;
import org.slf4j.LoggerFactory;
import org.springframework.beans.factory.annotation.Autowired;
import org.springframework.scheduling.quartz.QuartzJobBean;
import com.waylau.spring.quartz.service.WeatherDataService;

public class WeatherDataSyncJob extends QuartzJobBean {
    private final static Logger logger = LoggerFactory.getLogger(Weather
DataSyncJob.class);

    @Autowired
    private WeatherDataService weatherDataService;

    @Override
    protected void executeInternal(JobExecutionContext context) throws
JobExecutionException {
        logger.info("Start 天气数据同步任务");
        String cityId = "101280301"; // 惠州
        logger.info("天气数据同步任务中，cityId:" + cityId);

        // 根据城市ID获取天气
        logger.info(weatherDataService.getDataByCityId(cityId).getData
().toString());

    }
}
```

其中，WeatherDataSyncJob 依赖于 s5-ch12-rest-template 应用的 WeatherDataService 来提供天气查询服务。在应用中，当获取到天气数据后，就把数据打印出来。

2. 创建配置类

创建 QuartzConfiguration 配置类，具体如下。

```
package com.waylau.spring.quartz.configuration;
import org.quartz.spi.JobFactory;
import org.springframework.context.annotation.Bean;
import org.springframework.context.annotation.Configuration;
import org.springframework.scheduling.quartz.JobDetailFactoryBean;
import org.springframework.scheduling.quartz.SchedulerFactoryBean;
import org.springframework.scheduling.quartz.SimpleTriggerFactoryBean;
import com.waylau.spring.quartz.job.WeatherDataSyncJob;

@Configuration
public class QuartzConfiguration {

    @Bean
    public JobDetailFactoryBean jobDetailFactoryBean(){
        JobDetailFactoryBean factory = new JobDetailFactoryBean();
```

```
        factory.setJobClass(WeatherDataSyncJob.class);
        return factory;
    }

    @Bean
    public SimpleTriggerFactoryBean simpleTriggerFactoryBean(){
        SimpleTriggerFactoryBean stFactory = new SimpleTriggerFactory-
Bean();
        stFactory.setJobDetail(jobDetailFactoryBean().getObject());
        stFactory.setStartDelay(3000);  // 延迟3s
        stFactory.setRepeatInterval(30000); // 间隔30s
        return stFactory;
    }
    @Bean
    public JobFactory jobFactory() {
        return new QuartzJobFactory();
    }

    @Bean
    public SchedulerFactoryBean schedulerFactoryBean() {
        SchedulerFactoryBean scheduler = new SchedulerFactoryBean();
        scheduler.setTriggers(simpleTriggerFactoryBean().getObject());
        scheduler.setJobFactory(jobFactory());
        return scheduler;
    }
}
```

其中，设置的定时策略是延迟 3s 执行，每 30s 就执行一次任务；QuartzJobFactory 重写了 org.springframework.scheduling.quartz.SpringBeanJobFactory，用来解决无法在 QuartzJobBean 注入 bean 的问题。

QuartzJobFactory 的详细实现如下。

```
package com.waylau.spring.quartz.configuration;
import org.quartz.spi.TriggerFiredBundle;
import org.springframework.beans.factory.annotation.Autowired;
import org.springframework.beans.factory.config.AutowireCapableBeanFactory;
import org.springframework.scheduling.quartz.SpringBeanJobFactory;
public class QuartzJobFactory extends SpringBeanJobFactory {

    @Autowired
    private AutowireCapableBeanFactory beanFactory;

    @Override
    protected Object createJobInstance(TriggerFiredBundle bundle) throws
Exception {
        Object jobInstance = super.createJobInstance(bundle);
        beanFactory.autowireBean(jobInstance);
        return jobInstance;
    }
}
```

23.6.3 运行

运行后，能够看到如下日志信息输出。

```
...
01:31:53.101 [schedulerFactoryBean_QuartzSchedulerThread] DEBUG org.
springframework.beans.factory.annotation.InjectionMetadata - Processing
injected element of bean 'com.waylau.spring.quartz.job.WeatherDataSync
Job': AutowiredFieldElement for private com.waylau.spring.quartz.service.
WeatherDataService com.waylau.spring.quartz.job.WeatherDataSyncJob.weather
DataService
01:31:53.101 [schedulerFactoryBean_QuartzSchedulerThread] DEBUG org.spring
framework.core.annotation.AnnotationUtils - Failed to meta-introspect
annotation interface org.springframework.beans.factory.annotation.
Autowired: java.lang.NullPointerException
01:31:53.101 [schedulerFactoryBean_QuartzSchedulerThread] DEBUG org.
springframework.beans.factory.support.DefaultListableBeanFactory -
Returning cached instance of singleton bean 'weatherDataServiceImpl'
01:31:53.101 [schedulerFactoryBean_QuartzSchedulerThread] DEBUG org.
quartz.core.QuartzSchedulerThread - batch acquisition of 1 triggers
01:31:53.109 [schedulerFactoryBean_Worker-3] DEBUG org.quartz.core.
JobRunShell - Calling execute on job DEFAULT.jobDetailFactoryBean
01:31:53.110 [schedulerFactoryBean_Worker-3] INFO com.waylau.spring.
quartz.job.WeatherDataSyncJob - Start 天气数据同步任务
01:31:53.110 [schedulerFactoryBean_Worker-3] INFO com.waylau.spring.
quartz.job.WeatherDataSyncJob - 天气数据同步任务中，cityId:101280301
01:31:53.110 [schedulerFactoryBean_Worker-3] DEBUG org.springframework.
web.client.RestTemplate - Created GET request for "http://wthrcdn.
etouch.cn/weather_mini?citykey=101280301"
01:31:53.111 [schedulerFactoryBean_Worker-3] DEBUG org.springframework.
web.client.RestTemplate - Setting request Accept header to [text/plain,
application/json, application/*+json, */*]
01:31:53.139 [schedulerFactoryBean_Worker-3] INFO com.waylau.spring.
quartz.job.WeatherDataSyncJob - Weather [city=惠州, aqi=83, wendu=20,
ganmao=各项气象条件适宜，无明显降温过程，发生感冒概率较低。, yesterday=Yesterday
[date=18日星期三, high=高温 26℃, fx=无持续风向, low=低温 17℃, fl=<![CDATA
[<3级]]>, type=多云], forecast=[Forecast [date=19日星期四, high=高温 26℃,
fengxiang=无持续风向, low=低温 20℃, fengli=<![CDATA[<3级]]>, type=多云],
Forecast [date=20日星期五, high=高温 29℃, fengxiang=无持续风向, low=低温
21℃, fengli=<![CDATA[<3级]]>, type=多云], Forecast [date=21日星期六, high=
高温 29℃, fengxiang=无持续风向, low=低温 21℃, fengli=<![CDATA[<3级]]>,
type=多云], Forecast [date=22日星期天, high=高温 28℃, fengxiang=无持续风向,
low=低温 22℃, fengli=<![CDATA[<3级]]>, type=多云], Forecast [date=23日星
期一, high=高温 31℃, fengxiang=无持续风向, low=低温 23℃, fengli=<![CDATA
[<3级]]>, type=阵雨]]]
...
```

第24章 缓存

24.1 缓存概述

有时，为了提升整个网站的性能，会将经常需要访问的数据缓存起来，这样，在下次查询的时候，能快速找到这些数据。

缓存的使用与系统的时效性有着非常大的关系。当系统的时效性要求不高时，选择使用缓存是极好的。当系统要求的时效性比较高时，则并不适合用缓存。

自 Spring 3.1 以来，Spring 框架提供了对现有 Spring 应用程序透明地添加缓存的支持。与事务支持类似，缓存抽象允许一致地使用各种缓存解决方案，从而减少对代码的影响。

从 Spring 4.1 开始，支持 JSR-107 注解，从而使缓存抽象得到了显著改善。有关 JSP-107 缓存规范的内容可见 https://jcp.org/en/jsr/detail?id=107。

Spring 提供了缓存的抽象接口。这个抽象由 org.springframework.cache.Cache 和 org.springframework.cache.CacheManager 接口组成。

抽象可以支持多种实现，例如，基于 JDK java.util.concurrent.ConcurrentMap 的缓存、Ehcache 2.x、Gemfire、Caffeine 及符合 JSR-107 的缓存（如 Ehcache 3.x）。

要使用缓存抽象，开发人员需要关注以下两个方面。

①缓存声明：确定需要缓存的方法及其策略。

②缓存配置：数据存储和读取所需要的设置。

24.2 声明式缓存注解

Spring 提供了如下声明式的缓存注解。

① @Cacheable：触发缓存。

② @CacheEvict：触发缓存回收。

③ @CachePut：更新缓存。

④ @Caching：重新组合要应用于方法的多个缓存操作。

⑤ @CacheConfig：在类级别共享一些常见的缓存相关设置。

重点 24.2.1 @Cacheable

@Cacheable 声明可缓存的方法。例如：

```
@Cacheable("books")
public Book findBook(ISBN isbn) {...}
```

在上面的代码片段中，findBook 方法与名为 books 的缓存相关联。每次调用该方法时，都会检查缓存以查看调用是否已经执行。虽然在大多数情况下只声明一个缓存，但注解允许指定多个名称，以便使用多个缓存，具体示例如下。在这种情况下，将在执行该方法之前检查缓存，如果检查到至少有一个缓存，则将返回相关的值。

```
@Cacheable({"books", "isbns"})
public Book findBook(ISBN isbn) {...}
```

1. 默认 key 生成器

由于缓存本质上是 key-value 存储，因此每次缓存方法的调用都需要转换为适合缓存访问的 key。Spring 缓存抽象使用基于以下算法的简单 KeyGenerator（key 生成器）。

①如果没有给出参数，则返回 SimpleKey.EMPTY。

②如果只给出一个参数，则返回该实例。

③如果给出了一个参数，返回一个包含所有参数的 SimpleKey。

上述方法适用于大多数情况，只需要参数具有 key 并实现有效的 hashCode() 和 equals() 方法。

2. 自定义 key 生成器

如果想自定义 key 生成器，可以自行实现 org.springframework.cache.interceptor.KeyGenerator 接口。

由于缓存是通用的，因此目标方法很可能具有不能简单映射到缓存结构顶部的各种签名。特别是当目标方法有多个参数，其中只有一些适用于缓存（而其余的仅由方法逻辑使用）时，这往往会变得很明显。例如：

```
@Cacheable("books")
public Book findBook(ISBN isbn, boolean checkWarehouse, boolean includeUsed)
```

对于这种情况，@Cacheable 注解允许用户指定如何通过其 key 属性来生成 key。开发人员可以使用 SpEL 表达式来选择参数、执行操作，甚至调用任意方法，而无须编写任何代码或实现任何接口。

下面是各种 SpEL 声明的一些例子。

```
@Cacheable(cacheNames="books", key="#isbn")
public Book findBook(ISBN isbn, boolean checkWarehouse, boolean includeUsed)
@Cacheable(cacheNames="books", key="#isbn.rawNumber")
public Book findBook(ISBN isbn, boolean checkWarehouse, boolean includeUsed)
@Cacheable(cacheNames="books", key="T(someType).hash(#isbn)")
public Book findBook(ISBN isbn, boolean checkWarehouse, boolean includeUsed)
```

可以在操作中自定义 KeyGenerator。观察如下示例，“myKeyGenerator” 是自定义 KeyGenerator 的 bean 的名称。

```
@Cacheable(cacheNames="books", keyGenerator="myKeyGenerator")
public Book findBook(ISBN isbn, boolean checkWarehouse, boolean includeUsed)
```

重点 24.2.2 @CachePut

对于需要更新缓存而不干扰方法执行的情况，可以使用 @CachePut 注解。也就是说，该方法将始终执行并将其结果放入缓存中（根据 @CachePut 选项）。它支持与 @Cacheable 相同的选项。

```
@CachePut(cacheNames="book", key="#isbn")
public Book updateBook(ISBN isbn, BookDescriptor descriptor)
```

重点 24.2.3 @CacheEvict

从缓存中删除过时或未使用的数据是很有必要的。注解 @CacheEvict 定义了删除缓存数据的方法。下面是一个示例。

```
@CacheEvict(cacheNames="books", allEntries=true)
public void loadBooks(InputStream batch)
```

当需要清除整个缓存区域时，使用 allEntries 选项会非常方便。相比较逐条清除每个条目而言，这个选项将耗费更少的时间，拥有更高的效率。

重点 24.2.4 @Caching

在某些情况下，需要指定相同类型的多个注解（如 @CacheEvict 或 @CachePut），此时可以使用 @Caching。@Caching 允许在同一个方法上使用多个嵌套的 @Cacheable、@CachePut 和 @CacheEvict。

```
@Caching(evict = { @CacheEvict("primary"), @CacheEvict(cacheNames=
"secondary", key="#p0") })
public Book importBooks(String deposit, Date date)
```

24.2.5 @CacheConfig

如果某些自定义选项适用于该类的所有操作，此时就需要 @CacheConfig。观察如下示例。

```
@CacheConfig("books")
public class BookRepositoryImpl implements BookRepository {

    @Cacheable
    public Book findBook(ISBN isbn) {...}
}
```

@CacheConfig 是一个类级别注解，允许共享缓存名称、自定义 KeyGenerator 和 CacheManager 及最终的自定义 CacheResolver。将此注解放在类上不会启用任何缓存操作。

方法级别的自定义配置将会覆盖 @CacheConfig 上的配置。因此，可以在以下 3 个层次上自定义缓存配置。

①全局配置，可用于 CacheManager、KeyGenerator。

②在类上，使用 @CacheConfig。

③在方法上。

重点 24.2.6 启用缓存

需要注意的是，声明缓存注解并不等同于启用了缓存。就像 Spring 中的许多配置一样，该功能必须声明为启用。

要启用缓存注解，将注解 @EnableCaching 添加到其中一个 @Configuration 类中。例如：

```
@Configuration
@EnableCaching
public class AppConfig {
}
```

如果是基于 XML 的配置，则可以使用 cache:annotation-driven 元素。例如：

```
<beans xmlns="http://www.springframework.org/schema/beans"
    xmlns:xsi="http://www.w3.org/2001/XMLSchema-instance"
    xmlns:cache="http://www.springframework.org/schema/cache"
    xsi:schemaLocation="
        http://www.springframework.org/schema/beans
        http://www.springframework.org/schema/beans/spring-beans.xsd
        http://www.springframework.org/schema/cache
        http://www.springframework.org/schema/cache/spring-cache.xsd">
        <cache:annotation-driven />
</beans>
```

24.2.7 使用自定义缓存

可以使用自定义的缓存注解。观察以下示例。

```
@Retention(RetentionPolicy.RUNTIME)
@Target({ElementType.METHOD})
@Cacheable(cacheNames="books", key="#isbn")
public @interface SlowService {
}
```

在上面例子中，定义了自己的 SlowService 注解，它本身是基于 @Cacheable 注解的。现在可以将下面的代码：

```
@Cacheable(cacheNames="books", key="#isbn")
```

```
public Book findBook(ISBN isbn, boolean checkWarehouse, boolean includeUsed)
```

替换为以下自定义的注解。

```
@SlowService
public Book findBook(ISBN isbn, boolean checkWarehouse, boolean includeUsed)
```

24.3 JCache 注解

自 Spring 4.1 以来，Spring 缓存抽象完全支持 JCache 标准注解（JSR-107）。换句话说，如果已经在使用 Spring 的缓存抽象，那么可以在不更改缓存存储（或配置）的情况下切换到这些标准注解。

24.3.1 JCache 注解概述

JCache 是 Java 缓存 API，由 JSR-107 定义。它定义了供开发人员使用的标准 Java 缓存 API 及供实施者使用的标准 SPI（服务提供者接口）。

表 24–1 描述了 Spring 注解与 JSR-107 对应的主要差异。

表24–1 Spring 注解与 JSR-107 对应的差异

Spring	JSR-107	备注
@Cacheable	@CacheResult	两者相当相似
@CachePut	@CachePut	Spring 使用方法调用的结果更新缓存；JCache 允许在实际方法调用之前或之后更新缓存
@CacheEvict	@CacheRemove	两者相当相似
@CacheEvict(allEntries=true)	@CacheRemoveAll	两者相当相似
@CacheConfig	@CacheDefaults	两者相当相似

24.3.2 与 Spring 缓存注解的差异

JCache 具有 javax.cache.annotation.CacheResolver 的概念，它与 Spring 的 CacheResolver 接口相同，只是 JCache 仅支持单个缓存。应该注意的是，如果在注解中没有指定缓存名称，将自动生成一个默认值。

CacheResolver 实例由 CacheResolverFactory 检索，可以为每个缓存操作定制工厂。

```
@CacheResult(cacheNames="books", cacheResolverFactory=MyCacheResolver-
Factory.class)
public Book findBook(ISBN isbn)
```

对于所有引用的类，Spring 试图找到给定类型的 bean。如果存在多个匹配项，则会创建一个新实例并可以使用常规 bean 生命周期回调，如依赖注入。

key 由一个 javax.cache.annotation.CacheKeyGenerator 生成，它的作用与 Spring KeyGenerator 相同。默认情况下，除非至少有一个参数使用 @CacheKey 注解，否则将考虑所有方法参数。这与 Spring 的自定义 key 生成声明类似。例如：

```
@Cacheable(cacheNames="books", key="#isbn")
public Book findBook(ISBN isbn, boolean checkWarehouse, boolean include-
Used)

@CacheResult(cacheName="books")
public Book findBook(@CacheKey ISBN isbn, boolean checkWarehouse,
boolean includeUsed)
```

24.4 基于 XML 的声明式缓存

如果使用注解，Spring 也支持使用 XML 声明缓存。

```
<!-- 需要使用缓存的 bean -->
<bean id="bookService" class="x.y.service.DefaultBookService"/>

<!-- 缓存定义 -->
<cache:advice id="cacheAdvice" cache-manager="cacheManager">
    <cache:caching cache="books">
        <cache:cacheable method="findBook" key="#isbn"/>
        <cache:cache-evict method="loadBooks" all-entries="true"/>
    </cache:caching>
</cache:advice>

<!-- 应用缓存行为到指定的接口 -->
<aop:config>
    <aop:advisor advice-ref="cacheAdvice" pointcut="execution(* x.y.
BookService.*(..))"/>
</aop:config>
```

24.5 配置缓存存储

Spring 缓存抽象提供了多种存储集成。要使用它们，需要简单地声明一个合适的 CacheManager。

24.5.1 基于 JDK 的缓存

基于 JDK 的缓存实现位于 org.springframework.cache.concurrent 包下。它允许使用 ConcurrentHashMap 作为缓存存储。

```
<bean id="cacheManager" class="org.springframework.cache.support.Simple-
CacheManager">
    <property name="caches">
        <set>
            <bean class="org.springframework.cache.concurrent.Concurrent-
MapCacheFactoryBean"
                p:name="default"/>
            <bean class="org.springframework.cache.concurrent.Concurrent-
MapCacheFactoryBean"
                p:name="books"/>
        </set>
    </property>
</bean>
```

上面的代码片段使用 SimpleCacheManager 为两个名为“default”和“books”的嵌套的 ConcurrentMapCache 实例创建一个 CacheManager。

由于缓存是由应用程序创建的，因此它被绑定到程序的生命周期中。这种缓存非常适合基本用例、测试或简单应用程序。这种缓存可以很好地扩展，速度也非常快，但它不提供任何管理或持久性功能，也不提供缓存清除的方法。

24.5.2 基于 Ehcache 的缓存

Ehcache 2.x 实现位于 org.springframework.cache.ehcache 包下。同样，要使用它，只需要声明适当的 CacheManager。

```
<bean id="cacheManager"
        class="org.springframework.cache.ehcache.EhCacheCacheManager"
        p:cache-manager-ref="ehcache"/>

<bean id="ehcache"
        class="org.springframework.cache.ehcache.EhCacheManagerFactoryBean"
        p:config-location="ehcache.xml"/>
```

需要注意的是，Ehcache 3.x 已经完全兼容 JSR-107，因此不需要专门的支持。

24.5.3　基于 Caffeine 的缓存

Caffeine 是对 Guava 缓存的 Java 8 重写，其实现位于 org.springframework.cache.caffeine 包下，并提供对 Caffeine 几个功能的访问。要使用它，只需要声明适当的 CacheManager。

```
<bean id="cacheManager" class="org.springframework.cache.caffeine.
CaffeineCacheManager">
    <property name="caches">
        <set>
            <value>default</value>
            <value>books</value>
        </set>
    </property>
</bean>
```

24.5.4　基于 GemFire 的缓存

GemFire 是一个面向内存的缓存，具有可弹性扩展、持续可用、内置基于模式的订阅通知、全局复制的数据库等功能。目前，Spring 对于 GemFire 的缓存，由 Spring Data GemFire 项目负责。

24.5.5　基于 JSR-107 的缓存

对于 JSR-107 缓存的支持，其实现位于 org.springframework.cache.jcache 包下。要使用它，只需要声明适当的 CacheManager。

```
<bean id="cacheManager"
        class="org.springframework.cache.jcache.JCacheCacheManager"
        p:cache-manager-ref="jCacheManager"/>

<bean id="jCacheManager" .../>
```

实战 24.6 基于缓存的天气预报系统

使用缓存可以有效提升整个网站的性能。将经常需要访问的数据缓存起来，这样，在下次查询的时候，能够从缓存中快速找到这些数据。

在前面实现了基于 RestTemplate 的天气预报服务“s5-ch12-rest-template”。由于天气预报系统本身的时效性不是很高，因此非常适合使用缓存。

下面将基于 s5-ch12-rest-template 进行进一步的改造，增加缓存的功能，以提升应用的并发能力。

24.6.1 项目概述

基于 s5-ch12-rest-template 创建新应用“s5-ch24-java-cache”。在 s5-ch24-java-cache 应用中，将会对系统中的两个接口实现缓存：GET http://localhost:8080/weather/cityId 与 GET http://localhost:8080/weather/cityName。

24.6.2 后台编码实现

在服务类的 WeatherDataServiceImpl 的方法上增加了 @Cacheable 注解。

```
package com.waylau.spring.cache.service;
import java.io.IOException;
import org.springframework.beans.factory.annotation.Autowired;
import org.springframework.cache.annotation.Cacheable;
import org.springframework.http.ResponseEntity;
import org.springframework.stereotype.Service;
import org.springframework.web.client.RestTemplate;
import com.fasterxml.jackson.databind.ObjectMapper;
import com.waylau.spring.cache.vo.WeatherResponse;

@Service
public class WeatherDataServiceImpl implements WeatherDataService {

    @Autowired
    private RestTemplate restTemplate;
    private final String WEATHER_API = "http://wthrcdn.etouch.cn/
weather_mini";

    @Override
    @Cacheable(cacheNames="weahterDataByCityId", key="#cityId")
    public WeatherResponse getDataByCityId(String cityId) {
        String uri = WEATHER_API + "?citykey=" + cityId;
        return this.doGetWeatherData(uri);
    }

    @Override
    @Cacheable(cacheNames="weahterDataByCityName", key="#cityName")
    public WeatherResponse getDataByCityName(String cityName) {
        String uri = WEATHER_API + "?city=" + cityName;
        return this.doGetWeatherData(uri);
    }

    private WeatherResponse doGetWeatherData(String uri) {
        System.out.println("调用天气接口执行");  // 验证程序是否通过缓存
        ResponseEntity<String> response = restTemplate.getForEntity(uri,
String.class);
        String strBody = null;
```

```
        if (response.getStatusCodeValue() == 200) {
            strBody = response.getBody();
        }

        ObjectMapper mapper = new ObjectMapper();
        WeatherResponse weather = null;

        try {
            weather = mapper.readValue(strBody, WeatherResponse.class);
        } catch (IOException e) {
            e.printStackTrace();
        }
        return weather;
    }
}
```

同时，为了验证程序是否通过缓存，在程序中加了一行打印代码：

```
System.out.println("调用天气接口执行");
```

如果调用方法没有执行打印，则表明方法是通过缓存。

24.6.3 缓存配置

为了启用缓存，增加了缓存配置类。

```
package com.waylau.spring.cache.configuration;
import java.util.Arrays;
import org.springframework.cache.CacheManager;
import org.springframework.cache.annotation.EnableCaching;
import org.springframework.cache.concurrent.ConcurrentMapCache;
import org.springframework.cache.support.SimpleCacheManager;
import org.springframework.context.annotation.Bean;
import org.springframework.context.annotation.Configuration;

@EnableCaching
@Configuration
public class CacheConfiguration {

    @Bean
    public CacheManager cacheManager() {
        SimpleCacheManager cacheManager = new SimpleCacheManager();
        cacheManager.setCaches(Arrays.asList(new ConcurrentMapCache
("weahterDataByCityId"),
                new ConcurrentMapCache("weahterDataByCityName")));
        return cacheManager;
    }
}
```

SimpleCacheManager 是 Spring 内置的缓存管理器，采用了 基于 JDK 的缓存存储。

24.6.4 运行

运行项目，当首次调用 http://localhost:8080/weather/cityId/101280601 接口时，可以看到控制台中打印出以下信息。

```
调用天气接口执行
```

如果再次调用接口，则控制台不再打印信息。这也证实了接口调用是通过缓存。

第25章 Spring Boot

25.1 从单块架构到微服务架构

25.1.1 单块架构的概念

软件系统通常会采用分层架构形式。所谓分层，是指将软件按照不同的职责进行垂直分化，最终软件会被分为若干层。以 Java EE 应用为例，Java EE 软件系统经常会采用经典的三层架构（Three-Tier Architecture），即表示层、业务层和数据访问层，如图 25—1 所示。

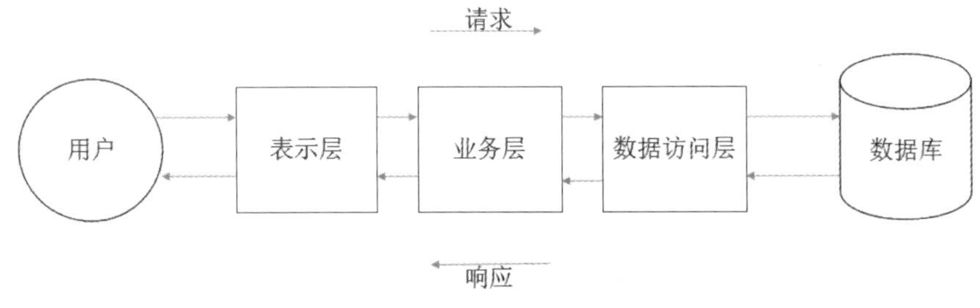

图25—1　三层架构

图 25—1 展示了三层架构中的数据流向。三层架构中的不同层都拥有自己的单一职责。

①表示层（Presentation Layer）：提供与用户交互的界面。GUI（图形用户界面）和 Web 页面是表示层的两个典型的例子。

②业务层（Business Layer）：也称为业务逻辑层，用于实现各种业务逻辑。例如处理数据验证，根据特定的业务规则和任务来响应特定的行为。

③数据访问层（Data Access Layer）：也称为数据持久层，负责存放和管理应用的持久性业务数据。

如果仔细看看这些层，可以知道每一个层都需要不同的技能。

①表示层需要诸如 HTML、CSS、JavaScript 等的前端技能，以及具备 UI 设计能力。

②业务层需要编程语言的技能，以便计算机可以处理业务规则。

③数据访问层需要具有数据定义语言（DDL）和数据操作语言（DML）及数据库设计形式的 SQL 技能。

虽然一个人有可能拥有所有上述技能，但这样的全栈工程师是相当罕见的。在具有大型软件应用程序的大型组织中，将应用程序分割为单独的层，使得每个层都可以由具有相关专业技能的不同团队来开发和维护。

虽然软件的三层架构帮助开发人员将应用在逻辑上分成了三层，但它并不是物理上的分层。这也就意味着，即便将应用架构分成了所谓的三层，经过不同的开发人员对不同层的代码进行了实现，经历过编译、打包、部署等阶段后，最终程序还是会运行在同一个机器的同一个进程中。对于这种功能、代码、数据集中化，编译成为一个发布包，部署运行在同一进程的应用程序的架构，通常称为单块架构。典型的单块架构应用就像传统的 Java EE 项目所构建的产品或项目，它们存在的形态一般是 WAR 包或 EAR 包。当部署这类应用时，通常是将整个发布包作为一个整体，部署在同一个 Web 容器中，一般是 Tomcat、Jetty 或 GlassFish 等 Servlet 容器。当这类应用运行后，所有的功能也都运行在同一个进程中。

重点 25.1.2 单块架构的优缺点

实际上，构建单块架构是非常自然的行为。项目在创建早期，体量一般都比较小，所有的开发人员在同一个项目下进行协同操作，软件组件也能通过简单的搜索被查询到，从而实现方法级别的软件的重用。由于项目初期组员人数较少，开发人员往往需要承担贯穿从前端到后端，再到数据库的完整链路功能开发。这种开发方式，由于减少了不必要的人员之间的沟通交流，大大提升了开发的效率，而且短时间内也能快速地推出产品。

但是，当一个系统的功能慢慢丰富起来，项目开发时也就需要不断地增加人手，代码量也开始剧增。为了便于管理，系统可能会拆分为若干个子系统。不同的子系统为了实现自治，它们被构造成可以独立运行的程序，这些程序可以运行在不同的进程中。

不同进程之间的通信就要涉及远程过程调用了。为了不同进程之间能够相互通信，就要约定双方的通信方式及通信协议。为了让协同操作的人之间能够理解代码的含义，接口的提供方和消费方要约定好接口调用的方式，以及所要传递的参数。为了减少不必要的通信负担，通信协议一般采用可跨越防火墙的协议 HTTP 。同时，为了能够最大化地重用不同子系统之间的组件、接口，不同子系统之间往往会采用相同的技术栈和技术框架。这就是 SOA 的雏形。SOA 的本质就是要通过统一的、与平台无关的通信方式来实现不同服务之间的协同。这也是为什么大型系统都会采用 SOA 架构的原因。

概括地说，单块架构主要有以下几方面的优点。

①业务功能划分清楚。单块架构采用分层的方式，就是将相关的业务功能类或组件放在一起，而将不相关的业务功能类或组件隔离开。例如，将与用户直接交互的部分分为“表示层”，将实现逻辑计算或者业务处理的部分分为“业务层”，将与数据库打交道的部分分为“数据访问层”。

②层次关系良好。上层依赖于下层，而下层支撑起上层，却不能直接访问上层，层与层之间通过协作来共同实现特定的功能。

③每一层都能保持独立。层能够被单独构造，也能被单独替换掉，最终不会影响整体功能。例如，将整个数据持久层的技术从 Hibernate 转成了 EclipseLink，但不会对上层业务逻辑功能造成影响。

④部署简单。由于所有的功能都集合在一个发布包中，因此将发布包进行部署都较为简单。

⑤技术单一。技术相对比较单一，这样整个开发学习成本就比较低，人才复用率也会较高。

当然，单块架构也存在以下弊端。

①功能仍然太大。虽然 SOA 可以解决整体系统太大的问题，但每个子系统的体量仍然是比较大的，而且随着时间的推移，体量会越来越大，毕竟功能会不断添加进来。最后，代码也会变得太多，且难以管理。

②升级风险高。因为所有功能都是在一个发布包中，如果要升级，就要更换整个发布包。那么在升级的过程中，会导致整个应用停止，致使所有的功能不可用。

③维护成本增加。因为系统在变大，如果人员保持不变，每个开发人员都有可能维护整个系统的每个部分。如果是自己开发的功能，经过查阅代码，还能找回当初的记忆。但如果是别人编写的代码，而且有可能代码编写得并不规范，这就导致了维护困难及维护成本增加的问题。

④项目交付周期变长。由于单块架构必须要等到最后一个功能测试没有问题了才能整体上线，这就导致交付周期被拉长了。这就是“木桶效应”，只要有一个功能存在短板，整个系统的交付就会被拖累。

⑤可伸缩性差。由于应用程序的所有功能代码都运行在同一个服务器上，将会导致应用程序的扩展非常困难。特别是如果想扩展系统中的某一个单一功能，不得不将整个应用都水平进行扩容，这就导致了其他不需要扩容部分的功能浪费。

⑥监控困难。不同的功能都杂合在了同一个进程中，这就让监控这个进程的功能实现起来变得困难。

正是由于单块架构存在上述缺陷，架构师们才提出了微服务的概念，以期通过微服务架构来解决单块架构的问题。

难点 25.1.3 将单块架构进化为微服务架构

正如前面的内容所讲的，一个系统在创建初期，倾向于内聚，把所有的功能都累加到一起，这其实是再自然不过的事情。也就是说，很多项目初始状态都是单块架构的。但随着系统慢慢壮大，单块架构也变得越来越难以承受当初的技术架构，变更无法避免。

SOA 的出现本身就是一种技术革命，它将整个系统打散成为不同的功能单元（称为服务），通过这些服务之间定义良好的接口和契约联系起来。因为接口是采用中立的、与平台无关的方式进行定义的，所以它能够跨域不同的硬件平台、操作系统和编程语言。这使得构建在各种各样的系统中的服务可以以一种统一和通用的方式进行交互，这就是 SOA 的优势所在。

当使用 SOA 的时候，可能会进一步思考，既然 SOA 是通过将系统拆分来降低复杂度而实现的，那可否把拆分的颗粒度再细一点呢？将一个大服务继续拆分成为不同的、不可再分割的“服务单元”时，也就演变成出另一种架构风格——微服务架构。所以微服务架构本质上是一种 SOA 的特例。图 25–2 展示了 SOA 与微服务之间的关系。

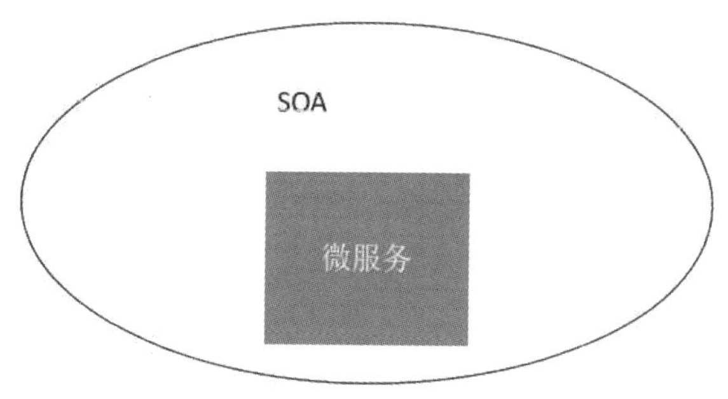

图25-2 SOA 与微服务的关系

《三国演义》第一回中说："话说天下大势，分久必合，合久必分。"软件开发也是如此，有时讲高内聚，就是尽量把相关的功能放在一起，方面查找和使用；有时又要讲低耦合，令不相关的事物之间尽量不要存在依赖关系，让它们独立自主最好。微服务就是这样演进而来的，当一个大型系统过于庞大的时候，就要进行拆分，如果小的服务又慢慢增大了，那就再继续拆分，如同细胞分裂一样。

当然，构建服务并不只是一个"拆"字就能解决的，还要了解构建微服务的一些原则。

25.2 微服务设计原则

当从单块架构的应用走向基于微服务的架构时，首先面临的一个问题是如何来进行拆分。同时还需要考虑服务颗粒度的问题，即服务多小才算是"微"。接着需要做一个重要的决定，就是如何将这些服务都连接在一起。下面就来看看微服务的架构设计原则。

难点 25.2.1 拆分足够"微"

在解决大的复杂问题时，人们倾向于将问题域划分成若干个小问题来解决，所谓"大事化小，小事化了"。随着时间的推移，单块架构的应用，会越来越臃肿，适当地做"减法"可以解决单块架构存在的问题。

将单块架构的应用拆分为微服务架构时，应考虑微服务的颗粒度问题。颗粒度太大，其实就是拆分得不够充分，无法发挥微服务的优势；如果拆分得太细，又会面临服务数量太多引起的服务管理问题。对于微服务的"微"，业界也没有具体的度量。一般地，当开发人员认为自己的代码库过大时，往往就是拆分的最佳时机。代码库的大小不能简单地以代码量来评价，毕竟复杂业务功能的代码量肯定比简单业务的代码量要高。同样地，一个服务，功能本身的复杂性不同，代码量也截然不同。一个经验值是，一个微服务通常能够在两周内开发完成，且通常能够被一个小团队所维护。否则，需要将代码进行拆分。

微服务也不是越小越好。服务越小，微服务架构的优点和缺点也就会越来越明显。服务越小，微服务的独立性就会越高，但同时，微服务的数量也会激增，管理这些大批量的服务也将会是一个挑战。

重点 25.2.2　轻量级通信

在单块架构的系统中，组件通过简单的方法调用就是进行通信，但是微服务架构系统中，由于服务都是跨域进程，甚至是跨越主机的，组件只能通过 REST、Web 服务或某些类似 RPC 的机制在网络上进行通信。

服务间通信应采用轻量级的通信协议，例如，同步的 REST，异步的 AMQP、STOMP、MQTT 等。在实时性要求不高的场景下，采用 REST 服务的通信是不错的选择。REST 基于协议 HTTP ，可以跨越防火墙的设置。其消息格式可以是 XML 或 JSON，这样也方便开发人员来阅读和理解。

如果对于通信有比较高的要求，则不妨采用消息通信的方式。

难点 25.2.3　领域驱动原则

应用程序功能分解可以通过 Eric Evans 在 *Domain-Driven Design*：*Tackling Complexity in the Heart of Software*（《领域驱动设计：软件核心复杂性应对之道》）一书中明确定义的规则实现。

一个微服务应该能反映出某个业务的领域模型。使用领域驱动设计（DDD），不但可以降低微服务环境中通用语言的复杂性，而且可以帮助团队弄清楚领域的边界，厘清上下文边界。

建议将每个微服务都设计成一个 DDD 边界上下文（Bounded Context）。这为系统内的微服务提供了一个逻辑边界，无论是在功能，还是在通用语言上。每个独立的团队负责一个逻辑上定义好的系统切片，每个团队负责与一个领域或业务功能相关的全部开发，最终，团队开发出的代码会更易于理解和维护。

重点 25.2.4　单一职责原则

当服务的颗粒度过粗时，服务内部的代码容易产生耦合。如果多人开发同一个服务，很多时候会因耦合造成代码修改重合、开发成本相对也较高，且不利于后期维护。

服务的划分遵循“低耦合、高内聚”，根据“单一职责原则”来确定服务的边界。

①服务应当弱耦合在一起，对其他服务的依赖应尽可能低。一个服务与其他服务的任何通信都应通过公开暴露的接口（API、事件等）实现，这些接口需要妥善设计以隐藏内部细节。

②服务应具备高内聚力。密切相关的多个功能应尽量包含在同一个服务中，这样可将服务之间的干扰降至最低。服务应包含单一的边界上下文。边界上下文可将某一领域的内部细节，包括该领域特定的模块封装在一起。

理想情况下，必须对自己的产品和业务有足够的了解才能确定最自然的服务边界。就算一开始确定的边界是错误的，服务之间的弱耦合也可以让开发人员在未来轻松重构（如合并、拆分、重组）。

重点 25.2.5 DevOps 及两个比萨原则

每个微服务的开发团队应该是小而精的，并具备完全自治的全栈能力。团队拥有全系列的开发人员，具备用户界面、业务逻辑和持久化存储等方面的开发技能及能够实现独立的运维，这就是目前流行的 DevOps 开发模式。

团队的人数越多，沟通成本就会越高，工作的效率就越低下。亚马逊的 CEO 杰夫 · 贝佐斯（Jeff Bezos）对于如何提高工作效率这个问题有自己的解决办法，他将该办法称为“两个比萨团队”（Two Pizza Team），即一个团队人数不能多到两个比萨饼还不够他们吃的地步。

“两个比萨原则”有助于避免项目陷入停顿或失败的局面。领导人需要慧眼识才，找出能够让项目成功的关键人物，然后尽可能地给他们提供资源，从而推动项目向前发展。让一个小团队在一起做项目、开会研讨，更有利于达成共识，促进企业创新。

Jeff Bezos 把比萨的数量当作衡量团队大小的标准。如果两个比萨不能使一个项目团队满足，那么这个团队可能就显得太大了。合适的团队一般也就是六七个人。

重点 25.2.6 不限于技术栈

在单块架构中，技术栈相对较为单一。而在微服务架构中，这种情况就会有很大的转变。

由于服务之间的通信是跟具体的平台无关的，因此理论上每个微服务都可以采用适合自己场景的技术栈。例如，某些微服务是计算密集型的，那么可以配备比较强大的 CPU 和内存；某些微服务是非结构化的数据场景，那么可以使用 NoSQL 来作为存储工具。图 25–3 展示了不同的微服务可以采用不同的存储方式。

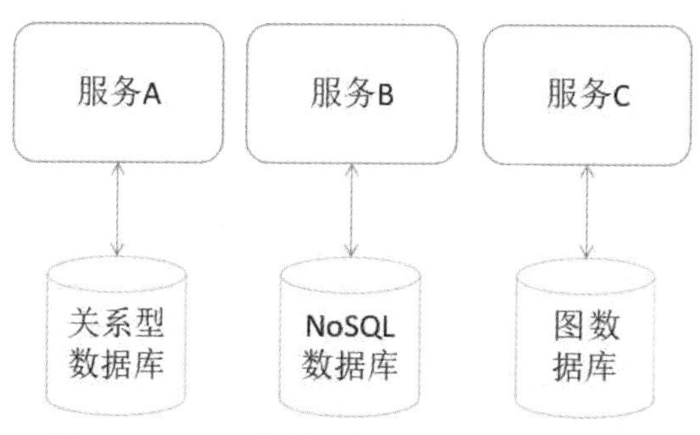

图25–3 不同的微服务使用不同的存储方式

需要注意的是，不限于技术栈，并非可以滥用技术，关键还是要区分不同的场景。例如，在服务器端，编程人员还是会使用以 Java 为主的技术，毕竟 Java 在稳定性和安全性方面比较有优势。

而在 Linux 系统等底层方面，还是推崇使用 C 语言来实现功能。

重点 25.2.7 可独立部署

由于每个微服务都是独立运行在各自的进程中，这就为独立部署带来了可能。每个微服务部署到独立的主机或虚拟机中，可以有效实现服务间的隔离。

独立部署的另外一个优势是，开发者不再需要协调其他服务部署对本服务的影响，从而降低了开发、测试、部署的复杂性，最终加快部署速度。UI 团队可以采用 AB 测试，通过快速部署来应对变化。微服务架构模式使持续化部署成为可能。

最近比较流行的以 Docker 为代码的容器技术，让应用的独立部署成本更加低了。每个应用都可以打包成包含其运行环境的 Docker Image 来进行分发，这样就确保了应用程序总是可以使用它在构建镜像中所期望的环境来运行，测试和部署比以往任何时候都更简单，因为构建将是完全可移植的，并且可以按照任何环境中的设计运行。由于容器是轻量级的，运行的时候并没有虚拟机管理程序的额外负载，这样就可以运行许多应用程序。这些应用程序都依赖于单个内核上的不同库和环境，每个应用程序都不会互相干扰。将应用程序从虚拟机或物理机迁移到容器实例，可以获得更多的硬件资源。

有关 Docker 及微服务设计与架构的内容，可以参阅笔者所著的《Spring Cloud 微服务架构开发实战》。

25.3 Spring Boot 概述

在 Java 开发领域，Spring Boot 算得上是一颗耀眼的明星了。Spring Boot 自诞生以来，秉着简化 Java 企业级应用的宗旨，得到广大 Java 开发者的好评。特别是微服务架构的兴起，Spring Boot 被称为构建 Spring 应用中微服务最有力的工具之一。Spring Boot 中众多的“开箱即用”的 Starter 为广大开发者尝试开启一个新服务提供了较快捷的方式。

为了推动 Spring Boot 技术在国内的发展，早在 2017 年，笔者制作了一系列关于 Spring Boot、Spring Cloud 等方面的视频课程[①]。视频课程上线后受到了广大 Java 技术爱好者的关注，课程的内容也引发了热烈的反响。通过学习该课程，不但可以学会 Spring Boot 及 Spring Cloud 的周边技术栈，提升运用上述技术进行整合、搭建框架的能力，熟悉单块架构及微服务架构的特点，并最终具备构建微服务架构的实战能力。

① 有关课程的介绍可参见 https://waylau.com/books/。

难点 25.3.1 Spring Boot 产生的背景

众所周知，Spring 框架的出现，本质上是为了简化传统 Java 企业级应用开发中的复杂性。Spring 框架针对传统 EJB 开发模式中以 Bean 为重心的强耦合、强侵入性的弊端，采用依赖注入和 AOP（面向切面编程）等技术来解耦对象间的依赖关系，无须继承复杂 Bean，只需要 POJO 就能快速实现企业级应用的开发。

Spring 框架最初的 Bean 管理是通过 XML 文件来描述的。然后随着业务的增加，应用中存在了大量的 XML 配置，这些配置包括 Spring 框架自身的 Bean 配置，还包括其他框架的集成配置等，到最后 XML 文件变得臃肿不堪，难以阅读和管理。同时，XML 文件内容本身不像 Java 文件一样能够在编译期事先做类型校验，所以也就很难排查 XML 文件中的错误配置。

正当 Spring 开发者饱受 Spring 平台 XML 配置及依赖管理的复杂性之苦时，Spring 团队敏锐地意识到了这个问题。随着 Spring 3.0 的发布，Spring IO 团队逐渐开始摆脱 XML 配置文件，并且在开发过程中大量使用“约定大于配置”的思想（大部分情况下就是 Java Config 的方式）来摆脱 Spring 框架中各类繁复纷杂的配置。

在 Spring 4.0 发布后，Spring 团队抽象出了 Spring Boot 开发框架。Spring Boot 本身并不提供 Spring 框架的核心特性及扩展功能，只是用于快速、敏捷地开发新一代基于 Spring 框架的应用程序。也就是说，Spring Boot 并不是用来替代 Spring 的解决方案，而是和 Spring 框架紧密结合用于提升 Spring 开发者体验的工具。同时，Spring Boot 集成了大量常用的第三方库的配置，为这些第三方库提供了几乎可以零配置的“开箱即用”的能力。这样大部分的 Spring Boot 应用都只需要非常少量的配置代码，使得开发者能够更加专注于业务逻辑，而无须进行诸如框架的整合等这些只有高级开发者或架构师才能胜任的工作。

从最根本上来讲，Spring Boot 就是一些依赖库的集合，它能够被任意项目的构建系统所使用。在追求开发体验的提升方面，甚至可以说整个 Spring 生态系统都使用到了 Groovy 编程语言。Spring Boot 所提供的众多便捷功能都是借助于 Groovy 强大的 MetaObject 协议、可插拔的 AST 转换过程，以及内置了解决方案引擎所实现的依赖。在其核心的编译模型中，Spring Boot 使用 Groovy 来构建工程文件，所以它可以使用通用的导入和样板方法（如类的 main 方法）对类所生成的字节码进行装饰（Decorate）。这样使用 Spring Boot 编写的应用就能保持非常简洁，却依然可以提供众多的功能。

2018 年 3 月 1 日，Spring Boot 2.0 正式版发布。Spring Boot 2 相比于 Spring Boot 1 增加了如下新特性。

①对 Gradle 插件进行了重写。

②基于 Java 8 和 Spring 5。

③支持响应式的编程方式。

④对 Spring Data、Spring Security、Spring Integration、Spring AMQP、Spring Session、Spring Batch

等都做了更新。

重点 25.3.2 Spring Boot 的目标

简化 Java 企业级应用是 Spring Boot 的目标。Spring Boot 简化了基于 Spring 的应用开发，通过少量的代码就能创建一个独立的、产品级别的 Spring 应用。Spring Boot 为 Spring 平台及第三方库提供“开箱即用”的设置，这样开发人员就可以有条不紊地进行应用的开发。大多数 Spring Boot 应用只需要很少的 Spring 配置。可以使用 Spring Boot 创建 Java 应用，并使用 java -jar 启动它，或者采用传统的 WAR 部署方式。同时 Spring Boot 也提供了一个运行“Spring 脚本”的命令行工具。

Spring Boot 主要的目标如下。

①为所有 Spring 开发提供一个更快更广泛的入门体验。

②“开箱即用”，不合适时也可以快速抛弃。

③提供一系列大型项目常用的非功能性特征，如嵌入式服务器、安全性、度量、运行状况检查、外部化配置等。

④零配置。无冗余代码生成和 XML 强制配置，遵循“约定大于配置”。

Spring Boot 内嵌表 25—1 所示的容器以支持“开箱即用”。

表25—1　Spring Boot内嵌容器的名称及版本

名称	Servlet版本	Java版本
Tomcat 8.5	Servlet 3.1	Java 8+
Tomcat 8	Servlet 3.1	Java 7+
Tomcat 7	Servlet 3.0	Java 6+
Jetty 9.4	Servlet 3.1	Java 8+
Jetty 9.3	Servlet 3.1	Java 8+
Jetty 9.2	Servlet 3.1	Java 7+
Jetty 8	Servlet 3.0	Java 6+
Undertow 1.3	Servlet 3.1	Java 7+

也可以将 Spring Boot 应用部署到任何兼容 Servlet 3.0+ 的容器。需要注意的是，Spring Boot 2 要求不低于 Java 8 版本。

简言之，Spring Boot 抛弃了传统 Java EE 项目烦琐的配置、学习过程，让开发过程变得简单。

重点 25.3.3 Spring Boot 与其他 Spring 应用的关系

正如上面所介绍的，Spring Boot 本质上仍然是一个 Spring 应用，本身并不提供 Spring 框架的核心特性及扩展功能。

Spring Boot 并不是要成为 Spring 平台中众多“基础层”（Foundation）项目的替代者。Spring Boot 的目标不在于为已解决的问题域提供新的解决方案，而是为平台带来另一种“开箱即用”的开发体验。从根本上来讲，这种体验就是简化对 Spring 已有技术使用的体验。对于已经熟悉 Spring 生态系统的开发人员来说，Spring Boot 是一个很理想的选择；而对于 Spring 技术的新手来说，Spring Boot 提供一种更简洁的方式来使用这些技术。图 25–4 展示了 Spring Boot 与其他框架的关系。

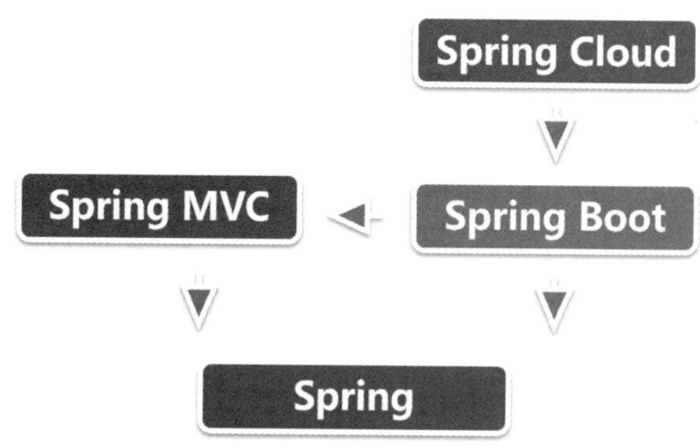

图25–4　Spring Boot 与其他框架的关系

1. Spring Boot 与 Spring 框架的关系

Spring 框架通过 IoC 机制来管理 Bean。Spring Boot 依赖 Spring 框架来管理对象的依赖。Spring Boot 并不是 Spring 的精简版本，而是为使用 Spring 做好各种产品级准备。

Spring Boot 本质上仍然是一个 Spring 应用，只是将各种依赖按照不同的业务需求“组装”成不同的 Starter，例如，spring-boot-starter-web 提供了快速开发 Web 应用的框架集成，spring-boot-starter-data-redis 提供了对于 Redis 的访问。这样，开发者无须自行去配置不同的类库之间的关系，直接使用 Spring Boot 的 Starter 即可。

2. Spring Boot 与 Spring MVC 框架的关系

Spring MVC 实现了 Web 项目中的 MVC 模式。如果 Spring Boot 是一个 Web 项目，可以选择采用 Spring MVC 来实现 MVC 模式。当然也可以选择其他类似的框架来实现。

3. Spring Boot 与 Spring Cloud 框架的关系

Spring Cloud 框架可以实现一整套分布式系统的解决方案（其中也包括微服务架构的方案），包括服务注册、服务发现、监控等，而 Spring Boot 只是作为开发单一服务的框架基础。

重点 25.3.4 Starter

正如 Starter 所命名的那样，Starter 就是用于快速启动 Spring 应用的“启动器”，其本质是将与某些业务功能相关的技术框架进行集成，统一到一组方便的依赖关系描述符中，这样，开发者就无须关注应用程序依赖配置的细节，大大简化了启动 Spring 应用的时间。Starter 可以说是 Spring Boot 团队为用户提供的技术方案的最佳组合。例如，如果要使用 Spring 和 JPA 进行数据库访问，那么只需在项目中包含 spring-boot-starter-data-jpa 依赖即可，这对用户来说是极其友好的。

所有 Spring Boot 官方提供的 Starter 都以“spring-boot-starter-*”方式来命名，其中“*”是特定业务功能类型的应用程序。这样，用户就能通过这个命名结构来方便查找自己所需的 Starter。

Spring Boot 提供的 Starter 主要分为以下三类。

1. 应用型的 Starter

常用的应用型的 Starter 有以下一些。

- spring-boot-starter：核心 Starter 包含支持 auto-configuration、日志和 YAML。
- spring-boot-starter-activemq：使用 Apache ActiveMQ 来实现 JMS 的消息通信。
- spring-boot-starter-amqp：使用 Spring AMQP 和 Rabbit MQ。
- spring-boot-starter-aop：使用 Spring AOP 和 AspectJ 来实现 AOP 功能。
- spring-boot-starter-artemis：使用 Apache Artemis 来实现 JMS 的消息通信。
- spring-boot-starter-batch：使用 Spring Batch。
- spring-boot-starter-cache：启用 Spring 框架的缓存功能。
- spring-boot-starter-cloud-connectors：用于简化连接到云平台，如 Cloud Foundry 和 Heroku。
- spring-boot-starter-data-cassandra：使用 Cassandra 和 Spring Data Cassandra。
- spring-boot-starter-data-cassandra-reactive：使用 Cassandra 和 Spring Data Cassandra Reactive。
- spring-boot-starter-data-couchbase：使用 Couchbase 和 Spring Data Couchbase。
- spring-boot-starter-data-elasticsearch：使用 Elasticsearch 和 Spring Data Elasticsearch。
- spring-boot-starter-data-jpa：使用基于 Hibernate 的 Spring Data JPA。
- spring-boot-starter-data-ldap：使用 Spring Data LDAP。
- spring-boot-starter-data-mongodb：使用 MongoDB 和 Spring Data MongoDB。
- spring-boot-starter-data-mongodb-reactive：使用 MongoDB 和 Spring Data MongoDB Reactive。
- spring-boot-starter-data-neo4j：使用 Neo4j 和 Spring Data Neo4j。
- spring-boot-starter-data-redis：使用 Redis 和 Spring Data Redis，以及 Jedis 客户端。
- spring-boot-starter-data-redis-reactive：使用 Redis 和 Spring Data Redis Reactive，以及 Lettuce 客户端。
- spring-boot-starter-data-rest：通过 Spring Data REST 来呈现 Spring Data 仓库。
- spring-boot-starter-data-solr：通过 Spring Data Solr 来使用 Apache Solr。

- spring-boot-starter-freemarker：在 MVC 应用中使用 FreeMarker 视图。
- spring-boot-starter-groovy-templates：在 MVC 应用中使用 Groovy Templates 视图。
- spring-boot-starter-hateoas：使用 Spring MVC 和 Spring HATEOAS 来构建基于 hypermedia 的 RESTful 服务应用。
- spring-boot-starter-integration：用于 Spring Integration。
- spring-boot-starter-jdbc：使用 Tomcat JDBC 连接池来使用 JDBC。
- spring-boot-starter-jersey：使用 JAX-RS 和 Jersey 来构建 RESTful 服务应用，可以替代 spring-boot-starter-web。
- spring-boot-starter-jooq：使用 jOOQ 来访问数据库，可以替代 spring-boot-starter-data-jpa 或 spring-boot-starter-jdbc。
- spring-boot-starter-jta-atomikos：使用 Atomikos 处理 JTA 事务。
- spring-boot-starter-jta-bitronix：使用 Bitronix 处理 JTA 事务。
- spring-boot-starter-jta-narayana：使用 Narayana 处理 JTA 事务。
- spring-boot-starter-mail：使用 Java Mail 和 Spring 框架的邮件发送支持。
- spring-boot-starter-mobile：使用 Spring Mobile 来构建 Web 应用。
- spring-boot-starter-mustache：使用 Mustache 视图来构建 Web 应用。
- spring-boot-starter-quartz：使用 Quartz。
- spring-boot-starter-security：使用 Spring Security。
- spring-boot-starter-social-facebook：使用 Spring Social Facebook。
- spring-boot-starter-social-linkedin：使用 Spring Social LinkedIn。
- spring-boot-starter-social-twitter：使用 Spring Social Twitter。
- spring-boot-starter-test：使用 JUnit、Hamcrest 和 Mockito 来进行应用的测试。
- spring-boot-starter-thymeleaf：在 MVC 应用中使用 Thymeleaf 视图。
- spring-boot-starter-validation：启用基于 Hibernate Validator 的 Java Bean Validation 功能。
- spring-boot-starter-web：使用 Spring MVC 来构建 RESTful Web 应用，并使用 Tomcat 作为默认内嵌容器。
- spring-boot-starter-web-services：使用 Spring Web Services。
- spring-boot-starter-webflux：使用 Spring 框架的 Reactive Web 支持来构建 WebFlux 应用。
- spring-boot-starter-websocket：使用 Spring 框架的 WebSocket 支持来构建 WebSocket 应用。

2. 产品级别的 Starter

产品级别的 Starter 的主要有 Actuator。spring-boot-starter-actuator：使用 Spring Boot Actuator 来提供产品级别的功能，帮用户实现应用的监控和管理。

3. 技术型的 Starter

Spring Boot 还包括以下一些技术型的 Starter，如果要排除或替换特定的技术，可以使用它们。

- spring-boot-starter-jetty：使用 Jetty 作为内嵌容器，可以替换 spring-boot-starter-tomcat。
- spring-boot-starter-json：用于处理 JSON。
- spring-boot-starter-log4j2：使用 Log4j2 来记录日志，可以替换 spring-boot-starter-logging。
- spring-boot-starter-logging：默认采用 Logback 来记录日志。
- spring-boot-starter-reactor-netty：使用 Reactor Netty 来作为内嵌的响应式的 HTTP 服务器。
- spring-boot-starter-tomcat：默认使用 Tomcat 作为内嵌容器。
- spring-boot-starter-undertow：使用 Undertow 作为内嵌容器，可以替换 spring-boot-starter-tomcat。

实战 25.4 开启第一个 Spring Boot 项目

本节将演示如何来开启第一个 Spring Boot 项目。创建 Spring Boot 应用的过程很简单，甚至不需要输入一行代码就能完成一个 Spring Boot 项目的构建。

25.4.1 通过 Spring Initializr 初始化一个 Spring Boot 原型

Spring Initializr 是用于初始化 Spring Boot 项目的可视化平台。虽然说通过 Maven 或 Gradle 来添加 Spring Boot 提供的 Starter 使用起来非常简单，但是由于组件和关联部分众多，有这样一个可视化的配置构建管理平台对于用户来说非常友好。下面将演示如何通过 Spring Initializr 初始化一个 Spring Boot 项目原型。

访问网站 https://start.spring.io/，该网站是 Spring 提供的官方 Spring Initializr 网站。当然，也可以搭建自己的 Spring Initializr 平台，有兴趣的读者可以访问 https://github.com/spring-io/initializr/ 来获取 Spring Initializr 项目源码。

按照 Spring Initializr 页面提示，输入相应的项目元数据（Project Metadata）资料，并选择依赖。由于是要初始化一个 Web 项目，因此在依赖搜索框中输入关键字“web”，并且选择“Web:Full-stack web development with Tomcat and Spring MVC”选项。顾名思义，该项目将会采用 Spring MVC 作为 MVC 的框架，并且集成了 Tomcat 作为内嵌的 Web 容器。图 25–5 展示了 Spring Initializr 的管理界面。

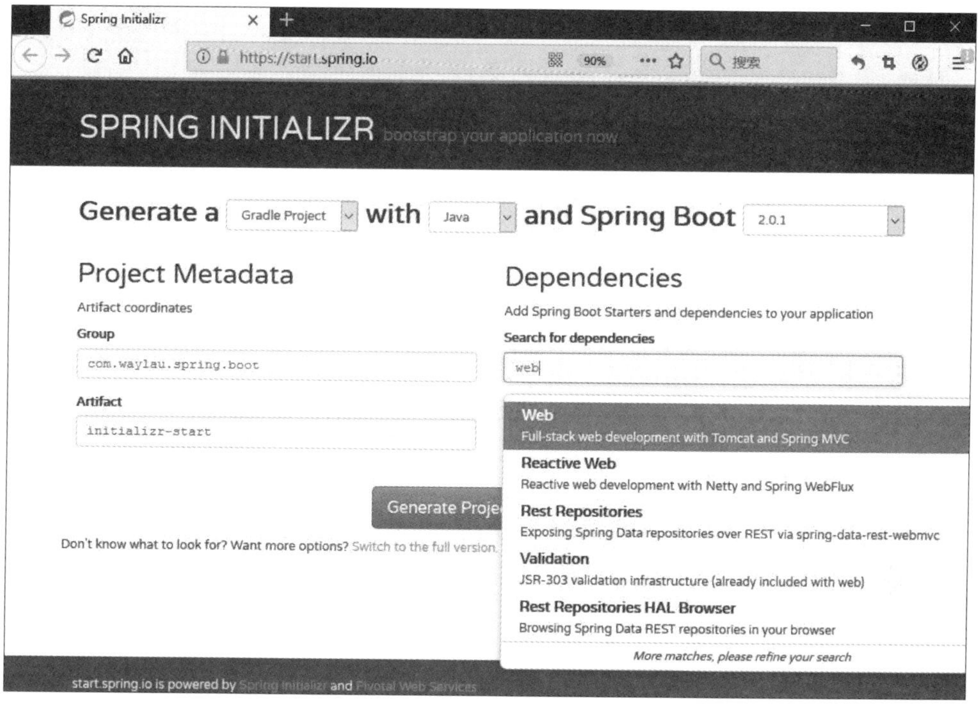

图25–5 Spring Initializr 管理界面

这里采用 Gradle 作为项目管理工具，选择最新的 Spring Boot 版本，Group 的信息设置为“com.waylau.spring.boot”，Artifact 设置为“initializr-start”。最后，单击“Generate Project”按钮，此时，可以下载到以项目“initializr-start”命名的 zip 包。该压缩包包含了这个原型项目的所有源码及配置，将该压缩包解压后，就能获得 initializr-start 项目的完整源码。

这里并没有输入一行代码，却已经完成了一个完整 Spring Boot 项目的搭建。

25.4.2 用 Gradle 编译项目

切换到 initializr-start 项目的根目录下，执行 gradle build 来对项目进行构建，构建过程如下。

```
$ gradle build
Starting a Gradle Daemon, 1 busy Daemon could not be reused, use --
status for details
Download https://repo.maven.apache.org/maven2/org/springframework/boot/
spring-boot-gradle-plugin/2.0.1.RELEASE/spring-boot-gradle-plugin-
2.0.1.RELEASE.pom
Download https://repo.maven.apache.org/maven2/org/springframework/boot/
spring-boot-tools/2.0.1.RELEASE/spring-boot-tools-2.0.1.RELEASE.pom
Download https://repo.maven.apache.org/maven2/org/springframework/boot/
spring-boot-parent/2.0.1.RELEASE/spring-boot-parent-2.0.1.RELEASE.pom
Download https://repo.maven.apache.org/maven2/org/springframework/boot/
spring-boot-dependencies/2.0.1.RELEASE/spring-boot-dependencies-2.0.1.
RELEASE.pom
```

```
Download https://repo.maven.apache.org/maven2/com/fasterxml/jackson/
jackson-bom/2.9.5/jackson-bom-2.9.5.pom
Download https://repo.maven.apache.org/maven2/io/netty/netty-bom/4.1.23.
Final/netty-bom-4.1.23.Final.pom
Download https://repo.maven.apache.org/maven2/org/eclipse/jetty/jetty-
bom/9.4.9.v20180320/jetty-bom-9.4.9.v20180320.pom
Download https://repo.maven.apache.org/maven2/org/springframework/
spring-framework-bom/5.0.5.RELEASE/spring-framework-bom-5.0.5.RELEASE.
pom

...

> Task :test
2018-04-21 23:29:57.846  INFO 14900 --- [       Thread-5]
o.s.w.c.s.GenericWebApplicationContext  : Closing org.springframework.
web.context.support.GenericWebApplicationContext@47000cbc: startup date
[Sat Apr 21 23:29:55 CST 2018]; root of context hierarchy

BUILD SUCCESSFUL in 15s
5 actionable tasks: 3 executed, 2 up-to-date
```

下面来分析执行 gradle build 的整个过程发生了什么。

在编译开始阶段，Gradle 会解析项目配置文件，而后去 Maven 仓库找相关的依赖，并下载到本地。速度快慢取决于本地的网络。控制台会打印整个下载、编译、测试的过程，在这里，为了节省篇幅略去了大部分的下载过程。最后，看到“BUILD SUCCESSFUL”字样，证明已经编译成功了。

回到项目的根目录下，可以发现多出了一个 build 目录。在该目录 build/libs 下可以看到一个 initializr-start-0.0.1-SNAPSHOT.jar，该文件就是项目编译后的可执行文件。在项目的根目录通过以下的命令来运行该文件。

```
java -jar build/libs/initializr-start-0.0.1-SNAPSHOT.jar
```

成功运行后，可以在控制台中看到如下输出信息。

```
$ java -jar build/libs/initializr-start-0.0.1-SNAPSHOT.jar

D:\workspaceGithub\spring-5-book\samples\s5-ch25-initializr-start>java
-jar build/libs/initializr-start-0.0.1-SNAPSHOT.jar

  .   ____          _            __ _ _
 /\\ / ___'_ __ _ _(_)_ __  __ _ \ \ \ \
( ( )\___ | '_ | '_| | '_ \/ _` | \ \ \ \
 \\/  ___)| |_)| | | | | || (_| |  ) ) ) )
  '  |____| .__|_| |_|_| |_\__, | / / / /
 =========|_|==============|___/=/_/_/_/
 :: Spring Boot ::        (v2.0.1.RELEASE)
```

```
2018-04-21 23:31:17.285  INFO 5980 --- [           main] c.w.s.b.i.
InitializrStartApplication    : Starting InitializrStartApplication on
...

2018-04-21 23:31:19.778  INFO 5980 --- [           main] o.s.j.e.a.
AnnotationMBeanExporter        : Registering beans for JMX exposure on
startup
2018-04-21 23:31:19.827  INFO 5980 --- [           main] o.s.b.w.
embedded.tomcat.TomcatWebServer : Tomcat started on port(s): 8080 (http)
with context path ''
2018-04-21 23:31:19.832  INFO 5980 --- [           main] c.w.s.b.i.
InitializrStartApplication    : Started InitializrStartApplication in
2.944 seconds (JVM running for 3.456)
```

观察控制台中输出的内容（为了节省篇幅，略去了中间大部分内容）。在开始部分是“Spring”的标志，并在下面标明了 Spring Boot 的版本号。该标志也被称为 Spring Boot 的“banner”。

用户可以自定义属于自己个性需求的 banner。例如，在类路径添加一个 banner.txt 文件，或者通过将 banner.location 设置到此类文件的位置上来更改。如果文件有一个不寻常的编码，用户也可以设置 banner.charset（默认是 UTF-8）。除了文本文件，用户还可以将 banner.gif、banner.jpg 或 banner.png 图像文件添加到自己的类路径中，或者设置 banner.image.location 属性。这些图像将被转换成 ASCII 艺术表现，并打印在控制台上方。

Spring Boot 默认寻找 Banner 的顺序如下。

①依次在类路径下找文件 banner.gif、banner.jpg 或 banner.png，先找到哪个就用哪个。

②继续在类路径下找文件 banner.txt。

③如果上面都没有找到，就用默认的 Spring Boot Banner。

从最后的输出内容可以观察到，该项目使用的是 Tomcat 容器，使用的端口号是 8080。

在控制台中输入“Ctrl+C”，可以关闭该程序。

25.4.3 探索项目

在启动项目后，在浏览器中输入 http://localhost:8080/，可以得到如下信息。

```
Whitelabel Error Page

This application has no explicit mapping for /error, so you are seeing
this as a fallback.

Sat Apr 21 23:32:39 CST 2018
There was an unexpected error (type=Not Found, status=404).
No message available
```

由于在项目中还没有任何对请求的处理程序，因此 Spring Boot 返回了上述默认错误提示信息。

下面是 initializr-start 项目的目录结构。

```
initializr-start
D:.
│  .gitignore
│  build.gradle
│  gradlew
│  gradlew.bat
│  settings.gradle
│
├─.gradle
│  ├─4.5
│  │  ├─fileChanges
│  │  │      last-build.bin
│  │  │
│  │  ├─fileContent
│  │  │      annotation-processors.bin
│  │  │      fileContent.lock
│  │  │
│  │  ├─fileHashes
│  │  │      fileHashes.bin
│  │  │      fileHashes.lock
│  │  │      resourceHashesCache.bin
│  │  │
│  │  └─taskHistory
│  │          taskHistory.bin
│  │          taskHistory.lock
│  │
│  ├─buildOutputCleanup
│  │      buildOutputCleanup.lock
│  │      cache.properties
│  │      outputFiles.bin
│  │
│  └─vcsWorkingDirs
│          gc.properties
│
├─build
│  ├─classes
│  │  └─java
│  │      ├─main
│  │      │  └─com
│  │      │      └─waylau
│  │      │          └─spring
│  │      │              └─boot
│  │      │                  └─initializrstart
│  │      │                          InitializrStartApplication.class
│  │      │
│  │      └─test
│  │          └─com
│  │              └─waylau
│  │
```

```
│  │              └─spring
│  │                  └─boot
│  │                      └─initializrstart
│  │                              InitializrStartApplicationTests.
class
│  │
│  ├─libs
│  │      initializr-start-0.0.1-SNAPSHOT.jar
│  │
│  ├─reports
│  │  └─tests
│  │      └─test
│  │          │  index.html
│  │          │
│  │          ├─classes
│  │          │      com.waylau.spring.boot.initializrstart.Initializr
StartApplicationTests.html
│  │          │
│  │          ├─css
│  │          │      base-style.css
│  │          │      style.css
│  │          │
│  │          ├─js
│  │          │      report.js
│  │          │
│  │          └─packages
│  │                  com.waylau.spring.boot.initializrstart.html
│  │
│  ├─resources
│  │  └─main
│  │      │  application.properties
│  │      │
│  │      ├─static
│  │      └─templates
│  ├─test-results
│  │  └─test
│  │      │  TEST-com.waylau.spring.boot.initializrstart.Initializr
StartApplicationTests.xml
│  │      │
│  │      └─binary
│  │              output.bin
│  │              output.bin.idx
│  │              results.bin
│  │
│  └─tmp
│      ├─bootJar
│      │      MANIFEST.MF
│      │
│      ├─compileJava
```

```
│       └──compileTestJava
├──gradle
│   └──wrapper
│           gradle-wrapper.jar
│           gradle-wrapper.properties
│
└──src
    ├──main
    │   ├──java
    │   │   └──com
    │   │       └──waylau
    │   │           └──spring
    │   │               └──boot
    │   │                   └──initializrstart
    │   │                           InitializrStartApplication.java
    │   │
    │   └──resources
    │       │   application.properties
    │       │
    │       ├──static
    │       └──templates
    └──test
        └──java
            └──com
                └──waylau
                    └──spring
                        └──boot
                            └──initializrstart
                                    InitializrStartApplicationTests.java
```

在这个目录结构中包含了以下信息。

1. build. gradle 文件

在项目的根目录可以看到 build.gradle 文件，这个是项目的构建脚本。Gradle 是以 Groovy 语言为基础，面向 Java 应用为主，是基于 DSL（领域特定语言）语法的自动化构建工具。Gradle 集成了构建、测试、发布及常用的其他功能，如软件打包、生成注释文档等。与以往 Maven 等构架工具不同，配置文件不是烦琐的 XML 配置，而是简洁的 Groovy 语言脚本。

以下是本项目的 build.gradle 文件中的配置，并已经添加了详细注释。

```
// buildscript代码块中脚本优先执行
buildscript {

    // ext用于定义动态属性
    ext {
        springBootVersion = '2.0.1.RELEASE'
    }

    //使用了中央仓库
```

```
    repositories {
        mavenCentral()
    }

    // classpath声明了在执行其余的脚本时，ClassLoader可以使用这些依赖项
    dependencies {
        classpath("org.springframework.boot:spring-boot-gradle-plugin:$
{springBootVersion}")
    }
}

// 使用插件
apply plugin: 'java'
apply plugin: 'eclipse'
apply plugin: 'org.springframework.boot'
apply plugin: 'io.spring.dependency-management'

// 指定了生成的编译文件的版本，默认是打成了jar包
group = 'com.waylau.spring.boot'
version = '0.0.1-SNAPSHOT'

// 指定编译.java文件的JDK版本
sourceCompatibility = 1.8

repositories {
    mavenCentral()
}

// 依赖关系
dependencies {

    // 该依赖用于编译阶段
    compile('org.springframework.boot:spring-boot-starter-web')

    // 该依赖用于测试阶段
    testCompile('org.springframework.boot:spring-boot-starter-test')
}
```

2. gradlew 和 gradlew. bat

gradlew 和 gradlew.bat 这两个文件是 Gradle Wrapper 用于构建项目的脚本。使用 Gradle Wrapper 的好处在于，可以使得项目组成员不必预先在本地安装好 Gradle 工具。在用 Gradle Wrapper 构建项目时，Gradle Wrapper 首先会去检查本地是否存在 Gradle，如果没有，会根据配置上的 Gradle 的版本和安装包的位置来自动获取安装包并构建项目。使用 Gradle Wrapper 的另一个好处在于，所有的项目组成员能够统一项目所使用的 Gradle 版本，从而规避了由于环境不一致导致的编译失败的问题。对于 Gradle Wrapper 的使用，在类似 UNIX 的平台（如 Linux 和 Mac OS）上直接运行 gradlew

脚本，就会自动完成 Gradle 环境的搭建。而在 Windows 环境下，则执行 gradlew.bat 文件。

3. build 和 . gradle 目录

build 和 .gradle 目录都是在 Gradle 对项目进行构建后生成的目录、文件。

4. gradle/wrapper

Gradle Wrapper 免去了用户在使用 Gradle 进行项目构建时需要安装 Gradle 的烦琐步骤。 每个 Gradle Wrapper 都绑定到一个特定版本的 Gradle，所以当第一次在给定 Gradle 版本下运行上面的命令之一时，它将下载相应的 Gradle 发布包，并使用它来执行构建。默认 Gradle Wrapper 的发布包是指向官网的 Web 服务地址，相关配置被记录在 gradle-wrapper.properties 文件中。查看一下 Spring Boot 提供的这个 Gradle Wrapper 的配置，其中参数“distributionUrl”用于指定发布包的位置。

```
#Tue Feb 06 12:27:20 CET 2018
distributionBase=GRADLE_USER_HOME
distributionPath=wrapper/dists
zipStoreBase=GRADLE_USER_HOME
zipStorePath=wrapper/dists
distributionUrl=https\://services.gradle.org/distributions/gradle-4.5.1-
bin.zip
```

从上述配置可以看出，当前 Spring Boot 采用的是 Gradle 4.5.1 版本。开发人员也可以自行来修改版本和发布包存放的位置。例如，下面的例子指定了发布包的位置是在本地的文件系统中。

```
distributionUrl=file\:/D:/software/webdev/java/gradle-4.5-all.zip
```

5. src 目录

如果开发人员用过 Maven，那么肯定对 src 目录不陌生。Gradle 约定了该目录的 main 下是程序的源码，test 下是测试用的代码。

注意：由于 Gradle 工具是舶来品，因此对于国内开发人员来说，很多时候会觉得编译速度非常慢。这其中很大一部分原因是由于网络的限制，毕竟 Gradle 及 Maven 的中央仓库都是架设在了国外，国内要访问，速度上肯定会有一些限制。本书“附录 C：提升 Gradle 的构建速度”部分介绍了几个配置技巧，可以用来提升 Gradle 的构建速度。

第26章 Spring Cloud

★新功能 26.1 Spring Cloud 概述

从零开始构建一套完整的分布式系统是困难的。笔者在《分布式系统常用技术及案例分析》一书中用了将近 700 页的篇幅来介绍当今流行的分布式架构技术方案。这些技术涵盖了分布式消息服务、分布式计算、分布式存储、分布式监控系统、分布式版本控制、RESTful、微服务、容器等众多领域的内容，可见构建分布式系统需要非常广的技术面。就微服务架构的风格而言，一套完整的微服务架构系统往往需要考虑以下方面。

- 配置管理。
- 服务注册与发现。
- 断路器。
- 智能路由。
- 服务间调用。
- 负载均衡。
- 微代理。
- 控制总线。
- 一次性令牌。
- 全局锁。
- 领导选举。
- 分布式会话。
- 集群状态。
- 分布式消息。

……

而 Spring Cloud 正是考虑到了上述微服务开发过程中的痛点，为广大的开发人员提供了快速构建微服务架构系统的工具。

26.1.1 Spring Cloud 简介

使用 Spring Cloud，开发人员可以“开箱即用”地实现这些模式的服务和应用程序。这些服务可以在任何环境下运行，包括分布式环境，也包括开发人员自己的笔记本电脑、裸机数据中心，以及 Cloud Foundry 等托管平台。

Spring Cloud 基于 Spring Boot 来进行构建服务，并可以轻松地集成第三方类库，来增强应用程序的行为。开发人员可以利用基本的默认行为快速入门，然后在需要时，通过配置或扩展以创建自定义的解决方案。

Spring Cloud 的项目主页为 http://projects.spring.io/spring-cloud/。

26.1.2 Spring Cloud 与 Spring Boot 的关系

Spring Boot 是构建 Spring Cloud 架构的基石，是一种快速启动项目的方式。

Spring Cloud 的版本命名方式与传统的版本命名方式稍有不同。由于 Spring Cloud 是一个拥有诸多子项目的大型综合项目，原则上其子项目也都维护着自己的发布版本号。那么每一个 Spring Cloud 的版本都会包含不同的子项目版本，为了管理每个版本的子项目，避免版本名与子项目的发布号混淆，因此没有采用版本号的方式，而是通过命名的方式。

这些版本名称采用了伦敦地铁站[①] 的名称，根据字母表的顺序来对应版本时间顺序，如最早的 Release 版本为 Angel，第二个 Release 版本为 Brixton，以此类推。Spring Cloud 对应于 Spring Boot 版本，有以下的版本依赖关系。

① Spring Cloud Finchley 版本基于 Spring Boot 2.0.x，但不能工作于 Spring Boot 1.5.x。

② Spring Cloud Dalston 和 Spring Cloud Edgware 版本基于 Spring Boot 1.5.x，但不能工作于 Spring Boot 2.0.x。

③ Spring Cloud Camden 版本工作于 Spring Boot 1.4.x，但未在 Spring Boot 1.5.x 版本上测试。

④ Spring Cloud Brixton 版本工作于 Spring Boot 1.3.x，但未在 Spring Boot 1.4.x 版本上测试。

⑤ Spring Cloud Angel 版本基于 Spring Boot 1.2.x，且不与 Spring Boot 1.3.x 版本兼容。

本书所有的案例都基于 Spring Cloud Finchley.M9 版本来构建，与其相兼容的 Spring Boot 版本为 2.0.0。

★新功能 26.2 Spring Cloud 入门配置

Spring Cloud 可以采用 Maven 或者 Gradle 来配置。

重点 26.2.1 Maven 配置

以下是一个 Spring Boot 项目的基本 Maven 配置。

```
<parent>
    <groupId>org.springframework.boot</groupId>
    <artifactId>spring-boot-starter-parent</artifactId>
    <version>2.0.0.RELEASE</version>
```

① 详细的伦敦地铁站列表可以参阅 https://en.wikipedia.org/wiki/List_of_London_Underground_stations。

```
</parent>
<dependencyManagement>
    <dependencies>
        <dependency>
            <groupId>org.springframework.cloud</groupId>
            <artifactId>spring-cloud-dependencies</artifactId>
            <version>Finchley.M9</version>
            <type>pom</type>
            <scope>import</scope>
        </dependency>
    </dependencies>
</dependencyManagement>
<dependencies>
    <dependency>
        <groupId></groupId>
        <artifactId>spring-cloud-starter-config</artifactId>
    </dependency>
    <dependency>
        <groupId></groupId>
        <artifactId>spring-cloud-starter-eureka</artifactId>
    </dependency>
</dependencies><repositories>
    <repository>
        <id>spring-milestones</id>
        <name>Spring Milestones</name>
        <url>https://repo.spring.io/libs-milestone</url>
        <snapshots>
            <enabled>false</enabled>
        </snapshots>
    </repository>
</repositories>
```

在此基础上可以按需添加不同的依赖，以增强应用程序的功能。

重点 26.2.2　Gradle 配置

以下是一个 Spring Boot 项目的基本 Gradle 配置。

```
buildscript {
    ext {
        springBootVersion = '2.0.0.RELEASE'
    }
    repositories {
        mavenCentral()
    }
    dependencies {
        classpath("org.springframework.boot:spring-boot-gradle-plugin:$
{springBootVersion}")
```

```
    }
}

apply plugin: 'java'
apply plugin: 'spring-boot'

dependencyManagement {
  imports {
    mavenBom ':spring-cloud-dependencies:Finchley.M9'
  }
}

dependencies {
    compile ':spring-cloud-starter-config'
    compile ':spring-cloud-starter-eureka'
}repositories {
    maven {
        url 'https://repo.spring.io/libs-milestone'
    }
}
```

在此基础上开发人员可以按需添加不同的依赖，以使自己的应用程序增强功能。

其中，maven 仓库设置可以更改为国内的镜像库，以提升下载依赖的速度。

重点 26.2.3　声明式方法

Spring Cloud 采用声明的方法，通常只需要一个类路径更改或添加注解即可获得很多功能。下面是 Spring Cloud 声明为一个 Netflix Eureka Client 最简单的应用程序示例。

```
import org.springframework.boot.SpringApplication;
import org.springframework.boot.autoconfigure.SpringBootApplication;
import org.springframework.cloud.client.discovery.EnableDiscoveryClient;

@SpringBootApplication
@EnableDiscoveryClient
public class Application {
    public static void main(String[] args) {
        SpringApplication.run(Application.class, args);
    }
}
```

★新功能 26.3 Spring Cloud 的子项目介绍

26.3.1 Spring Cloud 子项目的组成

Spring Cloud 由以下子项目组成。

1. Spring Cloud Config

配置中心，利用 git 来集中管理程序的配置。

项目地址为 http://cloud.spring.io/spring-cloud-config。

2. Spring Cloud Netflix

集成众多 Netflix 的开源软件，包括 Eureka、Hystrix、Zuul、Archaius 等。

项目地址为 http://cloud.spring.io/spring-cloud-netflix。

3. Spring Cloud Bus

消息总线，利用分布式消息将服务和服务实例连接在一起，用于在一个集群中传播状态的变化，如配置更改的事件。可与 Spring Cloud Config 联合实现热部署。

项目地址为 http://cloud.spring.io/spring-cloud-bus。

4. Spring Cloud for Cloud Foundry

利用 Pivotal Cloudfoundry 集成应用程序。CloudFoundry 是 VMware 推出的开源 PaaS 云平台。

项目地址为 http://cloud.spring.io/spring-cloud-cloudfoundry。

5. Spring Cloud Cloud Foundry Service Broker

为建立管理云托管服务的服务代理提供了一个起点。

项目地址为 http://spring.io/projects/spring-cloud-cloudfoundry-service-broker。

6. Spring Cloud Cluster

基于 Zookeeper、Redis、Hazelcast、Consul 实现的领导选举和平民状态模式的抽象及实现。

项目地址为 http://projects.spring.io/spring-cloud。

7. Spring Cloud Consul

基于 Hashicorp Consul 实现的服务发现和配置管理。

项目地址为 http://cloud.spring.io/spring-cloud-consul。

8. Spring Cloud Security

在 Zuul 代理中为 OAuth2 REST 客户端和认证头转发提供负载均衡。

项目地址为 http://cloud.spring.io/spring-cloud-security。

9. Spring Cloud Sleuth

适用于 Spring Cloud 应用程序的分布式跟踪，与 Zipkin、HTrace 和基于日志（如 ELK）的跟踪相兼容。

项目地址为 http://cloud.spring.io/spring-cloud-sleuth。

10. Spring Cloud Data Flow

一种针对现代运行时可组合的微服务应用程序的云本地编排服务。易于使用的 DSL、拖放式 GUI 和 REST API 一起简化了基于微服务的数据管道的整体编排。

项目地址为 http://cloud.spring.io/spring-cloud-dataflow。

11. Spring Cloud Stream

一个轻量级的事件驱动的微服务框架来快速构建可以连接到外部系统的应用程序。使用 Apache Kafka 或 RabbitMQ 在 Spring Boot 应用程序之间发送和接收消息的简单声明模型。

项目地址为 http://cloud.spring.io/spring-cloud-stream。

12. Spring Cloud Stream App Starters

基于 Spring Boot 为外部系统提供 Spring 的集成。

项目地址为 http://cloud.spring.io/spring-cloud-stream-app-starters。

13. Spring Cloud Task

短生命周期的微服务，为 Spring Boot 应用简单声明添加功能和非功能特性。

项目地址为 http://cloud.spring.io/spring-cloud-task。

14. Spring Cloud Task App Starters

为 Spring Boot 应用程序，可能是任何进程，包括 Spring Batch 作业，并可以在数据处理有限的时间终止。

项目地址为 http://cloud.spring.io/spring-cloud-task-app-starters。

15. Spring Cloud Zookeeper

基于 Apache Zookeeper 的服务发现和配置管理的工具包，用于使用 Zookeeper 方式的服务注册和发现。

项目地址为 http://cloud.spring.io/spring-cloud-zookeeper。

16. Spring Cloud for Amazon Web Services

与 Amazon Web Services 轻松集成，它提供了一种方便的方式来与 AWS 提供的服务进行交互，使用众所周知的 Spring 惯用语和 API（如消息传递或缓存 API）。开发人员可以围绕托管服务构建应用程序，而无须关心基础设施或维护工作。

项目地址为 https://cloud.spring.io/spring-cloud-aws。

17. Spring Cloud Connectors

便于 PaaS 应用在各种平台上连接到后端数据库和消息服务。

项目地址为 https://cloud.spring.io/spring-cloud-connectors。

18. Spring Cloud Starters

基于 Spring Boot 的项目，用以简化 Spring Cloud 的依赖管理。该项目已经终止，并且在 Angel.

SR2 后的版本和其他项目合并。

项目地址为 https://github.com/spring-cloud/spring-cloud-starters。

19. Spring Cloud CLI

Spring Boot CLI 插件用于在 Groovy 中快速创建 Spring Cloud 组件应用程序。

项目地址为 https://github.com/spring-cloud/spring-cloud-cli。

20. Spring Cloud Contract

为一个总体项目，其中包含帮助用户成功实施消费者驱动契约（Consumer Driven Contracts）的解决方案。

项目地址为 http://cloud.spring.io/spring-cloud-contract。

重点 26.3.2 Spring Cloud 组件的版本

Spring Cloud 组件的详细版本及对应关系如表 26–1 所示。

表26–1 Spring Cloud组件的版本及对应关系

组件	Edgware.SR3	Finchley.M9	Finchley.BUILD-SNAPSHOT
spring-cloud-aws	1.2.2.RELEASE	2.0.0.M4	2.0.0.BUILD-SNAPSHOT
spring-cloud-bus	1.3.2.RELEASE	2.0.0.M7	2.0.0.BUILD-SNAPSHOT
spring-cloud-cli	1.4.1.RELEASE	2.0.0.M1	2.0.0.BUILD-SNAPSHOT
spring-cloud-commons	1.3.3.RELEASE	2.0.0.M9	2.0.0.BUILD-SNAPSHOT
spring-cloud-contract	1.2.4.RELEASE	2.0.0.M8	2.0.0.BUILD-SNAPSHOT
spring-cloud-config	1.4.3.RELEASE	2.0.0.M9	2.0.0.BUILD-SNAPSHOT
spring-cloud-netflix	1.4.4.RELEASE	2.0.0.M8	2.0.0.BUILD-SNAPSHOT
spring-cloud-security	1.2.2.RELEASE	2.0.0.M3	2.0.0.BUILD-SNAPSHOT
spring-cloud-cloud-foundry	1.1.1.RELEASE	2.0.0.M3	2.0.0.BUILD-SNAPSHOT
spring-cloud-consul	1.3.3.RELEASE	2.0.0.M7	2.0.0.BUILD-SNAPSHOT
spring-cloud-sleuth	1.3.3.RELEASE	2.0.0.M9	2.0.0.BUILD-SNAPSHOT
spring-cloud-stream	Ditmars.SR3	Elmhurst.RC3	Elmhurst.BUILD-SNAPSHOT
spring-cloud-zookeeper	1.2.1.RELEASE	2.0.0.M7	2.0.0.BUILD-SNAPSHOT
spring-boot	1.5.10.RELEASE	2.0.0.RELEASE	2.0.0.BUILD-SNAPSHOT
spring-cloud-task	1.2.2.RELEASE	2.0.0.M3	2.0.0.RELEASE

续表

组件	Edgware.SR3	Finchley.M9	Finchley.BUILD-SNAPSHOT
spring-cloud-vault	1.1.0.RELEASE	2.0.0.M6	2.0.0.BUILD-SNAPSHOT
spring-cloud-gateway	1.0.1.RELEASE	2.0.0.M9	2.0.0.BUILD-SNAPSHOT
spring-cloud-openfeign	—	2.0.0.M2	2.0.0.BUILD-SNAPSHOT

★新功能 实战 26.4 实现微服务的注册与发现

在微服务的架构中，服务的注册与发现是最为核心的功能。通过服务的注册和发现机制，微服务之间才能进行相互通信、相互协作。

26.4.1 服务发现的意义

服务发现意味着发布的服务可以让别人找得到。在互联网中，最常用的服务发现机制莫过于域名。通过域名，可以发现该域名所对应的 IP，继而能够找到发布到这个 IP 的服务。域名和主机的关系并非是一对一的，有可能多个域名都映射到了同一个 IP 下面。DNS（Domain Name System，域名系统）是互联网的一项核心服务，它作为可以将域名和 IP 地址相互映射的一个分布式数据库，能够使人们更方便地访问互联网，而不用去记住能够被机器直接读取的 IP 地址串。

那么，在局域网内，是否也可以通过设置相应的主机名来让其他主机访问到呢？答案是肯定的。

在 Spring Cloud 技术栈中，Eureka 作为服务注册中心对整个微服务架构起着最核心的整合作用。Eureka 是 Netflix 开源的一款提供服务注册和发现的产品。Eureka 的项目主页在 https://github.com/spring-cloud/spring-cloud-netflix，有兴趣的读者也可以去查看源码。

Eureka 具有以下优点。

①完整的服务注册和发现机制。Eureka 提供了完整的服务注册和发现机制，并且也经受住了 Netflix 的生产环境考验，使用起来相对会比较省心。

②与 Spring Cloud 无缝集成。Spring Cloud 有一套非常完善的开源代码来整合 Eureka，所以在 Spring Boot 上应用起来非常方便，与 Spring 框架的兼容良好。

③高可用性。Eureka 还支持在应用自身的容器中启动，也就是说自己的应用启动完后，既充当了 Eureka 客户端的角色，同时也是服务的提供者。这样就极大地提高了服务的可用性，同时也尽可能地减少了外部依赖。

④开源。由于代码是开源的，因此非常便于了解它的实现原理和排查问题。同时，广大开发者也能持续为该项目进行贡献。

重点 26.4.2 集成 Eureka Server

首先创建一个新的应用“s5-26-eureka-server”，该应用的 build.gradle 详细配置如下。

```
// buildscript代码块中脚本优先执行
buildscript {

    // ext用于定义动态属性
    ext {
        springBootVersion = '2.0.0.RELEASE'
    }

    // 使用了Maven的中央仓库及Spring自己的仓库（也可以指定其他仓库）
    repositories {
        //mavenCentral()
        maven { url "https://repo.spring.io/snapshot" }
        maven { url "https://repo.spring.io/milestone" }
        maven { url "http://maven.aliyun.com/nexus/content/groups /
public/" }
    }

    // 依赖关系
    dependencies {
        // classpath 声明了在执行其余的脚本时，ClassLoader可以使用这些依赖项
        classpath("org.springframework.boot:spring-boot-gradle-plugin:$
{springBootVersion}")
    }
}

// 使用插件
apply plugin: 'java'
apply plugin: 'eclipse'
apply plugin: 'org.springframework.boot'
apply plugin: 'io.spring.dependency-management'

// 指定了生成的编译文件的版本，默认是打成了jar包
group = 'com.waylau.spring.cloud'
version = '1.0.0'

// 指定编译.java文件的JDK版本
sourceCompatibility = 1.8

// 使用了Maven的中央仓库及Spring自己的仓库（也可以指定其他仓库）
repositories {
    //mavenCentral()
    maven { url "https://repo.spring.io/snapshot" }
    maven { url "https://repo.spring.io/milestone" }
    maven { url "http://maven.aliyun.com/nexus/content/groups/public/" }
}
```

```
}

ext {
    springCloudVersion = 'Finchley.M9'
}

dependencies {
    // 添加 Spring-Cloud-Starter-Netflix-Eureka-Server 依赖
    compile('org.springframework.cloud:spring-cloud-starter-netflix-
eureka-server')
    // 该依赖用于测试阶段
    testCompile('org.springframework.boot:spring-boot-starter-test')
}

dependencyManagement {
    imports {
        mavenBom "org.springframework.cloud:spring-cloud-dependencies:$
{springCloudVersion}"
    }
}
```

其中，Spring-Cloud-Starter-Netflix-Eureka-Server 自身又依赖了如下项目。

```
<dependencies>
    <dependency>
        <groupId>org.springframework.cloud</groupId>
        <artifactId>spring-cloud-starter</artifactId>
    </dependency>
    <dependency>
        <groupId>org.springframework.cloud</groupId>
        <artifactId>spring-cloud-netflix-eureka-server</artifactId>
    </dependency>
    <dependency>
        <groupId>org.springframework.cloud</groupId>
        <artifactId>spring-cloud-starter-netflix-archaius</artifactId>
    </dependency>
    <dependency>
        <groupId>org.springframework.cloud</groupId>
        <artifactId>spring-cloud-starter-netflix-ribbon</artifactId>
    </dependency>
    <dependency>
        <groupId>com.netflix.ribbon</groupId>
        <artifactId>ribbon-eureka</artifactId>
    </dependency>
</dependencies>
```

所有配置都能够在 Spring-Cloud-Starter-Netflix-Eureka-Server 项目的 pom 文件中查看到。

1. 启用 Eureka Server

为启用 Eureka Server，在应用根目录的 Application 类上增加 @EnableEurekaServer 注解即可。

```
import org.springframework.boot.SpringApplication;
import org.springframework.boot.autoconfigure.SpringBootApplication;
import org.springframework.cloud.netflix.eureka.server.EnableEureka-
Server;
@SpringBootApplication
@EnableEurekaServer
public class Application {
    public static void main(String[] args) {
        SpringApplication.run(Application.class, args);
    }
}
```

该注解就是为了激活 Eureka Server 相关的自动配置类 org.springframework.cloud.netflix.eureka.server.EurekaServerAutoConfiguration。

2. 修改项目配置

修改 application.properties，增加如下配置。

```
server.port: 8761
eureka.instance.hostname: localhost
eureka.client.registerWithEureka: false
eureka.client.fetchRegistry: false
eureka.client.serviceUrl.defaultZone: http://${eureka.instance.host-
name}:${server.port}/eureka/
```

- server.port：应用启动的端口号。
- eureka.instance.hostname：应用的主机名称。
- eureka.client.registerWithEureka：其值为 false，意味着自身仅作为服务器，不作为客户端。
- eureka.client.fetchRegistry：其值为 false，意味着无须注册自身。
- eureka.client.serviceUrl.defaultZone：应用的 URL。

3. 清空资源目录

在 src/main/resources 目录下除了 application.properties 文件，其他没有用到的目录或文件都被删除，特别是 templates 目录，因为这个目录会覆盖 Eureka Server 自带管理界面。

4. 启动

启动应用，访问 http://localhost:8761，可以看到如图 26–1 所示的 Eureka Server 自带的 UI 管理界面。

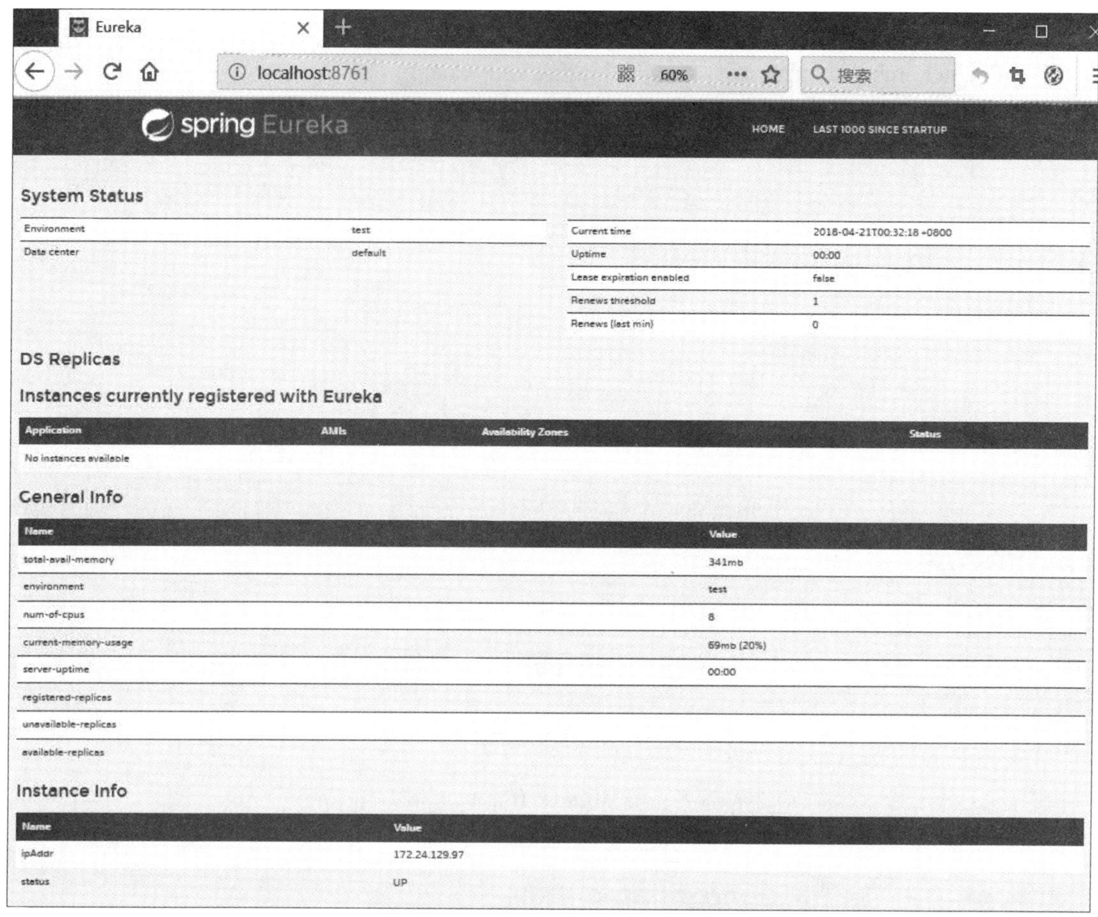

图26-1 Eureka Server 管理界面

自此，Eureka Server 注册服务器搭建完毕。

重点 26.4.3 集成 Eureka Client

首先创建一个新的应用“s5-26-eureka-client”，以作为 Eureka Client。与 s5-26-eureka-server 相比，s5-26-eureka-client 应用的 build.gradle 配置的变化主要是体现在依赖上，将 Eureka Server 的依赖改为 Eureka Client 即可。

```
dependencies {
    // 添加Spring-Cloud-Starter-Netflix-Eureka-Client依赖
    compile('org.springframework.cloud:spring-cloud-starter-netflix-
eureka-client')
    compile('org.springframework.boot:spring-boot-starter-web')
    // 该依赖用于测试阶段
    testCompile('org.springframework.boot:spring-boot-starter-test')
}
```

1. 一个最简单的 Eureka Client

将 @EnableEurekaServer 注解改为 @EnableDiscoveryClient。

```
import org.springframework.boot.SpringApplication;
import org.springframework.boot.autoconfigure.SpringBootApplication;
import org.springframework.cloud.client.discovery.EnableDiscovery-
Client;
@SpringBootApplication
@EnableDiscoveryClient
public class Application {
    public static void main(String[] args) {
        SpringApplication.run(Application.class, args);
    }
}
```

org.springframework.cloud.client.discovery.EnableDiscoveryClient，是一个自动发现客户端的实现。

2. 修改项目配置

修改 application.properties，改为如下配置。

```
spring.application.name: eureka-client
eureka.client.serviceUrl.defaultZone: http://localhost:8761/eureka/
```

① spring.application.name：指定了应用的名称。

② eureka.client.serviceUrl.defaultZonet：指明了 Eureka Server 的位置。

重点 26.4.4 实现服务的注册与发现

先运行 Eureka Server 实例 s5-26-eureka-server，在 8761 端口启动它。而后分别在 8081 和 8082 端口上启动 Eureka Client 实例 s5-26-eureka-client。例如：

```
java -jar s5-26-eureka-client-1.0.0.jar --server.port=8081
java -jar s5-26-eureka-client-1.0.0.jar --server.port=8082
```

这样，就可以在 Eureka Server 上看到这两个实例的信息。访问 http://localhost:8761，可以看到如图 26–2 所示的 Eureka Client 信息。

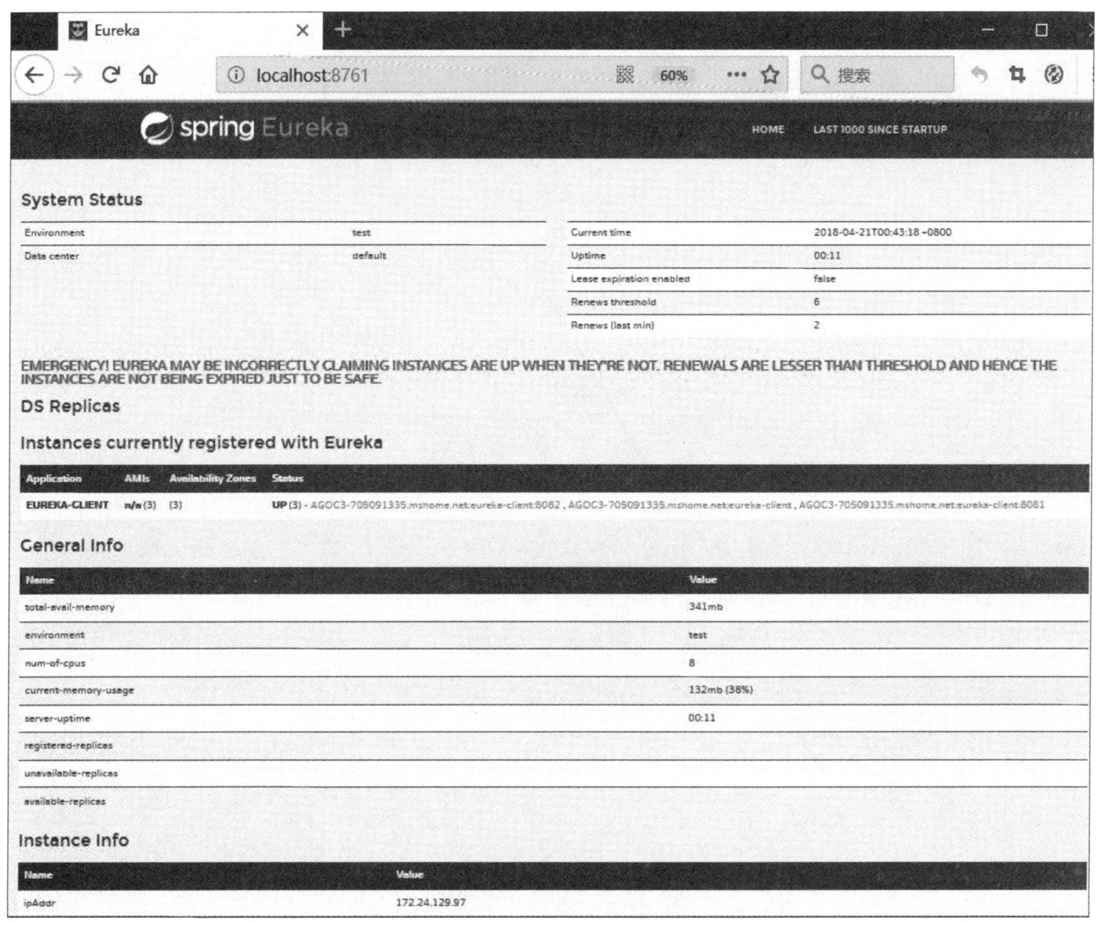

图26-2　显示 Eureka Client 信息

从图 26-2 的 Instances currently registered with Eureka 中能看到每个 Eureka Client 的状态；在相同的应用（指具有相同的 spring.application.name）下，能够看到每个应用的实例。如果 Eureka Client 离线了，Eureka Server 也能及时感知到。不同的应用之间能够通过应用的名称来互相发现。

从界面上也可以看出，Eureka Server 运行的 IP 为 172.24.129.97。

附录

附录 A

EJB 规范摘要

A1 EJB 2.1 规范目标

EJB 2.1 规范制定了如下目标。

（1）The Enterprise JavaBeans architecture will be the standard component architecture for building distributed object-oriented business applications in the Java ™ programming language.

（2）The Enterprise JavaBeans architecture will support the development, deployment, and use of web services.

（3）The Enterprise JavaBeans architecture will make it easy to write applications: Application developers will not have to understand low-level transaction and state management details, multi-threading, connection pooling, or other complex low-level APIs.

（4）Enterprise JavaBeans applications will follow the Write Once, Run Anywhere™ philosophy of the Java programming language. An enterprise bean can be developed once, and then deployed on multiple platforms without recompilation or source code modification.

（5）The Enterprise JavaBeans architecture will address the development, deployment, and runtime aspects of an enterprise application's life cycle.

（6）The Enterprise JavaBeans architecture will define the contracts that enable tools from multiple vendors to develop and deploy components that can interoperate at runtime.

（7）The Enterprise JavaBeans architecture will make it possible to build applications by combining components developed using tools from different vendors.

（8）The Enterprise JavaBeans architecture will provide interoperability between enterprise beans and Java 2 Platform, Enterprise Edition (J2EE) components as well as non-Java programming language applications.

（9）The Enterprise JavaBeans architecture will be compatible with existing server platforms. Vendors will be able to extend their existing products to support Enterprise JavaBeans.

（10）The Enterprise JavaBeans architecture will be compatible with other Java programming language APIs.

（11）The Enterprise JavaBeans architecture will be compatible with the CORBA protocols.

详细的 EJB 2.1 规范可见 https://jcp.org/en/jsr/detail?id=153。

A2 EJB 3.2 规范目标

EJB 3.2 规范制定了如下目标。

（1）The Enterprise JavaBeans architecture will be the standard component architecture for building object-oriented business applications in the Java ™ programming language.

（2）The Enterprise JavaBeans architecture will support the development, deployment, and use of distributed business applications in the Java ™ programming language.

（3）The Enterprise JavaBeans architecture will support the development, deployment, and use of web services.

（4）The Enterprise JavaBeans architecture will make it easy to write applications: application developers will not have to understand low-level transaction and state management details, multi-threading, connection pooling, or other complex low-level APIs.

（5）Enterprise JavaBeans applications will follow the Write Once, Run Anywhere™ philosophy of the Java programming language. An enterprise bean can be developed once, and then deployed on multiple platforms without recompilation or source code modification.

（6）The Enterprise JavaBeans architecture will address the development, deployment, and runtime aspects of an enterprise application's life cycle.

（7）The Enterprise JavaBeans architecture will define the contracts that enable tools from multiple vendors to develop and deploy components that can interoperate at runtime.

（8）The Enterprise JavaBeans architecture will make it possible to build applications by combining components developed using tools from different vendors.

（9）The Enterprise JavaBeans architecture will provide interoperability between enterprise beans and Java Platform, Enterprise Edition (Java EE) components as well as non-Java programming language applications.

（10）The Enterprise JavaBeans architecture will be compatible with existing server platforms. Vendors will be able to extend their existing products to support Enterprise JavaBeans.

（11）The Enterprise JavaBeans architecture will be compatible with other Java programming language APIs.

（12）The Enterprise JavaBeans architecture will be compatible with the CORBA protocols.

详细的 EJB 3.2 规范可见 https://jcp.org/en/jsr/detail?id=345。

附录 B

Bean Validation 内置约束

以下列出了所有 Bean Validation 内置的约束。

1. @AssertFalse

用于约束字段或属性值必须是 false。以下是一个用法示例。

```
@AssertFalse
boolean isUnsupported;
```

2. @AssertTrue

用于约束字段或属性值必须是 true。以下是一个用法示例。

```
@AssertTrue
boolean isActive;
```

3. @DecimalMax

用于约束字段或属性值必须是一个 decimal 类型的值，且值的大小必须小于或等于注解中的元素值。以下是一个用法示例。

```
@DecimalMax("30.00")
BigDecimal discount;
```

4. @DecimalMin

用于约束字段或属性值必须是一个 decimal 类型的值，且值的大小必须大于或等于注解中的元素值。以下是一个用法示例。

```
@DecimalMin("5.00")
BigDecimal discount;
```

5. @Digits

用于约束字段或属性的值必须是指定范围内的数字。整数元素指定数字的最大整数，而小数元素指定数字的最大小数位数。以下是一个用法示例。

```
@Digits(integer=6, fraction=2)
BigDecimal price;
```

6. @Future

用于约束字段或属性的值必须是将来的日期。以下是一个用法示例。

```
@Future
Date eventDate;
```

7. @Max

用于约束字段或属性值必须是一个 integer 类型的值，且值的大小必须小于或等于注解中的元素值。以下是一个用法示例。

```
@Max(10)
int quantity;
```

8. @Min

用于约束字段或属性值必须是一个 integer 类型的值，且值的大小必须大于或等于注解中的元素值。以下是一个用法示例。

```
@Min(5)
int quantity;
```

9. @NotNull

用于约束字段或属性值不能为空。以下是一个用法示例。

```
@NotNull
String username;
```

10. @Null

用于约束字段或属性值必须为空。以下是一个用法示例。

```
@Null
String unusedString;
```

11. @Past

用于约束字段或属性值必须是以前的日期。以下是一个用法示例。

```
@Past
Date birthday;
```

12. @Pattern

用于约束字段或属性值必须是匹配正则表达式的定义。以下是一个用法示例。

```
@Pattern(regexp="\\(\\d{3}\\)\\d{3}-\\d{4}")
String phoneNumber;
```

13. @Size

对字段或属性的大小进行评估，并且必须与指定的边界匹配。如果字段或属性是 String，则会评估字符串的大小；如果字段或属性是集合，则会对集合的大小进行评估；如果字段或属性是 Map，则会对 Map 的大小进行评估；如果字段或属性是数组，则会对数组的大小进行评估。使用可选的 max 或 min 元素之一来指定边界。

```
@Size(min=2, max=240)
String briefMessage;
```

附录 C

提升 Gradle 的构建速度

下面列出了设置提升 Gradle 构建速度的方法。

1. Gradle Wrapper 指定本地

正如之前提到的，Gradle Wrapper 是为了便于统一版本。如果项目组成员都明确了 Gradle Wrapper，尽可能事先将 Gradle 放置到本地，而后修改 Gradle Wrapper 配置，将参数“distributionUrl”指向本地文件。例如，笔者将 Gradle 放置到了 D 盘的某个目录。

```
#distributionUrl=https\://services.gradle.org/distributions/gradle-4.5.0-bin.zip
distributionUrl=file\:/D:/software/webdev/java/gradle-4.5-all.zip
```

2. 使用国内 Maven 镜像仓库

Gradle 可以使用 Maven 镜像仓库。使用国内的 Maven 镜像仓库可以极大提升依赖包的下载速度。以下演示了使用自定义镜像的方法。

```
repositories {
    //mavenCentral()
    maven { url "https://repo.spring.io/snapshot" }
    maven { url "https://repo.spring.io/milestone" }
    maven { url "http://maven.aliyun.com/nexus/content/groups/public/" }
}
```

这里注释掉了下载缓慢的中央仓库，改用自己自定义的镜像仓库。

附录 D

本书所采用的技术及相关版本

本书所采用的技术及相关版本较新，请读者将相关开发环境设置成与本书所采用的一致，或者不低于本书所列的配置。

- Apache Maven 3.5.2
- Gradle 4.5
- Spring 5.0.8.RELEASE
- Servlet 4.0.0
- JUnit 4.12
- Log4j 2.6.2
- DBCP 2.5.0
- H2 1.4.196
- Eclipse Jetty 9.4.11.v20180605
- Jackson JSON 2.9.6
- Apache HttpClient 4.5.5
- SockJS-client 1.1.4
- STOMP Over WebSocket 2.3.3
- Reactive Streams Netty Driver 0.7.6.RELEASE
- JMS API 2.0.1
- ActiveMQ 5.15.3
- JavaMail 1.6.1
- Logback Classic Module 1.2.3
- Quartz Scheduler 2.3.0
- Spring Boot 2.0.1.RELEASE
- Spring Cloud Finchley.M9

运行本书示例，请确保 JDK 版本不低于 8。另外，本书示例采用 Eclipse Oxygen.2 (4.7.2) 来编写，但示例源码与具体的 IDE 无关，读者可以自行选择适合自己的 IDE，如 IntelliJ IDEA、NetBeans 等。

参考文献

[1] 柳伟卫 .Spring Framework 4.x 参考文档 [EB/OL].https://github.com/waylau/spring-framework-4-reference，2014-12-28.

[2] ROD JOHNSON. Expert One-on-One J2EE Design and Development[M]. UK：Wrox，2002.

[3] ROD JOHNSON，Juergen Hoeller. Expert One-on-One J2EE Development without EJB[M]. Indiana：Wiley Publishing，2004.

[4] 柳伟卫 . 分布式系统常用技术及案例分析 [M]. 北京：电子工业出版社，2017.

[5] JCP.JSR 153: Enterprise JavaBeans 2[EB/OL].https://jcp.org/en/jsr/detail?id=153，2002-07-19.

[6] JCP.JSR 345: Enterprise JavaBeans 3.2[EB/OL].https://jcp.org/en/jsr/detail?id=345，2013-04-04.

[7] 柳伟卫 .Gradle 2 用户指南 [EB/OL].https://github.com/waylau/Gradle-2-User-Guide，2014-06-26.

[8] Quick Programming Tips.History of Spring Framework and Spring Boot[EB/OL].https://www.quickprogrammingtips.com/spring-boot/history-of-spring-framework-and-spring-boot.html，2018-03-26.

[9] ROD JOHNSON.Spring Framework: The Origins of a Project and a Name[EB/OL].https://spring.io/blog/2006/11/09/spring-framework-the-origins-of-a-project-and-a-name，2006-11-09.

[10] JUERGEN HOELLER, ROSSEN STOYANCHEV, STEPHANE MALDINI, ARJEN POUTSMA.Getting Reactive with Spring Framework 5.0 GA release[EB/OL].https://content.pivotal.io/spring/oct-4-getting-reactive-with-spring-framework-5-0-s-ga-release-webinar，2017-10-04.

[11] ERICH GAMMA，RICHARD HELM，RALPH JOHNSON，JOHN VLISSIDES. Design Patterns: Elements of Reusable Object-Oriented Software[M]. New Jersey：Addison-Wesley，1994.

[12] MARTIN FOWLER.Inversion of Control Containers and the Dependency Injection pattern[EB/OL].https://martinfowler.com/articles/injection.html，2004-01-23.

[13] 柳伟卫 .Spring singleton bean 与 prototype bean 的依赖 [EB/OL].https://waylau.com/spring-singleton-beans-with-prototype-bean-dependencies，2015-05-07.

[14] AspectJ Team.The AspectJ Programming Guide[EB/OL].https://www.eclipse.org/aspectj/doc/released/progguide/index.html，2015-05-07.

[15] JAMES A. WHITTAKER，JASON ARBON，JEFF CAROLLO. How Google Tests Software[M]. New Jersey：Addison-Wesley，2012.

[16] MARTIN FOWLER. 重构：改善既有代码的设计 [M]. 北京：人民邮电出版社，2010.

[17] Spring Team.Spring Framework Documentation[EB/OL].https://docs.spring.io/spring/docs/5.0.4.RELEASE/spring-framework-reference/，2018-02-19.

[18] DINESH RAJPUT. Spring 5 Design Patterns[M]. UK：Packt Publishing，2017.

[19] 柳伟卫 .Java EE 编程要点 [EB/OL].https://github.com/waylau/essential-javaee，2017-01-10.

[20] 柳伟卫 . Spring Boot 企业级应用开发实战 [M]. 北京：北京大学出版社，2018.

[21] IETF.Forwarded HTTP Extension[EB/OL].https://tools.ietf.org/html/rfc7239，2014-04-01.

[22] W3.Server-Sent Events[EB/OL].https://www.w3.org/TR/eventsource/，2015-02-13.

[23] Brian Clozel.HTTP 2 support[EB/OL].https://github.com/spring-projects/spring-framework/wiki/HTTP-2-support，2017-10-24.

[24] IETF.The WebSocket Protocol[EB/OL].https://tools.ietf.org/html/rfc6455，2011-12-01.

[25] STOMP.STOMP Protocol Specification[EB/OL].http://stomp.github.io/stomp-specification-1.2.html，2012-10-22.

[26] ERIC EVANS. Domain-Driven Design: Tackling Complexity in the Heart of Software[M]. New Jersey：Addison-Wesley Professional，2003.

[27] 柳伟卫 . Spring Cloud 微服务架构开发实战 [M]. 北京：北京大学出版社，2018.

[28] Wikipedia.List of London Underground stations[EB/OL].https://en.wikipedia.org/wiki/List_of_London_Underground_stations，2018-05-07.